"十四五"时期国家重点出版物出版专项规划项目
先进制造理论研究与工程技术系列

微细加工技术
Microfabrication Technology

张 甲　王振龙　周丽杰　编著

哈尔滨工业大学出版社
HARBIN INSTITUTE OF TECHNOLOGY PRESS

内容简介

本书从当前微纳零件及微系统的制造需求从发,论述了微纳尺度下力学、热学、光学、电学等的变化特点,进而从加工原理、加工装备、加工工艺等方面系统地阐述了各类微细加工技术的新进展。全书共分为11章,主要包括:微细加工技术概述、微机械与微细加工理论基础、微细切削加工技术、微细电火花加工技术、高能场微细加工技术、生长型微细加工技术、硅微细加工技术、LIGA 技术、纳米压印技术、自组装加工技术和扫描探针加工技术。随着科技的进步,所论述的微细加工技术也具备了纳米尺度的加工能力,因此本书中的微细加工也涵盖纳米加工尺度。

本书可作为高等学校机械类及相近学科本科生、研究生用书,也可供相关领域工程技术人员学习和参考。

图书在版编目(CIP)数据

微细加工技术/张甲,王振龙,周丽杰编著. —哈尔滨:哈尔滨工业大学出版社,2024.1

(先进制造理论研究与工程技术系列)

ISBN 978-7-5767-1009-0

Ⅰ.①微… Ⅱ.①张… ②王… ③周… Ⅲ.①特种加工 Ⅳ.①TG66

中国国家版本馆 CIP 数据核字(2023)第 152314 号

策划编辑	张 荣
责任编辑	张 荣 谢晓彤
出版发行	哈尔滨工业大学出版社
社　　址	哈尔滨市南岗区复华四道街10号　邮编150006
传　　真	0451-86414749
网　　址	http://hitpress.hit.edu.cn
印　　刷	哈尔滨市工大节能印刷厂
开　　本	787 mm×1 092 mm　1/16　印张 20.25　字数 477 千字
版　　次	2024年1月第1版　2024年1月第1次印刷
书　　号	ISBN 978-7-5767-1009-0
定　　价	68.00 元

(如因印装质量问题影响阅读,我社负责调换)

前　言

微细加工技术作为一门工程技术，其发展历史可追溯到 20 世纪 60 年代。受限于当时的加工技术和测量水平，其仅应用于微电子和少数几类传感器的制造中，解决微米尺度上的加工难题。90 年代，随着科学技术的发展和大规模集成电路的应用需求，微细加工技术迎来了蓬勃发展期：其加工能力进入了纳米尺度（0.1～100 nm），同期出现了"自上而下"和"自下而上"的加工方式，使人们可以在宏-微-纳跨尺度体系中探索科学，发现新原理，研发新产品。21 世纪前 20 年，微细加工技术进入了高速发展期：一方面，微细加工已经成为众多学科的基础，出现了专业化书籍和系统性体系，使得从业人员能快速地建立起相关的知识体系；另一方面，微细加工涉及的学科范围越来越宽泛，如机械、电子、材料、生物、物理、化学、能源、控制、测试等，使其具有明显的学科交叉特征，更需要团队合作。在此背景下，微细加工技术及其产品在航空航天、国防军事、生物医疗、信息融合、工业消费品等领域有着极其广泛的应用。鉴于此，针对相关行业人才培养及从业人员知识提升的迫切需求，本书将从基本原理、加工方法、工艺装备和典型应用等方面全面地概述各类微细加工技术，以适应不同知识背景的读者的学习需求。

本书主要介绍微细加工技术总体发展、基础理论和各类具体加工方法，共分为 11 章：第 1 章从微机械及微机电系统起笔，介绍微细加工技术的概念及其特点、分类和应用；第 2 章针对微细加工技术的尺度特点，简要介绍了微机械学、微电子学、微光学、分子装配技术等的基础理论，阐明了在微纳尺度上，加工技术应当遵循的基本理论；第 3 章着重介绍了传统加工方法（如切、车、铣、钻、冲压、磨削和磨料水射流）经过微细化升级后，刀具、机床、工艺和产品的基本特点；第 4 章介绍了非传统加工方法——微细电火花加工技术，特别是微细电火花成形、微细电火花铣削、微细电火花线切割、微细电化学加工技术等，聚焦于加工基本原理、工艺与装备；第 5 章介绍了非传统加工方法——高能场微细加工技术，着重介绍了电子束、离子束、超快激光束和超声波微细加工技术；第 6 章介绍了生长型微细加工技术，这是"自下而上"方法的典型代表，其加工产品的一个或多个维度已经进入了纳米尺度，重点介绍了真空镀膜技术（含物理气相沉积技术和化学气相沉积技术）、电镀技术、喷涂技术、微弧氧化技术和电火花沉积陶瓷层技术；第 7 章简要介绍了硅微细加工技术，包含光刻、硅掺杂和硅刻蚀技术；第 8 章简要介绍了 LIGA 技术；第 9 章介绍了纳米压印技术;第10章介绍了自组装加工技术;第11章介绍了扫描探针加工技术。后4章介绍的技术所加工的产品在某一个或两个维度上进入纳米尺度,而在其他维度上仍然是微观或宏观尺度,实现了跨尺度产品的加工制造,这也是纳米技术走向实用的重要技术支撑。

需要指出的是,微细技术发展到目前,其加工能力早已进入纳米尺度,因此,本书提及的微细加工技术实际也包含其纳米加工的能力。

本书由哈尔滨工业大学机械制造及其自动化专业张甲教授、王振龙教授,哈尔滨理工大学机械制造及其自动化专业周丽杰副教授共同编著。在编著过程中,部分图表的绘制得到了课题组研究生孙毅、陈航、葛传洋、李仁政、吴露瑶、谭胜、安煦阳等人的帮助,在此表示感谢。

本书涉及的内容十分广泛,但收集的材料有限,加之时间仓促,作者的水平有限,书中难免有不足和疏漏之处,恳请广大读者批评指正。

作　者

2023.05.30 于哈尔滨

目 录

第1章 微细加工技术概述 ... 1
- 1.1 微机械及微机电系统 ... 1
- 1.2 微细加工技术的概念及其特点 ... 3
- 1.3 微细加工技术的分类 ... 5
- 1.4 微细加工技术的应用 ... 7

第2章 微机械与微细加工理论基础 ... 10
- 2.1 微机械学 ... 10
- 2.2 微电子学 ... 23
- 2.3 微光学 ... 26
- 2.4 分子装配技术 ... 28
- 2.5 微细加工机理总结 ... 29

第3章 微细切削加工技术 ... 30
- 3.1 微细切削加工技术概述 ... 30
- 3.2 微细车削加工技术 ... 37
- 3.3 微细铣削加工技术 ... 40
- 3.4 微细钻削加工技术 ... 50
- 3.5 微细冲压加工技术 ... 56
- 3.6 微细磨削加工技术 ... 60
- 3.7 微细磨料水射流加工技术 ... 64

第4章 微细电火花加工技术 ... 73
- 4.1 微细电火花加工技术概述与特点 ... 73
- 4.2 微细电火花加工关键技术 ... 75
- 4.3 微细电火花成形加工技术 ... 80
- 4.4 微细电火花铣削加工技术 ... 82

4.5 微细电火花线切割加工技术 85
4.6 微细电化学加工技术 88

第5章 高能场微细加工技术 96
5.1 概述 96
5.2 电子束微细加工技术 96
5.3 离子束微细加工技术 105
5.4 超快激光束微细加工技术 114
5.5 超声波微细加工技术 129

第6章 生长型微细加工技术 135
6.1 概述 135
6.2 真空镀膜技术 135
6.3 物理气相沉积技术 146
6.4 化学气相沉积技术 166
6.5 典型薄膜的制备 174
6.6 电镀技术 190
6.7 喷涂技术 197
6.8 微弧氧化技术 210
6.9 电火花沉积陶瓷层技术 217

第7章 硅微细加工技术 220
7.1 概述 220
7.2 光刻技术 221
7.3 硅掺杂技术 231
7.4 硅刻蚀技术 234

第8章 LIGA 技术 239
8.1 LIGA 技术概述 239
8.2 准 LIGA 技术概述 240
8.3 LIGA 技术的拓展 241
8.4 LIGA 技术在微细三维结构制造中的应用 247

第9章 纳米压印技术 252
9.1 纳米压印技术概述 252

9.2 纳米压印关键工艺 ………………………………………………………… 252

9.3 纳米压印技术分类 ………………………………………………………… 257

第10章 自组装加工技术 …………………………………………………… 264

10.1 自组装加工技术概述 …………………………………………………… 264

10.2 自组装的基本原理、分类及特点 ……………………………………… 264

10.3 典型自组装方法 ………………………………………………………… 266

10.4 典型自组装微纳结构 …………………………………………………… 271

第11章 扫描探针加工技术 ………………………………………………… 284

11.1 概　述 …………………………………………………………………… 284

11.2 扫描隧道显微镜 ………………………………………………………… 285

11.3 原子力显微镜 …………………………………………………………… 287

11.4 AFM 微纳加工技术 ……………………………………………………… 288

参考文献 ……………………………………………………………………… 294

第 1 章

微细加工技术概述

微细加工技术作为一门工程技术,其发展历史可以追溯到20世纪60年代,受限于当时的加工理论和技术,其应用主要局限于微电子和几类传感器与执行器。自20世纪90年代开始,在大规模集成电路工艺发展的推动下和对微型化器件的旺盛需求下,微细加工技术得到了空前的发展,引起了学术界和工业界的广泛关注与高度重视,并且这一势头一直延续到今天。其中特别值得指出的是,自80年代的扫描探针技术的提出,微细加工逐渐转向纳米加工,并发展出"自上而下"和"自下而上"两类纳米加工技术,更进一步丰富了微细加工的内涵与外延。21世纪已经过去了二十余年,微细加工技术在加工理论、加工工艺、加工对象、零件与系统等方面均得到了极大的发展。微细加工技术的发展,一方面深化了人类对微观世界科学规律的认识,另一方面提升了人类通过高集成度、多信息敏感、智能信号处理、大带宽信号传输等手段改造世界的能力,从而形成了认识 - 改造 - 再认识螺旋式科学技术的发展模式。

1.1 微机械及微机电系统

当前,以超大规模集成电路制造为代表的微细加工技术,已经将制造的精度提高至稳定的3~5 nm,极大地实现了器件的微小型化和高集成度统一。与此同时,微机械及微机电系统(micro electro mechanical system,MEMS)也得到了高速发展,尤其是在微传感器和微执行器领域,科学研究和工业生产相互促进,形成了齐头并进的格局。作为微细加工技术的典型代表,MEMS技术涉及微电子、信息、材料、能源、制造、控制、测试、纳米技术等多学科,具有典型的学科交叉融合特点。在21世纪前20年中,MEMS器件及系统已被广泛地应用于航空航天、半导体工业、军事、汽车、医疗、生物工程、信息等领域(图1.1),对航空航天、国防军事、国民经济、人民生活等诸多方面产生了深远的影响。

通常地,微机电系统也具有传统机械设备的组成要素(图1.2),但传感与控制在其中占有更加重要的地位。随着MEMS器件尺寸的逐渐减小,它们还具有以下特征。

① 体积小、质量轻、结构坚固、精度高。其体积可小至纳米量级,质量可轻至纳克量级,尺寸精度可高达纳米量级。研究者们已经制出了直径细如发丝的齿轮、能开动的

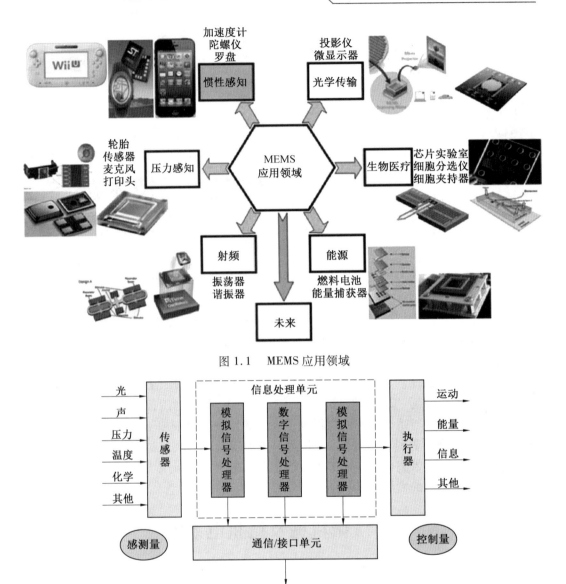

图 1.1　MEMS 应用领域

图 1.2　微机电系统的结构模型

3 mm 大小的汽车和花生大小的飞机。

② 能耗小、响应快、灵敏度高。完成相同的工作,微机械所消耗的能量仅为传统机械的十几分之一或几十分之一,而运作速度却可达到其 10 倍以上。如微型泵的体积可以做到 0.5 mm × 0.5 mm × 0.07 mm 以下,远小于小型泵,但其流速却可达到小型泵的 1 000 倍以上。由于机电一体的微机械不存在信号延迟等问题,因此更适合高速工作。

③ 性能稳定、可靠、一致性好。由于微机械器件的体积极小,几乎不受热膨胀、噪声及挠曲变形等因素的影响,因此具有较高的抗干扰能力,可在苛刻的环境下稳定地工作。

④ 多功能化和智能化。许多微机械集传感器、执行器和电子控制电路等于一体,特别是应用智能材料和智能结构后,更利于实现微机械的多功能化和智能化。

⑤ 适合大批量生产,制造成本低。微机械能够采用与半导体制造工艺类似的生产方法,像超大规模集成电路芯片一样,一次制成大量完全相同的零部件,因而可以大幅降低制造成本。

微机械技术综合应用了当今世界科学技术的尖端成果,是影响产业竞争力的基础技术之一。它的发展将使未来世界科技、经济和社会等诸多领域产生重大变革。与此同时,微机械技术的发展也离不开设计理论、材料、加工技术、集成与装配、信号测量与处理等方面的支撑,而这些又与对应基础学科密切相关,图1.3是微机械及其支撑体系框图。

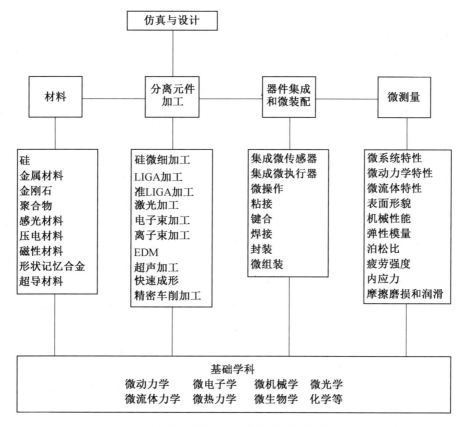

图1.3 微机械及其支撑体系框图

LIGA——一种融合了同步辐射X射线光刻、电铸、注塑三种技术的加工技术;EDM——电火花加工

1.2 微细加工技术的概念及其特点

为了适应微机械技术的发展,加工方法和加工技术必须做出相应的变化。一方面,研究者们不断升级传统加工方法,发展出了精密和超精密加工技术,将零件的加工精度提高了2~3个数量级,在一段时间内,大幅提升了微机械技术的发展水平;另一方面,非传统加工方法不断涌现,如电火花、激光束、纳米压印、3D打印等,突破传统加工技术在精度、效率、能力等方面的瓶颈,使得加工呈现出新的多元化方向。此外,由东京工业大学谷口

纪男教授提出的纳米技术,也为微机械技术的发展注入了新的活力。

鉴于此,本书所述的微细加工技术主要指能够制造微小尺寸零件的加工技术总称,包括微细切削加工技术、微细电火花加工技术、高能场微细加工技术、生长型微细加工技术、硅微细加工技术、LIGA 技术、纳米压印技术、自组装加工技术和扫描探针加工技术。

目前,从国际上微细加工技术的研究与发展情况来看,主要形成了以美国为代表的硅基 MEMS 技术、以德国为代表的 LIGA 技术和以日本为代表的传统加工方法的微细化等主要流派。

微细加工技术是获得微机械系统的必要手段。微细加工技术的加工尺度从亚毫米到亚纳米量级,而加工单位从微米到分子或原子量级。由于尺度的微小化,因此微细加工与一般尺度加工的机理明显不同。一般地,微细加工区别于一般尺度加工主要体现在以下几点。

(1) 加工精度的表示方法不同。

在一般尺度加工中,加工精度常用相对精度表示;而在微细加工中,其加工精度则用绝对精度来表示。

一般尺度加工中,加工精度是用其加工误差与加工尺寸的比值(即相对精度)来表示的。如现行的公差标准中,公差单位是计算标准公差的基本单位,它是基本尺寸的函数,基本尺寸越大,公差单位也越大。因此,属于同一公差等级的公差,对不同的基本尺寸,其数值就不同,但认为其具有同等的精确程度,所以公差等级就是确定尺寸精确程度的等级,这是现行公差制定的原则。但这种精度的表示方法显然是存在缺陷的,如切削直径分别为 $\phi(10 \pm 0.1)$ mm 和 $\phi(0.1 \pm 0.001)$ mm 的软钢材料时,尽管其相对精度相同($\pm 1\%$),但由于二者尺寸的差异,因此二者所采用的刀具、夹具和量具各不相同。

在微细加工中,由于加工尺寸本身的微小化,因此精度必须用尺寸的绝对值来表示,也就是说,用去除(或添加)的一块材料的大小来表示,从而引入加工单位的概念。当微细加工(包括电子束、离子束、激光束等多种非机械切削加工)尺寸为 0.01 mm 的零件时,必须采用微米(μm)加工单位进行加工;当微细加工尺寸为微米的零件时,必须采用亚微米加工单位进行加工;当前的微细加工实际已经进入纳米级尺度(0.1～100 nm),且已采用纳米加工单位。

(2) 加工机理存在很大的差异。

由于在微细加工中加工单位的急剧减小,因此必须考虑晶粒在加工中的作用。

例如,把软钢材料毛坯车削成一根直径为 ϕ0.1 mm、精度为 0.01 mm 的轴类零件。实际加工中,对于给定的要求,车刀至多能允许产生 0.01 mm 切屑的吃刀深度;而且在最后的精车时,吃刀深度则要更小。由于组成软钢的晶粒尺寸一般为十几微米,因此,在直径方向上所排列的晶粒仅有几个。此时,切削发生在晶粒内部,是对一个个的不连续体(晶粒)进行切削。相比之下,如果是加工较大尺度的零件,由于吃刀深度可以大于晶粒尺寸,因此切削不必在晶粒中进行,就可以把被加工体看成是连续体。这就导致了加工尺度在亚毫米、加工单位在数微米的加工方法与常规加工方法的微观机理明显不同。另外,还可以从切削时刀具所受的阻力的大小来分析微细切削加工和常规切削加工的差别。实验表明,当吃刀深度在 0.1 mm 以上进行普通车削时,单位面积上的切削阻力为 196 ～

294 N/mm²;当吃刀深度在 0.05 mm 左右进行微细铣削加工时,单位面积上的切削阻力约为 980 N/mm²;当吃刀深度在 1 μm 以下进行精密磨削时,单位面积上的切削阻力将高达 12 740 N/mm²,接近软钢的理论剪切强度 $G/2\pi \approx 13\ 720\ \text{N/mm}^2$($G$ 为剪切弹性模量,$G \approx 8.3 \times 10^3\ \text{kg/mm}^2$)。因此,当切削单位从数微米缩小到 1 μm 以下时,刀具的尖端要承受很大的应力作用,使得单位面积上产生很大的热量,导致刀具的尖端局部区域上升到很高的温度。因此,采用微小的加工单位进行切削时,要求采用耐热性好、耐磨性强、高温硬度和高温强度都高的刀具。

(3) 加工特征明显不同。

一般加工以尺寸、形状、位置精度为特征;微细加工中,由于其加工对象的微小型化,因此目前多以分离或结合原子、分子为特征。

例如,超导隧道结的绝缘层只有 10 Å(埃,1 Å = 10^{-10} m)左右的厚度。要制备这种超薄层的材料,只能用分子束外延、原子层沉积等方法在衬底上通过一个原子层(或分子层)、一个原子层(或分子层)地以原子或分子线度(Å级)为加工单位逐渐淀积,才能获得纳米加工尺度的超薄层。利用离子束溅射刻蚀的微细加工方法,可以把材料一个原子层(或分子层)、一个原子层(或分子层)地剥离下来,实现去除加工。此时,加工单位是原子或分子尺度,也可以进行纳米尺度的加工。想要进行 1 nm 精度加工,就必须采用亚纳米甚至是亚埃级的尺寸作为加工单位,因此,必须把原子、分子作为加工单位。扫描隧道显微镜(STM)和原子力显微镜(AFM)的出现,实现了以单个原子作为加工单位的加工。

1.3 微细加工技术的分类

微细加工技术起源于半导体平面硅工艺,但随着半导体器件、集成电路、微机械等技术的不断发展与旺盛需求,微细加工技术已经成为一门多学科交叉的制造系统工程和综合高新技术。它已不再是一种孤立的加工方法或单纯的工艺技术,它涉及微机械学、微动力学、微电子学、微摩擦学,以及微量分离、结合、材料、环境、检测、可靠性工程等一系列科学与技术;其技术手段遍及传统和非传统加工等各种方法。

从被加工对象的形成过程上看,微细加工大致可分为三大类:① 分离加工,将材料的某一部分分离出去的加工方式,如切削、分解、刻蚀、溅射等,大致可分为切削加工、磨料加工、特种加工及复合加工等。② 结合加工,同种或不同种材料的附加或相互结合的加工方式,如蒸镀、沉积、生长、渗入等,可分为附着、注入和接合三类。附着是指在材料基体上附加一层材料;注入是指材料表层经处理后产生物理、化学、力学性能的改变,也可称为表面改性;接合则是指焊接、粘接等。③ 变形加工,使材料形状发生改变的加工方式,如塑性变形加工、流体变形加工等。表 1.1 列出了常用的微细加工方法分类及应用范围。

表 1.1　常用的微细加工方法分类及应用范围

分类		加工方法	精度/表面粗糙度 Ra	特殊要求	可加工材料	应用范围
分离加工	切削加工	精密/超精密加工 金刚石车削 飞切加工	(1~0.1)/(0.05~0.008)	无	有色金属及其合金	球、反射镜、磁盘、多面棱体等
		微细铣削 微细钻削	(20~10)/0.2	无	低碳钢、铜、铝等	喷嘴、化纤喷丝板、印刷电路板等
	磨削加工	微细磨削	(5~0.5)/(0.05~0.008)	无	黑色金属、硬脆材料	集成电路基片,平面、外圆加工等
		研磨	(1~0.1)/(0.025~0.008)	研磨液	金属、半导体、玻璃等	硅片基片,平面、孔、外圆加工
		抛光	(1~0.1)/(0.025~0.008)	抛光液	金属、半导体、玻璃等	硅片基片,平面、孔、外圆加工
		砂带研抛	(1~0.1)/(0.01~0.008)	无	金属、非金属	平面、外圆
		弹性发射加工	(0.1~0.001)/(0.025~0.008)	混合液	金属、非金属	硅片基片
		喷射加工	5/(0.02~0.01)	混合液	金属、玻璃、石英、橡胶	刻槽、切断、图案成形、破碎
	特种加工	微细电火花加工	(50~1)/(0.1~0.01)	绝缘液	导电金属、非金属	轴、孔、槽、方孔、型腔
		电解加工	(100~3)/(1.25~0.05)	电解液	导电金属、非金属	去毛刺、打孔、套料、型腔
		超声波加工	(30~5)/(2.5~0.04)	无	硬脆材料	孔、槽、切片
		电子束加工	(10~1)/(6.3~0.12)	真空	任意材料	打孔、切割、光刻
		离子束加工	(0.01~0.001)/(0.02~0.01)	真空	任意材料	表面微除去、刻蚀、刃磨
		激光束加工	(10~1)/(6.3~0.12)	无	任意材料	打孔、切割、画线
		光刻加工	0.1/(2.5~0.2)	真空	金属、非金属、半导体	刻线、图案成形
	复合加工	电解磨削	(20~1)/(0.08~0.01)	工作液	各种材料	刃磨、成形、平面、内圆
		电解抛光	(10~1)/(0.05~0.008)	电解液	金属、半导体	平面、外圆、型面、细金属丝、槽
		化学抛光	0.01/0.01	工作液	金属、半导体	平面

续表1.1

分类		加工方法	精度/表面粗糙度 Ra	特殊要求	可加工材料	应用范围
结合加工	附着加工	蒸镀		无	金属	镀膜、半导体器件
		分子束镀膜		真空	金属	镀膜、半导体器件
		分子束外延生长		真空	金属	半导体器件
		离子束镀膜		真空	金属、非金属	半导体器件、刀具、工具
		电镀		工作液	金属	图案成形、印刷电路板
		电铸		无	金属	栅网、喷丝板、钟表零件
		喷镀		无	金属、非金属	图案成形、表面改性
	注入加工	离子注入		真空	金属、非金属	半导体掺杂
		氧化、阳极氧化		无	金属	绝缘层
		扩散		无	金属、半导体	掺杂、渗碳、表面改性
		激光表面处理		无	金属	表面改性、表面热处理
	焊接加工	电子束焊接		真空	金属	难熔金属、化学性能活泼金属
		超声波焊接		无	金属	集成电路引线
		激光焊接		无	金属、非金属	钟表零件、电子零件
变形加工		压力加工		无	金属	精冲、拉拔、波导管、衍射光栅
		铸造		无	金属、非金属	集成电路封装、引线

1.4 微细加工技术的应用

微细加工技术主要针对微机械的需求而产生和发展,因此它的应用也是与微机械的制造需求密切相关的。表1.2列举了常用的微机械产品及其采用的微细加工技术。

表1.2 常用的微机械产品及其采用的微细加工技术

微机械产品	主要应用领域	研制国家及单位	采用的主要微细加工技术
硅压力传感器	航空航天、医疗器械	美国斯坦福大学、美国科学技术有限公司（STI）、日本横河电机等	异向刻蚀工艺及加硼控制法
微加速度传感器	航空航天、汽车工业	美国斯坦福大学、美国科学技术有限公司（STI）、德国卡尔斯鲁厄研究所、瑞士纳沙泰尔	制版术和刻蚀工艺、LIGA技术
微型温度传感器	航空航天、汽车工业	美国斯坦福大学、美国科学技术有限公司（STI）等	制版术和刻蚀工艺
螺旋状振动式压力传感器和加速度传感器	航空航天、汽车工业	德国慕尼黑夫琅禾费固体工艺研究所等	制版术和刻蚀工艺
智能传感器	微机器人	德国菲林根-施文宁根研究所	制版术和刻蚀工艺
微型冷却器	航空航天和电子工业	美国斯坦福大学、美国科学技术有限公司（STI）等	制版术和异向刻蚀工艺
硅材油墨喷嘴	计算机设备	美国斯坦福大学	异向刻蚀工艺
分离同位素的微喷嘴	核工业	德国卡尔斯鲁厄研究所等	LIGA技术
微型泵	医疗器械和电子线路	日本东京大学、荷兰特温特大学、德国慕尼黑夫琅禾费固体工艺研究所等	光刻工艺和堆装技术
微型阀	医疗器械	德国慕尼黑夫琅禾费固体工艺研究所等	制版术和刻蚀工艺
微型开关（密度12 400个/cm^2）	航空航天和武器工业	美国明尼苏达州大学	制版术和异向刻蚀工艺
微齿轮、微弹簧、微叶片、微轴、微孔等	微执行机构	美国加州大学伯克利分校、日本东京大学等	牺牲层技术、制版术和刻蚀工艺、微型电火花加工等
直径60 μm的静电微电极	计算机和通信系统的控制	美国加州大学伯克利分校和麻省理工学院	牺牲层技术

在上述微机械产品中，MEMS产品独树一帜，其制造成本和出货量等关键指标均高于其他类型的微机械。MEMS产品通常把微传感器、微执行器、微机械元件、处理电路等要素集成在同一个基板上。它利用集成电路生产过程中的成熟工艺和技术，进行低成本、大

规模生产;相对于传统的机械制造技术,其性价比大幅度提高。MEMS 市场的主要产品有打印机油墨喷嘴、加速度计、压力传感器、陀螺仪、原子力显微镜探针、微流控芯片、扫描仪、数字微镜、光开关、红外摄像元件、光调制器和硬盘驱动头等。

在传统领域,MEMS 惯性传感器在消费类应用中将继续成为市场需求的"主旋律"。例如:汽车传感器、智能手机、MEMS 麦克风、喷墨打印头、光学 MEMS、射频 MEMS、惯性 MEMS 和压力 MEMS 器件。除了传统市场需求,MEMS 器件将拓展新的功能和应用领域,例如:用于人机交互接口的 MEMS 麦克风,用于激光雷达等3D传感的 MEMS 微镜,用于汽车夜视和高级驾驶辅助系统感知的微测辐射热计,用于高分辨率打印的 MEMS 喷墨打印头,"医疗领域的可穿戴设备"和"工业领域的机器健康监测"将促进分立式惯性 MEMS 传感器发展,"汽车领域的自动驾驶"将促进惯性测量单元(IMU)增长等。图1.4给出了2017—2023年全球传感器和执行器市场,其市场规模呈现线性的稳步增长,表明 MEMS 技术仍然具有巨大的市场需求和旺盛的生命力。

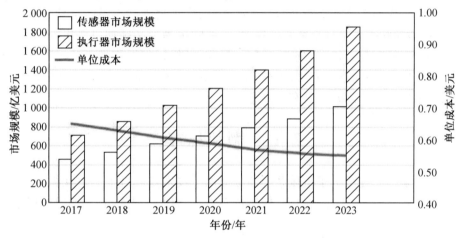

图 1.4　2017—2023 年全球传感器和执行器市场

在这样的背景下,全球 MEMS 制造企业持续发力,不断提高研发能力和制造水平,涌现出了大批著名的企业。截至2017年,得益于智能手机的出货量迅猛增长,以 RF 器件为主要产品的 Broadcom(博通)成为 MEMS 领域的第一;老牌 MEMS 厂商,如 Bosch(博世)、STMicroelectronics(意法半导体)、TI(德州仪器)、HP(惠普)等的市场表现依然不俗;其他新兴企业,如 SiTime、FornFactor、ULIS 等的业务量也快速增长。未来,MEMS 传感器,除了完成基本高精度探测功能外,多功能融合进行全域感知意识的能力将进一步推动 MEMS 器件的发展,同时对其加工技术也提出了新的挑战。

第 2 章

微机械与微细加工理论基础

当零件尺寸或加工尺寸缩小到微纳米范围时,许多宏观状态下的物理量都将发生很大变化,并在微观状态下呈现出特有的规律,一些常规理论必须加以修正,由此决定了微机械与微细加工具有自身特有的理论基础。目前,微机械与微细加工技术的研究已经形成一定的理论体系,但尚不够完善;因此,了解微机械与微细加工所涉及的基础理论,对于深入开展微细加工技术的研究具有重要意义。

2.1 微机械学

微机械学是建立在微电子机械系统和微细加工技术基础之上的。在微观领域内,它是以微器件、微部件和微构件的力学、机械特性等作为研究对象,并与现代机械学相结合的理论。

2.1.1 微机械材料力学

同一材料,当零件的绝对尺寸减小到一定程度时,与普通尺寸的零件相比,材料的许多性能都将发生巨大变化,甚至是质的变化。微构件的材料既要保证微机械性能要求,又必须满足微细加工方法所需的条件,而材料的机械特性与加工方法密切相关,因此,微构件材料及其力学分析是微机械设计的重要组成部分。

1. 微机械与微细加工时材料的特点

(1) 当构件缩小到一定尺寸范围时,将出现尺寸效应。

尺寸效应的影响反映在许多方面,例如,构件尺寸减小,材料内部缺陷减少,材料的机械强度显著增加;微构件的抗拉强度、断裂强度、疲劳强度及残余应力等均与大构件不同,而且有些表征材料性能的物理量(如弹性模量、泊松比、疲劳极限、强度,以及内部应力和内部缺陷等)需要重新定义。

由于微机械结构尺寸微小,因此其构件变形往往是大变形而不是小变形。在材料力学中,在小变形的情况下,力与变形(应力与应变)是成正比的,是线性关系。但在大变形的情况下,具有显著的几何非线性关系。几何大变形使得微结构的静、动态分析变得复杂,所以一般需要用数值方法求解。

(2) 材料性能随构件结构、制造方法、工艺参数等的变化很大。

微机械中大量使用各种薄膜材料,薄膜材料的厚度通常为几十纳米至几十微米,这时其特性与宏观尺寸时大不一样。如硅材料在宏观尺寸时呈脆性,但在薄膜状态,它却有很高的韧性,并且不会产生疲劳破坏。

加工多层材料时,各层应变情况基本一致。加工后,又将产生部分弹性回复,由于各层的弹性系数不同,因此弹性回复量各不相同,在层与层的接触面上会形成残余应力。同时,各层材料的热力学性质、机械性能与邻近层不同,将产生残余应力,从而引起弯矩。不同表面的各向异性也会引起附加的扭曲作用,这将影响各层的弹性极限、断裂特性和疲劳强度等参数及其变化规律。

MEMS器件的材料大多选用硅。在硅基体上形成氧化膜需要达到1 000 ℃的高温。当基体与膜都降到室温时,由于氧化硅膜的热膨胀系数相对较低,二者相互制约并将产生不同的收缩量,因此膜受残余压应力,基体受残余拉应力。应力值大小可达200 MPa,这势必会导致脱膜后的挠曲。同时,为阻止腐蚀,通常要在硅基体上高温扩散硼。由于硼原子的直径小于硅原子,因此会引起表层材料的收缩,形成残余应力。如果所扩散的硼相对集中于局部区域,就会造成应力分布不均。

在硅基体上以高温气相沉积多晶硅也将产生残余应力。降低温度、压力可以减少沉积原子的动能,同时产生氧化杂质的可能性增大,它们都会进一步"冻结原子",使后续原子不易沉积到晶体结构的平衡位置。进行热处理时,原子扩散趋向平衡,将引起膜的收缩,结果使膜受残余拉应力,基体受残余压应力。

当微机械材料呈现单晶体状态或在尺寸上接近晶粒大小时,通常表现为各向异性,此时位错的概率减小,位错易终结,材料的固有缺陷减少,因而强度显著提高。

试件的形状和尺寸也是加工过程中的一个重要问题,例如,在硅微结构中经常出现非常尖锐的边缘(其曲率半径仅为几纳米),这会引起应力场的异常分布。所以,为了对加工过程进行有效的调整或控制,必须对每一个影响因素进行单独分析。

2. 微机械中几种常用材料的力学特性

(1) 硅的力学特性。

单晶硅是MEMS结构中最常用的材料,因此本书首先对单晶硅的力学特性进行研究。表2.1为单晶硅与其他材料的基本力学特性参数对照表。

表2.1 单晶硅与其他材料的基本力学特性参数对照表

材料	屈服强度/ ($\times 10^9$ N·m^{-2})	努氏硬度/ ($\times 10^9$ N·m^{-2})	弹性模量/ ($\times 10^{11}$ N·m^{-2})	密度/ ($\times 10^3$ kg·m^{-3})	导热系数/ (W·m^{-1}·K^{-1})	热膨胀系数/ ($\times 10^{-6}$ K^{-1})
Si	7.0	8.3	1.90	2.3	157	2.33
铁	12.6	3.9	1.96	7.8	80.3	12.0
高强度钢	4.2	14.7	2.10	7.9	97	12.0
不锈钢	2.1	6.5	2.00	7.9	32.9	17.3

续表2.1

材料	屈服强度/($\times 10^9$ N·m^{-2})	努氏硬度/($\times 10^9$ N·m^{-2})	弹性模量/($\times 10^{11}$ N·m^{-2})	密度/($\times 10^3$ kg·m^{-3})	导热系数/(W·m^{-1}·K^{-1})	热膨胀系数/($\times 10^{-6}$ K^{-1})
W	4.0	4.8	4.10	19.3	178	4.5
Mo	2.1	2.7	3.43	10.3	138	5.0
Al	0.17	1.3	0.70	2.7	236	25.0
SiC	21	24.3	7.00	3.2	350	3.3
TiC	20	24.2	4.97	4.9	330	6.4
Al$_2$O$_3$	15.4	20.6	5.3	4.0	50	5.4
Si$_3$N$_4$	14	34.2	3.85	3.1	19	0.8
SiO$_2$(光纤)	8.4	8.0	0.73	2.5	1.4	0.55
钻石	53	68.6	10.35	3.6	2 000	1.0

从表2.1中可以看出，硅的屈服强度为 7×10^9 N/m^2，是不锈钢的3倍多；硅的努氏硬度为 8.3×10^9 N/m^2，与石英（8.1×10^9 N/m^2）接近，比铬（9.1×10^9 N/m^2）略小，几乎是镍（5.4×10^9 N/m^2）、铁（3.9×10^9 N/m^2）、普通玻璃（5.2×10^9 N/m^2）的2倍；硅的弹性模量为 1.9×10^{11} N/m^2，与不锈钢、镍（2.06×10^{11} N/m^2）接近。实验表明，微纳尺度下的硅材料并不像一般尺度下表现得那样脆弱。单晶硅材料具有沿晶面解理的趋势，当硅片边缘、表面和硅体内存在缺陷而导致应力集中，并且其方向与解理面相同时，会使硅片开裂损坏。因此，常规尺度下，硅被破坏时发生脆性断裂，而金属材料通常会发生塑性变形。

（2）硅微结构的设计原则。

由硅材料制造的机械零件和器件的实际强度取决于它的几何形状、缺陷的数量和大小、晶向，以及在生长、抛光、划片时产生和积累的内应力。充分考虑到这些影响因素后，有可能获得强度比高强度合金还好的硅微机械结构。因此，合理使用硅材料和正确设计硅结构与加工工艺，应当遵循以下三个原则。

① 最少缺陷原则。必须尽量降低硅材料在表面、边缘和体内的晶体缺陷密度，尽量减小结构尺寸，以降低机械结构中晶体缺陷的总数。应当尽量减少或取消容易引起边缘和表面缺损的切割、磨削、划片和抛光等机械加工工艺，采用腐蚀分离取代划片。如果必须使用传统的机械加工工艺，则应将受到严重影响的表面和边缘腐蚀去除。

② 最小应力原则。微结构中应尽量避免采用尖锐边角和其他容易产生应力集中的设计。各向异性腐蚀会产生尖锐的边角，导致应力集中，因此在有些结构中可能需要进行后续的各向同性腐蚀或其他平滑锐角的工艺。因为材料的热膨胀系数不同，高温生长和处理工艺将不可避免地引起热应力，使微结构在严酷的力学条件下发生断裂，所以必须采用退火工艺降低高温处理所带来的热应力。

③ 最大隔离原则。应采用碳化硅或氮化硅等坚硬、耐腐蚀的薄膜覆盖硅表面，以防止硅本体与外界直接接触，尤其是在高应力、高磨损的应用场合。在工艺条件和结构特点不允许的情况下，可以用硅橡胶等电绝缘柔性材料对非接触外表面进行保护。

(3) 薄膜材料的力学特性。

薄膜材料在 MEMS 器件中必不可少，尤其是在表面微加工器件中。薄膜材料的力学特性对 MEMS 器件的设计和实现同样具有重要意义。例如，当制作一组 SiO_2 薄膜微悬臂梁时，内应力的存在会使微悬臂梁发生翘曲（图 2.1），偏离原来设计的直梁形状。因此，在设计 MEMS 器件时，不仅要考虑弹性模量、泊松比等力学参数在微纳尺度的变化，而且还应考虑内应力对结构形状和工作状态的影响。

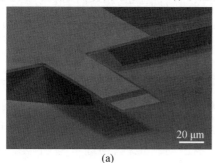
(a)

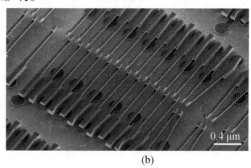
(b)

图 2.1　体现薄膜力学特性的微悬臂梁

材料力学参数主要包括密度、硬度、弹性模量、应力极限、应变极限、疲劳寿命、冲击韧性、品质因数等。目前，获得的微机械材料的力学特性数据主要存在以下几方面的问题：① 已获得的数据从品种、条目上都不完全，还不能完全满足应用的需要；② 现有数据是在各自不同的工艺条件、试样尺寸和测试仪器下获得的，通用性和权威性受到一定的限制；③ 新原理、新材料、新工艺层出不穷，尚未建立一种快速响应机制来收集、确认新数据。

由于薄膜材料的力学特性与工艺过程密切相关，因此通常根据实际工艺条件制作薄膜微悬臂梁，通过实验微悬臂梁的力学行为来获得薄膜的力学特性。表 2.2 是通过微悬臂梁结构测量常见薄膜的弹性模量。从表 2.2 中可以看出，SiO_2 薄膜与其对应的体材料相比，弹性模量的变化量最大可达到 31.4%。不同工艺制作的 SiO_2 薄膜之间弹性模量的变化更大，溅射 SiO_2 薄膜的弹性模量是高温湿氧化 SiO_2 薄膜的 1.6 倍。

表 2.2　薄膜材料的特性

材料	薄膜厚度 /nm	薄膜密度 /($\times 10^3$ kg·m^{-3})	弹性模量测试值 /($\times 10^{13}$ N·m^{-2})	体材料弹性模量 /($\times 10^{13}$ N·m^{-2})
SiO_2（高温湿氧化）	425	2.2	0.57	0.7
SiO_2（高温干氧化）	325	2.25	0.67	
SiO_2（溅射）	400	2.2	0.92	
Si_3N_4（CVD）	350	3.1	1.3	1.5（单晶 3.85）
Si_3N_4（溅射）	290	3.1	1.3	
7059 玻璃（溅射）	420	2.25	0.52	0.6
Nb_2O_5（溅射）	840	4.47	0.85	1.6
α-SiC（辉光放电）	880	3.0	0.85	4.8

续表2.2

材料	薄膜厚度/nm	薄膜密度/($\times 10^3$ kg·m^{-3})	弹性模量测试值/($\times 10^{13}$ N·m^{-2})	体材料弹性模量/($\times 10^{13}$ N·m^{-2})
Cr(溅射)	—	7.2	1.8	2.8

MEMS薄膜材料工艺过程中的力学问题还包括薄膜附着力与脱落机理、多层薄膜之间的热匹配与热失效、微纳结构内部损伤与演化过程、应力集中和残余应力对微纳结构的影响等。它们与MEMS器件的成品率与可靠性联系紧密,现阶段已经形成了大量的MEMS设计与工艺规范,可以直接通过工艺参数调控来保证加工质量。

2.1.2 考虑尺寸效应的微机械动力学

在微机械的研究中发现了许多新特征,传统的机械动力学理论与方法难以解释,因此不再适用。微机械动力学是当前微机械发展的瓶颈之一,阻碍了微机械的发展。微机械动力学的研究具有很大难度,涉及电子工程、机械工程、材料工程、物理学、力学等领域。以下仅就尺寸效应对微机械动力学性能的影响加以讨论。

微机构是微机械的主要组成单元,在微小空间内起着能量传递、运动转换和调节控制等作用,以实现规定的动作和精度。当构件缩小到一定尺寸范围时,将出现尺寸效应,即尺寸的减小将引起响应频率、加速度特性及单位体积功率等一系列性能的变化。力学特性的尺寸效应见表2.3。

表2.3 力学特性的尺寸效应(特征长度$L = l$)

直接量	导出式	长度L的变化影响	说明
长度L	$L = l/10$	$L \propto L^1$	长度减少为特征长度的十分之一
表面积S	$S = (l/10)^2 = l^2/100$	$S \propto L^2$	表面积减少为特征长度的百分之一
体积V	$V = (l/10)^3 = l^3/1\,000$	$V \propto L^3$	体积减少为特征长度的千分之一
质量m	$m = \rho V$	$m \propto L^3$	质量减少为特征长度的千分之一

不同性质的作用力与特征长度的关系不同,从而在微观研究中所占比例有所不同。由于表面积与体积之比变大,表面效应突出,因此,表面力(如静电力、表面凝聚力)将代替体积力(如重力、惯性力)而起到支配作用。传统机械做功往往是体积力起主导作用,运动要克服的主要是重力、惯性力等;而在微机械领域内,常常是表面力起主导作用。一般用特征长度L来表征物体的大小(即该物体正好可包含在边长为L的正方体内)。当$L > 1$ mm时,体积力起主导作用,这时需要的驱动力为$F \propto L^3$;而当$L \leq 1$ mm时,表面力起主导作用,这时需要的驱动力为$F \propto L^2$。

1992年,Drexler对若干物理量的尺寸效应进行分析,力学、电学物理量的尺寸效应见表2.4、表2.5,以供分析微机械时参考。

表 2.4　力学物理量的尺寸效应（特征长度 $L = l$）

力学导出量	导出式	长度 L 的变化影响	说明
压力 F_p	$F_p \propto S$	$F_p \propto L^2$	当 $L > 1$ mm 时，体积力起主导作用；而当 $L \leq 1$ mm 时，表面力起主导作用
重力 F_g	$F_g \propto V$	$F_g \propto L^3$	
黏性力 F_v	$F_v \propto S$	$F_v \propto L^2$	
刚度 S_t	$S_t \propto F/L$	$S_t \propto L^1$	
变形 D_f	$D_f \propto F/S_t$	$D_f \propto L^1$	
加速度 a	$a \propto F/m$	$a \propto L^{-1}$	
频率 ω	$\omega \propto \sqrt{k/m}$	$\omega \propto L^{-1}$	当长度变小时，频率相对变大，相应加快
时间 t	$t \propto 1/\omega$	$t \propto L^1$	
速度 v	$v \propto a \times t$	$v \propto L^0$	
功率 e	$e \propto F \times v$	$e \propto L^2$	
功率密度 e_d	$e_d \propto e/V$	$e_d \propto L^{-1}$	
摩擦力 F_f	$F_f \propto S$	$F_f \propto L^2$	

表 2.5　电学物理量的尺寸效应（特征长度 $L = l$）

电学导出量	导出式	长度 L 的变化影响	说明
静电场 E	$E \propto L^{-1}$	$E \propto L^0$	
电压 U	$U \propto E \times L$	$U \propto L^1$	
静电力 F_E	$F_E \propto S \times E^2$	$F_E \propto L^2$	电场强度一定
静电力 F'_E	$F'_E \propto S$	$F'_E \propto L^0$	微观尺度时，电压一定（$E = U/d$），d 为电极之间的间隙
电阻 R	$R \propto L/S$	$R \propto L^{-1}$	
欧姆电流 A	$A \propto U/R$	$A \propto L^2$	
静电功率 E_p	$E_p \propto F_E \times v$	$E_p \propto L^2$	
静电功率密度 E_{pd}	$E_{pd} \propto E_p/V$	$E_{pd} \propto L^{-1}$	
磁场 H	$H \propto L$	$H \propto L^1$	
电磁场力 F_H	$F_H \propto S \times H^2$	$F_H \propto L^4$	
电感 I	$I \propto e_m/A^2$	$I \propto L^1$	
品质因数 Q_w	$Q_w \propto \omega \times I/R$	$Q_w \propto L^1$	

　　从表 2.4、表 2.5 中可以看到，与特征长度 L 的高次方成比例的重力、电磁场力等在特征长度变小时，其作用相对减小；而与特征长度的二次方（L^2）成比例的黏性力、摩擦力等的作用相对增加（这也解释了为什么微小的灰尘颗粒比大的沙粒更容易被风吹起）；在微观尺度下，当电压一定时，与尺度变化无关的静电力（L^0）相对增大（这是灰尘容易被静表面电吸附的原因，也是微机电系统常用静电力致动的理由）。此外，在微纳尺度上，表面积（L^2）更加明显，因此与表面积有关的热传导、化学反应和表面摩擦阻力也明显增大。

综上所述,在微机械建模和分析中,必须要考虑尺寸效应和表面效应的影响。

下面讨论几种微执行器的尺寸效应。

执行器所产生的驱动力通常都与 L 相关,当执行器的特征长度发生变化时,驱动力也发生相应的变化,因此,首先研究微执行器的尺寸效应,这对 MEMS 微执行器(后文简称微执行器)的合理选择具有指导意义。

微执行器通常采用静电、电磁、压电和形状记忆合金(SMA)等驱动原理。微执行器的响应时间 t 为

$$t = \sqrt{\frac{2sm}{F}} \tag{2.1}$$

式中,s 为运动距离;m 为质量;F 为作用力。

微执行器的功率密度可定义为单位体积功率,即

$$p = \frac{Fv}{m} \tag{2.2}$$

式中,v 为运动速度。

(1)静电执行器的尺寸效应。

静电执行器电极之间的垂直静电力 F_{ESd} 和切向静电力 F_{ESa} 分别为

$$F_{ESd} = \frac{\varepsilon_0 ab U^2}{2d^2} = \frac{1}{2}\varepsilon_0 A E^2 \tag{2.3}$$

$$F_{ESa} = \frac{\varepsilon_0 b U^2}{2d} = \frac{1}{2}\varepsilon_0 bd E^2 \tag{2.4}$$

式中,a、b 为电极的侧面尺寸;d 为电极之间的间隙;U 为间隙上的电压;E 为间隙中的电场强度;ε_0 为介电常数;A 为侧面面积。

静电力的最大值由允许施加的最大电压的大小决定。在常规尺寸和常温、常压条件下的空气击穿电场强度为常数,约为 30 kV/cm。当特征长度减小时,驱动力将随 L^2 变化,响应时间与功率密度的变化分别与 L 和 L^{-1} 成正比。但是在微米尺度时,空气的击穿电压可看成常数,因此由式(2.3)和式(2.4)可得

$$F_{ESd} = \frac{\varepsilon_0 ab U^2}{2d^2} \propto \frac{L^3 L^1 (L^0)^2}{L^2} \propto L^0 \tag{2.5}$$

$$F_{ESa} = \frac{\varepsilon_0 b U^2}{2d} \propto \frac{L^1 (L^0)^2}{L^1} \propto L^0 \tag{2.6}$$

$$t = \sqrt{\frac{2sm}{F}} \propto \sqrt{\frac{L^1 L^3}{L^0}} \propto L^2 \tag{2.7}$$

$$p = \frac{Fv}{m} = \frac{Fs}{mt} \propto \frac{L^0 L^1}{L^3 L^2} \propto L^{-4} \tag{2.8}$$

即静电力不随尺度变化,而响应时间 t 和功率密度 p 的变化分别与 L^2、L^{-4} 成正比。

(2)电磁执行器的尺寸效应。

电磁执行器中,铁心的磁阻远远小于空气间隙的磁阻,因此磁通密度 B 为

$$B = \frac{\mu_0 NI}{L_a} \tag{2.9}$$

式中，μ_0 为空气磁导率；N 为线圈匝数；I 为线圈电流；L_a 为气隙长度。

空气间隙中的磁感应强度与总电流 NI 成正比，与气隙长度 L_a 成反比。由于最大电流受温度限制，特征长度越小所允许的电流也越小，即 $I \propto L$，因此有

$$B = \frac{\mu_0 NI}{L_a} \propto \frac{NI}{l_a} \propto \frac{L}{L} \propto L^0$$

即 B 不随尺度变化。

电磁执行器分为两大类：磁阻执行器和洛伦兹力执行器。磁阻执行器的垂直驱动力 F_{ESd} 和切向驱动力 F_{ESa} 分别为

$$F_{ESd} = \frac{abB^2}{2\mu_0} \tag{2.10}$$

$$F_{ESa} = \frac{bdB^2}{2\mu_0} \tag{2.11}$$

式中，a、b 为磁极的侧面尺寸；d 为磁极之间的间隙。

由于在最大温度的限制下，B 为常数，因此磁阻驱动力的变化与 L^2 成正比。

对于洛伦兹力驱动器，驱动力为

$$F = I(l \times B) \tag{2.12}$$

由于由永磁铁和线圈产生的磁场可以给出恒定的磁感应，而且电流变化与 L 成正比，因此驱动力的变化也与 L 成正比，响应时间和功率密度的变化分别与 L 和 L^{-1} 成正比。

(3) 压电执行器的尺寸效应。

悬臂式双膜片压电执行器产生的驱动力 F 和位移 s 为

$$F = \frac{3d_{31}EbhU}{4L} \tag{2.13}$$

$$s = \frac{3d_{31}L^2 U}{h^2} \tag{2.14}$$

式中，d_{31} 为压电系数；E 为弹性模量；L、b、h 分别为压电执行器的长、宽、高；U 为驱动电压。

因此，驱动力的变化与 L 成正比，运动距离不随 L 改变。

(4) 形状记忆合金执行器的尺寸效应。

形状记忆合金(SMA)执行器通过加热和降温来实现驱动，通常被认为是一种响应周期较长的驱动器，但在微米尺度下响应加快。SMA 的驱动力随 L^2 变化，运动距离随 L 变化，做功与 L^3 成正比。由于 SMA 的散热面积与 L^2 成正比，质量与 L^3 成正比，对流系数与 L^{-1} 成正比，因此响应时间与 L^2 成正比。当特征长度减小时，SMA 的散热面积相对增加，热对流增强，使 SMA 执行器响应时间大大缩短，功率密度大幅度提高。

表 2.6 给出了各种微执行器的驱动力、响应时间和功率密度与特征长度的关系。从表 2.6 中可以看出，执行器的驱动力通常正比于 L^2，而体积力正比于 L^3，因此随着特征长度的减小，执行器将显得更加有力。在微观尺度下，静电执行器驱动力不随尺度变化，压电执行器驱动力仅随尺度线性变化，体积力和表面力随着特征长度减小而减小，因此静电执行器和压电执行器是 MEMS 中驱动力最强的执行器，在设计 MEMS 器件与系统时应优

先选用。

表 2.6 几种微执行器的尺寸效应

执行器类型		工作原理	驱动力	响应时间	功率密度
静电		$E=$ 常数(一般尺度)	L^2	L^1	L^{-1}
		$U=$ 常数(微观尺度)	L^0	L^2	L^{-4}
压电		谐振	L^1	L^1	L^{-3}
SMA		热响应	L^2	L^2	L^{-2}
电磁	磁阻	$J \propto L^{-1}$	L^2	L^1	L^{-1}
	洛伦兹力	$J \propto L^{-1}$	L^2	L^1	L^{-1}

2.1.3 微流体力学

微机械的尺寸越来越小,使得小尺度流体现象的研究越来越重要。许多微型流动系统(如微量药物注射、打印机的微喷嘴、微泵、微阀、微流量计,以及微型飞行器、可进入人体内的微机器人、水中的微机器鱼等)的研究和开发使得微流体力学成为基础研究的一个热门领域。微流体力学理论对开发微机械具有重大的指导意义。观察在流体中运动的动物,从几十米长的鲸鱼到几毫米大的单细胞生物,比较它们的运动与雷诺数(Re,反映了惯性力与黏性力的比)的关系就会发现,鲸鱼和大型鸟类的惯性力起着显著作用,运动时主要受到相对流速所产生的垂直升力,常规类型的飞机也是根据这个原理在空中飞行的;而像蜻蜓、蚊子等较小的昆虫的雷诺数则很小,对它们的运动的空气动力学解释会与上述的大型飞行体有很大的不同。借助仿生学研究小昆虫运动的流体力学,将对研究微型航空器和水中微纳机器人大有帮助。

宏观流体力学有三个基本方程:基于质量守恒原理的连续性方程,基于动量守恒原理的动量方程和基于能量守恒原理的能量方程。微流体现象与宏观规律有相当大的差别,在微观领域,流体在运动过程中会受到尺寸效应的影响,表面力作用变得显著,而惯性力作用减小。材料的润滑、摩擦与宏观状态均不同,其表面黏着力、黏滞力发生了变化,从而影响了其力学性能并造成微流体力学特性的不同。微机械中的流体驱动机制可利用表面张力和黏性力,但其阻力特性也有所不同;微机械中流体的相变点(饱和压力和温度)不再是常数,而是随尺度的减小而降低;微细管道固液界面的微观物理化学特性所产生的化学效应对微流体的力学行为也有重要影响。在微流动中,雷诺数通常都很小。

1. 固体边界与边界层滑移

在宏观条件下,由于流体的连续性,在流体与固体的交界面处,流体与固体无相对滑移,在此条件下建立起三大方程的边界条件:无穿透条件,即沿法线方向的分速度;无滑移条件,即沿切线方向的分速度;无穷远处流场应与未扰动流体的状态衔接。

在微观条件下,固体边界将对流体产生显著影响。Pfahler 等人所做的微管道流体流动实验结果表明,在不同直径下,微流体与固体边界有不同的摩擦系数,从理论上可以认为是分子间作用力不同而导致摩擦系数不同,分子间的作用力主要包括范德瓦耳斯力、静电力和空间位形力。虽然分子间的基本作用力本质上是短程力(< 1 nm),但其累积效应

可导致大于 1 μm 的长程作用,如液体的表面张力效应等。

在微观条件下,固体边界无滑移条件应区别对待。在 1～1 000 μm 范围内,分子作用力虽然存在,但不是影响微流体流动特性的主要因素,此时,边界层相互重叠和挤压,造成流体的沿程损失显著,是影响微流体特性的主要因素;在管道尺寸 1～100 nm 范围内,分子作用力起主要作用,并主要表现为对静电力的影响;当尺度小于 1 nm 时,已经接近流体分子的平均自由程,此时连续介质层假设不成立,流体显示为分子在压力场条件下的定向运动。

一般微机械器件的长度尺度都要比简单液体的分子间距大得多,因此无滑移边界条件在无运动界面时仍然成立,还有一些情况是流动本身而不是边界条件需要修正。例如,大多数固体表面都有表面静电电荷,通过吸引流动液体中的离子而形成电偶层。电偶层的厚度为数纳米至数百纳米,接近微流动的特征长度量级,此时,整个流动都会受到该带电层的影响。

2. 层流与紊流

层流是流体稳定流动,紊流则是流体扰乱性流动。由于紊流的特性是随机的,因此目前对于紊流的研究仍有待深入。在宏观条件下,层流向紊流的转捩点,通常在雷诺数 $Re = 2\ 000 \sim 2\ 300$。以圆管为例,当雷诺数小于临界雷诺数时,即使存在对流体的强烈扰动,流体也会使扰动衰减而继续保持层流;当雷诺数大于临界雷诺数时,扰动在流体中会逐渐放大,成为紊流。

在微观条件下,流体流动状态的区别需要重新认识。这是因为许多微流量器件的尺寸小于流体由层流充分发展为紊流的尺寸。相关实验表明,$Re = 2\ 300$ 与微流体流动几乎无关。在宏观条件下用转捩点划分层流与紊流,是因为层流情况下,水头损失与流速的一次方成正比;而在紊流情况下,水头损失与流速的二次方成正比。通过转捩点的划分可以简化流体的计算;但在微观条件下,流体动能损失主要表现为黏性与摩擦损失,从本质而言,仍然是边界层损失与分子之间的力作用导致的损失。因此,在微观条件下,转捩点对流体运动状态的划分已不再适用。

3. 表面张力特性

液体表面的分子受到气体分子的作用,有向内部收缩的趋势,表现出表面张力特性,表面张力的大小用表面张力系数 σ 表示。在宏观条件下,表面张力通常可以忽略不计;但在微观条件下,它是一个重要的作用力。当管径尺寸微小时,表面张力对流体的运动有重要影响,在直圆管内所产生的压力差可表示为

$$\Delta p_s = 2\sigma \cos\theta / r \tag{2.15}$$

式中,σ 为表面张力系数(例如,水的表面张力系数,$\sigma_{水} = 73 \times 10^{-3}$ N/m);r 为圆管半径;θ 为液面与管壁的接触角。

当管径小至 $\phi 10$ μm 时,Δp_s 可高达 29 kPa。

4. 流体黏度特性

1845 年,斯托克斯(Stokes)用 μ 来描述流体黏度,并最终建立了纳维-斯托克斯(Navier-Stokes)方程,把流体黏度精确表示出来。在宏观条件下,流体黏度不变,且只与流体本身性质有关;在微观条件下,流体黏度受多方面因素的影响。Pfahler 等人的实验

结果显示,流体在不同截面形状管道中流动时,黏度各不相同,而且黏度也与温度、压强有关。目前尚不能用量化方式准确表达黏度与各种因素的关系,由于黏度是管道尺寸、截面形状、温度、压强等的函数,因此在 Navier-Stokes 方程中,不能把黏度 μ 看作常量。

2.1.4 微机械热力学

材料热力学性能的主要指标是热导率、材料密度和热容。微机械材料在一定的密度和热容条件下受尺寸效应影响,微结构中的热导率将呈现各向异性,导致其热力学性能与宏观状态时有很大的不同。

对微观尺度下热现象的研究主要解决两个问题:消除热障碍和发展热动力。前者是指解决微系统中严重影响系统功能和效率的散热问题;后者是指充分利用微观尺度下工作介质的热特性产生高效的动力源。

1. 微观尺度下热现象中的尺寸效应

在微观尺度下,热现象出现了一些与常规尺度下不同的新特点,可归纳为以下两点。

(1) 热流密度大。

MEMS 技术使得器件和系统的尺寸越来越小,其消耗功率也会减小;但为了完成一定的工作任务,可减小的余地非常小。这使得微系统内的热流密度非常大(约 10^7 W/m² 量级),远远高于航天器返回地球时与大气摩擦产生的热流密度。使用传统的冷却技术很难在短时间内将如此高的热流密度散失出去,因此,在微系统中可能出现的高热流密度对于电子器件来说是致命的。电子器件的可靠度对温度的变化十分敏感,器件温度在 70~80 ℃ 的水平上,每增加 1 ℃,可靠度就会下降 5%。

(2) 热惯性小。

一般认为,物体的热惯性与尺寸的立方成正比,因此当尺寸减小时,系统的热惯性会迅速下降。微系统中,工作介质热惯性的减小使得在常规尺度下很难实现的过程在微观尺度下短时间内就可以实现,如相变过程。对于其他同样可以实现的过程,在微观尺度下也实现得更快,灵敏度更高,如形状记忆合金的相变过程。

2. 微观尺度下的强化换热

微观尺度下的强化换热是一个很重要的问题。由于微系统中的热流密度极大,用常规的强化方法很难达到要求的效果,因此常采用一些新原理及特殊方法来增强换热。

(1) 微热管。

热管是一种利用相变来强化换热的传统技术,已经成功地应用于航空航天及核工业中的重要场合,由于其换热功率非常高,因此在微观尺度下的强化换热中也有发展前景。微热管的冷却功率可达 2×10^6 W/m²。

(2) 液滴冷却。

使用液滴冷却热芯片也是一种利用相变过程来强化换热的技术。其原理是液滴在芯片上受热蒸发,遇到冷壁面后冷凝成液体,再通过某种方式(自然滴落或振动诱导雾化)返回到芯片表面,构成闭式循环。液滴冷却系统的特点是:使用电介质冷却液作为工作介质;通过控制液滴直径和频率来控制冷却功率;内部可集成控制冷却的软件。

此外,合成喷气体冷却、热电冷却、热电离子冷却、热声冷却等方法也是增强换热能力的有效方法,分别在不同应用场合得到应用。

2.1.5 微摩擦学

微摩擦学(microtribology)主要研究微米及以下尺度的相对运动界面的摩擦、磨损、润滑性能和机理。微摩擦学包括纳米摩擦行为及其控制的研究、薄膜润滑与超滑技术研究、微观表面形貌与表面力学研究、表面物理效应的研究、微磨损和微观表面改性研究等。摩擦、磨损、润滑是微机械最主要的问题。研究微摩擦的目的主要是获得微小构件在质量很轻、压力很小的条件下减小摩擦、降低磨损的技术途径。

1. 微摩擦学的特点和主要研究内容

在微机械系统中,摩擦表面的摩擦力主要来源于表面之间的相互作用力而不再是载荷压力。传统的摩擦理论和研究方法已不再适合处理微小物体间的摩擦问题,如在静电微电机中,转子和转轴间的摩擦系数高达0.2～0.4。

与传统的机械设计相比,微机械中的摩擦问题显得特别突出。这是因为尺寸效应使得构件上的作用力随着尺寸减小发生急剧变化。当构件尺寸从 1 mm 减小到 1 μm 时,面积减小因子增大至原来的 10^6 倍,而体积减小因子增大至原来的 10^9 倍。这样,正比于面积的作用力(如摩擦力、黏性力等)与正比于体积的作用力(如惯性力、电磁力等)相比,增大了数千倍,从而成为微机械中的主要作用力。表面摩擦阻力的影响增大,不仅制约微器件的运动性能,而且也加剧了表面磨损,降低了可靠性。

在微机械中,各运动界面上的摩擦阻力相对于其他力的作用增大,而且其装载的可供使用的能量又很小,这就要求在微机械设计中尽可能地降低摩擦损耗,甚至实现零摩擦。另外,微机械由于空间限制和结构特点,往往利用摩擦作为牵引力或驱动力,这种设计常见于微驱动器或微型机器人的移动机构。此时,则要求摩擦力具有稳定的数值,而且可以实时控制。

实践证明,微摩擦过程中的黏滑现象要比宏观摩擦过程中的黏滑现象强烈得多。这是由于微机械中的摩擦副通常是在光滑表面的极低速滑动,表面黏附效应得到强化。滑动摩擦过程中的黏滑现象导致摩擦力和滑动速度不稳定,进而诱发摩擦振动,因而抑制黏滑现象发生的研究也是保证微机械正常运动的关键。

此外,大部分表面效应都与温度有关。在原子分子尺度上发生的机械、力学、化学和电学现象都依赖热能或被热能加强。在微观滑动摩擦的情况下,输入的摩擦能将使表面材料产生弹塑性变形,并在摩擦界面上转化为热能;许多材料的机械性能(如弹性模量和硬度等)及润滑性能都随着摩擦界面的温度升高而退化,反过来又影响其摩擦性能。所以,正确地估计界面温升和限制摩擦热对于微机电系统摩擦界面的结构和表面形貌设计是非常重要的。

另一个与微摩擦机理和性能密切相关的是黏附现象,这已成为阻碍许多微器件正常工作的关键问题之一。实践证明,微表面静止接触或者两表面间隙处于纳米量级时,表面能作用使两表面黏附在一起而不易分离,这不仅使微器件的动作失效,而且也是在微器件的制造过程中造成废品的重要原因。微加速度计、微陀螺仪和微阀等器件都会出现黏附现象。

正是由于上述特点,目前对于微摩擦学的研究主要集中在以下几个方面。

① 微观摩擦与宏观摩擦。一般认为,由于在微观尺度下,接触面积极小,而且微观尺度的材料硬度和弹性模量比宏观尺度时的测量值要高,因此在微摩擦中,黏附效应增强,犁沟效应减弱。

② 微观摩擦行为与表面形貌。实验研究表明,微观摩擦行为与表面形貌密切相关。由于表面形貌的作用,微观尺度的摩擦具有明显的方向性(各向异性)特征,即沿不同的方向滑动,其摩擦力的大小是不同的。

③ 黏着摩擦模型的适用性与黏滑现象。在有关固体滑动摩擦的各种模型中,最普遍采用的是鲍登(Bowdon)和泰伯(Tabor)建立的黏着摩擦模型。他们认为滑动摩擦阻力来源于犁沟效应和黏着效应。然而,这一根据宏观摩擦规律提出并被实践证明了的模型,是否能用来描述微观摩擦机理是需要研究的问题。

④ 分子膜润滑。在分子光滑表面的接触和滑动过程中,界面上的摩擦润滑现象相当复杂,传统机械的润滑技术不适用于微机械,这是由于微机械中摩擦表面间隙通常在纳米量级,处于微小间隙的常规润滑油在壁面效应的作用下将稠化成糊状。纳米摩擦学研究的重要进展之一是开发出多种有序分子膜,它有望成为新的超薄膜润滑材料。这种润滑膜通常是单分子层,是有机高分子材料,它形成并覆盖在固体表面上,其分子排列是有序且结构致密的。通过制备工艺可以改变有序分子膜的组成结构,或根据使用要求可以在结构中加入特殊功能的基团。因此,有序分子膜润滑为微机械提供了一种控制摩擦学性能的途径。

⑤ 表面形貌设计。微观摩擦是发生在界面上的微观动态过程。因此,表面结构形态是与摩擦行为直接相关的因素。在摩擦学研究中,在通过表面形貌的合理设计以改善摩擦磨损性能方面,已经取得大量的实用效果。近年来发展起来的表面修饰技术,即通过机械的、物理的或化学的方法人为地在摩擦表面制作出一定的表面形貌或纹理,从而获得良好的摩擦性能,已显示出广泛的应用前景。

2. 微机械中的摩擦力

摩擦学是一门经典学科。在宏观尺寸物体之间,人们早已总结出摩擦定律:$F = \mu N$。摩擦力 F 与所施加载荷 N 成正比,其比例系数 μ 即为摩擦系数,且是常数,与接触面积无关。在微机械中,摩擦行为不同于宏观物体。早期,研究者发现在硅同步静电微马达中,必须施加远远超过理论计算值的电场强度,才能驱动微马达旋转。针对这一现象,研究者的解释归结为微观尺度下摩擦系数增大。一方面,可以在马达转子下底面制备出几个小的凸点,减小转子底部与衬底的接触面积,使马达在较低电场强度下旋转;但这一事实与宏观摩擦定律不符,摩擦力和摩擦系数都与面积无关。另一方面,在氮气气氛下,在微马达接触面上涂覆单分子膜后,微马达的驱动电场强度可大幅降低。

研究者从摩擦定律出发,解释微观尺度下的摩擦行为。假设屈服应力 τ_s($\tau_s = F_s/A_r$;F_s 为静摩擦力;A_r 为两物体的黏着接触面积)与局部压力 p 成正比,由 $\tau_s = \tau_0 + ap$ 可以推得

$$\mu_s = a + \tau_0/p \tag{2.16}$$

式中,μ_s 为静摩擦系数;a 为比例常数;τ_0 为两个物体相互间的作用力;$p = N/A_r$。

① 若 $\tau_0 = 0$,即物体间没有相互作用力;或 p 远大于 τ_0,此时 $\mu_s = a$,即为宏观摩擦定律。研究者认为两个光滑且没有相互作用力的物体之间,在真空中的 μ_s 应非常小,实际测量二硫化钼之间的 $\mu_s = 0.008 \sim 0.15$;在大气环境中,由于表面吸附气体,因此几乎所有物体间的 $\mu_s = 0.1 \sim 0.5$。

② 若 $p \approx \tau_0$ 或 $p \ll \tau_0$,则宏观摩擦定律不再适用。例如,将两个超光滑抛光晶体在真空下接触后就粘住了。

微马达中摩擦力较大,曾被认为摩擦系数也大,但实际上可能是微结构间黏合和相互作用力问题。如果采取措施去除黏合,则微马达中的摩擦力和摩擦系数也许仍是一个合理的数值。在微马达转子下制备几个小丘,减小转子底部与衬底接触面积,从而可在较低电场强度下驱动马达旋转,实现这一目标的原因则可能是微结构间的间距拉大,相互作用力减小。

2.2 微电子学

当前,信息化正在各行各业发挥着至关重要的作用,改变着人类的生产和生活方式,改变着经济形态和社会、政治、文化等各个领域的面貌。信息化的基础源于微电子技术的极大发展。那么,什么是微电子学呢？简言之,微电子学就是微型电子学,它是脱胎于电子学的一门技术学科,其主要任务是研究在固体(主要是半导体)材料上构成微小型化电子电路、子系统及系统的学科。微电子学始于 1947 年晶体管的发明。晶体管的发明从根本上改变了电子电路的基本器件,但当时只是把它作为传统电子学中一种新器件,而不说微电子学已经取代了传统电子学。只有当集成电路(integrated circuit,IC)得到了发展,微电子的工艺技术、设计技术有了明确的、系统的内容,相应的电子系统的性能有了超越的、本质的提高,微电子学作为一门新学科才确立了下来。由于集成电路的原材料主要是硅,因此有人认为,从 20 世纪中期,人类进入了继石器时代、青铜器时代、铁器时代之后的硅时代。

微电子技术已经成为整个信息社会发展的基石,信息社会的进步取决于人们对信息的掌握和利用程度,而集成电路恰恰是将信息的获取、传递、处理、存储、交换等功能集成在一个小小的芯片上,而这种芯片又可以低成本、高可靠性、大批量地生产出来,且功耗低、体积小,从而可在前所未有的广度和深度上得到推广应用,成为信息化工农业、国防和科学技术的技术基础。微电子技术既是微细加工技术的产物,又是微机电系统的核心和基础,因此,学习微机械技术就必须了解微电子技术。

可以说,微电子学的发展史就是集成电路的发展史。集成电路是指通过一系列特定的加工工艺,将多个晶体管、二极管等有源器件和电阻、电容等无源器件按照一定的电路连接集成在一块半导体单晶片(如硅、锗、砷化镓等)或陶瓷等基片上,作为一个不可分割的整体执行某一特定功能的电路组件。

晶体管发明后不久,英国皇家研究所的 Dummer 首次提出了集成电路的设想。经过几年的实践和工艺技术水平的提高,1959 年德州仪器制造出了世界上第一块集成电路,共包含 12 个器件。2022 年,阿斯麦公司发布了其新一代极紫外线光刻机,台湾积体电路制造股份有限公司和三星公司利用该型光刻机已可以稳定地加工出 5 nm 节点的超大规模集成电路,一英寸(in,1 in = 2.54 cm)芯片可集成 64 亿个器件。集成电路的迅速发展,除了物理原理突破之外,还得益于包括微细加工技术在内的许多新工艺的发明,主要包括:1950 年发明的离子注入工艺,1956 年发明的扩散工艺,1960 年发明的外延生长工艺,1970 年发明的光刻工艺,以及阿斯麦和尼康等企业光刻机制造技术。这些关键工艺为晶体管从点接触结构向平面型结构过渡并使其集成化提供了技术基础。

平面硅工艺制造技术是推动集成电路产业化的关键技术。现代平面制造技术包括氧化、扩散、薄膜生长、光刻和蚀刻等工艺技术。在这些技术中,二氧化硅绝缘层生长技术和光刻技术是其中最为关键的技术。

金属 - 氧化物 - 半导体场效应晶体管(MOSFET)器件的发明,在微电子技术史上是一个具有里程碑意义的事件,它是目前超大规模集成电路的基本电路形式。由于该型器件具有工艺简单、功耗低、易于集成、可满足器件尺寸按比例缩小的需要等特性,因此,目前在半导体工业中,95% 以上的集成电路产品都采用互补金属氧化物半导体(CMOS)结构。

1971 年,Intel 公司制造出了第一个微处理器,它的发明具有里程碑意义。它的创造性,开辟了计算机应用和普及的新纪元。随着微处理器的发明和随之带来的成本降低、体积缩小,计算机的应用领域得到迅速扩展,并走进千家万户。微处理器的发明也带动了以 CMOS 为基础的超大规模集成电路技术的发展,带动了智能化电子产品的发展。

20 世纪 90 年代,集成电路的发展进入了微系统时代,提出了片上系统或系统芯片(system on chip,SOC)的概念:把信息处理系统或其子系统集成在一个芯片上,这样就使原来的集成电路发展到集成系统。MEMS 就是一种集成系统。

上述无论是微处理器还是微系统,其基本原理都基于冯·诺依曼架构的计算原理,即感知、存储和计算单元分立,数据在三者之间相互传递。在计算任务较小,对计算速度要求较低的情况下,可以满足应用需求。但随着信息化对于巨量数据高速处理的新需求,这种基于冯·诺依曼架构的器件暴露出算力不足和计算速度偏低的问题,数据在存储器和计算器之间的往复搬运中,出现严重的存储墙、功耗强、计算墙等问题;因此,新的基于冯·诺依曼架构的器件应运而生,它将传感、存储与计算功能融合,在一个器件中完成,形成感存算一体化器件。这类器件目前尚处于原型阶段,需要从器件材料、器件架构、计算电路等诸多方面进行设计。

当前,集成电路主要还是基于冯·诺依曼架构,它的分类方式较多,可将常用的几种集成电路分类方法归纳为图 2.2。

集成电路的制造通常包括设计、加工、测试、封装等工序。集成电路设计是根据电路所要完成的功能、达到的指标、现有的加工能力等条件设计出电路图;然后根据有关设计规则将电路图转换为制造集成电路所需要的版图,进而制成光刻掩膜版。完成设计以后,便可以利用光刻版按一定的工艺流程进行加工、调试,最终制造出符合原电路设计指标的集成电路。

集成电路的生产工艺极为复杂,包含多道工艺,其基本工序主要包括:单晶硅片的制备、薄膜外延、光刻、蚀刻、掺杂、镀膜、划片、键合、封装等。上述制造工艺将在后续章节中

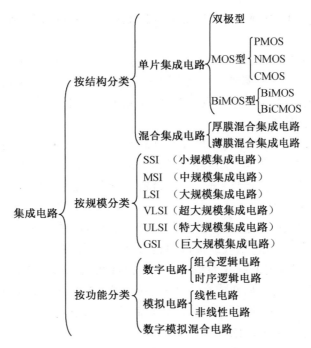

图 2.2　常用的几种集成电路分类方法

MOS—金属氧化物半导体场效应晶体管；PMOS—p 型金属氧化物半导体场效应晶体管；NMOS—n 型金属氧化物半导体场效应晶体管；CMOS—互补型金属氧化物半导体场效应晶体管；BiMOS—双极性绝缘栅型场效应晶体管；BiCMOS—双极性金属氧化物半导体场效应晶体管

详细讲述。

随着器件特征尺寸的不断缩小，特别是在进入纳米尺度的范围内后，单纯以特征长度的缩小而提高集成度的微电子技术的一维方式发展模式将面临一系列物理限制的挑战，这些挑战有来自于基本物理规律的限制，也有来自于材料、技术、器件、系统和传统物理理论方面的限制。这些限制如下。

（1）基本物理规律的限制。

众所周知，计算机处理信息的过程主要是一个进行布尔逻辑运算的过程，其中涉及布尔逻辑间的转换。无论采用何种器件结构和工作原理，其处理信息的过程都是一个物理过程，需要满足基本物理规律的限制。这些限制包括在电磁学、量子力学测不准关系、热力学等方面的限制，它们对信号的传输速度、器件开关转换的器件功率、器件开关引起的能量变化、集成系统能量耗散和热量产生等形成限制。这些基本的物理限制是不可逾越的，可以说是微电子技术的物理极限。

（2）材料方面的限制。

传统的微电子材料，如硅衬底材料、二氧化硅绝缘材料、多晶硅、硅的化合物和金属导电材料等无法满足微电子技术进一步发展的需要。为了解决这方面的限制问题，需要引入一些新的材料到微电子技术中来，如利用介电常数更高的三氧化二铝、二氧化锆、二氧化铪替代二氧化硅作为栅极绝缘层；进一步提高硅的纯度，降低杂质浓度；采用与硅的功函数更加匹配的金属作为接触电极,降低器件接触势垒,减少器件功耗等。

(3) 技术方面的限制。

传统的微电子工艺技术,如光学光刻工艺、离子注入工艺等,将接近其物理极限,无法满足器件进一步缩小的制备需要。解决该限制的途径是寻找新的工艺方法和途径,如沉浸式光刻、极紫外光光刻、电子束光刻、纳米压印光刻技术、自组装加工技术等。

(4) 器件方面的限制。

根据摩尔定律,由于器件的特征尺寸不断减小,2020 年,MOSFET 器件的开关过程仅需要一个电子参与,因此 MOSFET 器件的经典理论不适用。所以,必须要采用新的器件结构,如鳍式晶体管、量子开关器件、基于二维材料晶体管等新器件结构与新器件材料。

(5) 系统方面的限制。

系统方面的限制包括互连延迟的限制、系统的散热问题的限制等。随着器件尺寸的缩小和集成密度的增加,互连引线的横截面越来越小,电阻值增高,互连引线占的面积比例增加,互连引线的时延迟问题成为制约集成电路或集成系统性能进一步提高的主要因素。同时,随着集成度的提高,集成在芯片上的晶体管数越来越多,电路系统的散热问题日益严重。系统的总功率限制很有可能成为限制芯片集成度的另一个主要因素。

(6) 传统物理理论方面的限制。

传统物理理论方面的限制来自两方面:其一是传统微电子学理论的限制。尽管微电子学的理论基础是半导体能带论,但大部分的理论基础还是基于经典物理理论的,如经典的载流子输运模型(即漂移 – 扩散模型)。随着器件特征尺寸的缩小,量子效应变得显著,这些传统的微电子学理论需要利用量子力学理论对其进行改造。其二是现有物理理论的限制。随着器件尺寸进一步缩小到纳米尺度,系统中只有少数电子,而电子与电子之间的相互作用很强,这时,传统的平衡统计理论将面临挑战,需要发展全新的理论。

面对这些物理限制,微电子技术的发展呈现出多维发展的模式。其一是克服在材料、技术、物理基础方面遇到的限制,继续按照特征尺寸按比例缩小的途径继续发展,即所谓的"自上而下"的途径;其二是发展新的纳米技术,如纳米结构的自组装技术等,采用"自下而上"的途径发展;其三是将全新的纳米低维材料如碳纳米管、硅纳米线、石墨烯、二硫化钼等二维半导体材料与微电子技术相结合,开发新型的纳米电路;其四是研究新的器件结构(如量子器件),发展新的运算逻辑(如量子逻辑运算);其五是将微电子技术与其他技术结合,形成新的学科和技术领域,如与机械学、光学结合的 MEMS,与生物学结合的 DAN 芯片,与各种信息处理系统结合的系统芯片(SOC)技术等。以系统芯片技术为例,它能够对光、声、电、磁、力等各类信息进行信息采集、处理、存储、传输等功能的电路模块全部集成在一个芯片中。这样的系统芯片可以低成本、高效率地大批量生产,而且可靠性好、耗能少,因此可以广泛而又方便地应用于国民经济、国防建设乃至家庭生活的各个方面,大大地提高人们处理信息和应用信息的能力,以及社会信息化的程度。

2.3 微光学

微光学是研究尺度在微米量级的光学功能元件。微光学元件具有体积小、质量轻、易集成等优点，无论是在现代国防军事领域，还是在普通的工业领域，都有着重要且广泛的应用，例如光纤通信、信息处理、航空航天、生物医学、激光加工、光计算技术等。

微光学已经成为与微电子和微机械密不可分的重要部分，尤其在汽车、飞机和机器人等领域。目前，微光机电系统（MOEMS）已经成为微机械的重要发展方向之一。随着微光学的发展，人们不仅可以在硅芯片上制作出与衬底平行的微光学元件，还可以制作出与衬底垂直的三维光学微器件，例如各种折射器件、反射器件、衍射器件、全息器件、变折射率器件、波导器件，进而制造出微光学平台（MOT）。微光学平台与微机电系统（MEMS）结合，最终出现了微光机电系统，开始实现工业科学上的两大追求——微型化和智能化。芯片实验室（lab on chip）从概念到应用都得到很好的发展，已经在快速检测、便携试剂盒等领域发挥着重要作用。微光学、微系统和微芯片的出现，将给传统光学、传统工业及人们的生活带来根本性的变化。

无论是设计理论还是加工技术，微光学都完全不同于宏观光学。它是光学、微电子学和微机械学技术相互渗透、相互交叉而形成的一门新的学科。微光学涉及材料研制、设计、精细加工、器件集成，以及用其实现光束发射、聚焦、准直、偏折、分割、复合、开关、耦合、接收等功能和光纤传感、光学信息处理、成像系统、光通信、光计算、光互连、光学神经网络及生物器件等应用研究领域。微光学涉及的材料主要有硅、二氧化硅、石英、玻璃、锂化铌、各类半导体和一些有机材料，所涉及的器件包括光波导，光电二极管、激光二极管等微光源，光纤和微透镜等微光学元件。微光学元件需要借助微纳米加工技术来实现，包括精密及超精密切削加工技术、激光束直写技术、电子束直写技术、光刻技术、各类高能束刻蚀技术、镀膜技术、纳米压印技术、3D 打印技术等。微光学是一套系统的理论，包括微光学的基本理论、设计方法、现代加工技术等。

微光机电系统主要由微光学元件、微定位器及微驱动器构成。MOEMS 中的光束一般平行于基底传播，微光学元件在设计掩膜时被精确地对准，通过微驱动器和微定位器还可以对微光学元件的位置进行精密微调。

直写技术是微光学元件制作的有效手段。应用计算机控制的扫描系统使激光束或电子束对光敏抗蚀剂薄膜曝光，对曝光光束强度和处理参数的精确控制可以直接制造出复杂微结构。直写技术特别适合制造折射/衍射混合微光学元件，如相位匹配菲涅耳元件，这种元件具有新颖和独特的光学特性，并且是用其他技术难以制作的。此外，通过各种微结构的交错分布，产生具有组合光学特性的微光学元件，也只能通过直写技术才能制造出来。

目前，微光学元件主要包括空间光调制器、自由空间微光学平台、可变波长微光学器件、微光学扫描镜、微光开关、光衰减器等。

随着微光学研究的继续深入，光学元器件的微型化、阵列化、集成化，光学系统和光电子学系统的信息容量和处理能力将会大幅度增加，同时系统的稳定性、耐用性、实用性增强，而且成本不断降低。这一宏大的"微工程"的兴起和发展，必将产生巨大的经济效益和社会效益，同时具有浓厚的军事应用背景。

微光学已经有二十多年的成长过程，目前已经发展成为光学、光电子学领域相对独立的一个学科分支，并且形成了一套比较系统和完整的理论和方法，如微光学材料理论、加工技术、元件设计方法、器件阵列综合成像理论、微光学的测试方法等。计算机在微光学中的应用形成了微光学的计算机辅助分析(CAA)和计算机辅助设计(CAD)方法。微光学正在迅速深入和拓宽，今后的发展趋势大体为：① 微细加工工艺的革新和完善，特别是研究微米级、亚微米级的微光学工艺技术；② 微光学材料的研究和开拓，特别是半导体材料、非线性聚合物材料、光析晶体材料的研究及在微光学中的应用；③ 微光学元器件的集成化、多功能化，特别是三维集成器件的研制；④ 微光学元件及其阵列的成像、传输理论和设计方法的研究；⑤ 微光学产业化的发展等。

2.4 分子装配技术

分子装配技术(molecular assemblage)也可以称为分子操纵技术或原子操纵技术，它是一种从物质的微观入手并以此为基础构造微结构和微机械的方法。分子装配技术也是一种纳米尺度上的微细加工技术。扫描隧道显微镜和原子力显微镜具有优于 0.01 nm 的纵向空间分辨率，是目前世界上精度最高的表面形貌观测仪。利用其探针的尖端可以俘获分子或原子，并且可以通过对原子或分子的操纵，实现在纳米尺度上对材料进行加工，完成单原子或单分子器件的制作，也可以按照需要制造出具有一定功能的结构，进行分子装配，制作微机械。例如，国际商业机器(IBM)公司于1991年操纵氙原子，在镍板上拼出了"IBM"的字样和美国地图；中国科学院化学研究所也拼出了"中国"字样和中国地图。

分子作为组成物质世界的一个基本单元，小到简单的无机小分子，大到复杂的生物大分子，都具有极为丰富和神奇的结构和性质。20 世纪 70 年代中期，IBM 的科学家提出了分子电子学的概念，但当时构造成与隧道二极管类似的单分子器件的想法仅仅停留在对分子整流器的理论计算上。80 年代，IBM Zurich 研究所的科学家为了研究氧化物隧穿结的特性而发明了扫描隧道显微镜。出人意料的是，这一成果却为科学家提供了一种前所未有的直接观察单原子、单分子的手段，从而从根本上改变了人类对纳米世界的认识水平。随着近年来扫描隧道显微学实验和理论水平的不断改进和提高，单分子的研究正不断展现出令人兴奋的研究成果，人类已经实现了操纵单分子、构造原子和分子器件的梦想。

化学家已经有办法合成具有各种特殊功能的超分子结构，如以 C_{60} 为代表的富勒烯家族和碳纳米管等就是典型的代表。而当前纳米器件制造工艺从本质上仍属于传统的"自上而下"的方法，即通过开发现有宏观工艺手段的潜力实现材料微型化程度的提高。如果能够按照人的意愿，采取与之相反的"自下而上"的方法，在分子水平上增加结构的复杂度，一个一个地控制和操纵功能单分子，设计和构造各种新的物质和分子功能器件，则无疑是一件激动人心的事。这需要解决以下几个关键的问题：① 一种方便、可靠的操纵单分子的技术手段；② 确认分子在特定吸附位置的特定取向，由于功能分子一般具有复杂的三维结构，因此它们相对于固体表面的吸附取向决定了该吸附体系的物理和化学性质；③ 寻找有效的控制分子取向的方法，甚至进行"分子手术"，对分子进行"剪裁"和加工，人工制造出新的分子。

自STM发明以来，研究者就希望把STM探针作为在纳米世界中操纵原子的"手"。通常有以下几种可能的单分子操纵方式：①利用 STM 针尖与吸附在材料表面的分子之间的吸引或排斥作用，使吸附分子在材料表面发生横向移动，具体分类又包括"库引""滑动"和"推动"三种方式；②通过某些外界作用将吸附分子转移到针尖上，然后移动到新的位置，再将分子沉积在材料表面；③通过外加一电场，改变分子的形状，但却不破坏它的化学键。

在宏观尺度下，由于碰撞、摩擦等能量耗散机制的存在，因此有热力学定律——输出有用功永远小于总功。早在 19 世纪中叶，Maxwell 就认识到对这个定律的唯一可能挑战是把机器减小到分子的尺度，因为在这个尺度下，惯性、动量、重力与分子间的相互作用力相比都十分微小，同时，经典意义下的摩擦力也不存在，在这种条件下，能量／动量转换所实现的途径将不同于宏观尺度下我们所熟悉的经典机制。设想我们要在纳米世界中用足球分子——C_{60} 安排一场比赛，将是非常困难的一件事，因为动量转换在这一尺度下是受到限制的。在单原子和单分子尺度，电子学行为将遵循量子力学规律。虽然量子效应对光的发射和吸收的影响已经得到很好的认识，但仍有许多有关稳定态之间量子隧穿的问题仍未解决，如在势阱中的隧穿过程和非弹性散射效应是如何发生的，探针和隧穿势阱间的相互作用关系等。还有一些我们已习以为常的问题，在单分子的尺度上却不得不重新仔细考虑。举一个简单的例子，当我们要测量一个单分子的电子特性时，怎样定义"接触"？怎样定义"电容"？对以上问题的深入研究，不仅将进一步扩展人类在纳米世界中的认识范围，同时这些基础研究课题也必然是 21 世纪新技术的源泉。

分子操纵技术在生物科学和生命科学中也具有广阔的应用前景。目前，分子操纵技术在生物科学中的主要应用有：基因分析、染色体和细胞膜分析、蛋白质和核酸聚合分析、新物种产生等。

2.5　微细加工机理总结

由于微细加工方法的种类繁多、原理各不相同，加之微细加工技术能力不断提升，新的加工机理和加工方法不断涌现，因此，研究者对微细加工机理的研究与认识还需要进一步深入。本书后续各章中，将分别阐述各种不同微细加工方法。从总的加工机理来看，微细加工可分为分离、结合、变形三大类。分离加工又称为减材加工，其机理是从工件上去除一部分材料，可以用分解、蒸发、扩散、切削等手段分离。结合加工又称为增材加工，其机理是在工件表面上增加一部分材料，可以与之前相同，也可以不同。如果这层材料与工件基体材料不发生物理化学作用，只是覆盖在上面，则称为弱结合，典型的加工方法是 3D 打印、电镀、蒸镀等；如果这层材料与工件基体材料发生化学作用，生成新的物质层，则可称为强结合，典型的加工方法有氧化、渗碳、渗氮等。变形加工又可称为等材加工，其机理是材料流动使工件产生变形，其特点是不产生切屑，典型的加工方法是压延、拉拔、挤压等。长期以来，人们对变形加工的概念停留在大型、低精度的认识上，实际上，微细变形加工可以加工极薄（板厚为数微米）或极细（丝径为数微米）的成品材料。

第 3 章

微细切削加工技术

通常情况下,组成零件材料的晶粒直径在几微米至几百微米量级,传统的切削加工发生在晶粒之间或缺陷位置处,所需要的切削功率密度较低。随着零件尺寸微小型化,在强度和刚度方面都不允许采用较大的吃刀深度和进给量,且二者尺度接近或小于晶粒直径,因此,切削过程更多发生在晶粒内部,需要克服原子分子间作用力,需要的切削功率密度更高。这些特征使得微小零件的切削加工表现出异于传统切削加工的机制和过程,产生了新的微细切削加工技术。本章首先简要介绍微细切削加工的总体特征,随后对微细车削、微细铣削、微细钻削、微细冲压、微细磨削、微细磨料水射流等加工技术等进行简要的探讨。

3.1 微细切削加工技术概述

目前,平面硅工艺加工技术虽然可以达到极小的加工尺寸(< 3 nm)和较高的加工精度(< 1.5 nm),但只适于特定材料和二维、准三维形状的加工,不能满足微机械零件材料多样化、结构三维化、功能复杂化、制造柔性化的发展趋势。微细切削加工技术由于具有加工精度高、成本低、效率高、三维加工能力强、适用工件材料范围广等优点,已成为微细加工的重要手段,在近二十年得到了飞速发展。微细切削加工技术是建立在传统机械切削加工技术基础之上的,并融合应用超精密加工技术、数控技术、CAD/CAM 技术、超精密检测技术、微小型刀具设计制造技术等发展起来的,针对微小型零部件及装配制造的一种微细加工技术。

微细切削加工技术特别适用于加工表面粗糙度和几何精度在数十纳米至微米之间的微小零件。由于受到机床刀具及加工方式等多方面的约束,因此,微细切削有其加工极限,虽然不能达到原子级的加工水平,但仍能满足微小型零件和各种微小型三维结构件的加工需求。随着微小型刀具制备、微小型位置检测、微小型机床研制水平的提高,微细切削的加工对象和应用范围还在逐渐扩大,如微机电引信中的微小型三维高承载金属结构件,制导兵器中的微机械陀螺、微惯性器件等,都成为微细切削加工技术的重点应用领域。而微小型复杂、异型、高强度、多尺度金属结构件的加工对微细切削加工技术提出了更高的要求,迫切需要我们对微细切削的有关基础理论进行研究,对微细切削的工艺方法进行总结,并对相关的工艺实验进行研究。

3.1.1 尺寸效应

在微细加工过程中,由于零部件整体或局部尺寸的缩小而引起的在成形机理及材料变形规律上表现出的不同于传统成形过程的现象,称为尺寸效应。它的产生与切屑极薄层密切相关,当切屑层厚度与材料晶粒尺寸相当或者小于后者时,宏观切削研究时进行的假设条件将不再成立。例如,表面力相对体积力极其微小而忽略表面力的相关作用;假设材料为均匀连续介质而忽略材料的微观结构中的缺陷;假设温度场连续而建立起来的温度梯度概念和热流矢量概念等。因此,研究微细切削的相关机理,弄清微细切削加工特点,研究加工工艺系统及加工工艺技术,都必须考虑到尺寸效应,具体可以从以下三个方面考虑。

(1) 微表面力学的尺寸效应。

长度尺寸通常用于表征作用力的类型的基本特征量,表面力和体积力分别用基本特征量的二次方和三次方来标度。显然,宏观切削中,表面力远小于体积力,可以忽略;但随着尺度减小,表面力逐渐增大,将与体积力达到同一数量级,甚至超过体积力,此时就必须考虑到表面力对切削加工的重要影响。在微细切削加工中,表面力主要表现为切屑与刀具前刀面的摩擦力和后刀面与零件表面挤压、耕犁产生的摩擦力。此时,表面力将形成主要的切削力,表面力学和表面物理效应将起着主导作用,宏观尺度下的设计和分析方法将不再适用。

首先,表面物理效应起着主导作用,表面原子比例增多,原子配位不足,表面能增大,使表面原子的活性增高且不稳定,极易与其他原子发生结合等相互作用。这种原子间的相互作用力本质上属于短程力(<1 nm),但其累积效果可导致大于 0.1 μm 的长程作用。其次,相互接触表面之间存在的范德瓦耳斯力也不容忽视,虽然它是所有作用力中最弱的且为短程力,但在大量分子和原子体系及极大表面积时,其可以产生大于 0.1 μm 的长程作用,且作用效果十分显著。此外,工件表面带电粒子之间的相互作用产生的静电力属长程作用力,它与粒子之间的距离平方成反比,在距离小于 0.1 μm 时表现得尤为突出,当距离大于 10 μm 后仍然显著。

(2) 微摩擦学的尺寸效应。

微切削过程中的表面力主要表现为不同接触面上的摩擦力,这些摩擦可分为静摩擦和滑动摩擦。其中,静摩擦在一些悬臂结构的加工中表现得尤为突出,切削过程由于静摩擦的作用,悬臂结构牢固地黏附在它所依附的衬底表面,造成结构或零件失效。滑动摩擦与表面温度密切相关,表面力在引起摩擦磨损的同时导致表界面温度升高,加之微细切削的切削体积较小,会造成单位切削面积上的热量集中,散热不好,从而使得微细切削过程中必须考虑温升对于滑动摩擦的影响,经典的摩擦定律在此失效,摩擦力的大小主要依赖于接触面的大小和形态。因此,可以通过改变刀具前后刀面的形貌来改变接触面的大小和形态,进而控制微细切削中产生的摩擦力,改善摩擦状态。

(3) 微传热学的尺寸效应。

在微观尺度下,金属材料中热传输过程的机制是电子与声子之间的相互作用,而在半导体和绝缘体中则完全取决于声子散射。在切削厚度方向上,由于传输能量的电子和声子的数量及速度有限,温度场将不再连续,温度梯度的概念失效,且热流矢量的概念也失效。这是微细切削中传热不同于宏观传热理论的一个重要方面。

由于切削层参数极小,工件材料将被视为非均匀、非连续的各向异性体,因此热传输介质出现错位和非连续缺陷,需要更进一步研究微观尺度传热和散热方式。

综上所述,由于尺寸减小,许多宏观切削中假设的前提、形成的理论、获得的规律将不再适用微细切削加工。例如,宏观尺度下材料的导热系数保持不变,但理论和实验都表明,随着尺寸的减小,该系数可降低 1~2 个数量级(例如,当金刚石薄膜厚度从 30 μm 减小到 5 μm 时,导热系数降低至原先的 1/4)。因此,对于微细切削的研究,首先需要明确尺寸效应对其产生的影响。

3.1.2 切削参数的特征

(1) 最小切削厚度。

在机械加工工艺系统已定的条件下,刀具的刃口半径(r_n)是必然存在的,在宏观切削过程中,由于切削层参数远远大于刃口半径,因此可以将刃口合理地简化为一条线;而在微细切削中,切削层参数可能与刃口半径在同一数量级,甚至更小,因此不能再对刃口进行简单的简化。在极薄切削的情况下,存在一个最小切削厚度(h_{Dmin}),即刀具能够稳定切削的最小有效切削厚度。因此,在建立微细切削模型时,需要考虑到切削厚度大于或小于 h_{Dmin} 的两类不同情况。根据图 3.1(a) 中的微切削模型,可建立图 3.1(b) 所示的微切削中刀具与工件之间的弹性变形。

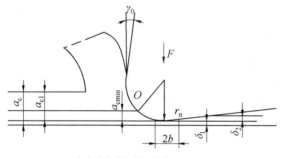

(a) 未产生切屑时切削变形区

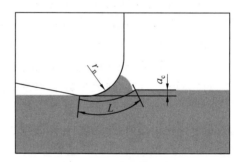

(b) 刀具与工件之间的弹性变形

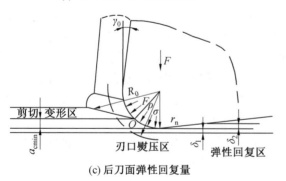

(c) 后刀面弹性回复量

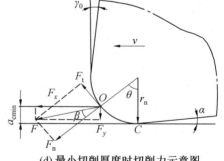

(d) 最小切削厚度时切削力示意图

图 3.1 微细切削示意图

由于刀具刃口半径存在,因此 h_{Dmin} 为

$$h_{\text{Dmin}} = r_{\text{n}}\left(1 - \frac{\sin\omega + \mu\cos\omega}{\sqrt{1+\mu^2}}\right) \quad (3.1)$$

式中,μ 为工件材料摩擦系数(例如,采用金刚石刀具切削铝合金时,摩擦系数为 0.12 ~ 0.26);ω 为正应力方向与切削速度方向的夹角。

在微细切削加工中,通常采用超硬刀具材料,如金刚石、立方氮化硼(CBN)等。最小切削厚度 h_{Dmin} 与 r_{n}、μ、ω 之间的关系见表 3.1。

表 3.1 最小切削厚度 h_{Dmin} 与 r_{n}、μ、ω 之间的关系

h_{Dmin}	$\omega = 38°$	$\omega = 40°$	$\omega = 42°$	$\omega = 45°$
$\mu = 0.12$	$0.295 r_{\text{n}}$	$0.271 r_{\text{n}}$	$0.246 r_{\text{n}}$	$0.214 r_{\text{n}}$
$\mu = 0.26$	$0.206 r_{\text{n}}$	$0.158 r_{\text{n}}$	$0.165 r_{\text{n}}$	$0.138 r_{\text{n}}$

当切削厚度小于 h_{Dmin} 时,将不会产生切屑,剪切变形区长度(L)由剪切变形区刀具和工件接触部分的弧长求得(此区域即为刀具压入工件表面的区域),即

$$L = \frac{\arccos\left(\frac{r_{\text{n}} - a_{\text{c}}}{r_{\text{n}}}\right) \cdot \pi \cdot r_{\text{n}}}{180} \quad (3.2)$$

式中,a_{c} 为切削层厚度。

当切削厚度大于 h_{Dmin} 时,将在前刀面产生切屑,同时后刀面将与工件材料表面发生强烈的挤压和摩擦,工件上过渡表面发生弹性变形并从后刀面流出,弹性变形得以回复,因此,此时的切削模型如图 3.1(c)所示,影响最终工件尺寸的重要参数为工件表面的弹性回复量 δ_2。此处有

$$|\delta_2| = \int_{\rho}^{R_0}\varepsilon_{\text{re}}\mathrm{d}r + \int_{r_{\text{n}}}^{\rho}\varepsilon_{\text{rp}}\mathrm{d}r = \int_{\rho}^{\infty}\frac{3\tau}{2E_2}\left(\frac{\rho}{r}\right)\mathrm{d}r + \int_{r_{\text{n}}}^{\rho}\frac{3\tau}{2E_2}\mathrm{d}r = \frac{3\tau}{2E_2}(2\rho - r_{\text{n}}) \quad (3.3)$$

式中,ε_{re} 为工件变形系数;ε_{rp} 为刀具变形系数;E_2 为工件材料弹性模量;ρ 为切削刃曲率中心至弹、塑性边界的半径;τ 为工件材料的剪切屈服应力。

根据塑性理论,可将式(3.3)简化得到弹性回复量与刃口半径的关系为

$$\frac{\delta_2}{r_{\text{n}}} = \frac{3\beta}{4}\left(2\mathrm{e}^{\alpha - \frac{1}{2}} - 1\right) \quad (3.4)$$

式中,α 为切削时内应力在 y 轴方向上的分量系数;β 为 y 轴方向上的内应力与工件材料弹性模量之间的系数。

由式(3.4)可知,已加工表面的弹性回复量将由刀具刃口半径、工件的硬度和抗拉强度之比、抗拉强度和弹性模量之比等三个因素决定。对于大多数金属材料,取 $\alpha = 3$,对于缺陷少的材料,取 $\beta = 0.01$,从而得到 $\delta_2/r_{\text{n}} = 0.17$,表面工件材料的弹性回复约为刀具刃口半径的 20%。

如图 3.1(c)所示,由于刀具钝圆半径的存在和切削厚度极小,微细切削具有明显的尺寸效应,存在最小切削厚度 h_{Dmin},该数值可以通过理论公式、有限元仿真和实验测量等方式求解。在建模理论方面,通常在传统切削理论公式的基础上,考虑到微切削过程中刃口钝圆半径、切屑变形系数、有效工作前角、工件材料回弹造成滑擦力等,对切削理论公式

进行修正。此外,利用微元法并考虑上述微切削工艺过程特点,建立微细切削理论模型。理论模型的求解通常需要借助数值求解方法,采用有限元软件和分子动力学软件,研究切削过程中材料去除机理、应力 - 应变变化、力 - 热耦合现象等。

随着切削尺度的减小,前刀面参与切削的面积越来越小,材料去除主要依靠切削刃附近区域,参与切削的实际刀具前角(γ_e)将变为负值,其大小可用式(3.5)表示,这是微细切削的典型特征,即

$$\gamma_e = -\arcsin \frac{2r_n - a_c}{2r_n} \tag{3.5}$$

式中,a_c 为切削层厚度。

从式(3.5)中可以看出,随着切削层厚度的减小,前角值逐渐增大,对切削力也造成相应的影响。

在最小切削厚度的情况下,切削平面内,切削临界点 O 处的受力如图3.1(d)所示,F_t 和 F_n 为该点的摩擦力和法向力,F_x 和 F_y 为切削速度方向上的主切削力和垂直方向上的径向切削力,β 角为刀具与工件之间的摩擦角。由图3.1(d)可建立式(3.6)所示的切削分力计算公式,即

$$\begin{cases} F_x = F_n \sin \theta + F_t \cos \theta = F_n \sin \theta + \mu F_n \cos \theta \\ F_y = F_n \cos \theta - F_t \sin \theta = F_n \cos \theta - \mu F_n \sin \theta \end{cases} \tag{3.6}$$

(2)切削力。

由于微小零件的尺寸特点,因此微细切削加工中的吃刀深度和进给量必须很小,宏观切削力小,但单位面积切削力很大,且切削力随着吃刀深度的减小而增大,吃刀抗力大于主切削力,这些都是微细切削中表现出的特有的尺寸效应。例如,吃刀深度为0.1 mm 的普通切削,切削应力为0.5 GPa;吃刀深度为0.8 μm 的微细切削,切削应力达10 GPa。此外,切削刃刃口钝圆半径的存在使得刀具可能工作在负前角条件下,切屑变形大;同时,为了克服晶粒内部的原子分子间作用力,单位面积切削力急剧增大。

(3)切削温度。

与传统切削加工相比,由于通常采用金刚石刀具且切削用量小,导热系数高,故切削温度较低;同时,刀具锋利,容易磨损,使切削温度有所上升;刀具散热体积减小,刀具温升有增加的趋势。

(4)切削过程的复杂性。

由于上述微细切削加工中刀具几何参数和切削用量特点,微细切削加工中三个变形区过程变得更加复杂,尤其是第三变形区。工件弹性回复后与刀具后面的摩擦将会引起刀具急剧磨损,产生切削热,影响加工表面完整性。当切削层厚度与刃口半径处于同一数量级时,刀具实际工作形成的负前角切削产生的滑擦和耕犁现象对切削过程的影响较大,使加工表面质量变差。

3.1.3 微细切削加工主要条件

实现微小型零件的微细切削加工所必需的三个条件分别为:① 微细切削加工机床与夹具;② 微细切削刀具及其刃磨技术;③ 零件检测技术、零件加工工艺、环境技术等。本

节只详细说明前两个条件。

(1) 微细切削加工机床与夹具。

微细切削加工机床是最重要的微细加工设备,其组成主要包含主轴、进给工作台、床身、检测和微进给装置及系统。总体要求:① 各轴能够实现纳米级运动精度;② 高精度运动伺服系统;③ 主轴高转速和极小跳动;④ 高精度定位及重复定位精度;⑤ 机床结构高刚度及低热变形结构;⑥ 稳固的刀具夹持和高重复夹持精度。其中,刀具专用夹具是微细切削加工的关键之一。

微细主轴是实现微小型零件加工的关键部件之一,它应当具有高速、高刚度、高回转精度、高热稳定性等特性。微细切削加工用主轴主要分为两种:一种是气动涡轮式主轴,如美国 Mohawk Innovative Technology 公司开发的空气涡轮式微主轴,最高转速大于 700 000 r/min,回转精度可达 8 ~ 50 nm;另一种是微电主轴,如日本产业技术综合研究所 (AIST) 开发的高速电主轴,最高转速达 300 000 r/min,径向跳动小于 0.3 μm,电主轴通常采用陶瓷球轴承和磁悬浮轴承。

进给工作台作为微机床的重要移动部件,其运动速度、精度、分辨率、响应速度等都直接关系到机床的加工性能。上述特性均与工作台的驱动部件和导向支撑方式密切相关。在微驱动方式方面,主要有高精度伺服电机、压电陶瓷、音圈电机、超声波电机等。英国诺丁汉大学的 Axinte 等人利用直流伺服电机驱动工作台,实现了工作台行程 25 mm,最大进给速度 300 mm/s,最大加速度 10 m/s^2,重复定位精度 ±0.1 μm。压电陶瓷、音圈电机和超声波电机等能够提高微量进给的分辨率、定位精度、响应速度等,目前主流的定位精度可达 0.1 μm 以上。进给工作台的支撑部件主要有精密滚柱导轨和气液静压导轨两类,前者使用寿命长、承载能力强、动静摩擦力小、定位精度可达亚微米级;后者导轨摩擦系数小、发热量小、运动精度高、平稳性好,广泛用于各类型微机床中。

机床床身需要高刚度和优异的热稳定性,这对床身材料、结构及布局均提出了新的要求。目前,微小型机床床身材料主要是花岗岩,它具有高阻尼、低振动、高热稳定性等优点;有的采用具有超低热膨胀系数的铁镍合金。在床身布局方面,采用气浮主轴与龙门式支撑结构结合的立式布局已成为目前主流方式,但也存在着三角对称式、杠杆式、塔式、并联式等多样化结构。

(2) 微细切削刀具。

微细切削刀具是实现微细加工的重要保障条件,为了实现极薄切削参数(10^{-4} ~ 10^{-2} mm),要求刀具必须具备:① 刀具材料,刃磨性优异,刃口钝圆半径极小,表面粗糙度值小,高强度,高耐磨性,与工件材料亲和性低;② 刀具结构,适合刀具制造,新结构等。

① 刀具材料。

目前,微细切削刀具材料通常采用金刚石、硬质合金、陶瓷、高速钢等,其中,金刚石可以稳定批量获得钝圆半径小于 10 nm 的刀具,从而获得最为广泛的应用。但也面临着高温氧化、石墨化、碳化等失效,主要用于切削温度小于 800 ℃ 的非铁基金属和非金属材料。由于硬度极高,因此金刚石只适合制作形状结构简单的刀具。硬质合金(晶粒尺寸在 0.2 ~ 1.3 μm)具有抗弯强度高、韧性好、热稳定性好等特点,适合制造形状复杂的微铣刀、微钻头、微冲头等,用于黑色金属及难加工材料的切削加工。陶瓷具有高硬度、耐磨性好、化学性能稳定等特点,适合制造高速切削、难加工材料的切削刀具。高速钢具备优异的综合性能,在硬度、韧性、红硬性、耐磨性、耐热性等方面达到一定的平衡,综合性能较高,因此适合制作结构复杂,但对某一性能要求不高的微型钻头、铣刀、齿轮滚刀等,其成本比硬质合金低很多。温度对刀具材料硬度的影响如图3.2所示。

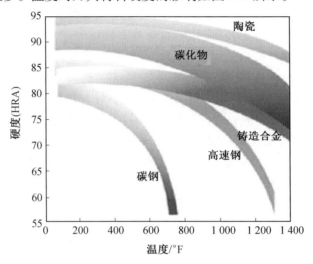

图3.2　温度对刀具材料硬度的影响

除了上述整体式刀具材料外,刀具涂层技术在提高抗磨损性、耐用性、热稳定性等方面也发挥着重要作用。通常采用的刀具涂层包括:类金刚石、氮化钛、氮化铝钛、氮化铬等薄膜。对于同一种涂层材料,在一定的涂层制造工艺条件下,影响其物理力学性能的因素主要有:薄膜晶粒尺寸、与刀具基体的结合力、薄膜缺陷。颗粒越小,缺陷越少,所获得的涂层物理力学性能越高,达到的刀具效用增强效果也越明显。涂层制备方法主要分为物理气相沉积法(PVD)和化学气相沉积法(CVD),前者主要用于非金刚石类涂层的制备,而后者主要用于金刚石薄膜的制备。表3.2总结了近年来微细铣削刀具涂层材料、涂层制备技术及对应的加工工件材料。从表3.2中可以看出,TiAlN涂层是使用最为广泛,且物理力学性能最好的涂层。

表3.2　微细铣削刀具涂层材料、涂层制备技术及对应的加工工件材料

序号	涂层材料	制备技术	可加工工件材料
1	金刚石	CVD、HPCVD	单晶硅,ZrO_2陶瓷,Al 6061 - T6
2	类金刚石	PECVD	英科耐尔718合金
3	TiAlN	PVD	45钢,高碳钢,奥氏体不锈钢(X5CrNi18 - 10)
4	TiAlN	RPDCUMS、PVD	铬镍合金,超级双相不锈钢(UNS S32750),Ti - 6Al - 4V,英科耐尔718合金,Al 6262 - T6,硬化高速钢(S6 - 5 - 2,HRC63),PMMA,奥氏体不锈钢(X5CrNi18 - 10),冕玻璃,钠钙玻璃,镍铬耐热不锈钢(JIS SUS304,ISO X5CrNi18 - 10),钼系高速钢(带NiCrBSiFe涂层),H13工具钢,模具钢,钨铜合金
5	TiAlSiN	RPDCUMS	Ti - 6Al - 4V
6	TiAlN/Si_3N_4	PVD	英科耐尔718合金

续表3.2

序号	涂层材料	制备技术	可加工工件材料
7	CBN	—	Ti－6Al－4V,单晶硅
8	TiN	PVD	奥氏体不锈钢(X5CrNi18－10)
9	TiSiN	—	合金钢(HRC29),H13工具钢(HRC45)
10	AlCrN	PVD	奥氏体不锈钢(X5CrNi18－10)
11	CrN	PVD	奥氏体不锈钢(X5CrNi18－10)
12	无涂层		黄铜,回火钢,碳钢,Ti－6Al－4V,铬镍合金(Nimonic 75),英科耐尔718合金,硬质工具钢A2(HRC62),冷作工具钢(X155CrVMo12－1,HRC50),铝7075,15钢,铝合金(RSA6061－T6),因瓦合金

注:HPCVD—高压CVD;PECVD—等离子增强化学气相沉积。

② 刀具结构。

在微细切削刀具结构方面,出现了多种新的刃形结构,如半圆形、三角形、正方形、六边形等。目前,微细切削刀具主要采用磨削方式进行制造,通常利用金刚石砂轮或辅以超声振动方式,可加工出直径小于 10 μm,刀尖直径在亚微米量级,钝圆半径在几十纳米量级的刀具。此外,线电极电火花磨削、聚焦离子束刻蚀、激光加工等无宏观切削力的加工方法可获得极小特征尺寸的微细切削刀具。针对微细切削刀具结构及制备方法,将在本章中具体介绍某种微细切削加工技术时,再具体介绍。

3.2 微细车削加工技术

3.2.1 微细车削机床

1988年,日本通产省下属研究机构(Micro-Machine Center,MMC)和日本机械工业实验室(Mechanical Engineering Laboratory,MEL)就开始了机床微型化的研究工作,并将其作为日本微机床技术国家项目的一部分。1996年,日本 MEL 实验室的 Tanaka 等人开发出了世界上第一台微细车削机床(图3.3)。该机床总体尺寸为 32 mm × 25 mm × 30.5 mm,质量约为 100 g,主轴由直流电机驱动,最高转速为 10 000 r/min,额定功率为 1.5 W;工作台由压电陶瓷驱动,并通过奥林巴斯光栅尺寸(精度为 62.5 nm)进行检测和反馈,可实现 0.4 mm/s 的稳定进给,可实现直径为 50 μm,长度为 600 μm 的微小轴加工。该机床在黄铜轴类零件车削实验中,可以加工出零件表面粗糙度 Ra0.06 μm,圆柱度为 2.5 μm 的轴;机床材料去除率最大为 0.08 μm/s,机床功率消耗仅为 0.8 W。切削实验中的功率消耗仅为普通车床的 1/500。该微型车床的研制成功证明了加工机床的微小化是可行的,且消耗的功率极低。

此后,日本金泽大学 Yoneyama 等人开发出一台长约 200 mm 的微型车床(图3.4(a)、(b)),主轴电机的功率仅为 0.5 W,通过联轴器驱动主轴可实现主轴在 3 000 ~ 15 000 r/min 范围内的无级变速(图3.4(b))。主轴的径向跳动量小于 1 μm,工作台的进给分辨率可达 4 nm。在对黄铜工件进行车削时,可获得 1 μm 以下的表面粗糙度。此外,

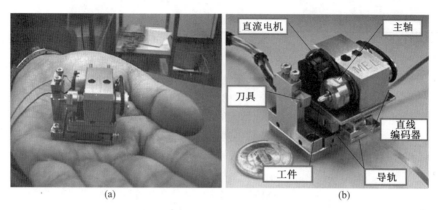

图 3.3 第一台微型车床及其主要零部件

该微型车床能实现成形车削、切槽加工、最小加工尺寸、螺纹车削、钻孔加工、端面车削等多种加工方式(图 3.4(c)~(h))。例如,加工直径为 120 μm,螺距为 12.5 μm,螺牙为 60° 的微丝杠(图 3.4(f)),证实了尺寸特征为微米级别的微型零件可以通过切削加工的方式加工出来。1999 年,Shinanogawa 课题组研制了车削中心,该机床能源消耗和占地面积分别为普通机床的 1/3 和 1/6。

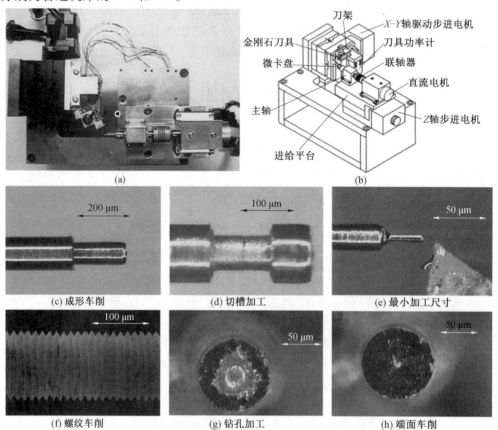

图 3.4 日本金泽大学研发的微型车床及车削加工的工件

日本 Nano 株式会社已开发出多种微型机床,2005 年推出的 Nanowave 超小型精密数控车床,已达到商品化程度。除了单一的微细车削机床外,车铣复合微加工中心也得到了发展,如 MTS3S 微型精密车削中心,其总体尺寸为 700 mm × 500 mm × 600 mm,其左侧安装有转速为 20 000 r/min 的电主轴,右侧安装有可在 Y 轴和 Z 轴滑座上移动的八角转塔刀架,车刀截面尺寸为 10 mm × 10 mm,气动回转刀具主轴的外径有 20 mm 和 25 mm 两种,切换时间为 0.5 s。滑座 X 轴的行程为 52 mm,Z 轴的行程为 102 mm。由精密滚珠丝杠驱动,进给速度为 3 000 mm/min,最小进给量为 1 μm。此外,Nano 公司提供油雾切削液装置和加工小于 ϕ1 mm 孔用的 100 000 r/min 的气动主轴作为选配件。机床额定电功率为 100 W,气源压力为 0.5 MPa,流量为 10 L/min。值得注意的是,该机床可以配置太阳能供电系统,体现绿色制造的理念。

Nagano 技术基金会组织了 22 家企业及研究机构,将"微型工厂"从理念设计到实验研发,再到商业化应用,全产业链发展。2003 年,该协会开发出车削中心,它包含三坐标轴、两主轴,带有自动换刀刀架,能够实现车削和铣削加工。此外,该协会其他成员单位在微型去毛刺机床、车床、钻床、铣床、电镀、装配机床方面进行大量的研发;目前,已有部分机床实现了商品化。RIKEN 进行了高速微型铣床和磨床研制。

随着日本微细加工技术及装备的发展,全球主要工业国家纷纷开展了相关的研究。美国佐治亚理工学院、麻省理工学院、加州大学伯克利分校、密歇根大学、威斯康星大学等针对微制造系统开展了广泛的研究,一些研究成果已成功用于国防、航空航天、生物医疗等领域。例如,西北大学和伊利诺伊大学研制的微小型车床,其主轴转速可达到 200 000 r/min,进给分辨率为 0.5 μm。密歇根大学研制的微加工单元可进行三维复杂曲面的加工,主轴采用气动涡轮机驱动,最高转速可达 20 000 r/min,主轴回转精度为 1 μm,定位精度为 0.5 μm。

国内,哈尔滨工业大学精密工程研究所率先开展了精密微细切削加工技术的研究,开发了多型微细精密车床、铣床等。例如,微小型超精密三轴联动数控铣床,其主轴最高转速为 160 000 r/min,回转精度达 1 μm,工作台位置精度为 ±0.5 μm,重复定位精度为 ±0.25 μm。此外,长春理工大学、北京理工大学、北京航空航天大学、清华大学等也开展了卓有成效的研究工作。

3.2.2 微细车削刀具

微细车削刀具是实现微细加工的重要的保证工装之一,除了上述介绍的刀具材料和总体刀具设计外,车削刀具的结构设计更为重要。对于微型车刀而言,如果生产批量较大,可以将普通外圆车刀设计为成形车刀,一方面可以提高微型刀具的强度,另一方面也可以提高加工效率。因此,对于微型车削刀具的设计,主要根据零件廓形来确定刀具形状。当车刀前角和后角均为 0° 时,全部切削刃均在工件的中心高度,即工件的水平轴向平面内,此时,零件的廓形即为刀具的廓形;当前角和后角都大于 0° 时,刀具的廓形不重合于零件的廓形而产生了畸变,就必须对成形车刀进行修正设计。对于刃倾角 $\lambda_s = 0°$ 的径向成形车刀来说,刀具的廓形宽度与对应的零件廓形宽度相同,因此,成形车刀廓形设计的主要内容是根据零件的廓形深度和刀具的前角(γ_o)、后角(α_o)来修正计算成形车刀的廓形深度和与它相关的尺寸。通常根据刀具设计手册进行前角和后角的预选择,再考虑到刀具强度和散热情况,对前角和后角进行再设计。在使用微型车刀进行车削加工时,由于零件的特征尺寸很小,或存在许多过渡表面,因此为了提高零件加工精度,微型刀具轨迹尽可能以直线为主,尽量避免对轮廓进行插补加工,防止因刀具尺寸过小,插补精度不够,编程复杂导致的零件加工失败。

3.3 微细铣削加工技术

3.3.1 微细铣削机床

1998 年,MEL 开发了第一款微型铣床(图 3.5(a)),铣床总体尺寸为 170 mm × 170 mm × 102 mm,主轴采用无刷直流伺服电机,转速可达 15 600 r/min,功率为 36 W,使用商用直径 3 mm 的刀柄,可进行平面铣削和孔钻削加工。AIST 开发了一款微型高速铣床(图 3.5(b)),铣床底座尺寸为 450 mm × 300 mm,其主轴采用无刷电机,在功率为 60 W 时,主轴转速高达 200 000 r/min。通过集成的数控系统,该铣床可对铝合金(Al7075 - T651)薄壁零件(厚度为 20 μm)进行精密加工,工作台最大运动加速度可达 2g。Nanowave 公司一直致力于微型化机床的研发工作,图 3.5(c)、(d)是 MTS6R 微型精密数控铣床。该微型铣床的十字滑座和立柱分别安装在大理石床身上,左侧的十字滑座上安装有工件夹头,右侧的立柱上安装有带电主轴铣头的滑座,主轴转速为 20 000 r/min。三个坐标轴(X、Y、Z 轴)的滑座皆由精密滚珠丝杠、线性导轨驱动,行程分别为 52 mm、52 mm 和 32 mm,最高进给速度为 3 000 mm/min,最小进给量为 1 μm。铣刀刀柄和工件夹头的锥度为 BT05,可以夹持小直径的钻头和铣刀,最小加工孔径为 0.1 mm。该公司还可提供滑座、主轴、工件和刀具交换装置等模块,供用户自行配置微型机床。例如,可提供两种不同规格的电主轴:① 大扭矩主轴,用于切削高硬度的金属材料,额定扭矩为 0.294 N·m,最高转速为 3 000 r/min;② 高速平衡主轴,适用于加工表面质量要求高的工件,最高转速为 20 000 r/min。

2000 年之后,美国开始重视微细切削加工技术的发展,国家自然科学基金委、能源部、海军研究局、国家标准与技术研究所等机构投入巨资进行相关技术研发,在以下三个方面进行研究:① 新型微细加工技术概念、工艺等的基础研究;② 机床和关键部件微小型化的原理探索;③ 商业化的微小型机械设备开发。在加工设备小型化方面,美国多所高校做出了许多工作,如伊利诺伊大学厄巴纳 - 香槟分校(UIUC)开发的三轴和五轴桌面式加工中心,密歇根大学开发的三坐标轴两主轴微型化铣削磨削复合机床(专门用于陶瓷零件的加工),佐治亚理工学院和西北大学开发的多代微铣床,西北大学开发的微冲压机床,内布拉斯加林肯大学研发的微细电火花、超声、电化学机床。例如,UIUC 研制了一台微型铣床(图 3.5(e)),主轴采用高速涡轮空气主轴,最高转速为 150 000 r/min,最大跳动量约为 1 μm;坐标轴移动采用音圈电机驱动,定位精度为 1 μm,三个坐标轴(X、Y、Z 轴)力负载分别为 80 N、42.5 N 和 10 N;整个坐标轴含有 Kistler 9018 型三向测力仪以测量切削过程中的切削力。密歇根大学研制的小型铣床,整体尺寸为 270 mm × 190 mm ×

(a) MEL开发的
第一款微型铣床

(b) AIST开发的一款微型高速铣床

(c) Nanowave MTS4R

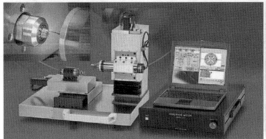
(d) Nanowave MTS6R

(e) UIUC开发的微型铣床

图 3.5 国际上几款典型的微型铣床

220 mm,其工作空间为 30 mm × 30 mm × 30 mm,工作台定位精度达到 1.6 μm,重复定位精度为 0.3 μm,X 轴方向直线度为 ±0.2 μm,Y 轴方向直线度为 ±0.3 μm。该铣床采用 PMAC 运动控制卡为核心部件;选步进电机加滚珠丝杠传动副作为定位系统,定位分辨率达到 50 nm;采用 NSK 气动主轴,最高转速为 120 000 r/min,主轴跳动度小于 1 μm。

美国工业界也非常重视微细加工机床研发,Atometric 公司开发的多代商业化微细切削数控加工中心,该类微细加工中心包含三轴、四轴、五轴,最大载荷可达 2.73 kg,主轴最高转速为 100 000 ~ 200 000 r/min,各轴运动加速度大于 2g,最大运动速度为 30 m/min,各轴位置精度为 0.6 μm,分辨率为 0.1 μm,重复定位精度为 0.3 μm,带有自动刀库,含 14 把刀具。Microlution 公司专注生物 - 医疗方面的微细切削机床。Ingersoll Machine Tools 公司开发了几款五轴微细切削机床。

韩国首尔大学的 S. Oh 等人研制了一台五轴微铣床,其总体尺寸为 294 mm × 220 mm × 328 mm。整个系统由 3 个直线平台、2 个旋转平台及 1 个气动主轴组成。但每个平台没有配置编码器和位置传感器,这在一定程度上降低了系统的加工精度。

国内,哈尔滨工业大学精密工程研究所率先开展了微小型机床的研制。2005 年,孙雅洲等人报道了国内首台卧式微型铣床(图 3.6(a)),整体尺寸为 300 mm × 150 mm × 165 mm。主轴采用日本 NSK 空气涡轮,最高转速为 140 000 r/min,主轴跳动为 2 μm,装夹的微铣刀刀柄直径为 0.8 ~ 3 mm。进给系统采用瑞士 Schneeberger 生产的 NKL 型交叉滚柱支撑的三轴精密滑台,驱动采用以色列生产的 Nanomotion 压电陶瓷电机,三轴(X、Y、Z 轴)行程分别为 30 mm、30 mm 和 25 mm;利用 Renishaw 光栅尺作为检测反馈,实现 0.1 μm 进给精度。在该微铣床上,进行了微悬臂梁、直槽、圆槽、人脸等微结构的加工(图

3.6(b)~(d))。2006 年,王波等人研制出微小型三轴联动数控铣床,其整体尺寸为 300 mm ×300 mm × 290 mm;采用压电陶瓷超声马达驱动滚动导轨的结构,主轴为空气涡轮驱动的空气静压主轴,同时采用了 PMAC 作为控制器,由光栅尺构成全闭环反馈(图 3.6(e)、(f))。主轴最大转速为 160 000 r/min,最大径向跳动为 1 μm,驱动系统重复定位精度为 0.25 μm,速度范围为 1 μm/s ~250 mm/s,采用全闭环控制,分辨率可达 0.1 μm,并在该机床上实现了特征尺寸在 10 ~ 200 μm 带三维结构的惯性 MEMS 器件的微细铣削加工(图 3.6(g)),加工精度为 ±1 μm。此外,上海交通大学、西北工业大学、大连理工大学、北京理工大学、国防科技大学、南京航空航天大学等高校也纷纷开展了微细铣床研制工作。

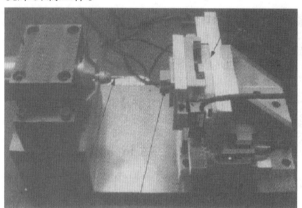
(a) 国内首台卧式微型铣床

(b) 微悬臂梁

(c) 直槽和圆槽

(d) 人脸

(e) 首台立式微铣床系统

(f) 首台立式微铣床结构图

(g) D型结构的惯性MEMS器件实物

图 3.6 哈尔滨工业大学精密工程研究所开发的两款微铣床及加工出的典型结构

在企业方面,上海机床厂有限公司在国家科技重大专项的支持下,研发了纳米级微型数控磨床(2MNK9820,2012 年),其结构精巧、技术性能高、加工精度优越。该机床主要用于各种脆性材料、超硬合金、模具钢等材料的微小机电光学零件的超精度磨削加工,开创了我国微型机床自主研发的新时代。

3.3.2 微细铣削刀具

微细铣削加工技术是目前微细切削加工中研究最多且应用也最为广泛的技术,主要适用于零件总体尺寸在毫米级、特征尺寸在微米级、铣刀直径在 0.3 mm 以下的场合。微铣削过程与常规尺度铣削有很大不同,突出表现在两个方面:一是刀具直径小、转速高;二是吃刀深度小。加工特征尺寸的降低,必然要求刀具尺寸减小,从而导致刀具的强度和刚度减弱,刀尖处径向跳动严重,从而影响切削加工精度。同时,为了保证加工效率,需要将主轴转速提高至几万甚至是几十万转。由于刀具刚度和强度的降低,切削过程中吃刀深度较小,通常在几个微米以下。此时,切削发生在晶粒的内部,具有明显的尺寸效应。

制造微铣刀的材料需要具备高强度和硬度、高耐磨性和耐热性,目前主流的材料包括硬质合金(占 85%)、金刚石(占 8%)和高速钢(占 6%)。例如,日立公司已批量生产出硬质合金微铣刀,直径为 100 μm,定制款直径可达 10 μm。但要使用直径更小和尺寸更小的各种微细刀具,还需要借助特种加工技术来制作此类刀具,如聚焦离子束刻蚀(focusion beam,FIB)和线电极电火花磨削(wire electrical discharge grinding,WEDG)。这两类加工技术的特点为可控性强,刀具加工精度高,加工过程中无明显宏观力。目前,国内外研究机构研制的微细铣削刀具见表 3.3。

表 3.3 国内外研究机构研制的微细铣削刀具

国家	研究机构	刀具类型	刀具材料	刀具制造方法	结构特征及应用
德国	卡尔斯鲁厄理工学院	单刃	硬质合金	精密磨削	硬质合金晶粒为 1 ~ 2 μm,刀具直径为 35 ~ 120 μm,可用于加工黄铜、不锈钢
		单刃	硬质合金	精密磨削	刀具直径为 10 ~ 50 μm,可变螺旋角,可用于加工钛和聚甲基丙烯酸甲酯(PMMA)材料
		双刃	硬质合金	聚焦离子束铣削	在 HRC52 工具钢上微细铣削出齿轮模具
		双刃	高速钢	激光加工	刀具材料热处理后硬度 HRC57 ~ 64,表面质量待改进
		单刃	硬质合金	微细电火花加工	刀具直径 30 μm
	柏林工业大学	双刃	硬质合金	精密磨削	螺旋角为 15°,刀具表面 TiAlN 涂层;直径为 100 μm、长度为 1.0 mm

续表3.3

国家	研究机构	刀具类型	刀具材料	刀具制造方法	结构特征及应用
日本	神户大学	多刃	聚晶金刚石（PCD）	精密磨削+抛光	PCD晶粒尺度为0.5 μm,铣刀直径为2 mm,切削刃数量为20,前角为-20°,用于非球面陶瓷、硬质合金模具的塑性或铣削加工
	东京电气通信大学	仿球头	单晶金刚石	抛光	半径为100 μm,切削刃偏离旋转中心5~40 μm,旋转时形成小于90°的圆锥
	九州大学	圆柱形	硬质合金	超声振动磨削	直径为11 μm,长为160 μm的圆柱形刀具
	近畿大学	D型	硬质合金	微细电火花加工	D型钻铣刀,刃口半径为0.5 μm,在单晶硅材料上加工出直径为22 μm、深90 μm的孔
美国	桑迪亚国家实验室（SNL）	多刃	硬质合金	聚焦离子束铣削	铣刀具有2、4、5刃结构,直径为25 μm,刃口半径约为40 nm,切削刃粗糙度低于0.05 μm,用于铝合金、黄铜、钢、PMMA等材料的加工
	路易斯安那理工大学	多刃	高速钢	聚焦离子束铣削	2刃、4刃、直径为25 μm,用于PMMA材料上槽的铣削加工
	加州大学,沙迪克公司	多刃	PCD	微细电火花加工	0.2 mm的六边形微铣刀,可加工硬质合金材料
新加坡	新加坡先进制造技术研究院	非球面	硬质合金	精密磨削	铣刀直径为200~1 000 μm,表面粗糙度为10 nm,面形精度为0.2~0.4 μm
		D型、多刃	硬质合金	微细电火花加工	刀面形状为D形、三角形;直径为100 μm
中国	南京航空航天大学	D型	硬质合金	微细电火花加工	刀头直径为50 μm的微铣刀
		多刃	PCD	微细电火花加工	具有不同的前角和倾角的三角形刀具、四边形刀具和六边形刀具,刀刃直径为0.5 mm
	哈尔滨工业大学	球头	PCD	电火花加工+精密磨削	平前刀面型球头微铣刀和回转面型球头微铣刀,刀刃直径为0.5 mm,切削磷酸二氢钾（KDP）晶体材料
	北京理工大学	球头	硬质合金	精密磨削	新型微细球端铣刀,切削刃直径为0.5 mm,切削刃钝圆半径直径约为1 μm,斜圆柱倾斜角度基本为所设计的45°,可切削铸铁材料
	天津大学	多刃	硬质合金	聚焦离子束铣削	直径小于50 μm,2刃和3刃微铣刀,纳米级锋锐刃口,切削边缘长50 μm

在微铣刀设计理论和方法上,目前仍无统一的标准,在形状上既有类似普通铣刀的螺旋形,也有三角形、四边形、半圆形、六边形等。在微铣刀的制造方面,目前方法有精密磨削、超声振动研磨、聚焦离子束刻蚀加工、激光加工、线电极电火花磨削技术等。

(1) 精密磨削。

精密磨削是目前微铣刀制造最常用也是最为成熟的方法。目前,国内外都已实现了 100 μm 商品化微铣刀。该方法效率高,可加工的刀具材料广泛,形状多样;但也存在着刀具直径偏大,切削刃不连续、破碎、成品率较低等不足。对于单晶金刚石刀具,采用研磨方法加工出的前刀面上各处均一且无任何剥落(图 3.7(a)),可以获得均一的切削刃,且刃口半径小于 40 nm(图 3.7(b));对比聚晶金刚石刀具,刃口存在金刚石颗粒脱落,从而导致刃口在亚微米尺度上的不一致(图 3.7(c)),因此后者很难加工出镜面。图 3.7(d) 是各种超精密切削金刚石刀具。对于金刚石刀具,其切削刃的锋利程度(即刃口半径)和耐磨损能力(即刀具寿命)是决定刀具品质的关键参数,但二者又是相互冲突的;如何同时提高二者,达到共同提升是刀具设计和制造的关键。

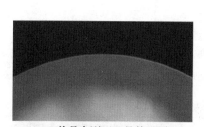
(a) 单晶金刚石刀具前刀面

(b) 单晶金刚石刀具切削刃

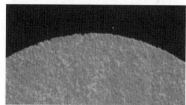
(c) 聚晶金刚石刀具前刀面

(d) 各种超精密切削金刚石刀具

图 3.7 金刚石刀具

(2) 超声振动磨削。

超声振动磨削工艺是对精密磨削的一种改进,通过对金刚石砂轮施加高频振动来减少磨削力,从而获得直径更小的微铣刀。但超声振动磨削中,对于磨削力的精确控制难度大,不断的力冲击可能造成刀具刃口破损等问题,因此刀具成品率偏低。

(3) 聚焦离子束加工。

聚焦离子束加工利用聚焦离子束制备微细刀具,通常以镓离子作为刻蚀源,通过聚焦、偏转、束流、扫描等控制系统,得到一束高能聚焦的镓离子束作为加工工具。镓离子作用于待加工的工件表面,将产生溅射刻蚀作用,逐步去除材料;通常每个入射镓离子可以去除 3~5 个工件材料原子,因此可以精确地控制材料的去除;在大束流密度情况下,材料的去除率可达0.5 μm³/s,中等复杂程度的微型铣刀可在2 h内完成制造。利用FIB技术可加工钨合金、高速钢、单晶金刚石等,配合工作台的伺服运动,可以加工出结构复杂的微型铣刀。FIB技术也是这类铣刀制造的典型工艺方法,所加工的微型刀具尺寸为15 ~ 100 μm,刃口半径小于20 nm,降低了切削力,抑制加工中产生的毛刺;但该工艺的不足之处在于入射离子束能量呈高斯分布,沿离子束轴向去除的材料比沿周向去除的材料多。

利用聚焦离子束技术,国内外众多学者制造出多种类微型刀具,例如美国桑迪亚国家实验室的Adams等人通过多次FIB刻蚀,在高速钢(M42 HSS)上制作出微铣刀具,其加工过程示意图如图3.8(a)所示。加工过程中保持工件不动,箭头方向为离子束入射方向,束流密度设定在2 nA,整个刀具制作时长约为3 h。若将束流密度提高到20 nA(商用离子源标准值),制作时长将小于30 min。由此可见,FIB技术在复杂微型刀具的制作方面具备很强的加工能力(图3.8(b)、(c))。FIB加工的金刚石刀具切削刃刃口半径可达40 nm,表面粗糙度小于50 nm。此外,FIB在金刚石刀具制作方面占有重要的地位,由于金刚石材料的特点,因此在微型刀具的加工中,其他加工技术几乎无法采用。

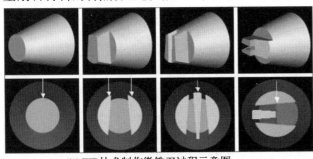

(a) FIB技术制作微铣刀过程示意图 (b) 金刚石微铣刀切削刃SEM图像

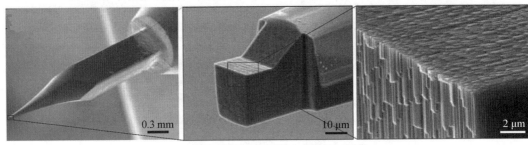

(c) 金刚石微铣刀不同放大倍数SEM图像

图3.8　FIB技术制造微铣刀

(4)激光加工。

为了克服FIB技术在微铣刀制造效率方面的不足,激光加工方法被引入微铣刀制造中。高能短脉冲激光在加工中不存在宏观切削力,不会引起所加工刀具的破损,热影响区小,表面质量高,制造成本方面远低于FIB技术,但高于磨削加工方法。

(5)线电极电火花磨削技术。

图3.9为线电极电火花磨削技术制备微铣刀的典型工艺过程。微铣刀毛坯为直径0.3 mm的硬质合金针尖,在工件旋转的条件下,利用线电极进行电火花粗磨加工,将直径减小到50 μm(图3.9(a));进一步调整加工参数,将工件直径精磨至20 μm,形成阶梯状

结构(图3.9(b));再保持工件不旋转,对单侧进行线电极磨削,获得D型微铣刀,此时可以获得微铣刀的前刀面(图3.9(c));最后,再对刀具的后刀面进行加工,从而获得微铣刀切削刃(图3.9(d))。具体的加工参数如图3.9(a)~(d)所示,整个加工过程可在5 min中内完成,加工效率远高于FIB技术。SEM图像显示所制备的微铣刀直径为17 μm(图3.9(e)),后角为20°,刃口半径为0.5 μm(图3.9(f)、(g)),刀面粗糙度在亚微米量级。图3.10为ALMT公司单晶金刚石微型刀具、加工工艺及典型加工零件图像。

表3.4总结了上述几种方法加工微铣刀的特点,据此可以根据加工需求合理地选择加工方法。

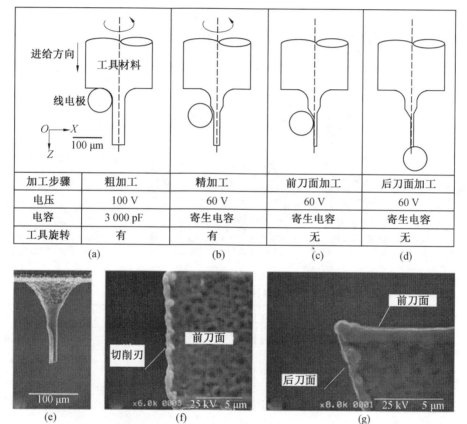

图3.9 WEDG原理示意图及微铣刀SEM图像

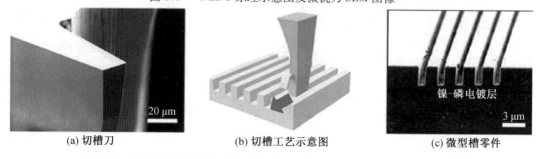

图3.10 ALMT公司单晶金刚石微型刀具、加工工艺及典型加工零件图像

(d) 端铣刀

(e) 端面铣削工艺示意图①

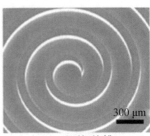
(f) 平面螺旋槽

(g) 球头端铣刀

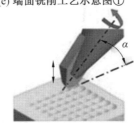
(h) 端面铣削工艺示意图②

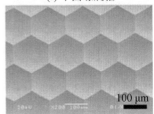
(i) 微透镜阵列

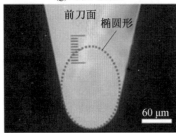
(j) 椭圆弧刃刀具

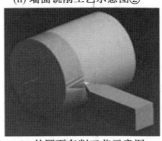
(k) 外圆面车削工艺示意图

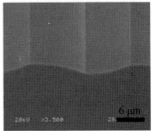
(l) 表面连续凹凸零件

续图 3.10

表 3.4 主要的微铣刀制备工艺方法及其特点

制造方法	机械力	刀具最小直径	成形精度	成形效率	表面质量	批量生产成本
精密磨削	有	−	+−	++	+−	++
超声振动磨削	有	+−	+−	+−	+−	+−
激光加工	无	+	−	+	−	+−
聚焦离子束加工	无	++	++	−	++	−
线电极电火花磨削技术	无	+	+	+	+	+

注:"++"优;"+"良;"+−"一般;"−"差。

3.3.3 微细铣削工艺

微细铣削加工除了具有微切削加工存在的尺寸效应外,还存在微铣刀径向跳动、铣削毛刺等特殊加工现象。因此,微细铣削工艺中需要特别考虑上述现象对于微铣削加工的影响。

由于刀具直径的减小,其强度和刚度降低,在铣削过程中,铣刀的径向跳动量与其直径之比可达常规铣削的几十倍,从而使微铣刀磨损加剧并失效,破坏零件的加工精度。微铣刀径向跳动的来源有：主轴、夹头、刀具安装、单刃铣削力不平衡。安装位置误差及刀具偏离位置示意图如图 3.11 所示。Bao 等人研究了微铣刀径向跳动对切削力的影响，发现单刃铣刀铣削力不平衡，更容易造成径向跳动，导致刀具磨损加剧，刀头断裂概率增加。Rahnama 等人研究表明，微铣刀径向跳动会改变切削过程中刀具的切削厚度，从而导致切削力波动，刀具容易发生再生震颤，降低加工精度与表面质量，还会减少刀具使用寿命。Gupta 和 Filiz 等人对微铣刀安装误差以及微铣削过程刀具的径向跳动进行了系统的建模、分析和研究，全面分析了微铣刀安装误差对其径向跳动和加工的影响，图 3.12 为在不同偏心误差、倾斜误差下的刀具径向跳动，其中虚线表示刀具的静态径跳轨迹，实线表示刀具的动态径跳轨迹，由图 3.12 可见，由于安装误差的存在增加了刀具的跳动。图 3.12 中微铣刀静态和动态跳动的轨迹耦合在一起，并在不同频率和刀具几何参数条件下形成了不同样式的径向跳动规律（图中粗实线所示）。

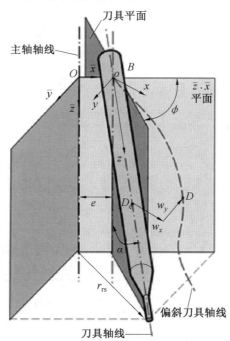

图 3.11 安装位置误差及刀具偏离位置示意图

微铣刀可对不同工件材料进行微细切削加工，但加工工艺和加工能力有所不同，美国桑迪亚国家实验室 Adams 和路易斯安那技术学院 Vasile 等人在 PMMA、6061 – T4 铝合金、黄铜、4340 钢等材料上成功地加工出槽等微结构，微细铣削工艺参数及表面粗糙度见表 3.5。采用低速进给(2～3 mm/min)、吃刀深度为 0.5 μm 或 1.0 μm，加工出的槽宽为 23～30 μm，槽底表面粗糙度为 0.092～0.458 μm。在未加润滑剂的情况下，槽宽和表面粗糙度值均为最大，低进给量加工出槽的表面粗糙度值小，约为 200 nm 或更小。

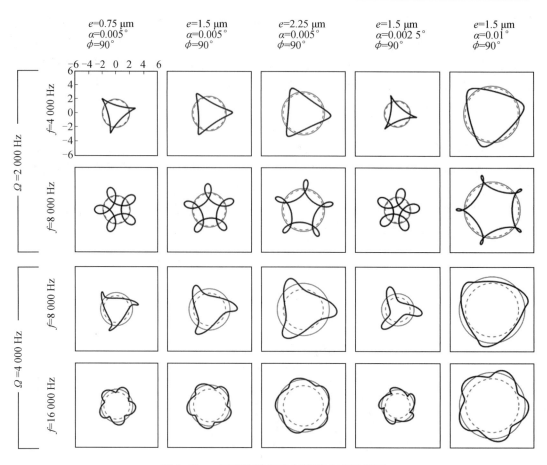

图 3.12 振动轨道的稳态简谐响应示意图

(图中正方形为 12 μm × 12 μm,静态跳动轨迹如虚线圆圈所示,动态跳动轨迹如细实线圆圈所示)

表 3.5 微细铣削工艺参数及表面粗糙度

刀具参数			工件材料	转速 /(r·min^{-1})	进给量 /(mm·min^{-1})	吃刀深度 /μm	平均槽宽,偏差/μm	槽底表面粗糙度 Ra/nm
材料	刀刃数	直径/μm						
高速钢	4	24.0	PMMA	18 000	2	0.5	26.2,1.5	93
高速钢	4	26.2	铝合金	10 000	2	1.0	28.2,1.1	92
高速钢	2	23.6	铝合金	18 000	2	0.5	30.0,2.0	458
碳化钨	2	21.7	铝合金	18 000	3	1.0	23.0,1.1	117
高速钢	5	25.0	黄铜	10 000	2	1.0	28.8,0.7	139
碳化钨	4	22.5	4340 钢	18 000	3	1.0	23.5,1.0	162

3.4 微细钻削加工技术

零件的制造中,通常把直径小于 1 mm 的孔统称为微小孔,其中直径在 0.1~1 mm 孔称为细小孔,直径小于 0.1 mm 孔称为微细孔;这类孔在微型零件加工中所占的比例超过

40%。表3.6总结了微小孔的加工方法,主要分为机械加工和特种加工两大类,其中机械加工中又以钻削为主,目前可以钻削出的最小直径为6 μm,表面粗糙度为0.7 μm。微小孔微细钻削加工技术特点:加工变形小、加工过程灵活度高、加工效果良好等。近年来,研究者们发展出了多种微细钻削技术,如人工操纵单轴精密钻床、数控多轴高速自动钻床、曲柄驱动群控钻床和加工精密小孔的精密车床。微细钻削技术朝着智能化的与自动化的方向不断发展,其中难加工材料钻削原理是当前钻削技术的研究方向之一,钻削机床的研究和钻头制造工艺的研究也是重点研究方向。

表3.6 微小孔的加工方法

类型	加工方法	特点
机械加工	钻削	可加工最小直径为6 μm的孔,精度可达0.7 μm
	冲压	可加工直径为2~10 μm的孔
	研磨、磨料加工	表面粗糙度可达Ra5 nm
特种加工	电火花加工	一般加工孔径为0.3~3.0 mm,深径比超过100;尺寸精度可达1 μm,表面粗糙度达Ra0.32 μm
	电解加工	一般加工孔径为0.4~3.0 mm,深径比超过70;精度最高达到±0.025 mm,表面粗糙度可达Ra0.2~0.8 μm
	超声波加工	最小孔径达10 μm,深径比为10~20;加工精度通常可达0.02 mm,表面粗糙度为Ra0.4~0.10 μm
	激光加工	直径1 μm以上的孔,深径比可达10以上;尺寸精度可达IT7级,表面粗糙度Ra0.08~0.16 μm
	电子束、离子束加工	可加工直径小于1 μm的孔,深径比为5~10
	LIGA加工	能够制造出深宽比大于500、表面粗糙度在亚微米范围的三维立体结构
	复合加工	如超声波-电火花复合加工、电解-电火花复合加工、钻削-超声复合加工等,融合了多种加工方法的特点

3.4.1 微细钻削机床

微细钻头的刚度较低,在钻削加工中,容易失稳而产生弯曲,造成钻孔位置不准确或钻头破损。为了避免这种现象,通常用短钻头先钻一个引导孔,再用一个足够长的小钻头钻出需要的孔。不过这种方法只有在高定位精度和钻削过程稳定的钻床上才有效。如果钻孔中心线与导引孔的中心线存在偏差,就容易使钻头折断、钻头寿命降低或造成形位方面的误差。微细钻削机床与微细铣削机床类似,通常是钻铣两用机床。而针对钻头中心线与导引孔中心线位置存在偏差的难题,东京大学精密工程研究所和FANUC公司合作开发出一种磁悬浮工作台微细钻床,如图3.13(a)使用磁悬浮工作台能够让工件在无摩擦的情况下对齐,从而解决微孔钻削的自动对心问题。先把工作台水平方向的支撑刚度设置为一个较小的量值,然后钻头缓慢向下进给。利用钻头端部和喷嘴的锥面之间的接触压力就可以实现钻头的自动定心。采用磁悬浮工作台后,可以对悬浮体的支撑刚度自由设定,这样做才使得用降低水平支撑刚度找正中心轴的方法成为可能,还能做到在钻削加工时有高的支撑刚度。对于磁悬浮工作台来讲,只有铁磁体的工件才能做无摩擦的移动。但是绝大多数的喷丝板都是用诸如不锈钢这样的非铁磁体材料制成的,并且一般来讲,磁浮系统仅仅只能将一种材料类型的工件悬浮起来。考虑到上述原因,需要把工件固定在一个由铁磁材料构成的平台上,靠电磁铁之间的相互吸引力将平台悬浮起来。这样不同形状和不同材料的工件就可以进行无摩擦的运动了。采用上述对心方法,有助于降低钻头端部在钻孔时的接触压力,降低水平方向和竖直方向的支撑刚度,可以有效地减少钻削中心孔时钻头破坏的概率。

图 3.13(b) 为磁悬浮工作台原理图。T 形平台由低碳钢制造,碳的含量越低,钢的电磁性能就越好。平台由 6 对电磁铁悬浮起来提供 6 个自由度,同时平台的位置和姿态由图 3.13 中的 6 个间距传感器(S1 ~ S6)测量,每个电磁铁能够产生最大 100 N 的力。传感器是涡流无接触式的,它在垂直方向上的分辨率是 1 mm(图 3.13(b) 中传感器 S1、S2 和 S3),水平方向上的分辨率是 0.5 mm(图 3.13(b) 中传感器 S4、S5、S6)。悬浮起来后,电磁铁和平台之间水平方向上的间距为 1.5 mm,竖直方向上的间距为 1.7 mm。

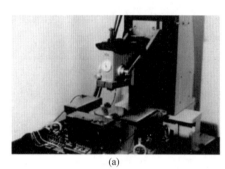
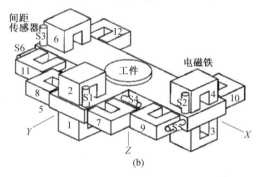

图 3.13　微细钻床及磁悬浮工作台原理图

图 3.14 是用带磁悬浮工作台的微细钻床加工的纺纱喷丝嘴孔工件实物照片。工件的材料是淬火不锈钢(17Cr - 4Ni - 4Cu - Nb)。加工中用的是高速钢麻花钻,它的钻柄直径为 1 mm,钻尖与内孔中心的位移保持在 50 ~ 250 μm。在对心过程中,钻头不转,完成对心后,钻头才旋转准备加工。在钻削过程中,钻头步进,每一步的切削深度是 30 μm,切削时用油基工作液。使用磁悬浮自动对心并钻削 100 ~ 500 μm 的孔时,对心操作所需要的时间通常需要几秒到几十秒,考虑到钻削加工需要 2 min 或更长的时间,所花费的定心时间是可以接受的。图 3.15 是加工直径 0.1 mm 微孔的例子,从圆锥面的刮痕看,钻头中心和内孔中心可以很好地重叠在一起。

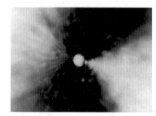

图 3.14　微钻加工的喷丝嘴孔　　图 3.15　磁悬浮工作台对心加工的微孔

3.4.2 微细钻削刀具

(1) 钻头材料。

微细钻头材料的发展经历高速钢、硬质合金、金刚石／硬质合金复合结构、硬质合金涂层刀具几个阶段。含钴的高速钢最早被用来制作微钻头,它同时具有较高的强度、硬度,以及较好的综合机械性能,适合制作微型的麻花钻。由于硬质合金材料成形技术的发展,采用超细晶粒和热等静压处理技术,获得了耐磨性、抗折断、抗崩刃性更好的微钻头。进一步,为了提高钻头的寿命,将金刚石微钻头与硬质合金刀杆焊接在一起,构成了复合钻头结构。此外,利用涂层技术在已有微钻头的表面制备各类型涂层可以提高微钻头耐磨性、减小摩擦系数、提高刀具使用寿命。该类涂层通常包括:TiC 涂层、金刚石涂层、类金刚石涂层等。

(2) 钻头结构。

微细钻头的结构和钻尖几何参数将直接影响钻削机理和刀具使用寿命,从而影响刀具的切削性能和微孔的加工质量。由于微小孔的直径较小,限制了微钻头的整体结构和钻尖特征尺寸,因此钻头的强度和刚度较小;钻头制造和重磨都十分困难。因此在微钻头的结构设计方面力求进行适当简化,使用钻头结构简单、截面异形化、单刃和双刃切削等。常见的微钻头结构主要有:麻花钻、扁钻、异形截面钻等。各类微钻头也主要是针对特殊材料或结构设计的,具有一定的专用性。

麻花钻具有诸多优点:正前角、双切削刃、螺旋排屑槽、排屑容易、切削效率高。但螺旋排屑槽的存在大大影响了麻花钻的强度和刚度,商业化的微细麻花钻的直径一般最小为 0.1 mm。深圳市金洲精工科技股份有限公司付连宇等人针对印刷电路板(PCB)微小孔加工所有微型麻花钻进行了设计、制造、加工工艺等方面的研究,分别从螺旋角、芯厚、沟幅、第一后角、顶角等方面进行了优化设计,并深入探讨这些参数对 PCB 微小孔钻削的影响,设计出了直径为 0.3 mm,螺旋槽长 7.2 mm 的高长径比微钻(图 3.16(a))和直径为 0.1 mm,槽长 1.8 mm 的超细微钻。上海交通大学陈明等人独立研制了超高速三轴立式微钻床,主轴转速可达 300 000 r/min,坐标轴采用光栅分辨率为 0.1 μm,重复定位精度为 ±1 μm,最大移动速度为 300 mm/s(图 3.16(b))。据此,开发了针对 PCB 微小孔钻削的麻花钻头。

更多的情况下,随着微细钻头的直径减小,难以在钻头径向上加工出复杂的结构,因此单刃、扁钻、阶梯结构更为常见。Biermann 等人详细设计了直径为 0.5 mm 的单刃钻头,并对钛镍合金进行微孔加工,深径比达 30。Ohnishi 和 Aziz 等人采用超声振动磨削技术制造出直径为 20 μm,芯厚分别为 7 μm、14 μm 和 20 μm 的微细扁钻。进一步,Aziz 设计了复合微钻头,其由直径分别为 90 μm 和 100 μm 的钻削和磨削部分组成(图 3.17),刀具材料由碳化钨硬质合金组成,钻削部分通过磨削方法制造,磨削部分通过电镀金刚石磨粒形成。通过对 304 不锈钢钻削实验发现,复合刀具加工微孔的质量明显优于麻花钻和扁钻(图 3.17)。此外,Onikura 等人设计 D 型截面的微钻头,并采用 WEDG 进行加工,获得最小直径为 6 μm 的钻头。进一步,Egashira 等人采用相同的技术将微钻头直径降低至 3 μm,并且设计了 A 和 B 两种类型。

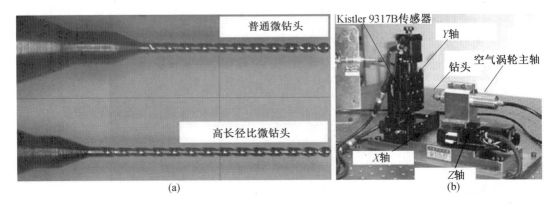

图 3.16　微细麻花钻及应用的机床

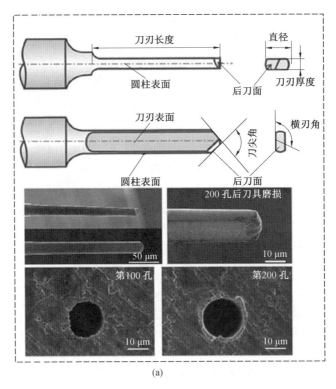

图 3.17　不同类型的微细钻头及其加工效果图

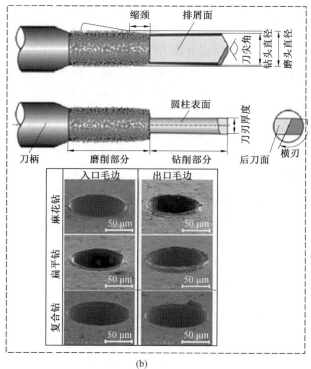

(b)

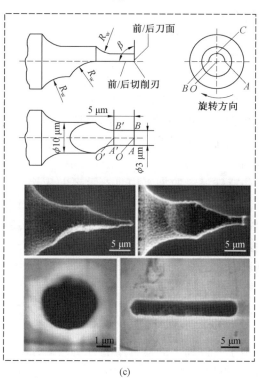

(c)

续图 3.17

微细钻削刀具尺寸细小、形状多样，在选择刀具材料时，既要考虑材料的刚度、强度、韧性,还要考虑材料的可加工性。用来制作微细刀具的材料有晶粒细化的硬质合金、高性能高速钢和单晶金刚石等。高性能高速钢虽然可加工性好,容易制作出锋利的刃口,但是抗冲击能力差。单晶金刚石虽然有很好的力学性能,但是可加工能力差,并且价格较高。晶粒细化的硬质合金能通过控制晶粒大小、硬质相、黏结相等因素来平衡力学性能和可加工性,是最合适的微细刀具材料。前文提到的 10.8 μm 的平钻、6 μm 的 D 型截面刀具、20 μm 的扁钻、3 μm 的刀具都是用晶粒细化的硬质合金制作的,Egashira 等人在制作 3 μm 的刀具实验中还分别制作了晶粒尺寸为 0.6 μm 和 90 nm 的刀具,并对不同尺寸晶粒的刀具切削能力进行了对比分析。在相同条件下,一个晶粒尺寸为 90 nm 的刀具最多钻 198 个孔,而一个晶粒尺寸为 0.6 μm 的刀具最多钻 35 个孔,表明硬质合金刀具材料晶粒尺寸对刀具的寿命有着明显的影响。

微钻头的制造方法与车削及铣削刀具的制造方法类似,主要有精密磨削、WEDG、FIB等技术,各种制造技术的特点与前述相同。微细钻头主要制造商包括:① 日本的 Union Tool、东芝、Kyocera Tycon、三菱公司;② 德国 Kemmer 公司;③ 中国台湾创国精密股份有限公司(TCT)、深圳金州投资有限公司等。

3.4.3 微细钻削工艺

与通常的钻削加工相比,微细钻削加工的工艺特点主要如下。

① 排屑十分困难,切屑易阻塞,钻头易折断,孔的尺寸越微小,则越是如此。钻削长径比较大的孔时,必须频繁退钻排屑。

② 切削液较难注入加工区内,钻削条件较为恶劣,影响正常加工。一般应采用低黏度的矿物油或菜籽油进行冷却润滑。

③ 刀具重磨很难,耐用度低。当钻头需刃磨时,一般要在显微镜下进行。而且微细钻床还应设有对微细钻头加工中的磨损和折断情况进行监控的装置。

④ 微细钻床系统刚性要好,加工时不能有振动,应有消振措施;机床主轴的回转精度要高,径向跳动一般应小于 2 μm;转速要高,一般应大于 10 000 r/min;应采用精密对中夹头,并配备放大镜等附件。

微细钻削加工在一些特殊材料的加工中具有重要的应用。如 PCB 行业微细孔的加工,由于孔加工量大,孔的直径分布为几十微米至几毫米不等,因此通常采用微细钻削加工 50 μm 以上的通孔,激光加工 50 μm 以下通孔及盲孔。此外,还有航空航天领域的高温合金零件、碳纤维增强复合材料、SiCp/Al、医用钛锆铌合金、不锈钢等特殊材料上的微小孔都需要采用微细钻削进行加工。

3.5 微细冲压加工技术

微细冲压是大批量微小零件加工的最常用的方法之一,尤其适合大批量、低成本、快速制造微小孔零件。目前,板件上的小孔常采用冲孔的办法加工。它的特点:① 生产效率高,在大批量生产时,其生产成本比钻削小孔的成本低得多;② 凸模磨损慢,寿命长,加工出的小孔尺寸稳定。冲小孔技术的研究方向是减小冲床的尺寸,增大微小凸模的强度和刚度,保证微小凸模的导向和保护等。将冲压技术引入微细加工时,必须解决的主要问题:一是必须有微细尺寸的冲头和凹模;二是微冲头与微凹模周隙在微细尺度上的均匀一致性。前者可通过应用适当的微细加工方法解决,例如,用线电极电火花磨削或微细磨削技术制作微细冲头,用微细电火花加工或微细超声加工技术制作微凹模。后者实现较为困难,微细冲压的实现依赖于一个能保证与微细工具匹配的微冲压系统,微冲头和微凹模在微细冲床上能够依次在线制作,确保微冲头与微凹模周边间隙的均匀性,这种系统设备的研制是有较大难度的。

微细冲压也属于微细加工技术,也具有明显的尺寸效应。随着零件的尺寸减小,冲压过程中材料的变形行为逐步由多晶体变形转变为单晶体变形,传统的塑性变形理论不能解释微成形中流动应力突变的现象。2004 年,美国空军研究实验室的 Uchic 在 Science 上发表论文,针对微纳米尺寸单晶镍微柱压缩过程,提出了微塑性变形中流动应力"越小越强"的尺寸效应,得到了众多学者的验证。此后,单晶材料变形"错位匮乏""机械退火"等增强机理及概念被提出,用于解释微塑性变形的尺寸效应。针对塑性成形问题,日本 Ike 和 Saotome 等人详细研究了微模压成形过程,发现材料充填微小模具型腔的能力与晶粒尺寸和型腔尺寸有关,存在明显的尺寸效应,进而影响了材料对微小型腔的填充性能。哈尔滨工业大学郭斌等人研究发现,当晶粒尺寸与型腔尺寸之比为 0.5 时,填充筋高宽比达到最小值,并建立了材料微填充过程多晶体模型,揭示了微小模具型腔充填的尺寸效应。此外,当零件尺寸进入微米量级时,其成形的极限也会发生改变,德国 Vollersen 等人对比研究了宏观和微观拉深实验,发现微拉深法兰件有轻微的起皱现象,成形极限降低。上海交通大学来新民等人研究发现,在试样厚度方向上的晶粒数目越少,其成形极限越低。

3.5.1 微细冲压机床

1998 年,MEL 开发了第一款微型冲压机床,冲床总体尺寸为 111 mm × 66 mm × 170 mm,采用交流伺服电机提供最大 100 W 功率,使得最大冲压力可达 3 000 N;采用滚珠丝杠和螺母组成的运动副将电机旋转运动转变为冲压直线运动,实现最高 60 件/min 冲压速度。近年来,微冲压成形设备的进展主要体现在驱动机构的高精度化、微型化、新型化。日本 Yamada 公司针对微电子器件低成本批量生产要求,研制了基于曲柄滑块机构的高速精密冲床,最大冲程频率可达 4 000 SPM(strokeper per minute),成为世界上速度最快的微型冲床之一。对于传统微冲压设备的不断升级改造,难以应对不断增长的对于微米量级零件批量化低成本的制造需求,这一需求也不断促进了微冲压设备的研发。东京都立大学 Shimizu 等人研发了桌面式微冲压设备(图 3.18(a)),该设备驱动机构采用微型伺服电机 + 滚珠丝杠,利用精密模架导向,精度高,输出力可达 30 kN,能够实现复杂微型零件成形与装配的一体化制造。为了满足微型零件高精度、柔性化制造的需求,驱动方面采用了压电陶瓷、直线电机、音圈电机等精密方式。2001 年,日本群马大学 Saotome 等人开发了首款微挤出设备,该设备体积可以缩小到手掌大小,并可放入真空环境炉中进行零件加工(图 3.18(b))。韩国 Rhim 等人研制出基于音圈电机驱动的新型微冲压系统(图 3.18(c)),该系统中,冲头直径为 25 μm,安装在高精密直线运动导轨上,利用双向图像采集原理的视觉定位系统,对冲头和凹模进行对中,该系统大幅提高了对准和定位精度。尽管压电陶瓷驱动能够实现亚微米甚至更高的定位精度,但其输出位移相对较小,为弥补这一不足,人们利用传动机构,研制成功了多种微成形装置,但是仍然难以满足微型零件低成本批量制造的要求。

(a) 桌面式微冲压设备

(b) 日本群马大学Saotome开发的袖珍冲压机

(c) 韩国Rhim研制出基于音圈电机驱动的新型微冲压系统

(d) WEDG与微冲压组合加工设备

图 3.18　微冲压设备

台湾云林科技大学Chern等人将振动电火花加工(vibration – EDM)和WEDG技术与微冲孔技术结合,研制出了基于音圈电机驱动的微冲压系统,该设备结构示意图如图3.18(d)所示。该技术既改善了微细电火花加工(micro – EDM)技术金属去除加工效率低、加工周期长的缺点,同时采用WEDG加工的微型电极(冲头)制造冲孔凹模,保证了凸凹模同轴配合精度。另外,采用微冲孔技术改善了micro – EDM 技术微孔加工中电极损耗的不足,提高了微孔加工的质量。

直线电机可实现"零传动",大大提高了部件的运动精度。德国 Schuler 公司研制了一台基于双直线电机驱动的微冲压设备,采用滚珠直线导轨进行导向,最大输出力可达 40 kN,最大速度可达 13.8 m/s,位移精度达到 5.6 μm。德国 BIAS 研究中心研制了一台基于直线电机驱动的多功能微冲压设备。该设备采用气浮导轨进行导向,可实现无摩擦高速运动,最大冲程次数可达 1 250 SPM,最大加速度可达17g,最大速度为 3 m/s,位移精度为 3 μm,并能够实现垂直方向双轴工作,满足了微型零件的柔性化制造要求。英国 Qin 等人研制了针对微型零件低成本批量制造的微成形系统,该设备采用模块化设计理念和台式框架结构,分为成形系统、送料系统、传送系统及多工步模具装置,选用空气冷却的直线电机作为驱动方式,最大输出力达到 3.5 kN,加载方向位置重复定位精度可达 0.1 μm,最大冲程次数为 1 000 SPM,定位精度为 5 μm,特别适合金属箔类微型构件的多工步微冲压成形。丹麦科技大学也研制了类似的基于直线电机驱动的微成形设备,其最大冲程次数可达 800 SPM,定位精度为 3 μm,最大输出力可达 5.5 kN。

哈尔滨工业大学郭斌等人研制出了一台宏/微结合基于压电陶瓷驱动的微成形设备(图 3.19),最大输出力可达 3 kN,能够满足微型齿轮类零件的成形要求。该成形设备基于双直线电机驱动的高速高精度微成形系统,最大速度可达 1 m/s,位移精度为 0.25 μm,冲程次数可达 1 000 SPM,能够满足微型构件高效率批量制造的要求。

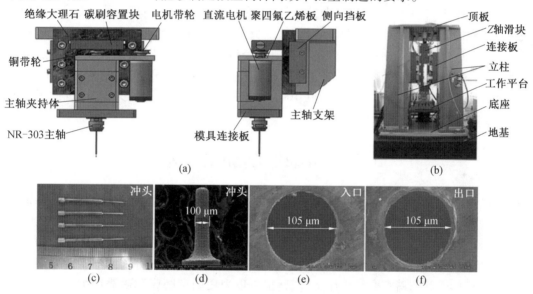

图 3.19 哈尔滨工业大学开发的微冲压成形设备及制造的零件

3.5.2 微细冲压工艺

微细冲孔成形是薄板成形中最重要的工艺之一,各国学者都进行了系统的研究工作,取得了系列研究成果。日本、韩国、中国在内的众多学者,利用不同材料的微冲头对薄板进行冲孔加工。20 世纪 90 年代,日本 Jimma 等人对微冲压加工工艺参数进行详细的研究,得出影响冲孔精度的主要因素有冲裁速度、冲裁间隙、压边力等工艺参数。日本名古屋大学 Mori 等人采用 SiC 纤维作为微冲头研究冲孔工艺,在 15 μm 厚度的铝箔、铍铜合金、不锈钢箔上冲出 14 μm 的高质量孔,并制备出最小直径为 50 μm 的零件。日本 Aoki 等人针对 PCB 板中阵列微孔的加工需求,利用阵列布置的 10 个冲头同时进行微孔冲压,制备出了直径为 100 μm 群孔。韩国首尔大学 Rhim 等人开发出桌面型微冲压机床,使用碳化物冲头在铜箔及不锈钢箔上实现了 $\phi25\ \mu m$、$\phi50\ \mu m$、$\phi100\ \mu m$ 微小孔的高质量加工。

为了获得高质量、高精度微冲头，研究者将 WEDG 和微冲压结合在一起，利用 WEDG 在线制造微冲头，避免了二次装夹引起的误差，然后直接进行微冲压，获得高质量的微孔。2001 年，WEDG 技术发明者东京大学 Masuzawa 将 WEDG 加工能力提高到直径为 $2.5\ \mu m$ 的微小轴，并进行直径为 $5\ \mu m$ 孔的电火花加工。日本京都工艺纤维大学 Egashira 等人将微细轴的尺寸降低了 1 个数量级，首先利用 WEDG 制作 $\phi4\ \mu m$ 钨电极，然后利用电化学腐蚀制成 $\phi1\ \mu m$ 和 $\phi0.3\ \mu m$ 亚微米级电极，最后采用超声振动电火花加工技术制造出 $\phi2\ \mu m$ 微小孔，这一尺寸达到了 WEDG 加工能力的新高度。针对线电极磨削加工效率低的不足，2004 年，哈尔滨工业大学赵万生等人率先研制出四轴三联动微细电火花机床，并对其中多项关键技术进行了系统研究。基于欠进给的伺服策略，采用块电极轴向进给方式进行微细轴的电火花磨削，大幅提高了微细轴的制造效率，并成功制备出 $\phi10\ \mu m$ 微细轴和 $\phi20\ \mu m$ 微小孔。由此可见 WEDG 方法在微细冲头方面的加工能力。哈尔滨工业大学王振龙等人将 WEDG 装置与微冲床结合，先对微冲头和凹模进行线电极在线磨削，然后直接微冲压，在 $20\ \mu m$ 黄铜和不锈钢箔上，利用 $\phi100\ \mu m$ 的冲头和 $\phi110\ \mu m$ 凹模，加工出 $\phi105\ \mu m$ 微孔。Chern 等人开发了类似组合机床，实现了 $100\ \mu m$ SUS304 不锈钢上 $\phi100\ \mu m$ 和 $\phi200\ \mu m$ 微孔加工。除了圆形孔以外，通过 WEDG 也可制造异形截面电极，从而冲裁出相对应的孔。Chern 等人在 $100\ \mu m$ 的铜箔上冲裁出边长为 $215\ \mu m$ 的正方形孔及边长为 $200\ \mu m$ 的正三角形孔。

3.6 微细磨削加工技术

微细磨削加工技术是为了应对微小型三维零件高质量、高效率、批量化制造，特别是对于像陶瓷、石英、玻璃等硬脆性材料的加工，而发展起来的一种微细加工技术。微细磨削加工技术通常是指采用超细磨粒的砂轮对工件表面进行微纳米级机械去除的加工方法，它能实现对高硬度、高强度、硬脆材料微零件或微结构的高质量表面加工。微细磨削可以在大型精密和超精密磨削机床上进行，也可以采用微型磨床和微磨针加工。针对微小零件的加工，后者具有设备要求相对较低、柔性化程度高、成本低、绿色环保等优势，是该类零件加工的主流技术，得到了国内外众多研究者的广泛关注。因此，本书中所提及的微细磨削加工技术都是指使用微磨削机床和微磨针对微型零件的机械去除加工方法。目前，微细磨削加工技术研究和发展还处于初级阶段，诸如微细磨削机制、磨削工艺、磨削机床、刀具等方面，尚有大量待解决的问题。

3.6.1 微细磨削机床

日本国家先进工业科技学会研制的微细磨床，其主轴的最高转速可达 200 000 r/min，工作台最大进给速度为 50 mm/s。Jahanmir 等人研发的微铣削加工系统，更换切削刀具后也可用于微磨削加工；其主轴的最高转速接近 500 000 r/min，工作台的最大进给速度为 12.5 mm/s。高速磨削主轴和进给系统可以实现微型零件的高效率加工。国内,如哈尔滨工业大学研制的微铣削机床,其微主轴的最高转速为 140 000 r/min,工作台行程为 30 mm × 30 mm × 25 mm。而目前应用到微细磨削加工上的有德国凯泽斯劳滕大学构建的微磨床,其微主轴最高转速为 60 000 r/min,工作台分辨率为 20 nm,重复定位精度为 1 μm。随后又开发出纳米磨削加工中心,该加工中心集成了微磨棒制造和微细磨削加工功能,避免了刀具的更换和夹持。沈阳理工大学构建的微磨床,其微主轴的最高转速为 160 000 r/min,工作台行程为 200 mm,分辨率范围为 0.008 ~ 2.000 μm。目前,微细磨削机床的商品化产品方面进展缓慢,还有未进入实用化阶段的产品。主要原因有:①加工效率低,目前微磨针的直径已经稳定做到 φ1 ~ 4 μm,即便是在几十万转的主轴转速下,微磨粒线速度也只有几十微米每秒,严重地限制了工件材料的去除率和加工效率。例如,微磨针直径为 4 μm,主轴转速为 160 000 r/min 时,磨削速度也只有 0.03 m/s。此外,微小型的超精密工作台,其定位精度已达到亚微米级甚至是纳米量级,但行程很小,运动速度也较低,导致加工效率不高。② 加工精度低,微细磨削的厚度通常在微米量级,而目前刀具跳动误差可达磨削厚度的 3 ~ 20 倍,严重影响零件的加工质量。此外,为了实现亚微米级的微小零件的加工,刀具的跳动应当进入更小的范围,微型化机床的刚度、振动、变形等都是商品化需要解决的问题。

3.6.2 微细磨削刀具

微磨削采用的微磨针基体材料以硬质合金为主,它具有高韧性、高强度、耐磨和耐热等优异性能,其表面涂覆的超细磨粒主要有金刚石和 CBN,二者共同构成了微磨针。目前金刚石磨粒的应用更为广泛,但磨粒的形状不规则、分布方向随意、突出的高度不一致,易引起磨削力不均匀和微磨针的受力变形。针对磨粒分布不均匀的问题,英国诺丁汉大学 Axinte 等人提出一种微磨针表面磨粒分布均匀化的方法,在金刚石砂轮圆周面上加工出对称分布且形状一致的切削刃来代替磨粒。但该方法目前制造出的微磨针直径通常大于 1 mm,继续减小直径将带来刀具制造方面的困难。进一步解决磨粒涂覆的方法包括:①电镀、化学气相沉积、冷喷涂等,其中化学气相沉积工艺能获得超细磨粒(如金刚石)的均匀分布,磨粒尺寸更小、棱角更锋利且与微磨棒基体的结合力强,是目前主流制造方法之一。② 微磨棒整体烧结,日本东北大学 Masaki 等人采用整体烧结的 PCD 微磨棒对硬质合金进行磨削,工件表面粗糙度达 Rz28 nm、Ra5 nm。相较于涂层式微磨棒只有单层磨粒,烧结的金属基微磨棒内嵌有大量磨粒,磨损之后可采用合适的修整工艺进行修整,延长微磨棒的使用寿命。修整方法通常采用电火花、电化学、电解等无明显宏观力的方法。

3.6.3 微细磨削机理

由于微磨针的直径通常小于 1 mm,它与工件接触弧面长度很小,接触应力极大,因此微磨针变形增大,磨削温度升高。此外,微细磨削的深度通常小于晶粒的尺寸,磨粒切削发生在工件晶粒内部,材料的尺寸效应、显微组织的再结晶等会显著改变材料的去除机理。因此,微观尺度磨削机理与宏观尺度磨削机理有着明显的区别。

(1)塑性材料去除机理。

如图 3.20 所示,微观尺度磨削与宏观尺度磨削存在较大的差异。微观尺度磨削通过磨粒与工件表面材料相互作用实现零件的加工,这一相互作用包括滑擦、耕犁、切削等基本过程,也是研究磨削机制的一条途径(图3.20(b))。与宏观尺度磨削不同,微磨粒的刃口半径与磨削切深处在同一数量级甚至比后者更大,因此不能忽略微磨粒刃口半径(图3.20(b))。实际微观尺度磨削过程是磨粒带有大负前角和大应变率的切削过程,工件表面形成的微小压痕和凹陷也更加明显。东北大学巩亚东等人系统地总结和阐述了塑性材料微观尺度磨削机制。通过对比 TC4 钛合金和 H62 黄铜的微观尺度磨削实验结果,在考虑到微磨粒刃口半径的影响下,分析了这类塑性材料的最小切屑厚度效应。结果表明,当磨削深度很小时,工件材料只发生弹性变形,没有材料的去除,这就导致工件表面质量难以保证;随着磨削深度的增加,弹性变形的影响逐渐下降,形成切屑,这时工件表面粗糙度值下降,表面质量开始变好。进一步,他们研究了未变形切屑厚度与磨粒刃口半径的比值,指出宏观尺度磨削时该比值 ≫1,可忽略磨粒刃口半径的影响;微观尺度磨削时该比值 ≪1,磨粒刃口半径不能忽略,此时磨粒实际工作前角为大负值。

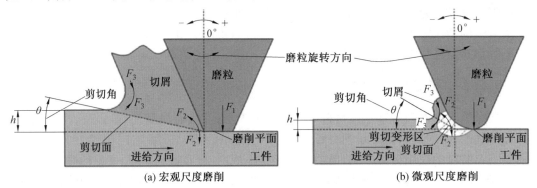

图 3.20 宏观尺度磨削与微观尺度磨削材料去除示意图

(2)脆性材料去除机理。

硬脆材料的切削加工以磨削为主,且在普通宏观磨削中以脆性去除为主,磨削过程的脆塑转变关注较少;而在微细磨削中,工件的尺寸微小且要求表面质量高,因此需要控制磨削的工艺条件来实现脆性材料的延性域加工。这些工艺条件包括:临界磨削深度、磨削速度、机床振动、微磨针变形、工件材料微观缺陷及分布不均匀性等,这些参数相互交织在一起,共同决定了特定微磨削加工工艺系统的延性域。目前的研究通常是在某些特定的工艺条件下,研究临界磨削深度和未变形切削厚度两个衡量指标。巩亚东等人给出了硬脆材料微细磨削延性域、延-脆性复合的临界条件模型及磨削工艺参数,但受到不同微机床振动、微磨棒挠度及材料微观缺陷和材质的不均匀性等影响,硬脆材料微细磨削的材料去除仍是同时伴有塑性去除和脆性去除的复杂综合作用过程,目前还难以实现以塑性去除占绝对主导作用的微细磨削加工。

(3)尺寸效应。

微细磨削中微磨粒的切削过程发生在工件材料晶粒内部或者晶粒边界,在未变形切屑厚度很小时,造成单位切削力显著增大,表现出微磨削的尺寸效应突出。导致微磨削尺寸效应明显增大的因素主要有:磨粒刃口半径、大负前角磨粒产生的耕犁力、工件亚表面塑性变形、材料的加工硬化、磨削温升产生的内应力、再结晶、晶体取向等。因此,微细磨削中的尺寸效应及其对加工机制的影响是一个复杂的过程,目前还没有足够的理论和实验数据去揭示它们内在的关系,需要研究者们不断地进行探索和研究。

3.6.4 微细磨削工艺

(1) 微细磨削工艺参数影响及优化。

影响微细磨削加工零件质量的因素众多,其主要包括:微磨削机床性能、微磨针性能、工件特性、工艺参数等,且它们之间关系复杂,相互耦合,共同影响磨削质量。例如,沈阳理工大学吴晓芳等人采用 $\phi 0.9$ mm 的微磨针磨削 $\phi 125$ μm 的单模光纤,当提高主轴转速并适当减小进给速度和磨削深度,能有效降低表面粗糙度值。但由于最小未变形磨削厚度的影响,磨削深度不能选择过小,因此,只能采用优化微细磨削工艺,这也是提高磨削质量的有效方法之一。Lee 等人建立了基于磨削深度和进给速度的工件表面粗糙度响应面模型,考虑到不同工件材料磨削加工差异,微细磨削所能达到的几何精度和表面质量范围较宽,如 TC4 钛合金表面粗糙度 Ra 可达 163 nm,BK7 玻璃的加工表面质量最好,且微细磨削力最小。因此,针对不同工件材料的微小零件,需要结合理论分析和实验研究确定其优化工艺参数,进而提高微细磨削质量。

(2) 微磨针的影响。

作为微细磨削的刀具,微磨针的特性对加工过程影响重大。其特性包括:微磨针的结构特征尺寸、微磨粒大小、浓度、形状、材料等。一般条件下,微磨针的直径越小,所能加工的沟槽特征尺寸越小,但加工效率偏低,因此需要发展高速磨削。直径的减小使得微磨针的强度和刚度减小,容易发生挠曲变形、折断等,影响加工精度和刀具使用寿命。例如,德国凯泽斯劳滕大学 Aurich 等人对比研究了 $\phi 100$ μm 和 $\phi 4$ μm 微磨针的磨削性能,后者在 160 000 r/min 的转速下加工的微沟槽出现了大的边槽裂缝,其主要原因可归结为小直径下磨削线速度低。除上述几个方面外,微磨针的形状对磨削性能的影响也非常明显。新加坡大学 Perveen 等人制备了 4 种不同截面形状的 PCD 微磨针(图 3.21),并在 BK7 玻璃进行的微细磨削实验,结果表明,D 型微磨棒在 X 轴方向和 Y 轴方向的磨削力最小,正四棱柱形微磨棒获得的表面粗糙度最小,D 型和圆柱形微磨棒的磨损较少。Denkena 等人比较研究了 6 种不同形状的微磨棒在硅材上加工微孔的质量,结果表明,采用 15° 圆锥形微磨棒的加工表面质量最好,孔壁的表面粗糙度达到 $Ra0.2$ μm。

(3) 复合加工工艺。

微细磨削的效率是制约其应用的一个重要因素,在小的微磨针直径、小的进给量、有限的磨削转速、跳动误差等限制下,采用复合加工工艺既能提高加工质量,又能解决加工质量与加工效率的矛盾。目前,复合加工工艺主要包括以下几类:① 电化学辅助微细磨削工艺,如 Cao 等人利用该技术加工玻璃微小零件,结果表明,加工时间减少 30%,加工表面质量更高,达到 $Ra50$ nm;② 激光辅助微细磨削工艺,通过激光诱导产生热裂纹层以软化材料,再进行磨削,达到更高的效率,如 Kumar 等人利用激光辅助磨削陶瓷材料,减小了磨削力和工具磨损,提高了材料去除率、工件表面的质量;③ 超声振动辅助磨削工艺,将该技术应用于硅和不锈钢微小零件的加工,微磨针的载荷减小和磨粒脱落也相应减少,材料去除率增加,加工表面质量提高,实现了在陶瓷、玻璃等硬脆材料上进行微孔加工。

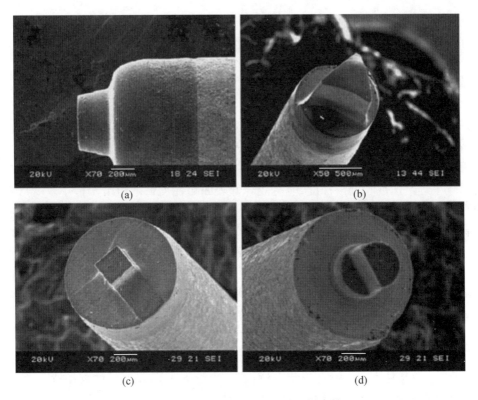

图 3.21 不同截面形状的 PCD 微磨针

3.7 微细磨料水射流加工技术

微细磨料水射流加工技术(μAWJ)由供料系统提供微细磨料,再将微细磨料与高压水相混合并加速,经微细喷嘴形成微细水射流,通过微细磨料与被加工材料之间的相互作用实现材料的微量去除。微细磨料水射流加工技术由传统磨料水射流加工技术发展而来,目前射流直径为 10~100 μm,实现对金属、陶瓷、玻璃、半导体、复合材料等难加工材料的微细加工,具有加工材料范围广、加工效率高、加工质量高、热影响区小、污染小等优点。

微细磨料水射流的关键在于高压水射流的形成,当水的压力逐渐升高后,其压缩比例也逐渐升高,例如,当压力为 400 MPa 时,水的压缩率可达 15%。因此,根据工艺系统参数,可以获得射流功率 $P(\mathrm{kW})$ 与射流压力 $p(\mathrm{MPa})$ 和流速 $Q(\mathrm{L/min})$ 之间的关系:$P = p \times Q/60$。根据伯努利方程 $Q = c_\mathrm{d} A \sqrt{2p/\rho}$,其中 A 为孔口截面积,c_d 为流量系数(通常为 0.65),ρ 为水的密度,可以建立水流量与压力的关系,获得如图 3.22 所示的水射流参数曲线图。

根据水射流是否含有磨料及磨料混入的方式,射流加工可分为水射流加工(图 3.23(a))、后混式磨料水射流加工(图 3.23(b))和前混式磨料水射流加工(图 3.23(c))3 种。如图 3.23(a)所示,未加磨料的水射流是将高压水(< 400 MPa)从蓝宝

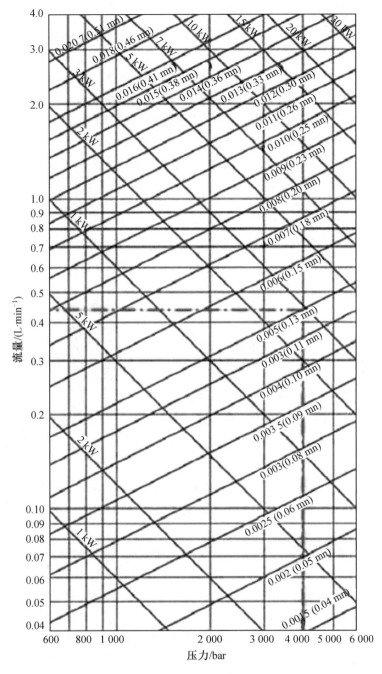

图 3.22　水射流参数曲线图（1 bar = 10^5 Pa）

石或金刚石的喷嘴（喷嘴直径为 0.08～0.5 mm）喷出形成水柱，用于加工相对较软的材料，如塑料、有机物和铝合金等，但无法加工硬脆材料。如图 3.23（b）所示，后混式磨料水射流加工是先将水加压（400～600 MPa），经过切割头中的水喷嘴形成高速水射流，高速水射流再在混合腔内与磨料混合，并通过加速后经磨料喷嘴形成磨料水射流。磨料通常采用石榴石，在特殊加工条件下使用三氧化二铝、橄榄石、石英砂等。后混式磨料水射流系统结构简单、可靠性高、供料方便、喷嘴磨损小、使用寿命长,但随着喷嘴直径的减小,磨料很难与高压水均匀混合,射流压力大、能量损失大,导致加工精度较低、表面质量较差,因此,常用于粗加工或半精加工。如图 3.23(c)所示,前混式磨料水射流是预先将磨料、水及各种添加剂混合后加入压力磨料罐,增压泵将水加压后进入磨料罐顶部将磨料从底部压出,经喷嘴形成磨料水射流对工件进行加工。前混式射流克服后混式的一些不足,能够保证水与磨料混合均匀,系统所需的压力较低,射流密集性好,能量利用率高;但系统较为复杂,并且喷嘴磨损严重,寿命短。根据预先混合的流体是否为牛顿流体可将其分为悬浮射流和浆体射流两种。若通过加入高聚物等添加剂进行混合,混合后的流体为非牛顿流体,则磨料在其中会呈均匀悬浮状态,形成浓度恒定、射流密集性好的浆体射流。由于非牛顿流体能够降低摩阻系数,减小能量损失,对射流束的稳定起到积极的作用,因此射流的集束性增强,十分适宜微磨料水射流加工。前混式在射流直径方面可以达到较小(10 ~ 100 μm),切缝宽度与射流直径相当,浆料的混合更加均匀,加工效率较后混式提高5倍,成本降低70% ~ 80%。

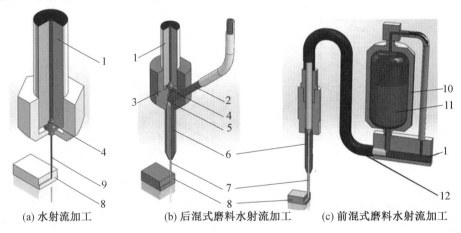

图 3.23　水射流及磨料水射流工作方式

1—高压水入口;2—磨料入口;3—切割头;4—喷嘴;5—混合腔;6—聚焦管;7—高速磨料水射流;8—工件;9—高速水射流;10—压力罐;11—水和磨料混合流;12—高压软管

关于磨料水射流的加工机理很复杂,目前尚未形成公认统一的理论。通常认为磨料起着主要切削作用,水射流对工件起冷却和冲刷作用。磨料对工件的切削作用来源于:① 高速磨料冲击工件材料产生塑性破坏;② 磨料高速冲击下产生微裂纹,而发生脆性破坏。Hashish 等人在实验中证实了磨料与工件之间发生强烈的摩擦磨损,产生很强的冲蚀作用,据此提出了剪切冲蚀和变形磨损理论。此种作用机理在塑性材料表面主要造成微耕犁和微切削,而在脆性材料表面主要产生疲劳微裂纹并进一步引起破碎。在某些情况下,上述几种相互作用可能同时发生在同一材料的去除过程中。国内外众多学者通过理论计算、建模仿真、实验测量等多种手段,对微细磨料水射流机制进行深入的研究,重点研究了脆性材料脆塑转变的过程。

3.7.1 微细磨料水射流机床

目前,美国傲马(OMAX)公司是 μAWJ 主要研究者及设备供应商,其典型的设备如 MicroMAX 和 Model 160X JMC 等。水射流加工的特点之一在于通过一个喷嘴就可实现切割、车削、钻削、铣削、端面车削、开坡口等多种加工方式。同一个喷嘴还可应用于不同板材厚度。OMAX 公司生产的 4 类典型喷嘴如图 3.24 所示,包括水射流喷嘴、MAXJET 5、MINJET 7/15 喷嘴。除喷嘴之外,水射流还有一些关键部件,如进行圆锥形补偿的倾斜喷嘴,针对非对称切削的旋转轴,开坡口及穿锥形孔的喷头;由这些特殊喷嘴组合可对微型复杂三维结构进行加工。

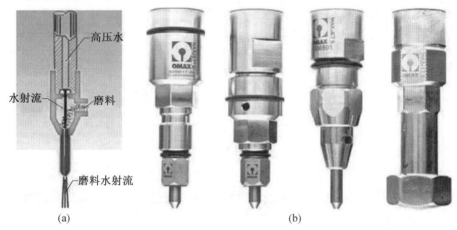

图 3.24 OMAX 公司生产的 4 类典型喷嘴

3.7.2 微细磨料水射流加工工艺

微细磨料水射流加工具有传统磨料水射流的工艺特点,又因其使用的磨料粒度更小、含量更低、水束直径更小、横移速度更小,因此其具备更加独特的优势,非常适合对微小型零件进行切割、打孔、加工。

1999 年,英国 Miller 首次提出微细磨料水射流加工概念,研制出了前混式微细磨料水射流系统,并使用微细氧化铝磨料(50 ~ 300 nm)获得射流直径 40 μm 的水柱,对 4 ~ 50 μm 厚度的金属、聚合物、碳纤维复合材料、电路板、三合板等进行加工;在 50 μm 厚度的不锈钢上加工出直径为 85 μm 的孔,制孔速度为 2.5 孔/s。

(1)加工工艺参数。

微细磨料水射流加工的工艺参数主要包括:加工速度、加工精度、表面粗糙度等。影响磨料喷射加工速度的主要因素有:磨料类型及粒度、喷射压力、喷嘴直径、喷嘴与工件之间的距离及喷射角等。一般来说,磨粒越大,喷射速度越高,材料去除速率越快。当磨料流量较小时,加工速度随磨料流量的增加而增加;当磨料流量达到某一值后,若继续增加,则由于后面喷射来的磨料与刚从工件表面反弹出的磨料相碰撞的概率增大,反而使直接冲击工件的颗粒减少,加工速度下降。喷射角是指喷嘴轴线与工件被加工表面切线间的夹角。喷射角与加工速度的关系如图 3.25 所示。由图 3.25 可见最佳喷射角(即加工速度最大时的角度)随工件材料的变化。一般规律是工件材料硬度、脆性越高,其最佳喷射角也相应增大。

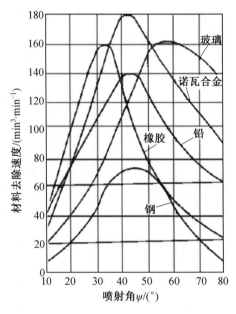

图 3.25　喷射角与加工速度的关系

在加工精度方面,磨料喷射加工的尺寸精度一般可达 ±130 μm,最高的加工精度可达到 ±50 μm。喷嘴与工件表面之间的距离与切割精度有着很大关系,随着距离的增加,不仅切割缝隙加大,而且出现较大的锥度,导致加工精度降低。

磨料粒度对加工表面粗糙度的影响较大。表 3.7 为采用不同粒度的氧化铝磨料加工玻璃和退火不锈钢时的表面粗糙度。由表 3.8 可知,采用细的粒度磨料可获得低的表面粗糙度值;当加工软质材料时,表面层容易嵌入磨料颗粒,因此在进行喷射加工以后,需要仔细清理工件表面、沟槽、缝隙等处。

表 3.7　氧化铝磨料加工表面粗糙度

氧化铝磨料平均粒度 /μm	表面粗糙度 Ra/μm	
	玻璃	退火不锈钢
10	0.15 ~ 0.20	0.20 ~ 0.50
28	0.36 ~ 0.51	0.25 ~ 0.53
50	0.97 ~ 1.45	0.38 ~ 0.96

表3.8　几种常用磨料的粒度、用途胶和参数选择

	类型	平均粒度/μm	流量/(g·min^{-1})	用途
磨料	氧化铝 Al_2O_3	10,20,30		加工铝、黄铜,切削和开槽
	碳化硅 SiC	25,40		加工不锈钢、陶瓷,切削和开槽
	碳酸氢钠	27	1～5 用于精加工	加工尼龙、特氟龙、狄尔林;50 ℃ 以下精加工
	白云石	约 200 目	5～10 用于一般加工	刻蚀和抛光
	玻璃球	0.635～1.27	10～20 用于粗加工	去毛刺和抛光
	类型	流量/(L·min^{-1})	压力/kPa	速度/(m·s^{-1})
载气	干燥空气、二氧化碳、氮气、氦气等	28	207～1 310	152～335

(2) 加工材料范围。

微细磨料水射流可应用于半导体晶片的切割,如硅片、氮化铝、氮化镓、蓝宝石等,切缝垂直度高,表面质量高,热影响区小,且无切屑飞溅,非常适合半导体行业的切割和钻孔加工。无论是切缝侧壁,还是表面质量,许多学者对其都进行了理论建模和实验研究,得到在不同磨粒条件下对不同材料的加工工艺参数。例如,Ally 等人建立了金属表面微细磨料水射流加工质量预测模型,采用粒径 50 μm 的氧化铝磨料以 106 m/s 的平均速度对铝合金、钛合金和不锈钢工件进行加工,研究发现,当水射流角度在 20°～35° 时,工件材料的去除率最大,但普遍低于加工玻璃和聚合物的材料去除率;此外,还发现部分磨料嵌入不锈钢表面。Kong 等人对航空航天领域广泛应用的钛镍形状记忆合金进行了切割、钻孔和铣削加工实验,在优化的加工工艺参数下,工件切缝表面粗糙度 Ra 小于 4 μm,阶梯孔的圆度误差小于 40 μm,同轴度误差小于 150 μm,可以满足该领域对零件制造的精度要求。除了简单的轨迹加工外,微细磨料水射流加工技术与数控机床相结合,通过控制喷嘴运动轨迹,以及同时使用多个喷嘴加工,可以对复杂轮廓零件进行加工,获得微型圆柱体、微槽、微孔等系列微细结构。例如,Lei 等人实验证实了微细磨料水射流的三维加工能力,利用螺杆泵对碳化硅磨料进行输送并混合,由步进电机控制螺杆运动,通过控制电机的转速来精确控制磨料的流量,将切割头安装到高精度四轴联动数控平台的刀架上对工件进行加工,实验中通过控制适合的工艺参数实现了微磨料水射流车削、磨削、铣削、雕刻等的三维加工。

考虑到水射流在加工过程中工件表面累积的水对后续到达的水束影响,Haghbin 等人提出了非浸没式和浸没式微细磨料水射流两种加工工艺,以 316L 不锈钢和 6061-T6 铝的微槽铣削微加工对象和方式,结果表明,浸没射流由于水对磨料颗粒的阻力较大,射流外围的磨料颗粒的动能减小很快,微槽的宽度比非浸没射流更小,因此可以利用浸没射流进行更加精密的微槽加工;浸没射流也具有降低噪音和减小磨料颗粒射入空气中等优势。

μAWJ 技术加工材料范围广,这与激光加工、电火花加工和传统切削方式明显不同。图 3.26 为 μAWJ 技术所能加工的材料。

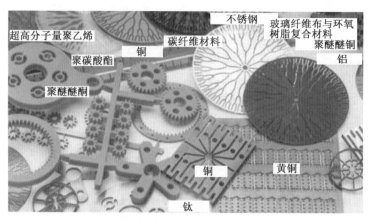

图 3.26　μAWJ 技术所能加工的材料

在加工工艺方面，μAWJ 最显著的优势在于无热影响区，这使得 μAWJ 可以获得更高的加工速度，相比之下，线切割需要降低走丝速度，而激光加工需要提高激光重复频率，因此，μAWJ 在加工效率方面优势明显。例如，加工图 3.27 所示的微镊子，采用 7/15 喷嘴，加工时间为 32 s，若采用 0.15 mm 的电极丝和固体连续激光，加工时间分别为 38 min 和 110 min；前者加工时间约为后者 1/71 和 1/200。

图 3.27　μAWJ 与线切割、激光加工技术对比（1 in = 2.54 cm）

在微细加工能力方面，图 3.28 展示了 OMAX 公司 μAWJ 技术在 1995—2015 年间的最小加工尺寸，特征尺寸从毫米量级逐渐降低至几十微米量级。加工材料也展现出多样性。

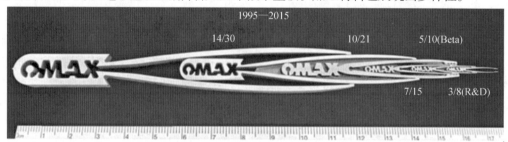

图 3.28　OMAX 公司 μAWJ 技术在 1995—2015 年间的最小加工能力

采用 μAWJ 技术可加工的微型零件可以组装在一起，形成具有一定功能的微机械系统，如图 3.29 所示。

此外，μAWJ 技术在弱刚度材料及结构的加工中展现出独特优势，而穿孔缺陷也是 μAWJ 技术所特有的，在型腔结构的加工中表现得尤其突出，众多学者针对如何减小或消除穿孔缺陷开展了大量研究。例如，Liu 等人将射流液体改换为液氮和过热水，二者的相

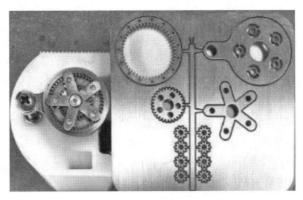

图 3.29　OMAX 公司 μAWJ 技术加工微型零件组成的微机械系统

似之处在于当它们进入磨料混合腔后,在加速磨料的同时迅速蒸发,使得最终只有磨料射入盲孔内部,减少了此前射流产生的驻点压力而导致的穿孔缺陷。上述两种射流在成本和操作方面存在一定的局限性,不适合工业化生产使用;但二者指明了解决穿孔缺陷的方向。此后,空气辅助射流(turbo piercer)和真空辅助射流(mini piercer)技术被开发出。真空使得停留在混合管中的多余磨料被带走,减少了穿孔效应。通过该方法对航空铝层结体材料、碳纤维及复合材料进行了加工,获得良好的加工效果,如图 3.30 所示。

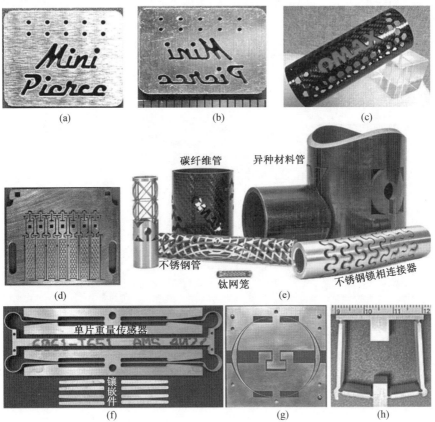

图 3.30　空气辅助射流和真空辅助射流技术所加工的零件

μAWJ技术另一突出的能力是对难加工材料的高效加工能力,这与其他加工方式有着显著的不同。Liu等人的实验证实,相较于不锈钢,μAWJ对于高温合金和钛合金加工效率提高约3%和34%。而对于热处理的钢,随着硬度的增加,μAWJ加工效率有所降低,此时只需要降低进给速度即可,但整体加工速度较EDM仍然有巨大的优势,例如加工440C不锈钢(HRC58),EDM加工时长为6 h,而使用5/10喷嘴,只需要23 min,加工效率提高15倍。此外,μAWJ技术也非常适合制造各类型三维结构生物支架。

综上,本节对常见的微细切削加工技术进行简要的总结,表3.9对比了这几类微细切削加工技术在加工工件最小尺寸、加工精度、加工深径比、多维加工能力、加工周期、成本及适用材料,它们各具特色,在一定范围内选用。

表3.9 常用微细加工技术的特点

微细加工技术	最小尺寸	加工精度	加工深径比(高宽比)	多维加工能力	加工周期	成本	适用材料
微细电火花加工	+	+	+	++	+	+	金属
微细电解加工	+-	-	-	-	+-	+	金属
微细电铸加工	+	+	+	+	+-	+-	金属
FIB	++	++	+	+-	-	-	金属、半导体
LIGA	++	+	++	++	-	-	金属、聚合物
微细铣削加工	-	+	+-	++	++	++	金属、聚合物、陶瓷

注:"++"优;"+"良;"+-"一般;"-"差。

第 4 章

微细电火花加工技术

4.1 微细电火花加工技术概述与特点

4.1.1 电火花加工技术概述

电火花加工又称放电加工,从20世纪40年代开始研究并逐步应用于生产。该加工方法使浸没在工作液中的工具和工件之间不断产生脉冲性的火花放电,依靠每次放电时产生的局部、瞬时高温把金属材料逐次微量蚀除下来,进而将工具电极的形状反向复制到工件上。放电过程中可见到火花,故称之为电火花加工;苏联及俄罗斯则称之为电蚀加工;英国、美国、日本等称之为放电加工。图4.1 为电火花加工示意图和晶体管脉冲电源电压及电流波形。

电火花放电蚀除材料的过程是热效应、电磁效应、光效应、声效应、电磁辐射和爆炸冲击效应等的综合过程。单次火花放电腐蚀的微观过程可大致分为极间介质电离、击穿,形成放电通道;工作液分解、电极熔化、气体热膨胀;电极材料抛出;极间消电离四个阶段,如图4.2 所示。

当脉冲电压施加到工具与工件电极之间时,由于工具和工件电极的微观表面凹凸不平以及极间介质中存在导电杂质,因此极间电场不均匀分布,通常两极极间距离最近的突出点或尖端点处的电场强度最大(图4.2(a))。当阴极表面最大电场强度达到 100 V/μm 时,产生场致电子发射,进而导致带电粒子雪崩式增多,使介质击穿并形成一个极细小的放电通道。放电时的电流产生磁场,磁场反过来又对电子流产生向心的磁压缩效应,周围介质还存在惯性动力压缩效应,放电通道中的电子和离子同时受到磁场和周围液体介质的压缩,因此其截面积很小,通道中电流密度极大,可达 $10^5 \sim 10^6$ A/cm^2。放电通道由数量大体相等的带正电的粒子(正离子)和带负电的粒子(电子)以及中性的原子或分子组成。高速运动的带电粒子相互碰撞,产生大量的热;同时,阳极和阴极表面分别受到电子流和离子流的高速冲击,动能转化为热能,在电极放电点表面产生大量的热,使得放电通道最高瞬时温度可达 10 000 ℃ 以上。放电通道内的极高温度使工作液汽化,热裂分解,也使金属材料熔化甚至气化。火花放电蚀除材料是热爆炸力、电磁动力、流体动力等综合作用的结果(图4.2(b))。实际加工过程中,可以观察到电极间冒出大量微小气泡,且伴随微小的爆裂声,工作液变黑。在极细小的放电通道内,由高温膨胀形成的初始压力可达数十甚至上百千帕,高温高压的放电通道以及随后瞬时汽化形成的气体急速扩展,产生强烈的冲击波,向四周传播(图4.2(c))。单次脉冲放电后,应间隔一段时间,放电通道中带电粒子复合为中性,使工作液消电离,同时也能使电蚀产物有足够的时间排出,恢复极间工作液的绝缘强度,避免产生电弧放电(图4.2(d))。

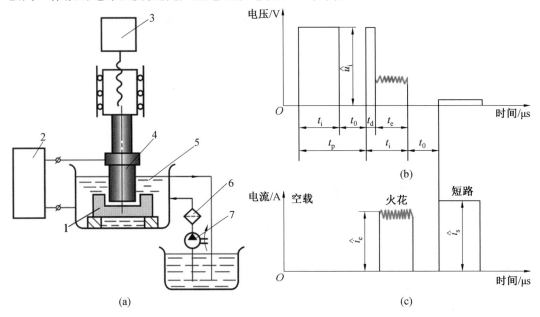

图4.1　电火花加工示意图和晶体管脉冲电源电压及电流波形

1—工件;2—脉冲电源;3—自动进给调节装置;4—工具;5—工作液;6—过滤器;7—工作液泵

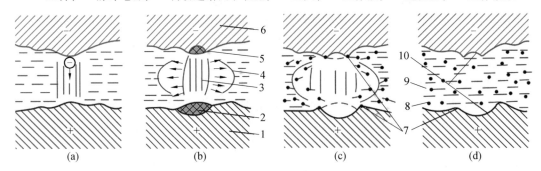

图4.2　放电间隙状况示意图

1—正极;2—在正极上熔化并抛出金属的区域;3—放电通道;4—气泡;5—在负极上熔化并抛出金属的区域;6—负极;7—翻边凸起;8—在工作液中凝固的微粒;9—工作液;10—放电形成的凹坑

4.1.2 电火花加工技术特点

(1) 加工材料广泛。

由于微细电加工中材料的去除是靠放电时的电热作用实现的,材料的可加工性主要取决于材料的导电及导热学特性,如电阻率、熔点、沸点、比热容、热导率、溶解热、汽化热等,而几乎与其力学性能(如硬度、强度等)无关。因此,可以突破传统切削加工对刀具的限制,实现用"软"的工具电极加工"硬"的工件。近年来,随着导电膜辅助加工方法的提出,半导体和绝缘体材料也可以采用电火花加工,大幅拓展了其加工材料的范围。因此,出现了电火花加工聚晶金刚石、立方氮化硼等超硬、绝缘材料的案例。在电极材料选择方面,目前还是多采用紫铜、石墨、钨、钼等,工具电极的制造也相对容易。

(2) 可以加工特殊及复杂形状的零件。

由于电火花加工中工具电极与工件不直接接触,没有宏观切削力,因此适宜低刚度、微小型工件的加工。结合成熟的数控技术,可使用简单形状的电极加工出复杂形状的零件。针对特别复杂的零件(如涡轮盘、机匣),可以采用成形电极方法并结合机床数控系统来完成。

(3) 加工速度通常较慢。

微细电火花加工技术的材料去除效率通常较慢,一般安排在精加工阶段,其前序工序通常采用机械加工去除大部分加工余量,微细电火花加工完成零件最终加工精度和表面质量要求。最新的研究成果表明,采用特殊水基不燃性工作液进行电火花加工,其生产率甚至可以不亚于机械加工。未来,电火花加工也可用于粗加工阶段。

(4) 存在电极损耗。

火花放电发生在电极与工件之间,尽管是以去除工件材料为主,但电极材料蚀除也是无法完全避免。电极损耗多集中在尖角或底面,在一定程度上影响成形精度。

电火花加工具有许多传统机械加工无法比拟的优点,现已广泛应用于航空、航天、机械(特别是模具制造)、电子、电机电器、精密机械、仪器仪表、汽车拖拉机、轻工等行业,以解决难加工材料及复杂形状零件的加工问题。加工范围已达到小至几微米的小轴、孔、缝,大到几米的超大模具和零件。

4.2　微细电火花加工关键技术

微细电火花加工(micro electrical discharge machining,μEDM)技术起步于20世纪60年代末,荷兰Philips研究所的Dsenbruggen等人利用微细电火花加工技术成功加工出直径为30 μm,精度为0.5 μm的微孔。但在当时的技术条件下无法解决微细电极在线制作问题,存在加工效率偏低,加工精度一致性较差的问题。到80年代末,随着MEMS技术的兴起,线电极电火花磨削(WEDG)技术逐渐成熟并得到广泛应用,解决了微细电极在线制作这一关键问题,使得微细电火花加工技术成为微细加工领域的研究热点,并进入实用化阶段。微细电火花加工技术与普通电火花加工技术在加工理论、装备、工艺等方面基本相同,但对电源的脉冲能量、调制能量、机床运动精度等方面提出更高的要求,以适应微米/亚微米的尺寸($< 0.1\ \mu m$)、纳米级加工表面质量($Ra < 0.01\ \mu m$)的要求。

微细电火花加工技术原理上与普通电火花加工技术相同,都是通过工具和工件间不断产生脉冲性火花放电,靠放电瞬时的局部高温把材料蚀除下来。其加工表面质量主要取决于电蚀凹坑的大小和深度,即单个放电脉冲的能量。因此,微细电火花加工技术也具备普通电火花加工的特点。常用的微细电火花加工技术包括微细电火花成形技术、微细电火花铣削加工技术、微细电火花线切割加工技术和微细电化学加工技术。

4.2.1 微细电火花加工装备系统

当前,航空航天产品的微小型化以及微机电系统的兴起,催生了对具有微米级尺度零部件的加工需求。微米级特征的电火花加工需要更低的脉冲能量,更高的运动精度,需具备在线电极制备修整功能,必须采用专用的微细电火花加工装备系统。目前比较著名的商用微细电火花加工专用机床厂商有日本松下精机、瑞士 Sarix、美国麦威廉斯等公司,其中日本松下精机产品性能优越,能够稳定实现 $5\ \mu m$ 孔的加工。

电极的重复装夹精度是影响微细电火花加工精度的一大因素,因此,精密微细电火花加工机床上,电极通常只需装夹一次就可以完成微细电极的制作到微细零件的加工全过程,避免了多次装夹电极带来的安装误差,同时能够对电极实现在线修整,从而修正机床的系统误差和电极损耗带来的形状误差,最终提高零件精度。此外,这种多功能机床可将电火花线电极磨削加工、电火花异形微细孔加工以及电火花铣削加工集成到一起,通过多轴联动技术实现微细三维形体加工。

瑞士 Sarix 是专注于微细电火花加工机床的厂商,其 Sarix80、Sarix100、Sarix200 机床均能实现微米级三维型面加工(图4.3)。其中,Sarix80 尺寸精度可达 $2\ \mu m$,表面粗糙度可达 $0.05\ \mu m$,孔径最小可达 $20\ \mu m$,能够实现高速微细电火花钻孔。商用微细电火花加工机床性能见表4.1。

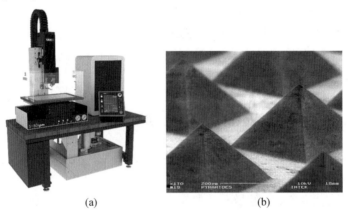

图 4.3 Sarix80 机床及其加工样件

表 4.1　商用微细电火花加工机床性能

厂商	电压系统	精度	电极尺寸	应用
日本松下精机	RC 脉冲电源 脉宽 10 ns	加工尺寸精度 0.1 μm 定位精度 1 μm	最小电极尺寸直径 5 μm	可用于加工微小齿轮、圆孔,具有三维形状加工能力
瑞士 Sarix	脉宽 50 ns	加工尺寸精度 1 μm 定位精度 1 μm	最小电极尺寸直径 12 μm	可用于加工微小异形孔、圆孔
日本太平洋电子株式会社	脉宽 2.5 μs	加工尺寸精度 0.5 μm 定位精度 0.5 μm	最小电极尺寸直径 2.5 μm	只能用于圆孔加工
瑞士阿奇夏米尔	未公开	加工尺寸精度 0.1 μm 定位精度 1 μm	电极丝最细 25 μm	任意二维图形加工

4.2.2　微细电火花脉冲电源及控制系统

脉冲电源为极间火花放电蚀除材料提供所需能量,对微细电火花加工的表面质量、加工精度、电极损耗和加工稳定性等指标有巨大的影响,是实现微细电火花加工的关键技术之一。微细电火花加工常用的电源主要有 RC 脉冲电源和晶体管脉冲电源两类,RC 电源更容易获得微小的单个脉冲放电能量。随着电力电子技术的发展,MOSFET、IGBT、三极管等开关元器件的性能有了巨大的进步,其开关速度越来越快,能满足绝大多数情况下对高频脉冲电源的设计要求,进而出现基于 CPLD、DSP、FPGA 等可编程逻辑器件的脉冲电源。

RC 电源结构简单,脉冲能量易调节,放电过程没有维持电压,是微细电火花加工机床中较为常见的电源;但存在单脉冲能量难以均匀控制,加工稳定性有待提高等问题。RC 脉冲电源原理图如图 4.4 所示,左侧为充电回路,由直流电源、充电电阻 R_1 组成;右侧为放电回路,由电容 C、电极、工件及绝缘工作液组成,其中 R_1 起到调节充电速度,防止电流过大的作用。

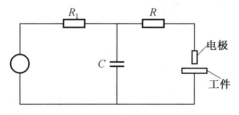

图 4.4　RC 脉冲电源原理图

晶体管脉冲电源放电频率高,单脉冲能量容易控制,脉冲波形好,易于实现多回路加工和自动化控制,其原理图如图 4.5 所示,脉冲信号由主振级(Z)发出,经放大级(F)放大后,驱动末级晶体管导通或者截止,实际加工中功率级由几十个大功率高频晶体管若干路并联组成,且每个晶体管均串联一个限流电阻。

电火花加工控制系统对电火花加工过程及其加工系统进行控制,以获得理想的工件

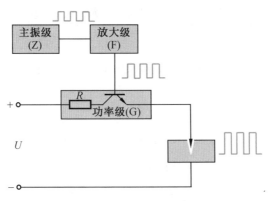

图 4.5　晶体管脉冲电路原理图

形状,其典型组成结构框图如图 4.6 所示。电火花加工控制系统功能上主要包括轨迹控制功能与加工过程控制功能。由于微细电火花加工有着更小的放电间隙与更低的单个脉冲能量,其加工过程控制区别于传统电火花加工机床,要求具有更高的分辨率与频率响应,同时能够实时准确识别加工过程中的间隙放电状态,并采取相应的放电间隙伺服控制策略。可采用智能控制理论,如模糊控制、神经网络、自适应控制等控制策略,以提高加工过程自动化、智能化程度。

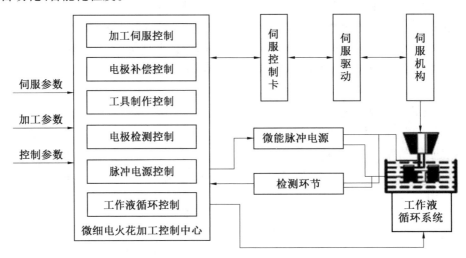

图 4.6　微细电火花加工控制系统组成结构框图

放电间隙伺服控制系统是影响微细电火花加工效率、稳定性等关键性能的重要因素。电火花加工过程伺服控制模型如图 4.7 所示。其控制的基本过程包括:微细电火花加工控制系统通过放电状态检测获得工作放电状态 S_{gap},并与参考放电状态 S_{ref} 进行比较,进而用合适的伺服控制策略对伺服机构进行控制,最终使放电间隙保持在最佳放电状态。

微细电火花加工的放电状态及其检测方法与普通电火花加工有所不同。微细电火花加工放电状态可分为开路、偏开路、正常放电、偏短路以及短路五种状态。对于放电状态的检测,由于微细电火花加工脉冲频率很高,单个脉冲能量极小,且常采用 RC 电源,难以

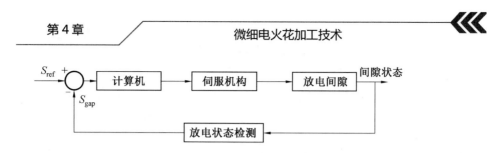

图4.7 电火花加工过程伺服控制模型

逐个脉冲进行检测,故常用平均电压检测法与平均电流检测法进行检测。平均电压检测法首先设定不同的电压阈值作为区别放电状态的参考电压,通过比较在加工过程中采集到的放电间隙平均工作电压与参考电压,据此区分上述五种间隙放电状态。平均电压检测原理图如图4.8所示,间隙电压经过电阻 R_1 与 R_2 分压后被钳位二极管控制在 $0 \sim 15$ V 之间,然后进行滤波,经过隔离电路和采样保持电路进行 A/D 转换后输入计算机,由计算机进行放电状态检测并发出相应的控制信号。

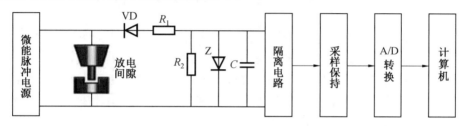

图4.8 平均电压检测原理图

4.2.3 微细电火花加工电极制作及在线检测

传统的微细电极采用离线方式进行制作,主要有两种方法:一是冷拔并矫直后安装到电火花机床上;另一种是机械加工出微细电极后安装到机床上。离线方式进行微细电极制作,需二次装夹,存在回转精度误差与垂直度误差,同时难以获得精细的电极。由此,研究人员提出了微细工具电极在线制作技术。该项技术主要有反拷块加工与线电极电火花磨削(WEDG)两种方式。反拷块加工原理为逆向电火花加工,如图4.9(a)所示;加工过程中,所制作电极全长同时参与放电,加工效率高。但由于反拷块工作平面与工作台平面存在垂直度误差,反拷块工作面存在平面度误差,故加工后的微细电极必然有锥度误差;此外,放电面积较大导致难以实现微能量放电,进而难以制作极微细电极;同时,反拷块电极也存在损耗,难以控制微细工具电极尺寸精度。线电极电火花磨削加工原理如图4.9(b)所示,线电极与待制作电极之间点接触,并通过火花放电蚀除材料,线电极沿导向器槽缓慢连续移动。导向器在工具电极径向做微进给。工具电极可随主轴旋转与轴向进给。通过控制主轴旋转角度、主轴轴向进给、导向器进给,可获得异形电极,如圆锥形、棱柱形、楔形等。由此可见,线电极电火花磨削只需一次安装,避免了装夹误差;电极与工件点接触,容易实现微能放电,但加工速度也相应降低;可加工多种形状电极。

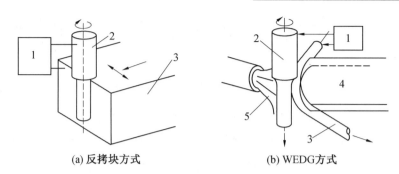

(a) 反拷块方式　　　　　(b) WEDG方式

图 4.9　微细电极在线制作原理示意图
1—脉冲电源；2—工件；3—反拷块（线电极）；4—导向器；5—工作液

4.3　微细电火花成形加工技术

微细电火花加工由于不存在宏观切削力，单个脉冲能量小，因此可广泛用于加工微小圆孔、方孔、锥孔等各类异形孔的成形加工中。需要指出的是，本节中所涉及的微细电火花成形加工主要指各类孔的加工。当前，微细电火花孔加工精度可达 2 μm，深径比可达 10～60，相对于其他微小孔加工方法，其加工效率较高，加工成本较低，在实际生产中得到广泛应用。

4.3.1　微细电火花孔加工特点

微细电火花常用于直径小于 1 mm，深径比大于 10 的微小孔加工。因此，微细电火花孔加工具有放电面积小、放电蚀坑小、放电间隙小、单个脉冲能量小、脉冲电源频率高、放电状态不稳定以及微细工具电极难制作等特点。目前，微细电火花孔加工电极最小可达 0.5 μm，放电空间和时间集中，易造成放电状态的不稳定。为满足微细电火花孔加工尺寸精度与表面质量要求，放电蚀坑必须达到亚微米量级，从而要求单个脉冲能量在 10^{-6}～10^{-7} J 之间，故放电回路极易受到外界能量干扰。电火花加工的间隙分为电极底面加工间隙、底面周边加工间隙和侧面加工间隙。在穿孔加工中，又把加工间隙分为出口侧间隙和入口侧间隙。为保证加工精度，微细电火花孔加工放电间隙应 ≤1 μm，如此之小的间隙将会导致电蚀产物难以排出，使工作液抗电击穿能力大大降低，造成频繁短路等不稳定的放电状态，甚至导致孔壁出现烧蚀坑，破坏电极棱边形状或电极端部出现凹坑（图 4.10）。为促进电蚀产物排出，在圆孔加工时，使电极以一定转速旋转，并进行一定策略的抬刀。

4.3.2　微细电火花微小孔加工

放电间隙的大小及其稳定性、工具电极的损耗及其稳定性是影响加工精度的主要因素。放电间隙为

$$S = K_u U_i + K_R W_m^{0.4} + S_m \tag{4.1}$$

式中，S 为火花放电间隙；U_i 为开路电压；K_u 为与工作液介电常数相关的常数；K_R 为与被

图 4.10　电蚀产物浓度过大导致电极损耗形貌

加工材料相关的常数;W_m 为单个脉冲能量;S_m 为考虑热膨胀、收缩、振动等影响的机械间隙。

由于电极损耗及二次放电的存在,放电间隙在加工过程中不能保持一致,无法通过修正电极尺寸进行补偿导致的电火花加工斜度,即所谓的"喇叭口"。电火花穿孔加工时,可以使电极贯穿加工孔对电极损耗进行补偿。为了促进电蚀产物排出,在圆孔加工时,令电极以一定转速旋转,并进行抬刀。电蚀产物随工作液在底部极间间隙中反复旋转流动,在抬刀期间,电蚀产物由于新鲜工作液的补充而向孔顶端口运动,放电间隙中的工作液与液槽工作液仅在孔口处进行交换,从而有效降低孔的锥度。

微小异形孔加工时,工具电极无法在旋转状态下进行加工,电蚀产物排出困难。在电极轴向引入超声振动,利用超声振动的高频泵吸作用将金属小屑推开并吸入新鲜的工作液是改善工作液循环的有效手段。电极的超声振动一方面能极大地改善小间隙中工作液的流动性,避免电蚀产物沉积,提高放电稳定性;另一方面电极超声振动能加速熔融金属的抛出,减小加工表面热影响层厚度和微裂纹。

微小异形孔加工用的电极常用冷拔、冲压、电火花线切割、电火花反拷四种加工方法加工。电火花线切割与电火花反拷存在效率低的缺陷,一般用于电极的试制或修正。冷拔或冲压法是采用微细电火花线切割或电火花反拷加工工艺加工出拉丝或冲压用的模具,然后用该模具拉丝或者冲压制成异形截面的电极(图 4.11)。采用这种方法加工一个模具便可以制作上百根异形电极,因此效率极高,适于大批量生产。

对于形状不同、轮廓尺寸相差不大的异形孔,由于放电区域有限,虽然轮廓尺寸相差不大,但加工工艺参数的选择却区别很大。对于微小异形孔加工工艺参数的选择,可采用等效面积法。横截面积相等,但形状差别很大的异形孔在加工工艺规程的选择上有很大区别。这主要是由两种异形孔的面积分布系数不同造成的。异形孔面积分布系数(ρ)是指异形孔的横截面积(S_J)与能够包含在异形孔内的最大圆的面积(πr^2)之比,即

$$\rho = \frac{S_J}{\pi r^2} \tag{4.2}$$

从式(4.2)中可以看出,在异形孔横截面积相等的情况下,面积分布系数越小,加工越困难。

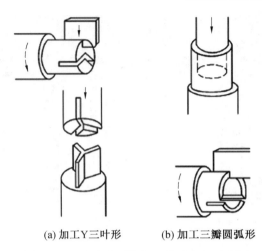

(a) 加工Y三叶形　　(b) 加工三瓣圆弧形

图 4.11　电火花反拷加工异形电极示意图

4.4　微细电火花铣削加工技术

由于微结构及微小零件在工业领域的广泛应用,特别是特殊难加工材料微小零件的大量应用,因此对该类难加工材料的加工技术需求日益增长。传统的电火花成形加工中,复杂成形电极的加工制造存在一定的困难,制作时间与成本高,且针对微细三维形面的复杂形状成形电极的加工难以实现。微细电极的成功制作,引起了研究者对于使用棒状电极,基于分层制造原理的微细电火花铣削技术进行微细三维曲面加工的深入探索。

4.4.1　微细电火花铣削加工技术特点

与传统数控铣削加工方式相比,微细电火花铣削存在电极损耗现象,需要根据电极损耗规律制定相应的补偿策略。同时,微细电火花铣削加工不存在宏观作用力,其电极形状可以为方形、圆形、多边形等多种形状,电极运动方式可为旋转或者分度等多种运动模式。与普通电火花成形加工相比,微细电火花铣削主要具有以下技术优势。

① 电火花成形加工由于电极复杂,加工间隙内电蚀产物排出困难,存在电极损耗不均匀的情况,导致电极损耗补偿困难。而微细电火花铣削电极形状相对简单,体积小,电极损耗相对均匀,电极损耗补偿也相对简单。

② 微细电火花铣削过程中,微细电极高速旋转或轴向超声振动,理论上具有各向同性的特点,使得放电状态稳定。

③ 电火花成形加工针对复杂微小三维形面加工有困难,甚至无法加工。微细电火花铣削电极尺寸小,加上高精度进给系统,能够完成对复杂形面的加工制造。

④ 电火花成形加工在面积较大时存在明显的电容效应,表面质量不易提高;而微细电火花铣削瞬时加工面积较小,电容效应不明显,可获得良好的表面质量。

⑤ 电火花成形加工用电极的设计与制造耗费工时长、成本高。微细电火花铣削电极结构简单,且工艺上能够与 CAD/CAM 技术融合,提高设计制造自动化水平。

4.4.2 微细电火花铣削补偿策略与轨迹规划

为减小电极损耗带来的精度降低等负面影响,一方面,通过选取合理的电极材料、电参数、工作液等工艺参数来降低电极损耗;另一方面,通过合理的电极补偿策略消除电极损耗对被加工工件精度的影响。微细电火花铣削加工时,主要有电极侧面放电和底面放电两种放电形式,如图 4.12 所示。电极侧面放电使电极尺寸出现较大的波动,棱边放电则会使电极出现损耗圆角,导致其电极损耗补偿困难。故电极损耗补偿的关键在于实现电极底部放电,尽管底部放电时,底部棱边仍然会有圆角损耗,但可通过等效电极损耗策略进行补偿。

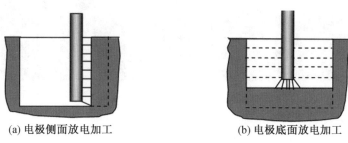

图 4.12 两种微细电火花铣削加工方式

以电极在工件表面做直线扫描运动为例,等效电极损耗的原理如图 4.13(a) 所示。在加工的初始阶段,棱边由于尖端放电出现损耗圆角,随着加工的进行,电极整体损耗,轴向缩短,放电间隙增大,放电点减少,电极底部突出部分开始放电,损耗圆角逐渐消失,电极恢复初始状态。可见,电极端部各点损耗量均匀,通过简单的轴向补偿即可获得更高的加工精度。等效电极损耗的关键在于每一层加工厚度小于放电间隙,并采用电极损耗的工艺参数。为了消除该层间斜面,提高加工精度,可在下一次走刀沿原路返回,如图 4.13(b) 所示。

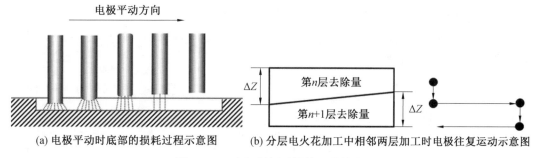

图 4.13 电极损耗及补偿运动轨迹

尽管电极能够实现等效损耗,但放电过程中仍会出现损耗圆角,存在加工痕迹,如图 4.14 所示。故相邻轨迹间必须有一定的重叠,以消除残留高度。

轨迹重叠率与残留高度的关系为

$$\Delta Z = R - \sqrt{d^2 + 2Rd + R\phi\theta - \frac{\phi^2\theta^2}{4}} \tag{4.3}$$

式中,ΔZ 为残留高度;ϕ 为电极直径;d 为放电间隙;R 为电极端部半径。

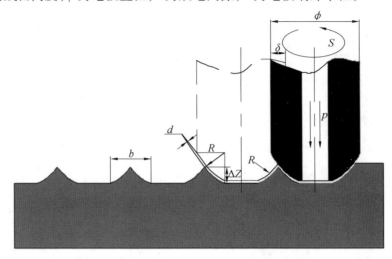

图 4.14　轨迹残留高度示意图

故轨迹重叠率满足

$$\theta \geqslant 2 \times \frac{R - \sqrt{R^2 + d^2 + 2Rd + R\phi\theta} - (R - \Delta Z_{\max})}{\phi} \tag{4.4}$$

残留痕迹底面宽度 b 为

$$b = 2 \times \left(R - \frac{\phi\theta}{2}\right) \tag{4.5}$$

可通过式(4.3)～(4.5)计算轨迹重叠率进行电极加工轨迹规划。

由于电极存在损耗,故电极的轴向补偿是保证加工精度的重要因素。以电极进行分层等损耗加工为例,电极每次向下进给量 ΔZ 应满足

$$\Delta Z = h_w + h_e \tag{4.6}$$

式中,h_w 为每层加工的最终厚度;h_e 为电极损耗长度。

设工具电极与工件电极的体积损耗比为常数 λ,工具电极截面积为 S_e,当前加工层截面积为 S_w,则常数 λ 满足

$$\lambda = \frac{h_e + S_e}{h_w + S_w} \tag{4.7}$$

进而推导出电极进给量为

$$\Delta Z = h_w \times \left(\lambda \frac{S_w}{S_e} + 1\right) \tag{4.8}$$

综上所述,电极运动轨迹的规划要点在于:① 放电集中在电极底面,避免侧面放电;② 加工过程中,电极只在平面内伺服,轴向不做伺服;③ 分层厚度小于放电间隙;④ 相邻层面上电极做往复运动;⑤ 两次相邻走刀要满足一定重叠率;⑥ 相邻层面电极运动轨迹应长短结合;⑦ 加工轮廓侧壁边缘与底面中央结合。

4.5 微细电火花线切割加工技术

微细电火花线切割是指采用直径为 10～50 μm 的微细电极丝进行火花放电切割的加工技术。微细电火花线切割加工在放电状态、电压电流波形上与微细电火花成形加工类似,其加工原理、表面粗糙度与可加工性等工艺规律也与微细电火花成形加工相似或相同。微细电火花线切割技术有着相对较低的加工成本、较高的生产效率和较高的精度,在高长径比微细零件、微小零件和微细成形电极加工等方面应用广泛。

4.5.1 微细电火花线切割工作液

微细电火花线切割与微细电火花成形加工也有许多不同点。在切削液的选择上,微细电火花加工可选用油基工作液、乳化性工作液、水基半合成工作液、合成水溶性工作液,常用电火花工作液特点见表4.2。

表4.2 常用电火花工作液特点

工作液分类	主要组成	稀释液	优点	缺陷
油基工作液	矿物油、油溶性添加剂	矿物油	切割效率高、绝缘灭弧好、防锈	污染大、易引发火灾
乳化性工作液	矿物油、乳化剂、添加剂	水	切割效率高、润滑好、绝缘灭弧较好、节约矿物油	污染大
水基半合成工作液	乳化剂、矿物油、水溶性防锈剂	水	切割效率较高、污染较小、节约矿物油	防锈效果差
合成水溶性工作液	水溶性物质	水	切割效率较高、无污染、节约矿物油	介电性能和防锈效果较差

在不同工作液,其他加工条件相同的情况下,切割速度与加工表面外观时不同,不同工作液对工艺参数的影响见表4.3。

表4.3 不同工作液对工艺参数的影响

序号	脉冲宽度 t_i/μs	脉冲间隔 t_o/μs	加工电流 I/A	切割速度 v/(mm²·min⁻¹)	加工电压 U/V	工作液	条纹	速度与电流的比值 v/I	间隙平均电阻 U/I	备注
1	13	40	1.5	20	7	NL配地下水乳化液	很清楚	13.3	4.6	灰白色表面
2	13	40	1.3	26	8	NL配地下水乳化液	能看见	20	6.15	灰白色表面

续表4.3

序号	脉冲宽度 $t_i/\mu s$	脉冲间隔 $t_o/\mu s$	加工电流 I/A	切割速度 $v/(mm^2 \cdot min^{-1})$	加工电压 U/V	工作液	条纹	速度与电流的比值 v/I	间隙平均电阻 U/I	备注
3	13	40	1.5	13.5	9	煤油		9	6	表面黑色层擦不掉
4	13	40	1.5	40	10	DX-1配蒸馏水乳化液	不明显	26.6	6.6	银白色表面
5	13	40	1.5	15	10	蒸馏水		10	6.6	试片粘住表面黑层擦不掉
6	13	40	1.5	20	10	去离子水	很明显	13.3	6.6	试片粘住表面黑层擦不掉
7	13	40	1.5	34	9	DX-1配去离子水乳化液	不明显	22.6	6	银白色表面
8	13	40	1.4	36	10	DX-1配地下水乳化液	清楚	25.7	7.14	灰白色表面

相对电火花成形加工,电火花线切割可选用水或水基工作液,火灾风险低,更易于实现安全无人生产,但防锈效果较差。在加工成本方面,微细电火花线切割省去制造成形微小电极过程,极大地减小了成形电极的设计加工制造成本,同时缩短了加工时间,提高了生产效率,适于批量化生产。在加工能力方面,微细电火花线切割能够加工微小异形孔、窄缝和其他复杂形状。此外,由于微细电火花线切割工具电极为长电极丝,单位电极丝损耗较少,因此对加工精度的影响较小。

4.5.2 微细电火花线切割装备系统

由微细电火花线切割加工的性能要求可知,微细电火花线切割加工由于其加工的工件尺寸微小,主要用于加工尺寸在0.1~1 mm的工件,与传统的电火花线切割加工相比,对伺服进给系统的精度、脉冲电源的能量大小以及控制系统的要求更为苛刻,需要特殊的设备及工艺技术,哈尔滨工业大学王振龙等人在分析、总结国内外相关成果的基础上,结合实用化加工系统的要求,设计了一台微细电火花线切割加工装置,其系统原理图如图 4.15 所示。图 4.16 为装置的三维设计图。

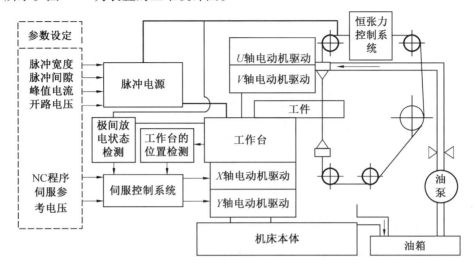

图 4.15　微细电火花线切割加工系统原理图

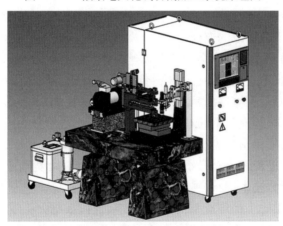

图 4.16　微细电火花线切割加工机床三维设计图

该装置主要由机械部分和控制部分组成,如图 4.17 所示。机械部分主要由花岗石底座、压电陶瓷电机驱动的精密伺服进给装置、光学显微检测装置、循环低速走丝的储丝装置及丝架、V 形块导丝装置、恒张力走丝装置、工作液循环装置等构成(并设计了加工穿丝孔的 Z 轴和高速旋转主轴)。利用煤油作工作液,直径为 30 μm 的电极丝(钨丝)在恒张力下做低速循环往复运动进行加工。XY 轴压电陶瓷电机驱动工作台做伺服进给运动,行程为 100 mm × 100 mm;同时,UV 轴电机驱动电极丝上导向器运动,使电极丝倾斜进行三维加工,UV 轴电机行程为 30 mm × 30 mm,因此能够进行锥度 ±10°的切割。XYUV 轴均利用高分辨率的光栅尺作为位置反馈。控制部分包括数控系统、微能脉冲电源控制、伺服控制系统以及走丝控制系统等几个部分,脉冲电源为极间提供加工用的微小放电能量。极间放电检测将检测数据传给伺服控制系统,系统根据由检测回路反馈的电压值识别出各种加工状态,来控制极间放电间隙的大小,保持最佳放电加工状态。其中,计算机用于对整个加工过程进行监控以及实现数控插补等功能。

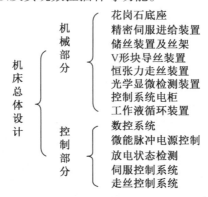

图 4.17　微细电火花线切割机床各组成部分

4.5.3　微细电火花线切割加工关键技术

微细电火花线切割加工关键技术主要有电极丝的微细化、脉冲能量精确可控的高性能脉冲电源、微小零件装夹与检测三个方面。其中,高性能脉冲电源是微细电火花加工所面临的共性难题。微细电火花线切割电极丝的直径一般在 10～50 μm 之间,以实现微小零件形貌的加工。对于微米级的电极丝,其电流承载能力变差,所能承受的最大张力变得更小,也就更易发生断丝。如何提高微细电极丝的稳定性(电极丝振动)是制约微细电火花线切割应用的一大难题。微小零件相对于传统较大零件的加工而言,难以进行准确的装夹、定位,需开发针对微小零件的精密装夹定位系统保证加工精度。为保证装夹机构的使用寿命,可对装夹机构磨损严重的地方进行涂层处理,涂层材料常采用高硬度的 TiC 或 WC。光学检测是常见的精密检测技术,但在电火花线切割中,光学镜易受工作液腐蚀和电蚀产物的影响,难以准确完成对微小零件的在线监测,应用受限。目前,综合利用计算机软硬件技术、在线检测技术,使装夹系统的定位精度最高可以小于 1 μm。

电火花线切割加工的工作环境与机床热量控制对微细电火花线切割有较大的影响。微细电火花线切割属于精密或超精密加工,须在恒温、无尘、隔绝振动的环境下进行,机床本身要有隔振设计,同时应尽量消除或隔离振动源。机床结构的设计应具有高的刚度,且有利于加工时热量的散发,避免机床本身精密件与被加工微小零件受到热变形的影响,降低机床加工稳定性与使用寿命。

4.6　微细电化学加工技术

电化学加工是以离子形式将材料沉积或去除的加工方法,具有离子量级加工精度的潜力。但由于电化学加工存在杂散腐蚀、加工间隙不易精确控制、加工精度较差的缺点,限制了其在微纳加工领域的应用。随着高性能脉冲电源、掩膜电解、精密电解、电解液、加工间隙控制等各方面技术的突破,微细电化学加工取得了一定进展。

电化学加工原理可分为阳极溶解和阴极沉积两类。基于阳极溶解的减材加工方法有电解加工、电解抛光等，基于阴极沉积的加工方法有精密电铸、刷镀等。由于电化学加工的加工单位是离子，因此其加工表面质量好，表面无变质层、无残余应力、粗糙度小、无微裂纹等。表4.4为电化学加工的分类；表4.5为常见金属材料电化学加工所用电解液配方及参数；表4.6为电解抛光的电解液及抛光参数。

表4.4 电化学加工的分类

类别	加工方法及原理	加工类型
I	电解加工（阳极溶解）	用于形状、尺寸加工
	电解抛光（阳极溶解）	用于表面加工、去毛刺
II	电镀（阴极沉积）	用于表面加工、装饰
	局部涂镀（阴极沉积）	用于表面加工、尺寸修复
	复合电镀（阴极沉积）	用于表面加工、模具制造
	电铸（阴极沉积）	用于制造复杂形状电极、复制精密且复杂的花纹模具
III	电解磨削，含电解珩磨、电解研磨（阳极溶解，机械刮除）	用于形状、尺寸加工，超精、光整加工，镜面加工
	电解电火花复合加工（阳极溶解，电火花蚀除）	用于形状、尺寸加工
	电化学阳极机械加工（阳极溶解，电火花蚀除，机械刮除）	用于形状、尺寸加工，高速切断、下料

表4.5 常见金属材料电化学加工所用电解液配方及参数

待加工材料	电解液配方（质量分数）	电压/V	电流密度/(A·dm^{-3})
各种碳素钢、合金钢、耐热钢、不锈钢等	NaCl 10% ~ 15%	5	10 ~ 200
	NaCl 10% + NaNO$_3$ 25%	10 ~ 15	10 ~ 150
	NaCl 10% + NaNO$_3$ 30%		
硬质合金	NaCl 15% + NaOH 15% + 酒石酸 20%	15 ~ 25	50 ~ 100
铜、黄铜、铜合金、铝合金等	NH$_4$Cl 18% 或 NaNO$_3$ 12%	15 ~ 25	10 ~ 100

表4.6 电解抛光的电解液及抛光参数

适用金属	电解液中各种成分	阴极材料	阳极电流密度/(A·dm^{-3})	电解液温度/℃	抛光时间/min
碳素钢	H$_3$PO$_4$ 70%① CrO$_3$ 20%① H$_2$O 10%①	铜	40 ~ 50	30 ~ 50	5 ~ 8
	H$_3$PO$_4$ 65%① H$_2$SO$_4$ 15%① H$_2$O 18% ~ 19%① (COOH)$_2$ 1% ~ 2%①	铅	30 ~ 50	15 ~ 20	5 ~ 10

续表4.6

适用金属	电解液中各种成分	阴极材料	阳极电流密度/(A·dm^{-3})	电解液温度/℃	抛光时间/min
不锈钢	H_3PO_4 10% ~ 50%① H_2SO_4 15% ~ 40%① 丙三醇 12% ~ 45%① H_2O 5% ~ 23%①	铅	10 ~ 120	50 ~ 70	3 ~ 7
	H_3PO_4 40% ~ 45%① H_2SO_4 35% ~ 40%① CrO_3 3%① H_2O 17%①	铜、铅	40 ~ 70	70 ~ 80	5 ~ 15
CrWMn 1Cr18Ni9Ti	H_3PO_4 65%① H_2SO_4 15%① CrO_3 5%① 丙三醇 12%① H_2O 3%①	铅	80 ~ 100	35 ~ 45	10 ~ 12
铬镍合金	H_3PO_4 64 mL H_2SO_4 15 mL H_2O 21 mL	不锈钢	60 ~ 75	70	5
铜	CrO_3 60%① H_2O 40%①	铝、铜	5 ~ 10	18 ~ 25	5 ~ 15
铝及其合金	H_2SO_4 70%② H_3PO_4 15%② HNO_3 1%② H_2O 14%②	铝、不锈钢	12 ~ 20	30 ~ 50	2 ~ 10
	H_3PO_4 100 g CrO_3 10 g	不锈钢	5 ~ 8	50	0.5

注:① 为质量分数;② 为体积分数。

4.6.1 超短脉冲微细电化学加工

根据电化学原理在金属/溶液界面上会发生氧化还原反应,使电极表面带电,溶液中带相反电荷的粒子密集在靠近电极的一侧,构成双电层。电极/溶液界面的双电层在外加电场的作用下,表现出电容特征;电解加工的电解液又具有一定的阻抗特性。因此,可将其简化为图4.18所示电路。RC电路中,电容充放电可描述为

$$\tau = RC = \rho d C \quad (4.9)$$

式中,τ 为时间常数;ρ 为电解液电阻率;d 为阴阳极的极间间隙;R 为电解液电阻。

根据时间常数与电阻的关系,可通过提高电阻率来减小加工间隙,提高加工精度。为

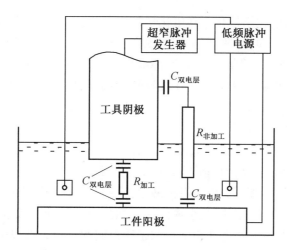

图 4.18　超窄脉冲微细电解加工示意图

使蚀除的金属离子及时溶入电解液中,避免沉积,应使用酸性电解液。对于酸性电解液,降低溶液浓度即可提高电阻率。例如,对于 0.1 mol/L 的 $CuSO_4$ 与不同浓度 H_2SO_4 混合电解液,其加工间隙、浓度、脉冲宽度如图 4.19 所示。从图 4.19 可以看出,脉冲宽度越窄,电解液浓度越低,加工间隙就越小。采用这种方法减小极间间隙,就可以提高加工精度。

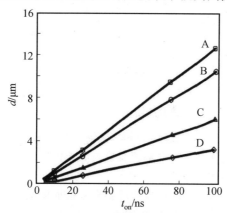

图 4.19　脉冲宽度、电解液浓度与加工间隙的关系
（A、B、C、D 四种电解液中,H_2SO_4 的浓度分别为 0.075 mol/L、0.05 mol/L、0.025 mol/L、0.01 mol/L）

电化学加工电极过程主要有以下四步。

① 电化学反应过程。在电极溶液界面上得到或失去电子生成反应产物的过程,即电荷传递过程。

② 反应物和反应产物的扩散传质过程。反应物向电极表面传递或反应产物自电极表面向溶液中或向电极内部的传递过程。

③ 电极界面双电层的充放电过程。

④ 溶液中粒子的电迁移或电极导体中电子的导电过程。

若电化学反应过程落后于其他步骤,电极表面电荷累积,导致阳极电位更正,阴极电位更负,这种现象称为电化学极化。在电化学加工中,为保证电化学反应为可控步骤,需要创造条件使反应产物及时扩散,可采用如提高电解液压力、加强搅拌、高速冲液、使用旋转电极等使传质过程加快。但高速旋转或冲液会使微细电极产生振动,降低加工精度。采用高频脉冲电源缩短加工电流持续有效时间,能够减小扩散层厚度、降低浓差极化作用,提高加工精度。

扩散层的有效厚度可描述为

$$\delta = \sqrt{\pi D t} \tag{4.10}$$

式中,δ 为扩散层有效厚度;D 为扩散系数;t 为极化时间。

在得到扩散层有效厚度后,可以用扩散电流密度来表示反应粒子的非稳态扩散流量。根据法拉第电化学第一定律:在金属溶液界面处发生电化学反应的物质量与通过界面的电量成正比。忽略对流和电迁移下扩散杂质引起的非稳态极限扩散电流为

$$i = nFC\sqrt{\frac{D}{\pi t}} \tag{4.11}$$

故极化时间越短,扩散电流越大,浓差极化越小。表4.7详细描述了电解加工常见的瑕疵、产生原因及消除方法。

表4.7 电解加工常见瑕疵、产生原因及消除方法

序号	常见瑕疵	特征	产生原因	消除方法
1	表面粗糙	表面呈细小纹理	1. 工件金相组织不均匀,晶粒过粗 2. 电解液含杂质太多 3. 工艺参数不匹配,电解液流速低或流量不足	1. 尽量采用较均匀的金相组织 2. 控制电解液中的杂质量 3. 合理选用参数,适当提高电解液流速
2	纵向条纹	与电解液流同方向上的沟痕或条纹	1. 加工区域内流场分布不均匀 2. 电解液流速与电流密度不匹配 3. 阴极绝缘物有破损而影响电解液的流场	1. 调整电解液的压力与电流密度 2. 检查阴极绝缘
3	横向条纹	在工件横截面方向上的沟痕或条纹	1. 机床进给不平稳,有爬行现象 2. 加工余量小,原有机械加工的刀痕太深	1. 检查机床进给部分,消除爬行,同时检查工件与阴极是否配合过紧 2. 合理选用加工余量
4	小凸点	呈很小的粒状凸起高于表面	1. 电解液中存在铁锈或其他杂质附着在工件表面 2. 工件表面锈蚀未除干净	1. 加强电解液过滤 2. 仔细清洗工件
5	鱼鳞状	类似鱼鳞状的波纹	电解液在加工区域内流场分布不好或流速过低	提高压力,加大流速

续表4.7

序号	常见瑕疵	特征	产生原因	消除方法
6	瘤子	凸出表面的块状	1.加工表面不干净,有锈迹或其他附着物 2.阴极上的绝缘剥落或变形,以致阻碍电解液的流通 3.材料中含有非金属夹杂物 4.电解液中有导电物堵塞间隙	1.加工前检查工件表面有无锈迹并加以清除 2.检查电解液系统中过滤网是否完好
7	表面严重凹凸不平	表面呈块状规则分布凸起	1.阴极出水孔因有附着物堵塞,电解液流速不均匀 2.电解液流量不充足,流速过低	1.分析电解液中含非钠盐类成分是否过高 2.在新配置的电解液中可加入一部分旧电解液 3.调整电解液的压力或流速

4.6.2 约束刻蚀剂层技术

约束刻蚀剂层技术(confined etchant layer technique, CELT)由复旦大学田昭武教授课题组于1992年提出,该技术能在砷化镓、硅等半导体以及铜、镍、铝等多种金属材料上加工出复杂三维微纳结构。约束刻蚀剂层技术的特点是无须掩膜,可免去匀胶、显影、除胶等多道工序,降低成本;加工深度可控,能够提高加工精度;可用于多种半导体、金属材料的微纳三维结构的加工。

约束刻蚀剂层技术的基本原理是:通过电化学或光电化学反应在具有高分辨率的复杂三维微图形的模板表面产生刻蚀,利用预先在溶液中加入的捕捉剂迅速地与刚产生的刻蚀剂发生匀相反应,使刻蚀剂无法从模板表面往溶液深处扩散,因而可将刻蚀剂紧紧地约束在模板表面轮廓附近的很小区域。当模板逐步靠近待加工材料的表面时,被约束的刻蚀剂对待加工基底的表面材料进行刻蚀,从而加工出与模板互补的三维微图形。对于自由基粒子,因其扩散范围较小,故无须加入捕捉剂。刻蚀剂层越薄,刻蚀加工精度越高,实践中刻蚀剂层的厚度可被压缩至亚微米级。约束刻蚀层厚度 μ 可表示为

$$\mu = \sqrt{\frac{D}{K_s}} \tag{4.12}$$

式中,D 为电生刻蚀剂在液相中的扩散系数;K_s 为约束反应的准一级反应速率常数。

约束刻蚀剂层技术的加工过程可分为以下三步。

(1) 通过电化学或光化学反应产生刻蚀剂。

$$R \longrightarrow O + ne^- \tag{4.13}$$

$$R + h\nu \longrightarrow O + ne^- \tag{4.14}$$

(2) 刻蚀剂发生约束反应。

$$O + S \longrightarrow R + Y \tag{4.15}$$

(3) 基体表面发生刻蚀反应。

$$O + M \longrightarrow R + O \tag{4.16}$$

式中,O 为刻蚀剂;M 为待刻蚀材料;S 为捕捉剂;Y 为反应后惰性产物。

4.6.3 微细电化学沉积

常用的微细电化学沉积技术主要有电铸技术与 EFAB(electrochemical fabrication)技术。微细电铸原理上与普通电铸加工基本相同,如图 4.20 所示,导电的模板作为阴极,用于电铸的金属材料作为阳极,带电金属离子在电场作用下向阴极沉积形成工件。微细电铸加工单位为离子,芯模无损耗,有极高的复制精度与重复精度。在 LIGA 技术中,电铸是其中关键的、不可替代的重要组成部分。

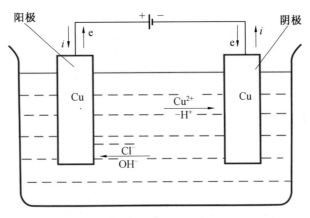

图 4.20 微细电铸原理示意图

EFAB 技术基于分层制造原理,将所需加工的工件分割为平面二维图形,利用该二维图形的掩膜版进行选择性电沉积,将所需微纳结构层层堆积起来,属于增材制造。其中,掩膜版材料为光刻胶,经光刻显影后获得所需二维图形。与 LIGA 技术中的掩膜电铸不同,EFAB 在电沉积时,掩膜版衬底为阳极。EFAB 技术需循环进行选择性电沉积、平铺电沉积和平坦化三个步骤,最后进行选择性刻蚀,其工艺路线如图 4.21 所示,具体工艺如下。

(1)利用实时掩膜版在阴极衬底上选择性沉积结构层或牺牲层金属。

(2)利用常规电沉积法在上一层金属上沉积新材料。

(3)将牺牲层与结构层一起磨平,保证加工精度。可利用微细铣削、磨削等加工方法进行。

(4)重复进行(1)~(3)加工步骤,直至形成所需的微细三维结构。

(5)利用化学或者电化学腐蚀法蚀除牺牲层,即可获得所需的三维复杂结构。

EFAB 技术最大的优点在于能够加工出任意复杂的三维微细结构,但存在加工过程复杂烦琐、加工周期长、成本高昂、强度不高、加工精度无法达到微米级等缺点,限制了该技术的进一步应用。

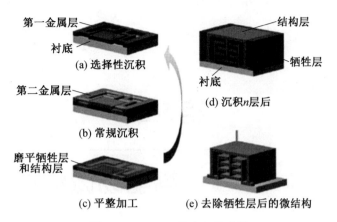

图 4.21　EFAB 技术工艺路线

第 5 章

高能场微细加工技术

5.1 概 述

在微细加工中,随着零件待加工尺寸的减小,对加工装备的功率需求也相应减少;但在晶粒内部进行的分离、结合、变形加工却需要极高的功率密度。传统的切削加工难以达到高功率密度的要求,非传统加工技术在电场、磁场、光场、超声场的作用下,可获得极高的能量密度,作用于材料之上,达到相应的加工效果。因此,将应用于上述高能场进行加工的方法,对应称为电子束加工技术、离子束加工技术、激光束加工技术、超声波加工技术。上述高能场加工技术均属于非接触加工,加工变形小,几乎可以加工任何材料。高能场加工技术是当今制造领域发展的最前沿,在航空航天、电子、化工等精微加工领域中已成为不可缺少的加工技术,其研究内容极为丰富,涉及光学、电学、热力学、冶金学、金属物理、流体力学、材料科学、真空学、机械设计和自动控制以及计算机技术等多种学科,是一种典型的多学科交叉技术。

5.2 电子束微细加工技术

电子束加工(electron beam machining,EBM)技术是在真空条件下,利用聚焦后能量密度极高的电子束,以极高的速度冲击到工件表面极小的面积上,在很短的时间内(微纳秒级以下),其能量的大部分转变为热能,使被冲击部分的工件材料达到几千摄氏度以上的高温,从而引起材料的局部熔化和气化,并被真空系统抽走。由于电子束源和控制设备的高昂成本,电子束最初主要应用在于光刻曝光,这部分内容将在第 6 章中详细地介绍。近年来,随着电子束源制造成本的降低,其已经成为一种应用广泛的加工技术;本章中主要关注电子束在微细加工领域的应用(如精密打孔、切割、焊接)。

5.2.1 电子束加工原理及装置

1. 电子束加工基本原理

电子束加工是基于入射电子与样品材料之间的相互作用,由于电子具有波粒二象性,其波长与加速电压密切相关($\lambda_e = 1.226/V^{1/2}$ nm),因此当加速电压为 10～50 keV 时,其波长范围为 0.1～0.05 Å,相较于光学波长缩短了几个数量级,使得电子束曝光具有极高的分辨率(3～8 nm),在超大规模集成电路制造、高精度光学掩膜制造、纳米级器件加工等方面具有明显优势。

电子束加工技术原理示意图如图 5.1 所示,控制电子束能量密度的大小和能量注入时间,就可以达到不同的加工目的。如只使材料局部加热就可进行电子束的热处理;使材料局部熔化就可进行电子束焊接;提高电子束能量密度,使材料熔化和气化,就可进行打孔和切割等加工;利用较低能量密度的电子束轰击高分子材料时产生化学变化的原理,即可进行电子束光刻。

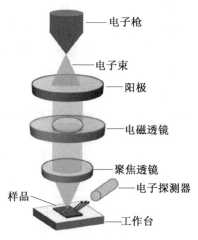

图 5.1 电子束加工技术原理示意图

2. 电子束加工装置

电子束加工装置的基本结构如图 5.2 所示,主要由电子枪、真空系统、控制系统和电源等部分组成。

(1) 电子枪。

电子枪是获得电子束的装置,它主要包括电子发射阴极、控制栅极和加速阳极等,阴极经电流加热发射电子,带负电荷的电子高速飞向阳极,在飞向阳极的过程中,经过加速极加速,又通过电磁透镜聚焦而在工件表面形成很小的电子束束斑(<1 nm),到达样品表面的电子束将与材料发生相互作用,形成加工过程。发射阴极一般用钨或钽制成,小功率时为丝状阴极,大功率时为块状阴极。控制栅极为中间有孔的圆筒形,其上加以较阴极为负的偏压,既能控制电子束的强弱,又有初步的聚焦作用。加速阳极通常接地,而阴极接很高的负电压。通过上述装置,完成电子的提取、加速、聚焦,形成可满足工业应用的电子束流。

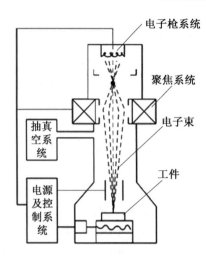

图 5.2　电子束加工装置的基本结构

目前常用的电子源及其特性见表 5.1。早期热电子源主要以钨为材料,利用其高熔点、不易挥发的特性,但所能达到的亮度较低,发射温度高,电子能量分布较宽。此后又发展出六硼化镧,可在较低的温度下(1 800 K)获得高亮度的电子源。目前,最为先进的室温场致发射源为钨电子源,亮度高达 10^9 A/(cm² · sr),但对电子枪真空度要求极高(10^{-10} Torr,1 Torr = 133.332 4 Pa)。

表 5.1　目前常用的电子源及其特性

电子源类型	灯丝材料	亮度/(A·cm^{-2}·sr^{-1})	电子源尺寸	能量分布/eV	真空要求/Torr	灯丝温度/K
钨热源	钨	10^5	25 μm	2～3	10^{-6}	3 000
LaB$_6$	LaB$_6$	10^6	10 μm	2～3	10^{-8}	2 000～3 000
热场致发射	Zr/O/W	10^8	20 μm	0.9	10^{-9}	1 800
冷场致发射	钨	10^9	5 nm	0.22	10^{-10}	室温

(2)真空系统。

真空系统主要是为了保证电子束加工时维持反应腔室的真空度,使电子在高真空度中加速运动;同时,加工时产生的金属蒸气也会影响电子发射,造成不稳定的现象,需要不断地把加工中生产的金属蒸气抽出去。真空系统一般由机械旋转泵和油扩散泵或涡轮分子泵两级组成,先用机械旋转泵把真空室抽至 1.4～0.14 Pa,然后由油扩散泵或涡轮分子泵抽至 0.014～0.000 14 Pa 的真空高度。

(3)控制系统和电源。

电子束加工装置的控制系统包括:束流聚焦控制、束流位置控制、束流强度控制、工作台位移控制等。束流聚焦控制是为了提高电子束的能量密度,使电子束聚焦成很小的束斑,它基本上决定了加工点的孔径或缝宽。聚焦方法主要有两种:一种是利用高压静电场使电子流聚焦成细束;另一种是利用电磁透镜的磁场聚焦。所谓电磁透镜,实际上为一电磁线圈,通电后它产生的轴向磁场与电子束中心线相平行,端面的径向磁场则与中心线相垂直。根据左手定则,电子束在前进运动中切割径向磁场时将产生圆周运动,而在圆周运动时在轴向磁场中又将产生径向运动,所以实际上每个电子的合成运动为一半径越来越小的空间螺旋线而聚焦于一点。为了消除像差和获得更细的焦点,通常还会进行第二次聚焦。束流位置控制是为了改变电子束的方向,常用电磁偏转来控制电子束焦点的位置。如果使偏转电压或电流按一定程序变化,电子束焦点便按预定的轨迹运动。工作台位移控制是为了在加工过程中控制工作台的位置。因为电子束的偏转距离只能在数毫米之内,过大将增加像差和影响线性,因此在大面积加工时需要控制工作台移动,并与电子束的偏转相配合。电子束加工装置对电源电压的稳定性要求较高,常用稳压设备,这是因为电子束聚焦以及阴极的发射强度与电压波动有密切关系。

3. 电子束微细加工的特点

(1) 束径极小。

电子束能聚焦极小的束斑(<1 nm),能量高度集中,功率密度可达 10^9 W/cm^2 量级,因此可加工微纳尺寸、高熔点材料,是超小型元件或分子器件等微细加工的有效加工方法。此外,电子束聚焦后,长径比可达几十,适用于深孔加工。

(2) 可加工材料的范围广。

由于电子束能量密度极高,照射部分的温度超过材料的熔化和气化温度,去除材料主要靠瞬时蒸发,是一种非接触式加工。工件不受宏观机械力作用,不产生宏观应力和变形,而且由于电子束可进行骤热骤冷操作,所以对非加工部分的热影响极小,提高了加工精度,对脆性、韧性、导体、非导体及半导体材料都可加工。

(3) 加工效率高。

电子束的能量密度极高,加工效率也很高。例如,1 s 可在 2.5 mm 厚的钢板上打出 50 个 ϕ0.4 mm 的孔,且热影响区很小。

(4) 可控性能好。

电子束的强度、位置、聚焦等参数可通过磁场或电场直接控制,且控制切换的速度非常快。特别是在电子束曝光中,从加工位置找准到加工图形的扫描,都可实现自动化。在电子束打孔和切割时,可以通过电气控制加工异形孔,实现曲面弧形切割。

(5) 加工温度容易控制。

通过控制电子束的电压和电流值可改变其功率密度,进而控制加工区域温度;实现既可以做高能电子束热加工,又可以做低能电子束的冷加工(也称化学加工)。另外,通过控制电路可使电子束瞬时通断,进行骤热骤冷操作。

(6) 污染小。

由于电子束加工是在真空中进行的,因此污染少,加工表面不会被氧化。特别适用于加工易氧化的金属及合金材料,以及纯度要求极高的半导体材料。

5.2.2 电子束微细加工的应用

电子束微细加工的分类如图 5.3 所示,根据电子束功率密度和能量注入时间的不同,可将电子束微细加工分为化学微细加工和热微细加工两大类。电子束化学微细加工中,使用的电子束能量较小（< 30 keV），主要用于光刻掩膜图形曝光。它是利用电子束的非热效应,功率密度较小的电子束流与电子抗刻蚀剂相互作用,将电能转化为化学能,产生辐射化学或物理效应,使电子抗刻蚀剂的分子链被切断或重新组合而形成分子量的变化以实现电子束曝光,包括电子束扫描曝光和电子束投影曝光。电子束热微细加工中,使用的电子束能量较大(30 千电子伏到几百千电子伏),又称为高能量密度电子束加工,它利用电子束的热效应将电子束的动能在材料表面转换成热能,进而对材料实施加工的。根据电子束在工件表面的束斑大小不同,其束斑上的功率密度也不同,电子束热微细加工还可以分为:①功率密度为 10 ~ 10^2 W/mm^2 时,工件表面不熔化,用于电子束热处理;②功率密度为 10^2 ~ 10^5 W/mm^2 时,工件表面熔化,也有少量气化,用于电子束焊接和熔炼;③功率密度为 10^5 ~ 10^8 W/mm^2 时,工件产生气化,用于电子束打孔、刻槽、切缝、镀膜和雕刻等。

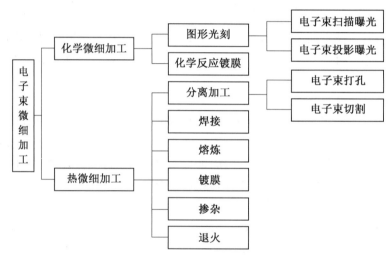

图 5.3　电子束微细加工的分类

（1）电子束曝光。

电子束曝光技术是利用聚焦电子束扫描光刻胶形成精细掩膜图形的工艺技术,它无需掩膜版,曝光精度可达几个纳米甚至是亚纳米级,且电子束波长极小,无须考虑曝光的衍射效应。但电子束曝光的效率低,很难在规模化生产中应用,主要用于高精度光刻掩膜版和相移掩膜的制作;在小批量器件制造中,如微光学、NMES/MEMS、纳米器件等,与刻蚀技术结合,可获得多样化的成品。

目前,应用电子束曝光手段在实验中已可获得分辨率为 2 nm 的图形线条。电子束曝光技术是目前制造亚微米(0.1 ~ 1 μm)高分辨率微细图形的主要手段。在这一尺寸范围内,电子束在加工精度、效率和成本方面达到最优组合,是推动微电子技术和微细加工技术进一步发展的关键技术之一,广泛地用于微电子、光电子和微机械领域新器件的研制和应用物理实验研究,以及三维微结构的制作、全息图形的制作、诱导材料沉积和无机材料改性。

电子束曝光分为电子束扫描曝光(线曝光)和电子束投影曝光(面曝光)两类。电子束扫描是将聚焦到小于 1 μm 的电子束斑在 0.5 ~ 5 mm 的范围内按程序扫描,可曝光出任意图形。早期的电子束扫描曝光采用圆形束斑；为提高生产率又研制出方形束斑，其曝光面积是圆形束斑的25倍；后来发展的可变成形束斑，其曝光速度比方形束斑又提高2倍以上。电子束扫描曝光除了可以直接描画亚微米图形之外，还可以为光学曝光、电子束投影曝光制作掩膜，这是其得以迅速发展的原因之一。电子束投影曝光的方法是使电子束先通过原版，这种原版是用别的方法制成的比加工目标的图形大几倍的模板，再以 1/5 ~ 1/10 的比例缩小投影到电致抗蚀剂上进行大规模集成电路图形的曝光。它可以在几毫米见方的硅片上安排十万个以上晶体管或类似的元件。电子束投影曝光技术既有电子束扫描曝光技术所具有的高分辨率的特点，又有一般投影曝光技术所具有的生产效率高、成本低的优点。因此，它也是人们目前积极从事研究开发的一种微细图形光刻技术。

与光学曝光不同，电子束曝光有其特殊的现象，如较强的邻近效应。尽管电子束可聚焦到直径 2 nm 束斑，但由于电子质量小，与固体中原子发生碰撞后产生前散射、背散射、二次电子。前散射发生在电子束进入光刻胶的过程中，部分电子发生了小角散射，使得下层光刻胶中电子束斑直径增大，出现邻近效应。背散射在光刻胶与衬底界面被反射回来后，继续对光刻胶进行再次曝光，可能会对不需要曝光的区域进行曝光，产生复杂的曝光情况。当背散射的电子速度减小，其能量以二次电子的形式被释放出来时，只有能量大于 1 keV 的二次电子对邻近效应有一定的贡献。上述三个过程的存在，使得电子散射导致的横向曝光范围比电子束直径大得多，可达 100 ~ 1 000 倍，因此，光刻胶中每个点吸收的辐射能量是直接辐射能量和周围散射能量的总和。当图形的线宽和间隙小到散射扩展的范围时，散射电子将对邻近图形的尺寸产生严重的影响，这种现象称为邻近效应。邻近效应主要受以下因素影响：① 电子能量，通常能量越高，邻近效应越弱；对于较厚的光刻胶，需要高的电子束加速电压。② 衬底材料，原子质量越小的材料，邻近效应越弱；因此，铍材料非常适合制作掩膜。③ 光刻胶的材料及厚度，材料平均原子数目越少，光刻胶膜越薄，邻近效应越弱。

鉴于邻近效应对光刻图形的重大影响，在电子束光刻中必须努力减小邻近效应并对其中无法避免的部分进行校正。根据邻近效应的影响因素，可以对应地从入射电子束能量、衬底结构和光刻胶的结构三方面着手进行。而对于无法避免的邻近效应产生的影响，亦可采用剂量校正、图形尺寸修正、GHOST 技术对其进行校正。剂量校正技术主要通过软件对所曝光图形的不同区域分配不同的曝光剂量，在邻近效应的作用下，使得整个样品上所有区域最终接收到的辐射剂量趋于一致，显影时可获得相同的显影程度。该方法的难点在于如何计算分配辐射剂量，从而控制不同区域的电子束能量、驻留时间等工艺参数。图形尺寸修正技术则是从图形线宽设计方法入手，考虑到在同一工艺条件下不同线宽的影响，对线宽进行修正，它可以看成是剂量校正的反向方法。GHOST 技术是以背散射电子曝光强度的反剂量为依据，采用非聚焦电子束线性扫描图形的非曝光区域，从而使整体图形达到相同的背散射剂量。该方法的优点在于不需要任何计算，不足之处在于没有对前散射进行校正，增加了额外的数据准备和曝光时间，也降低了光刻胶的对比度。

未来，对电子束曝光技术的研究主要集中在以下三个方面：① 追求高的分辨率，以制作特征尺寸更小的器件，主要用于电子束直接光刻方面；② 提高电子束曝光系统的生产效率，以满足器件和电路大规模生产的需要；③ 研究纳米级规模生产用的下一代电子束曝光技术,以满足 0.1 μm 以下器件生产的需要。

(2) 电子束热处理、镀膜和熔炼。

电子束热处理是把电子束作为热源,在较小的功率密度下,使金属表面加热而不熔化,达到热处理的目的。电子束热处理与激光热处理相似,但电子束的电热转换效率更高,可达 90%,而激光的转换效率只有 7% ~ 10%。电子束热处理主要包括金属热处理(如表面淬火、表面合金化、表面非晶态处理、表面退火等)和半导体材料的退火、掺杂。电子束热处理的加热速度和冷却速度都很高。在相变过程中,奥氏体化时间很短,约为几毫秒至几百毫秒,奥氏体晶粒来不及长大,从而获得一种超细晶粒组织,可使工件获得用常规热处理难以达到的硬度,硬化深度可达 0.3 ~ 0.8 mm。如果用电子束加热金属达到表面熔化,可在熔化区加入添加元素,使金属表面形成一层很薄的新的合金层,从而获得更好的物理力学性能。

电子束镀膜是将欲蒸镀的材料置入水冷坩埚中,用高能电子束直接轰击,使之加热蒸发而淀积于基片上得到所需薄膜。电子束镀膜是 20 世纪 60 年代发展起来的一种真空蒸镀方法,已进入大规模连续生产领域,广泛地应用于各类场合的镀膜需求,这部分将在第 7 章中详细介绍。

电子束熔炼是电子束加工技术的重要应用之一,其原理是用经高电压加速的电子束轰击被熔炼的金属材料使之加热熔化。高能电子束可熔炼钽、锆、钛、铌及其合金等高熔点、活泼性金属材料,它的熔炼能力和纯度比普通熔炼炉高。

(3) 电子束焊接。

电子束焊接(electron beam welding, EBW)是利用热发射或场发射阴极产生电子,并在阴极和阳极间的高压电场(25 ~ 300 kV)的作用下加速到 0.3 ~ 0.7 倍光速,使能量密度达到 10^7 ~ 10^9 W/m^2,再经一级或二级磁透镜聚焦后,形成高速高密度电子流;当其撞击工件表面时,高速运动的电子与工件内部原子或分子相互作用,在介质原子的电离与激发作用下,将电子的动能转化为工件的内能,使被轰击工件迅速升温、熔化并气化,从而达到焊接的目的。如果焊件按一定速度沿着焊件接缝与电子束做相对移动,则接缝上的熔池由于电子束的离开而重新凝固,形成致密的完整焊缝。电子束微细焊接是电子束加工技术发展最快、应用最广的一种,在焊接不同的金属和高熔点金属方面显示出强大的优越性,已成为工业生产中的重要特种工艺之一。

电子束焊接具有以下工艺特点。

① 焊接深宽比高。由于电子束束斑尺寸小,能量密度高,因而能实现高深宽比焊接。电子束能量可输送到很深的区域,从而实现狭缝或厚材料的深焊。

② 焊接速度高。能量集中,熔化和凝固过程快,焊接速度快,易于实现高速自动化生产。

③ 热变形小。由于能量集中,热影响区极小,工件变形和产生裂纹的可能性相应减少。

④ 焊缝物理性能好。由于焊速快,避免了晶粒粗大,因此延展性增加;同时由于高温作用时间短,碳和其他合金元素析出少,焊缝抗蚀性好。

⑤ 工艺适应性强。电子束焊接具有广泛的适应性,能进行变截面焊接。

⑥ 焊接材料范围广。除了普通的碳钢、合金钢、不锈钢外,可以焊接高熔点金属(如钽、钼、钨及其合金等)和活泼金属(如锆、铌等),还可焊接异种金属材料、半导体材料、陶瓷材料和石英材料等。

由于电子束焊接对焊件的热影响小、变形小,可以在工件精加工后进行焊接,又由于它能够实现异种金属焊接,所以就有可能将复杂的工件分成几个零件,这些零件可以单独地使用最合适的材料,采用合适的方法来加工制造,最后利用电子束焊接成一个完整的零部件,从而可以获得理想的技术性能和显著的经济效益。电子束焊接在航空航天工业等已经取得了广泛的应用。如航空发动机某些构件(高压涡轮机匣、高压承力轴承等)可通过异种材料组合,使发动机在高速运转时,利用材料线膨胀系数不同,完成主动间隙配合,从而达到提高发动机性能、增加发动机推重比、节省材料、延长使用寿命等目标。电子束焊接还常用于传感器以及电器元器件的连接和封装,尤其一些耐压、耐腐蚀的小型器件在特殊环境工作时,电子束焊接具有很大优越性。

当前电子束焊接技术较为先进的国家有德国、日本、美国、俄罗斯和法国,先进电子束焊接设备制造商包括:德国 PTR 精密技术有限公司、英国剑桥真空工程有限公司、英国焊接研究所、法国的 TECHMETA 公司、乌克兰巴顿电焊研究所等。其中,巴顿研究所生产的中高压电子束焊接机技术成熟、性能稳定,在苏联的航空宇航焊接实验中得到了成功的实践应用;而法国 TECHMETA 公司生产的焊接机在低中压方面有着优异的综合性能。在应用方面,电子束焊接在航空航天领域有着重要的应用场合,见表 5.2。在航天领域,宇航服骨架、发动机燃烧室、波纹管、压力容器等关键零部件均采用电子束焊接制成。

表 5.2　电子束焊接在飞机重要承力构件上的应用

公司及国别	机种型号	电子束焊接的重要受力构件
格鲁门公司(美)	F-14 钛合金	中央翼盒
帕那维亚公司(英、德、意合作)	狂风	钛合金中央翼盒
波音公司(美)	波音 727	起落架
格鲁门公司(美)	X-29	钛合金机翼大梁
洛克希德公司(美)	C-5	钛合金机翼大梁
达索·布雷盖公司(法)	幻影-2000	钛合金机翼壁板、蒙皮壁板
伊留申设计局(苏联)	ИЛ-86	高强度钢起落架构件
英、法合作	协和	推力杆
英、法合作	美洲虎	尾翼平尾转轴
通用动力公司、格鲁门公司(美)	F-111	机翼支撑结构梁
苏联	Su-27	高强度钢起落架构件
洛克希德公司(美)	F-22	钛合金前梁
洛克希德公司(美)	F-22	钛合金后机身梁

(4) 电子束刻蚀、打孔、切割。

将电子聚焦获得极细、功率密度为 $10^6 \sim 10^8 \ \text{W/m}^2$ 的电子束,并周期地轰击材料表面的固定点,适当控制电子束轰击时间和休止时间的比例,可使被轰击处的材料迅速蒸发而避免周围材料的熔化,这样就可以实现电子束刻蚀、打孔或切割(图5.4(a))。目前,电子束打孔的最小直径已经可达约 1 μm,且能进行深小孔加工,例如孔径在 $\phi 0.1 \sim 0.9$ mm 时,其最大孔深已超过 10 mm,即孔的深径比大于 10∶1,最大可达 30∶1。与其他微孔加工方法相比,电子束的打孔效率极高,通常每秒可加工几十至几万个孔,以及极大的深径比。电子束打孔的速度主要取决于板厚和孔径。当孔的形状复杂时,还取决于电子束扫描速度(或偏转速度)以及工件的移动速度。可以实现在薄板零件上快速加工高密度孔,加工速度在 $10^4 \sim 10^6$ 孔/h,打孔长度与打孔速度的关系曲线如图5.4(b)所示。电子束打孔已在航空航天、电子、化纤及制革等工业生产中得到实际应用。

航空发动机部件上有种类繁多的小孔,包括扭曲孔、斜孔和高密度小孔等。这些小孔难以用其他特种加工方法制成,电子束打孔几乎是唯一工业可行的办法。例如喷气发动机套上的冷却孔(图5.4(c))、机翼上吸附屏的孔等,不仅孔的密度可以连续变化,孔数达数百万个,而且有时还可改变孔径,最适宜采用电子束高速打孔。高速打孔可在工件运动中进行,例如在 0.1 mm 厚的不锈钢加工直径为 0.2 mm 的孔,速度可达 3 000 个/s(图5.4(d))。在人造革、塑料上用电子束打大量微孔,可使其具有如真皮革那样的透气性。现在生产上已出现了专门塑料打孔机,将电子枪发射的片状电子束分成数百条小电子束同时打孔,其速度可达到 50 000 孔/s,孔径在 40 ~ 120 μm 之间可调。

利用电子束还可以加工异形孔。电子束扫描加工即电子束切割加工,可以用来切割各种复杂型面。为了使人造纤维具有光泽、松软、有弹性、透气性好,喷丝头的孔形一般是特殊形状的。图5.4(e)、(f)是电子束加工的喷丝头异形孔截面的一些实例。出丝口的窄缝宽度为 0.03 ~ 0.07 mm,长度为 0.80 mm,喷丝板厚度为 0.6 mm。在过滤设备中的过滤钢板大量地使用了上小下大的锥孔,这样既可防止堵塞,又便于反冲清洗。用电子束在 1 mm 厚的不锈钢板上加工 $\phi 0.13$ mm 的锥孔,每秒可加工 400 个;在 3 mm 厚的不锈钢板上加工 $\phi 1$ mm 的锥形孔,每秒可加工 20 个。此外,利用电子束在磁场中偏转的原理。使电子束在工件内部偏转,还可以利用电子束加工弯孔(图5.4(g))和曲面。控制电子速度和磁场强度就可以控制曲率半径,加工出弯曲的孔;如果同时改变电子束和工件的相对位置,就可进行曲面切割和开槽。

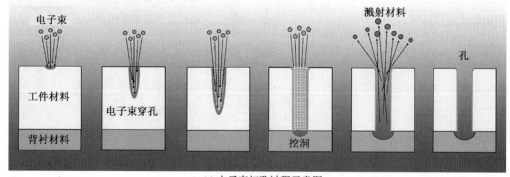

(a) 电子束打孔过程示意图

图 5.4　电子束打孔过程示意图及所制造的零件

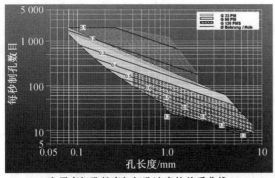
(b) 电子束打孔长度与打孔速度的关系曲线

(c) 复杂曲面致密小孔零件

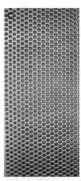
(d) 平面阵列致密小孔零件

(e) 过滤装置群孔及其放大图形

(f) 异性孔及多尺寸孔均匀分布零件

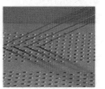
(g) 弯孔

续图 5.4

5.3　离子束微细加工技术

离子束加工(ion beam machining,IBM)是近年来得到极大发展的一种新兴特种微细加工技术,其加工尺度可达分子、原子量级,是现代纳米加工技术的基础工艺之一。它首先在微电子器件制造中获得应用,是目前在微细加工和精密加工领域中最具发展前途的加工方法,也必将成为未来的微细加工、亚微米加工甚至纳米加工的主流技术之一。

离子束加工是利用离子对材料进行成形或表面改性的一种加工方法。分为等离子体加工和聚焦离子束加工,二者都可以进行微纳结构加工,但工艺技术相差甚大。本节中的离子束微细加工技术主要指聚焦离子束加工技术。聚焦离子束在电场和磁场的作用下,被聚焦到亚微米或纳米量级,通过偏转系统和加速系统控制离子束扫描运动,实现纳米图形的直写加工。FIB 加工技术由于使用了能量更高的离子,它与样品表面发生碰撞将激发出二次电子和二次离子,因此也可用于样品表面成像,更重要的是,高能离子可将样品表面的原子溅射剥离,形成对样品表面的直接加工。目前,FIB 微细加工技术主要用于高精度掩膜版修复、电路修正、失效分析、透射电子显微镜(TEM)制样、三维结构直写加工等。FIB 微细加工的特点如下。

(1) 加工精度高,易于精确控制。由于离子束可以通过静电透镜系统进行精确的聚焦扫描,其束流密度及离子能量可以精确控制,离子束轰击材料是逐层去除原子,因此离子刻蚀可以达到纳米级的加工精度。离子镀膜(简称离子镀)可以控制在亚微米级精度。离子注入的深度和浓度也可极精确地控制。因此,离子束加工是目前所有特种加工方法中最精密、最微细的加工方法,是当代纳米加工技术的基础技术之一。

(2) 可加工的材料范围广泛。由于离子束加工是利用力效应原理,因此对脆性材料、半导体材料、高分子材料等均可加工。由于加工是在真空环境下进行的,环境污染小,故尤其适用于加工易氧化的金属、合金和高纯度半导体材料。

(3)加工表面质量高。由于离子束加工是靠离子轰击材料表面的原子来实现的,是一种微观作用,宏观压力很小,所以加工应力、热变形等极小,加工质量高,适合对各种材料和低刚度零件进行加工。

(4)离子束加工设备费用贵、成本高,加工效率较低,因此应用范围受到一定限制。

5.3.1 FIB加工装置及原理

图5.5为FIB加工装置及内部主要部件示意图,FIB系统主要包括:离子源、真空系统、控制系统和电源等部分。离子源用以产生离子束流,它是FIB系统的核心之一。当前镓液态金属离子源是商用FIB系统的主流,它的发展也大大促进了FIB技术。聚焦离子束产生的基本过程为:针形液态金属源采用钨针尖和提取小孔组合进行离子提取,在二者之间施加一定的电压,使处于加热状态的金属在钨针尖尖端形成极小的泰勒锥,获得极高的电场强度(10^{10} V/m),使泰勒锥表面的液态金属离子以场发射形式逸出,并在离子抽取电压的作用下形成离子束。尽管液态离子源的离子发射电流仅有几微安,但由于发射面积很小,因此电流密度可达10^6 A/cm^2,亮度约为20 μA/(sr·cm^2)。当离子入射到样品上时,将发生图5.6所示的碰撞过程,离子与材料相互作用主要包括:离子散射、离子注入、二次电子激发、二次离子激发、原子溅射、样品加热等。例如,当使用30 keV镓离子入射时,其穿透深度在10~100 nm,横向散射范围为5~50 nm。碰撞过程形成的材料去除、激发的二次产物、产生的热量等效应,可用来进行直接微纳加工、表面成像与材料分析、引发化学反应、生成沉积材料等。

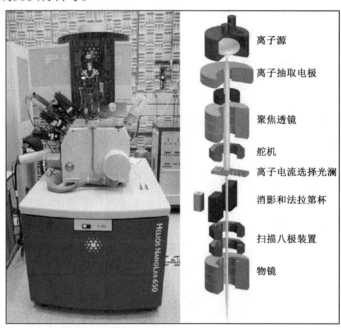

图5.5 FIB加工装置及内部主要部件示意图

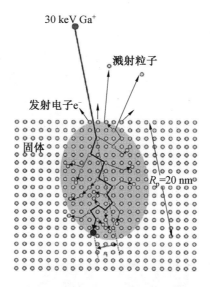

图 5.6 入射离子与样品表面碰撞过程示意图

5.3.2 FIB 微细加工的应用

离子束加工技术作为一种微细加工手段,首先在微电子器件制造中获得应用,且离子束加工的范围正在日益扩大、不断创新。目前常用的离子束微细加工技术主要如下。

(1) 离子束曝光。

聚焦离子束曝光类似于电子束曝光技术,利用能量在 10 ~ 200 keV 的 FIB 对抗刻蚀剂进行图案化处理,利用离子辐照能量使抗刻蚀剂发生化学反应。当前应用较为普遍的是 FIB 投影式曝光技术,在掩膜版和工件之间增加一个静电离子束投影镜,可使得掩膜版上的图形按比例缩小到工件表面,使曝光极限线宽进一步缩小,对于同一线宽,也可以降低对掩膜版制作精度的要求。离子束曝光特点包括:① 分辨率高,由于离子的质量比电子的质量大得多,而离子射线的波长又比电子射线的波长短得多,无临近效应,无背散射效应,曝光精度高且侧面垂直度好,因此分辨率一般为电子束的 100 倍;② 灵敏度高,对于相同的抗蚀剂,离子束曝光灵敏度比电子束曝光灵敏可高出 1 ~ 2 个数量级,曝光时间可大幅缩短;③ 曝光深度可到 100 μm,为光学曝光深度的 50 ~ 100 倍,因此衬底表面任何在 100 μm 之内的起伏都不会影响电子束的分辨率。虽然离子束曝光具有上述优点,但与目前发展完善的电子束曝光技术相比,其发展速度还是较慢,目前只在一些特定的场合进行曝光应用。

(2) 离子束成像。

离子束入射到样品上会激发出二次电子、二次离子、背散射电子等信号,这些信号被相应的接收器接收后可进行表面成像。如图 5.7 所示,样品晶体取向、原子质量、表面形貌都会对表面激发的二次电子信号产生影响,因此,离子束成像可获得比电子束成像更加丰富的表面信息。当离子束轰击固体样品时,不同晶体取向的材料产生信号的强度各异,这种现象称为通道效应(channeling effect)。通道效应会导致离子束成像不同晶向区域的衬度存在差异(图 5.8),这是由于离子束沿不同晶面入射时穿透深度不同,返回表面的二次电子数量不同造成的,且在刻蚀过程中,刻蚀速率也不同。

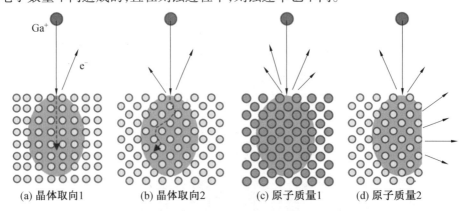

(a) 晶体取向1　　(b) 晶体取向2　　(c) 原子质量1　　(d) 原子质量2

图 5.7　影响离子束激发的二次电子信号强度的因素

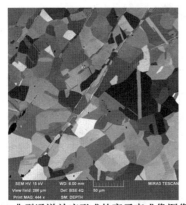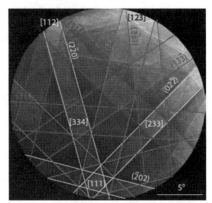

(a) 典型通道效应形成的离子束成像图像,衬底为抛光多晶不锈钢表面　　(b) 通道效应形成图像,衬底为半导体级单晶硅

图 5.8　离子束成像图像

(3) 离子束微纳三维结构加工。

FIB 加工技术无材料选择性,可直接用于加工各类材料微纳米结构;并且可以和扫描电子显微镜、能量色散光谱、激光等光学光谱、微操作台、微/纳米机械手等联用,形成具加工、表征、测试、封装等原位一体化微纳制造系统。在原理性样件制备、新物理现象发现验证等方面具有独特的优势。按照离子束加工所利用的物理效应不同,可以分为四类:离子撞击和溅射效应的离子刻蚀、离子溅射沉积、离子镀,以及利用注入效应的离子注入。图 5.9 是几种典型的离子束加工示意图。图 5.9(a) 为离子刻蚀的原理图,它采用氩离子倾斜轰击工件,将工件表面的原子逐个剥离,其实质是一种原子尺度的切削加工,又称离子铣削,是一种典型的纳米加工工艺。图 5.9(b) 为离子溅射沉积的原理图,它采用氩离子轰击靶材,将靶材原子击出,沉积在靶材附近的工件上,形成一层薄膜,它是一种镀膜工艺。图 5.9(c) 为离子镀,也称为离子溅射辅助沉积,它是用高能氩离子同时轰击靶材和工件表面,以增强膜材与工件基材之间的结合力,也可将靶材高温蒸发,同时进行离子镀。图 5.9(d) 为离子注入的原理图,高能离子束(几十万千电子伏)直接轰击被加工材料,由于离子能量相当大,离子就钻进被加工材料的表面层,工件表面层含有注入离子后,

改变了表面化学成分,从而改变了工件表面层的机械物理性能,根据不同的目的,可选用不同的注入离子,如磷、硼、碳、氮等。

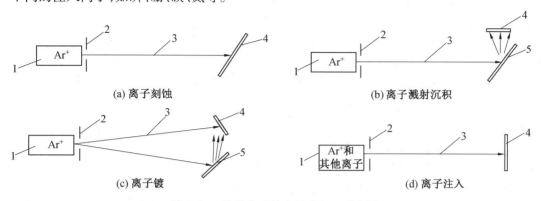

图 5.9　几种典型的离子束加工示意图

1— 离子源;2— 吸极(吸收电子,引出离子);3— 离子束;4— 工件;5— 靶材

(4)离子束刻蚀。

离子束刻蚀是一项重要的微细加工技术,FIB 技术最重要的应用就是刻蚀,离子质量远大于电子,且具有大范围可调控的能量,加之电磁透镜的强大扫描控制能力,使得 FIB 刻蚀功能得到广泛应用。FIB 刻蚀技术制造微纳三维结构有三种实现途径。

离子束溅射刻蚀采用氩离子轰击工件,入射离子的动能传递到工件表面的原子,当传递能量超过了原子间的键合力时,将工件表面的原子逐个剥离,其实质是一种原子尺度的切削加工,又称离子铣削。为了避免入射离子与工件材料发生化学反应,必须采用惰性元素的离子。氩的原子序数高,而且价格便宜,因此通常使用氩离子进行轰击刻蚀。由于离子直径很小,可以认为离子束刻蚀的过程是逐个原子剥离的,但刻蚀速度很低,剥离速度大约每秒一层到几十层原子。进行深槽刻蚀的过程中,当深度达到某一临界值时,离子束溅射的原子不能再逸出表面,因此 FIB 的刻蚀存在深宽比极限。对于不同的样品材料,深宽比极限不同。为了获得高质量的图形结构,可以通过对 FIB 加工参数进行优化来实现。

影响离子束刻蚀的因素有很多,如样品材料、离子束种类、离子束能量、离子束入射角以及工作腔室的气氛和压强等。离子束刻蚀不存在工具磨损,加工过程中不需要润滑剂,也不需要冷却液,已经在高精度加工、表面抛光、图形刻蚀、电镜试样制备以及石英晶体振荡器、集成光学、各种传感器件的制作等方面发挥了重要作用。离子束刻蚀用于加工陀螺仪空气轴承和动压电机上的沟槽,分辨率高,精度、重复一致性好。加工非球面透镜能达到其他方法难以达到的精度。图 5.10 为离子束加工非球面透镜原理图,为了达到预定的要求,加工过程中,透镜不仅要沿自身轴线回转,而且要做摆动运动。可用精确计算值来控制整个加工过程,或利用激光干涉仪在加工过程中边测量边控制形成闭环系统。由波导、耦合器和调制器等小型光学元件组合制成的光路称为集成光路,离子束刻蚀已开始用于制作集成光路中的光栅和波导。用离子束轰击已被磨光的玻璃表面时,能改变其折射率分布,使之具有偏光作用。玻璃纤维用离子束轰击后,可变为具有不同折射率的光导材料。离子束加工还能使太阳能电池表面具有非反射纹理表面。

离子束刻蚀应用的另一个主要领域是刻蚀高精度的图形。如在集成电路、声表面波器件、磁泡器件、光电器件和光集成器件等微电子学器件亚微米及纳米级图形的加工中，往往要在基片表面加工出线宽 3 μm 及以下的图形，并且要求线条侧壁光滑陡直，目前只能采用离子束刻蚀。离子束刻蚀可以加工出小于 10 nm 的细线条，深度误差可以控制在 5 nm 之内。

FIB 刻蚀过程中被溅射出的颗粒绝大部分被真空系统带走，但仍然会有少部分落在所刻蚀结构的附近，形成再沉积。这种再沉积现象对微纳结构的精度产生重大的影响，目前主要通过并行扫描加工方式以及最小图形最后刻蚀的原则来

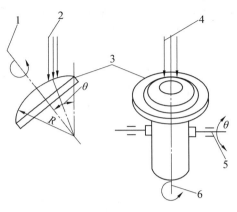

图 5.10　离子束加工非球面透镜原理图
1—回转轴；2—离子束；3—工件；4—离子束；5—摆动轴；6—回转轴

减少再沉积的影响。为了克服再沉积的影响，在刻蚀过程中引入活性气体，并与样品材料发生反应，产生易挥发的气体产物，逸出样品表面，既减少了再沉积对于加工精度的影响，又增加了刻蚀效率。这里采用的活性气体根据被刻蚀对象进行选择，包括：一般刻蚀中选择水、氯气、碘、溴、氨气、一氧化碳等。二氟化氙(XeF_2)可用来辅助刻蚀氧化硅、氮化硅、钨等；水一般用来辅助增强刻蚀碳基材料（金刚石、无定形碳、PMMA）等；氯气常用来刻蚀硅（不同晶向的硅具有不同的增强因子）、GaAs、InP、Al 等。例如 FIB 刻蚀金刚石各类形状微纳结构，图 5.11（a）显示了 FIB 加工的半径为 5 μm 金刚石半球的刻蚀过程，由于金刚石的高硬度、高折射率、低电导率，加之微米级的曲面结构，因此其他加工方法均难以完成该结构的加工，从而证明了 FIB 独特的加工优势。此外，通过 FIB 刻蚀还可获得多种形貌、结构复杂的三维结构（图 5.11（b）～（d））。

（5）FIB 辅助沉积。

FIB 辅助沉积的实质是利用高能量离子束辐照诱导特定区域发生化学反应，形成微纳三维结构，其基本原理如图 5.12 所示。气态前驱体通入反应腔室后，在 FIB 辅助下发生化学反应并在衬底上形成沉积物；通过对前驱物、离子束以及预设图形参数的精确调控（图 5.12），可获得纳米级精度、晶圆级幅面、高度复杂的单一或阵列化三维结构（图 5.13）。三维结构的形成，主要是通过静电位移法和图形扫描法来实现。前者离子束始终垂直入射到样品表面，并在一定范围内重复扫描，获得垂直于样品表面的纳米结构；再通过静电偏压控制离子束的移动，在新的表面上重复前述过程；通过控制离子束轨迹，获得最终样件三维结构（图 5.13（a））。后者利用图形发生器先生成扫描图形组，并单独设定每一图形的具体扫描时间和位置，再通入前驱气体，并与 FIB 发生相互作用。该方法灵活可控，能加工出复杂的三维结构，应用广泛。例如，复杂的纳米尺度电子元器件（图 5.13（b）），氮化镓衬底上的铂纳米螺旋结构阵列（图 5.13（c），每个弹簧有三圈，丝径为 130 nm，弹簧直径为 400 nm，螺距为 300 nm，结构之间的周期为 700 nm），四爪静电力纳米夹持器（图 5.13（d），夹持纳米球直径为 800 nm），纳米弹簧探针（图 5.13（e），弹簧直径为 380 nm，探针直径为 110 nm）。由于反应前驱物必须以气态的形式输入，因此 FIB 辅助沉

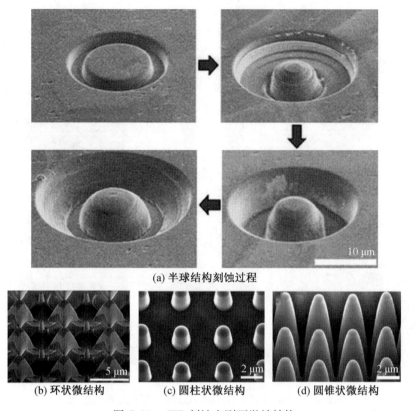

图 5.11　FIB 刻蚀金刚石微纳结构

积制备的材料有所受限,可实现的沉积材料主要包括:有机材料(非晶碳、石墨、金刚石等)、半导体(硅、锗、氮化镓等)、金属(钛、金、钨、钴、铂等)、氧化物(二氧化硅等)。

(6) FIB 辐照加工三维结构。

当作用于样品表面的离子束能量超过某一临界值时,FIB 与固体样品之间相互作用由刻蚀转化为爆发式沸腾,引起材料的蒸发去除与重组。这是由于在短时间内,样品材料吸收大剂量的离子,产生的热无法及时排除,材料形成超热液体,产生爆炸式沸腾效果。经过一定的弛豫时间,轰击点附近的材料会向着表面能最低的状态演化并趋于稳定,此时会引起局部的收缩,这一过程会在材料中产生巨大的应力,从而引起材料弯曲、折叠或三维变形等。通过控制辐射剂量、扫描方式、辐照时间等工艺参数,可以有效地调控三维结构。离子束与样品台之间的角度由 FIB 系统保证,可在 0°～90°范围内调控,结合离子束和样品台的调控,可实现复杂三维图形的辐照加工,如图 5.14 所示。所制备的钨纳米线三维结构(图 5.14(b)),在低温条件下(< 5.2 K)会表现出超导特性(图 5.14(c))。

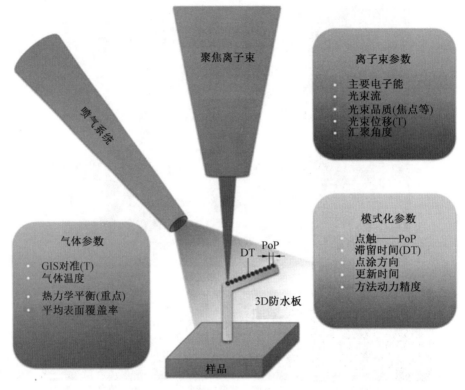

图 5.12　FIB 辅助沉积微纳三维结构原理及控制参数

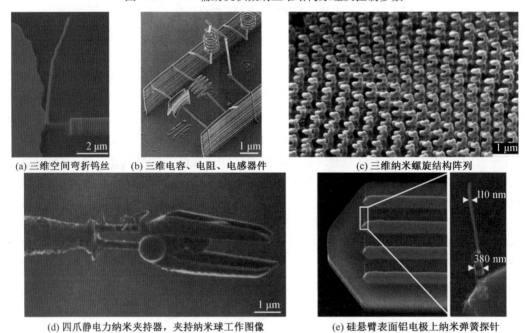

图 5.13　FIB 沉积制备的微三维结构

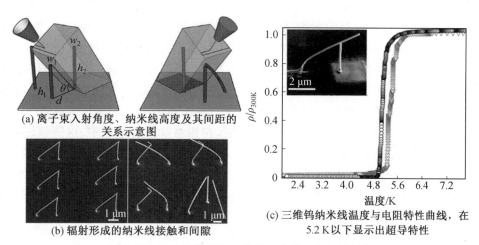

图 5.14　FIB 辐照制备三维钨纳米线及其超导性能

（7）离子注入。

离子注入是向工件表面直接注入离子,它不受热力学限制,可以注入任何离子,且注入量可以精确控制,注入的离子是固溶在工件材料中,含量可达10% ~ 40%,注入深度可大于 1 μm。离子注入在半导体芯片制造方面处于核心地位,是形成掺杂和 PN 结的最主要方式。此外,离子注入改善金属表面性能方面的应用,正在形成一个新兴的领域。利用离子注入可以改变金属表面的物理化学性能,可以制得新的合金,从而改善金属表面的抗蚀性能、抗疲劳性能、润滑性能和耐磨性能等。表5.3 是离子注入金属样品后,改变金属表面性能的例子。离子注入对金属表面进行掺杂,是在非平衡状态下进行的,能注入互不相溶的杂质而形成一般冶金工艺无法制得的一些新的合金。如将 W 注入低温的 Cu 靶中,可得到 W – Cu 合金等。

表5.3　离子注入金属样品后,改变金属表面性能的例子

注入目的／基体	离子种类	能量/keV	剂量／(离子·cm^{-2})	效果(最大提高)/%
耐磨性能	B、C、Ne、N、S、Ar、Co、Cu、Kr、Mo、Ag、In、Sn、Pb	20 ~ 100	> 10^{17}	
耐腐蚀性能	B、C、Al、Ar、Cr、Fe、Ni、Zn、Ga、Mo、In、Eu、Ce、Ta、Ir	20 ~ 100	> 10^{17}	
摩擦因数	Ar、S、Kr、Mo、Ag、In、Sn、Pb	20 ~ 100	> 10^{17}	
拉伸疲劳／镍	B、C、N	30 ~ 60	10^{16} ~ 10^{19}	127
弯曲疲劳／AISI1018	B、N	400 ~ 500	2 × 10^{17}	250
微动磨损疲劳／钛合金	Ba		10^{16}	显著提高
高温疲劳／钛合金	C	150	(1 ~ 2) × 10^{16}	显著提高
腐蚀疲劳／AISI1018	N、Ti、Ta、Mo	30	10^{15} ~ 10^{17}	降低

离子注入可以提高材料的耐腐蚀性能、抗氧化性能、耐磨性能、硬度等。例如，在低碳钢中注入 N、V、Mo 等元素，在磨损过程中，表面局部温升形成温度梯度，使注入离子向衬底扩散，同时注入离子又被表面的位错网络捕获，不能扩散得很深；因此，在材料磨损过程中，表面不断形成硬化层，提高了耐磨性能。注入离子及其凝集物将引起基体材料晶格畸变，缺陷增多，从而提高材料的硬度，如在纯铁中注入 B，其显微硬度可提高 20%。离子注入可改善金属材料的润滑性能，离子注入表层，在相对摩擦的过程中，这些被注入的细粒起到了润滑作用，提高了材料的使用寿命。如把 C^+、N^+ 注入碳化钨中，其工作寿命可大大延长。此外，离子注入在光学方面可以制造光波导。例如对石英玻璃进行离子注入，可增加折射率而形成光波导。还用于改善磁泡材料性能，制造超导性材料，如在铌线表面注入锡，则表面生成具有超导性 Nb_3Sn 层的导线。目前，离子注入对材料改性还处于研究阶段，工艺不够完善，生产效率还较低，成本较高。

（8）TEM 样品制样。

此外，FIB 刻蚀技术还广泛地用于 TEM 制样，如图 5.15 所示，其基本过程分为：① 采用 SEM 模式，观察并选取待加工区域；② 在样品的两端各 10 μm 处利用离子束刻蚀标记，作为后续加工的定位记号，并在两标记中间沉积 1 μm 厚的金属铂，作为加工过程中的保护层；③ 在标记两侧沿着金属铂进行大束流的离子束刻蚀形成楔形块，并逐步减小束流，向中间刻蚀；④ 倾斜样品台，对楔块底部进行切断，同时切断两侧面，形成独立的样片；⑤ 利用微型夹持器将样片夹持住，并搬运至透射铜网的合适位置，再在沉积铂上焊接固定住样片；⑥ 对样片继续进行离子束减薄，直至欲观测部位厚度小于 30 nm 为止。

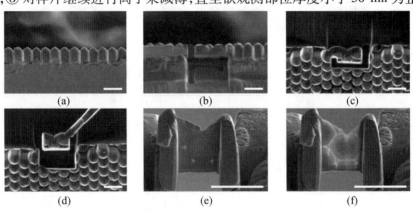

图 5.15　FIB 制备 TEM 样品过程（所有标尺均为 5 μm）

5.4　超快激光束微细加工技术

激光加工是利用激光束与物质特殊的相互作用，对材料进行切割、焊接、表面处理及化学改性等。激光加工从原理上可分为热加工和光化学加工两类，前者是待加工材料对激光束光子的线性吸收，并转化成热熔化材料，而后蒸发去除；后者是高能量光子使材料的化学键断裂引起的光化学反应而去除材料。

激光加工源于 20 世纪 60 年代，早期激光属于长脉冲，主要通过热作用去除材料，脉冲长度通常大于热扩散时间,因此在激光与材料相互作用的过程中,存在光子吸收、电子-晶格耦合、晶格-晶格耦合等多种热传递和热扩散,加工的热影响区较大,不利于微纳加工。80年代后期逐渐发展起来的纳秒、皮秒、飞秒等超快激光,脉冲宽度大幅度减小,热作用明显降低,激光光化学效应逐渐成为材料去除的主要的原理,加工精度提高到微米/亚微米量级,也使得激光加工成为新的微纳制造技术的有效手段之一。1987年,Sirinivasan等人首次开展了超快激光微纳结构制造技术研究;他们利用紫外(308 nm)超快(160 fs)激光在PMMA材料中获得光滑的微孔,孔口无热影响区。此后,超快激光的加工进入了快速发展时期,微结构特征尺寸不断从亚毫米级降低至几个微米。2001年,Kawata等人利用飞秒激光,通过双光子聚合技术,成功制备出长度为10 μm,高度为7 μm的纳米牛,加工的分辨率达120 nm,开启了激光微纳米加工的新时代。相较于普通光学曝光受衍射极限的影响(分辨率小于光源波长的1/2),超快激光在非金属材料中的非线性多光子吸收过程具有明显的阈值效应,通过多光子聚合技术能够获得突破光衍射极限限制的纳米结构,真正实现复杂的三维微纳米结构制造。当前,超快激光制造技术在光子晶体、光学微纳器件、超材料、NEMS/MEMS、生物医疗技术等领域发挥着重要的作用,成为当前微纳米制造的主流技术。本节主要针对超快激光(皮秒和飞秒激光)在微细加工技术中的应用进行阐述。

5.4.1 超快激光加工特点

(1)热影响区小。

超快激光的脉宽(几百飞秒至几皮秒)比电子声子耦合时间(1~100 ps)短,激光能量被电子吸收后迅速转移给晶格振动,无热扩散,使得被加工材料及结构周围区域的热影响区极小,甚至无热影响区。可以采用材料加热至熔点T_{im}时的热扩散长度l_d来评价激光加工的热影响区域。热扩散长度为

$$l_d = \left(\frac{128}{\pi}\right)^{1/8} \left(\frac{DC_i}{T_{im}\gamma^2 C'_e}\right)^{1/4} \quad (5.1)$$

式中,D为热导率;C_i为晶格热容;C'_e为C_e/T_e;C_e为电子热容;T_e为电子温度;γ为电子声子耦合常数。

当激光脉宽长度τ远大于电子声子耦合时间时,l_d可近似为

$$l_d \approx \sqrt{\kappa\tau} \quad (5.2)$$

式中,κ为热扩散系数。

通过上述两个公式计算得出激光加工铜材料时的l_d,前者利用窄脉宽使铜熔化(T_{im} = 1 356 K)得到的l_d为329 nm;后者利用脉宽为10 ns激光,l_d为1 500 nm。由此可以看出,超快激光热加工的影响区域较小,提高了加工精度和质量。

(2)多光子吸收。

传统光吸收通常为线性的单光子吸收,只有当光子能量大于材料带隙后,才会产生吸收(图5.16(a))。超快激光通常拥有极高的能量密度,即使光子能量小于带隙,电子也可以被光子激发,形成多光子吸收(图5.16(a)右侧)。非线性多光子吸收可使得激光在光学透明材料引发强烈的吸收,从而实现光学材料的微纳米加工(图5.16(b))。

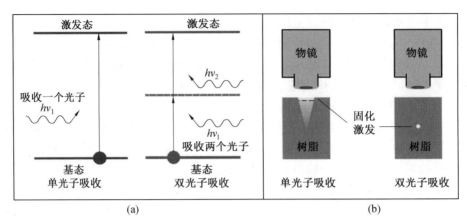

图 5.16　材料中电子激发的过程(单光子吸收和多光子吸收)

(3) 材料内部改性。

多光子吸收受制于激光能量密度和材料特性两个方面,当激光能量密度高于特定阈值后,在激光聚焦焦点附近产生多光子吸收。利用这种效应可以对材料内部进行改性加工和处理(图 5.16(b)),在三维波导、微光学元器件、微流控芯片等制备中有着广泛的应用。

(4) 电介质中的载流子激发。

超快激光辐照在诸如玻璃等电介质中会引发电子激发和弛豫过程。电子首先通过多光子吸收或隧穿电离从价带激发到导带;被激发的电子仍然可以依次吸收多个光子,并被激发到更高能态;此时,自由载流子吸收的效率很高。同时,在高光强下,被激发的电子被强电场加速,与周围的原子发生碰撞,产生雪崩电子。在超快激光辐照后的 1 ps 内,部分电子经过弛豫俘获存储在电子 - 空穴对中的能量,形成自陷激子。这些自陷激子在几百皮秒内通过弛豫形成永久性的缺陷。例如,玻璃在激光辐照后的几十皮秒内开始被加热,再经过几十微秒才恢复到室温,这一过程导致玻璃材料的改性或破坏,形成熔融焊接、结构成形等。

(5) 加工空间分辨率。

超快激光具有更小的热影响区,理论上具有更好的加工空间分辨率。同时,超快激光的光速强度呈现高斯分布,对于单光子吸收过程,材料吸收的强度的空间分布与原本的激光强度分布相同;对于多光子吸收过程,吸收能量的空间分布随多光子吸收的阶数(n)增加而变窄,有效光束尺寸(ω)遵循 $\omega = \omega_0/\sqrt{n}$。因此,多光子吸收的空间分辨率会远小于波长。

(6) 应用范围广。

① 去除加工,包括刻蚀、制孔和切割等。利用飞秒激光超短脉宽有效抑制热扩散、形成冷加工、避免重凝的特点,可获得锐利的加工边沿和陡壁;利用其高光强可实现对任何材料的去除加工,对脆性材料加工不产生裂纹,也可实现对生物组织软材料、金刚石、碳化钨等超硬材料的精细加工。

② 激光诱导表面纳米结构。利用飞秒激光诱导周期性表面结构(laser induced

periodic surface structures,LIPSS),改变材料表面的光学性质、润湿性能、摩擦性能等,制备宽光谱吸收、超亲/疏水、亲/疏油、抗结冰等特殊功能表面。

③ 材料内部加工。利用飞秒强激光多光子非线性吸收效应,实现透明材料内部激光焦点处超分辨加工(图5.16(b)右侧),通过改变材料介电常数制备光波导,微爆炸制造微通道,聚焦于透明材料内部实现微连接等。

④ 双/多光子聚合加工。利用飞秒激光对光敏材料诱导双/多光子吸收后引发聚合过程可制备微纳光学、动力学器件,制造光子晶体,实现对光子的操控。

近年来,飞秒激光加工又衍生出许多其他方式,见表5.4,其中飞秒激光脉冲串法及脉冲复合法是目前学术界普遍认同的、提高加工效率的有效方法。另外,随着激光功率及脉冲重复频率的提高,飞秒激光诱导的等离子体逐渐成为影响材料对光束的吸收及加工质量的重要因素,得到广泛深入的研究。

表5.4 近年来飞秒激光新的加工方法

加工方法	实现的加工目的	脉冲数	能量比例	延迟	脉冲参量	靶材
脉冲串法	比较脉冲串与单脉冲的刻蚀率	5	余弦	亚/皮秒	100 fs	铝
	延迟及气压对辐射强度、刻蚀形貌的影响	2	1∶1	皮秒	—	硅
	不同能量配比下的材料刻蚀机制	2/3/4	2∶1/ 3∶1∶1/ 4∶3∶2∶1	< 1 ps	35 fs	熔融石英
脉冲复合法	降低材料损伤阈值	—	—	-1.5 ~ 1.5 ps	60 fs 红外+ 70 fs 紫外	二氧化硅
光学变换	减少碎屑,提高加工质量及效率	—	—	—	—	—
激光旋切	TiC陶瓷片制孔	—	—	—	—	—

5.4.2 超快激光加工设备

激光加工的基本设备包括激光器、光学系统、电源、机械系统等四大部分。对于该类设备,激光器是核心,其他系统与现代数控机床相类似。因此,只对激光器做简要介绍。"工欲善其事,必先利其器",飞秒激光加工系统的发展和进步是激光微纳制造发展的前提,因此对于加工装备的研制始终是这一领域的优先发展方向。目前世界主要的设备供应商及相关激光器型号见表5.5。当前最为著名的飞秒激光器生产厂家美国Coherent(相干公司)、光谱物理、德国Trumpf公司、瑞士Onefive公司、美国Calmar公司,后三者主要从事光纤激光器及工业应用。而普通光纤上难以实现几十或者上百瓦的平均功率,丹麦NKT公司开发的大模场面积光纤解决了这一难题,通过收购瑞士Onefive公司形成了大功率光纤飞秒激光器的全球垄断地位。在单周期超短脉冲研究方面,时任维也纳工业大学的Krausz教授使用啁啾镜压缩单个脉冲,并将脉宽降低到2.7 fs以下,第一次发现了孤立的阿秒($1 as = 10^{-18} s$)脉冲,最短脉冲达80 as。1994年,瑞士联邦理工学院

Keller 教授开发的半导体可饱和吸收镜(SESAM)在整个飞秒激光器的发展中起到了决定性的作用。2011 年,她又发现了 SESAM 破坏阈值低的真实原因,开发出了破坏阈值达 100 mJ/cm^2 的镜子,输出的平均功率达几百瓦,这为解决高平均功率飞秒激光器研发奠定了基础。

表 5.5　世界主要飞秒激光生产厂商、产品系列及主要技术参数

国家	公司	设备	产品系列	主要技术参数
美国	Clark-MXR 公司	激光器:Ti: sapphire laser	CPA 系列	3 mW,755/1 550 nm,30 MHz,0.6～2 mJ@1～2 kHz 1～64 000 pulse＞10 000 h
		激光器: fiber laser	IMPULSE 系列	＞20 W @2 MHz 或 0.2～25 NHz,单脉冲能＞0.8 μJ@25 MHz,＞10 μJ@2 MHz,＜250 fs,1 030 nm
			IMPULSE-HE 系列	25/250 mW @25 MHz,0～25 MHz 重复频率,单脉冲能量＞1～10 nJ,＜200 fs,1 030 nm
			Megellan Ⅱ 系列	＞20 W @1 MHz,0～25 MHz 重复频率,单脉冲能量＞40 μJ,＜250 fs,1 030 nm
			Megellan HE 系列	5 W @25 MHz,25 MHz 重复频率,单脉冲能量＞200 nJ,＜250 fs,1 025～1 035 nm
			SOLAS family 系列	2 W,0.1～25 MHz 重复频率,单脉冲能量＞1 μJ,＜150 fs,1 025～1 035 nm
		飞秒激光加工系统	SolaFab 系列	桌面型 Ⅰ 类激光,X、Y、Z 轴 100 mm,加工区域 0.7 mm×0.7 mm,单轴 LED 照明
			UMW 系列	CPA-Series 或 IMPULSE 激光光源,多轴 CNC 系统,X、Y 轴 300 mm 行程、1 μm 精度、0.5 μm 重复定位精度、最大运动速度 50 mm/s,5 rad/s;Z 轴 100 mm、精度 ±1 μm,重复 1 μm,最大速度 50 mm/s;配备 ×12 物镜,视野 4 mm,精度 1 μm

续表5.5

国家	公司	设备	产品系列	主要技术参数
美国	Quantronix 公司			硅及难加工材料直写加工
	KMLabs		Griffin 系列	0.55~1.4 W,700~920 nm,重复频率75~102 MHz,但脉冲能量 > 15 nJ,11~50 fs
			Stryle 系列	0.5 W,790 nm,80 MHz, < 12 fs
			Collegiate 系列	0.5 W,760~830 nm,75~102 MHz,12~25 fs
	LOTIS TII		Q-switched Nd:YAG Lasers 系列	
德国	Laser 2000 公司		Spark Laser 系列	1 mW~6 W,300~1 099 nm,120 fs,80 MHz
日本	Cyber Laser		IFRIT 系列	1 W,780/800 nm, < 250 fs,1 k/2 kHz,5 000 h,单脉冲0.5~1 mJ
			SHG 单元	> 100 mW,400 nm, < 200 fs
			THG 单元	> 30 mW,266 nm, < 300 fs
立陶宛	EKSPLA		FemtoLux 30	> 30 W,1 030 nm, < 350 fs~1 ps,0~4 MHz重复频率,单脉冲 > 250 μJ
			FemtoLux 3	3 W@1 030 nm,1.5 W@515 nm,3~10 μJ 单脉冲,300 fs~5 ps,0~5 MHz
			UltraFlux FT300	可调激光波长210~230 nm,250~320 nm,375~480 nm,700~1 010 nm, > 3 mJ@1 kHz

美国Clark-MXR公司于2003年开发了世界上第一台可控超快激光系统,2015年该公司发布了最新的功能更加强大的超快激光光源,包括最新的钛宝石激光和光纤激光。其中UMW系列代表目前飞秒加工系统中的最高水平,采用CPA系列或IMPULSE系列激光光源,配备多轴系统,非常适合微纳加工、光固化3D打印、激光直写加工波导、微纳结构阵列化加工等。美国Quantronix公司在2006年推出了世界首款Q锁模飞秒激光束放大扫描系统,可直接在硅表面加工光栅结构,也可以对其他难加工材料直接进行三维结构的加工。德国Laser 2000公司致力于激光光源的开发,形成了包括短脉冲激光、固体激光、气体激光、光纤激光等多个种类的激光光源。当前激光器的关键技术参数达到的水平包括:脉宽最小可达2.5 fs,商用 < 10 fs,平均功率 > 20 W,单个脉冲能量从几纳焦到毫焦可调,脉冲重复频率 > 100 MHz,激光寿命 > 10 000 h。这类飞秒激光器除了用于微纳结构加工以外,还在超快光谱、非线性光谱、泵浦OPA/NOPA、激光消融光谱等方面拥有广泛

的应用(图5.17)。

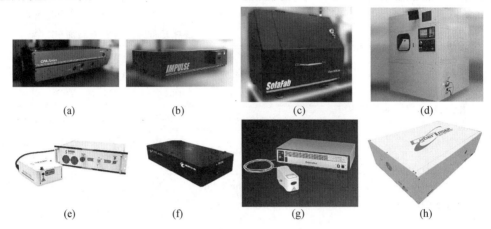

图 5.17　钛宝石激光和光纤激光

马克斯－普朗克量子光学研究所主任 Krausz 教授指出高功率高重复频率飞秒激光器将是未来的发展方向,如脉宽 < 5 fs,单脉冲能量达到焦耳量级,平均功率为数千瓦。在实现途径上,Krausz 推崇光参量啁啾脉冲放大(OPCPA),而法国巴黎高等电子与电工技术工程学院、德国耶拿大学、美国密歇根大学等则主张光纤激光器的相干合成。近期,康奈尔大学 Wise 教授提出了三种高能量超短脉冲的生成机制:①Mamyshev 锁模(腔内双滤波器)高功率飞秒光纤激光器,期望取代飞秒钛宝石激光器;②孤子脉冲产生和事后压缩相结合,无须锁模;③多模光纤中的超短脉冲产生,利用 Kerr 非线性将多模光纤中的多横模脉冲"清洗"干净(图5.17)。

5.4.3　超快激光微细加工的应用

(1)激光热微细加工。

激光热加工就是使材料局部加热,进行非接触加工。由于激光功率密度极高,因此它适用于各种材料的微细加工。

① 激光打孔。

用透镜将激光能量聚焦到工件表面的微小区域上,可使物质迅速气化而成微孔。利用激光几乎可以在任何材料上加工微小孔,目前已广泛应用于火箭发动机和柴油机的燃料喷嘴加工、航空发动机叶片气冒孔加工、化纤喷丝板喷丝孔、钟表及仪表中的宝石轴承打孔、金刚石拉丝模加工、IC 电路的芯片上或靠近芯片处打小孔等方面。上述这些特定的打孔需求若采用其他方法都是难以实现的。激光打孔的效率极高,适合自动化连续加工,加工的孔径通常可以小于 0.01 mm,深径比可达 50∶1 以上。如加工钟表行业红宝石轴承上的 ϕ0.12 ~ 0.18 mm、深 0.6 ~ 1.2 mm 的小孔,采用自动传送装置每分钟可完成数十个宝石轴承孔的加工。激光打孔的成形过程是材料在激光热源照射下产生的一系列热物理现象综合的结果。它与激光束的特性和材料的热物理性质有关,主要影响因素包括:激光输出功率与辐照时间、焦距与发散角、焦点位置、光斑内的能量分布、激光照射次数、工件材料等。

② 激光切割。

激光切割与打孔的原理基本相同,但工件与激光束之间有相对移动,通过控制二者的相对运动即可切割出不同形状和尺寸的窄缝与工件。激光切割一般采用重复频率较高的脉冲激光器或连续输出的激光器,后者会因热传导而使切割效率降低,同时热影响层也较深。在精密及微小零件的加工中,一般都采用高重复频率的脉冲激光器。YAG激光器输出的激光已成功地应用于半导体划片,重复频率为 5~20 Hz,划片速度为 10~30 mm/s,宽度为 0.06 mm,成品率达 99% 以上,比金刚石划片优越得多,可将 1 cm^2 的硅片切割成几十个集成电路块或几百个晶体管管芯。同时,YAG激光器还可用于化学纤维喷丝头的异形孔切割加工、精密零件的窄缝切割、画线及雕刻等。

③ 激光焊接。

激光焊接是将激光束直接照射到材料表面,激光与材料的相互作用使材料内部局部熔化实现焊接。激光焊接按激光源特性可分为脉冲激光焊接和连续激光焊接;按其热力学机制又可分为激光热传导焊接和激光深穿透焊接。与常规焊接方法相比,激光焊接的特点有:① 激光功率密度高,可以对高熔点、难熔金属或两种不同金属材料进行焊接,对金属箔、板、丝、玻璃、硬质合金等材料的焊接性能都很出色;② 聚焦光斑小,加热速度快,作用时间短,热影响区小,热变形可以忽略;③ 非接触,无机械应力和机械变形、不受电磁场的影响、能透过透光物质对密封器内的工件进行焊接;④ 激光焊接装置容易与计算机联机,能精确定位,实现自动焊接。

(2) 激光化学微细加工。

由于激光对气相或液相物质具有良好的透光性,强聚焦的紫外或可见光激光光束能够穿透稠密的、化学性质活泼的基片表面的气体或液体,并有选择地对气体或液体进行激发,受激发气体或液体与衬底可进行微观化学反应,达到刻蚀、沉积、掺杂等微细加工的目的。激光化学微细加工技术是近年来发展起来的新技术。它对光刻掩膜的修复,以及对各种薄膜或基片进行局部沉积、刻蚀和掺杂。

① 激光辅助沉积。

激光辅助沉积又称为激光辅助化学气相沉积(laser assisted chemical vapor deposition,LACVD),它是以光能代替热能的一种成膜技术,具有低温成膜、选择性激发、空间局部沉积等特点,在微电子和光电子等领域广泛应用。LACVD 的基本原理可分为三类。

a. 热解。激光照射到衬底材料上,在照射区内局部加热。这种局部加热引起多种能量传递过程,如热电子能量传递、非辐射复合、激发晶格振动等。在这一局部区域施主气体进行类似于一般热分解 CVD 过程,形成薄膜。这种方法适合金属、半导体膜的沉积,特别是微细结构薄膜的沉积,但不适于大面积成膜。

b. 蒸发。如果大量光子流直接注入十分靠近衬底的固态靶材上,则类似于一般蒸发或离子溅射沉积,激光将原子从靶材中移出,然后移向衬底并沉积,这就是激光辅助沉积的蒸发机制。

c. 光解。激光的单光子或多光子被施主气体材料吸收,致使施主气体物质处于激发态,如果在分解沉积极限以上,可使分子分解破裂。这种光分解产物或与附近其他物质反应或在附近衬底表面沉积成膜。

② 准分子激光直写加工。

准分子激光直写加工是利用准分子激光在硅等衬底材料上直接加工出微细图形和微结构,具有加工柔性好、效率高、成本低等特点;准分子激光直写加工技术已经成为当前微细加工领域的重要研究方向。根据具体加工方式的不同,可分为激光诱导刻蚀和激光直接刻蚀等,前者适用于各种半导体、金属以及介质等材料,工艺比较成熟,后者主要用于有机高分子聚合物材料,近年来,在硅等半导体材料中逐步得到应用。

a. 激光诱导刻蚀也称为气体辅助刻蚀。它是在某种诱导气体的辅助下进行的,包括激光作用下活性物质的生成及其与衬底的相互作用等联合过程。激光诱导刻蚀的全过程可以分为若干个基本过程:首先是诱导气体吸收光子生成活性物质,这一过程包括光感应、光致电离及光分解;生成的活性物质通过化学反应、扩散和去激活等方式与反应气体分子相互作用;与此同时,气体分子或活性物质还将通过物理吸附或化学吸附与被加工工件的固体表面进行反应;另外,固体表面在激光的辐照下将发生电子感应或热效应,进一步增强吸附层及其与固体表面的相互作用,从而完成对材料的刻蚀。由此过程可以看出,激光诱导刻蚀过程主要包括气体分子分解及其与表面的反应。对于不同的刻蚀材料及不同的诱导气体和激光光源而言,其刻蚀机理可以以光化学为主或以热效应为主。

b. 激光直接刻蚀。利用准分子激光可以对材料进行直接刻蚀,激光直接刻蚀是一个光解剥离过程。在高能量紫外光子的作用下,材料的化学键发生断裂,生成物所占据的体积迅速膨胀,最后以体爆炸的形式脱离母体。由于紫外激光可以在无热效应状态下有效地刻蚀或切割有机高分子聚合物,因此准分子激光器在干法刻蚀、生物细胞切割等领域应用十分广泛,被认为是一种十分有效的"冷加工工具"。

激光刻蚀的质量与刻蚀过程中的各项参数(激光能量密度、波长、诱导气体的种类、压力以及被刻蚀材料的性质和温度等)密切相关。在半导体技术中,激光刻蚀的主要目的是在被刻蚀材料上形成一定的图形,通常可以采用掩膜刻蚀实现。由于激光诱导刻蚀具有良好的选择性,故还可以利用聚焦的激光束在衬底材料上直接描绘刻蚀所需的图形,或者用投影的方式将图形成像于衬底上。

③ 激光辅助掺杂。

激光表面处理最重要的应用之一是激光掺杂。有关激光掺杂的研究始于20世纪60年代,随着激光器尤其是准分子激光器制作技术及激光辅助半导体工艺的迅速发展,激光诱导化学掺杂以其独特的优点,受到微电子和光电子专家的广泛关注,并进行研究,因此从工艺探索到实际应用都获得了长足的发展。激光掺杂技术已成功地应用于太阳能电池和CMOS器件的制备。

激光掺杂主要利用激光束功率密度高,输出功率和脉冲重复频率易于控制、可聚焦等优点,其掺杂过程包括衬底熔化、杂质的形成与扩散、重新结晶等。在掺杂过程中,激光包含两方面作用:一部分激光能量用于源物质的光热分解或光化学分解,使之释放出杂质原子;另一部分激光能量由衬底吸收,使衬底的表面层温度升高,甚至转变为熔融状态,使光分解生成的掺杂原子,再通过固相扩散或液相扩散进入衬底。短波长激光具有较小的吸收长度,故紫外波段的准分子激光能实现极浅的表面掺杂深度,并具有陡峭的杂质浓度分布前沿。

与常规的掺杂技术相比,激光掺杂有以下优点。

a. 由于强聚焦的激光束对基片表面的加热可以高度定域,时间极短,因此可以获得杂质浓度超过固溶度、具有变化很陡的杂质浓度分布的超浅结。

b. 准分子脉冲激光可以使衬底表面瞬时熔融,在多晶硅掺杂中,能防止杂质晶粒间界隙扩散,因而可以形成平滑的结面。

c. 通过光脉冲能量和光脉冲数目的控制,可以实现结深和掺杂浓度的精确控制。

d. 利用计算机控制的聚焦激光扫描,可以实现无掩膜版的"直接写入"图形掺杂。将常规工艺需要多步加工才能完成的掺杂过程由激光"直接写入"一步完成。

e. 掺杂图样可以具有很高的空间分辨率。由于杂质源的热分解速率、热扩散系数与温度呈非线性关系,掺杂线宽可以比激光束的焦斑直径小得多,因此用大于 2 μm 的束斑可以获得 0.3 μm 的掺杂线宽。

(3) 激光曝光。

曝光技术的最主要标志就是分辨率,为获得高分辨率曝光,深紫外波段激光是理想的光源。而准分子激光主要集中于这个波段,因此,准分子激光曝光技术具有许多优良的特性,并很快得到应用。准分子激光曝光具有单色性好,可缓和光学系统色差;方向性强,可满足强曝光要求;短脉冲特性,可缓和减震要求以及高功率密度,可完成高效、无显影光刻等优点,是近年来发展较快且实用性较强的曝光技术,且经济性强,已在大批量生产中得到应用。

准分子激光曝光技术可分为接触式曝光和投影式曝光两种,其中投影式曝光又可分为反射式和透射式。接触式曝光所获得的图形尺寸与模板图形是相同的,相比之下,投影式曝光,特别是透射式投影曝光,可以使掩膜图形缩小到原来的 1/5 ~ 1/10,在高分辨率曝光技术中非常有利。准分子激光曝光技术在超大规模集成电路的生产中已得到广泛应用,曝光系统线宽降至 30 nm。

(4) 激光退火。

激光退火是激光技术在半导体微细加工领域中的另一项重要应用,它是利用高功率密度的激光束照射半导体表面,使其损伤区(如离子注入掺杂时造成的损伤)达到合适的温度,从而消除损伤。根据激光工作方式的不同,激光退火分为脉冲激光退火和连续激光退火两种。

与传统热退火相比,激光退火具有以下特点。

① 操作简便,可以在空气环境中进行,与超大规模集成电路工艺兼容性大。

② 退火时间极短,表面层不易污染,易于获得高浓度的浅掺杂层。激光退火适合于超浅结工艺加工,可满足单一器件尺寸不断缩小的发展趋势。

③ 高度定域退火。激光退火只有在退火区域才受到高温冲击,其余区域都处于低温甚至室温状态。因此,激光退火不会使基片产生大的变形,有利于提高成品率。

④ 可提高器件性能。激光退火可以使掺杂浓度超过固溶度,可以做成超浅结,还可以使掺杂原子的电激活率趋近 100%,这些都对器件性能的改进大有好处。

⑤ 可以提高集成密度、成品率和可靠性。如果采用微米甚至亚微米焦斑直径的激光

束扫描,实现计算机控制的定域退火,就可以更加精密、灵活地达到微电子和光电子器件制造的严格要求,使集成密度与器件性能都得以提高。

5.4.4 飞秒激光亚衍射极限直写技术

上述介绍的超快激光加工技术的分辨率仍然受到衍射极限的限制,直写加工精度在 0.2 ~ 1 μm 量级。根据光波的传播特性以及光学系统的参数,激光直写加工的精度被限制在 (0.47 ~ 0.61)λ/N.A,其中 N.A 为光学系统的数值孔径,计算得出的飞秒激光加工分辨率和特征尺寸在 100 ~ 200 nm 之间。如何突破飞秒激光加工的衍射极限一直是激光微纳制造领域的研究热点。目前的通用方法包括:多光子聚合加工技术、超透镜聚焦技术、激光诱导周期性表面波纹结构、受激发射损耗激光直写技术,这些技术的应用将飞秒激光的直写精度提高至优于 100 nm。

(1) 多光子聚合加工技术。

当飞秒激光的强度足够高时,材料对光子的吸收不再是线性过程,而是转变成非线性的多光子吸收过程。随着吸收光子数的增加,激光的有效光斑直径越小,加工分辨率越高;多光子吸收可以克服激光束的衍射极限,达到了亚衍射极限分辨率。利用该项技术可制作微透镜、衍射光学元件、光子晶体等微纳器件。多光子聚合的发生对激光强度和加工材料均有特殊的要求;在目前微纳器件的制造中,一般多采用双光子吸收;所用光敏聚合材料有 S1813、丙烯酸盐、环氧基光刻胶 SU-8、混合溶胶 – 凝胶等。1992 年,康奈尔大学 Webb 课题组首次实现了双光子聚合加工技术,开启了该项技术在微纳制造领域的广泛应用。2001 年,大阪大学的 Kawata 在《科学》杂志上报道了利用双光子聚合技术制作出三维公牛结构(图 5.18),该结构长 10 μm、高 7 μm,加工分辨率达到 120 nm,标志着双光子聚合加工技术进入微三维结构的加工领域。此后,Nishiyama 等人在玻璃表面加工出折射率高达 1.49 的微透镜阵列,玻璃去除效率达 50 nm/min。此外,飞秒激光在复杂三维微通道、硬脆材料及材料内部加工出特定结构。

(2) 超透镜聚焦技术。

菲涅耳波带片(fresnel zone plate,FZP)是应用最广泛的衍射光学元件之一,其上的同心圆环微结构可使衍射光场叠加在同一焦平面上,对光具有更好的汇聚作用,减小光斑尺寸。劳伦斯 – 伯克利国家实验室 Chao 等人设计并制造出了一种具有双重图案的菲涅耳波带片(图 5.19(a)),将该波带片安装在 X 射线显微镜上,成功地将该显微镜的分辨率

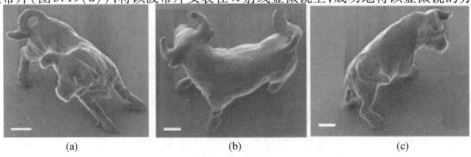

图 5.18　基于多光子吸收的亚衍射极限制造示意图

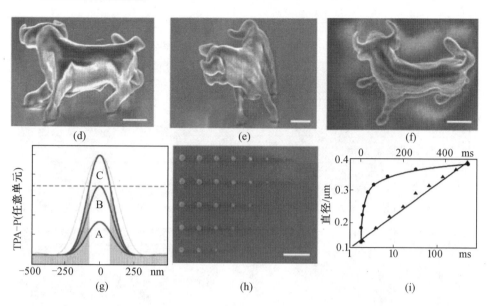

续图 5.18

扩展到 12 nm(图 5.19(b))。为了克服菲涅耳波带片存在的透光率低和光刻效率低的问题,麻省理工学院 Smith 等人利用区域平板阵列光刻技术与 FZT 相结合的方式(图 5.19(c))提高了加工效率,同时也保证了光刻精度在 150~200 nm 范围(图 5.19(d))。

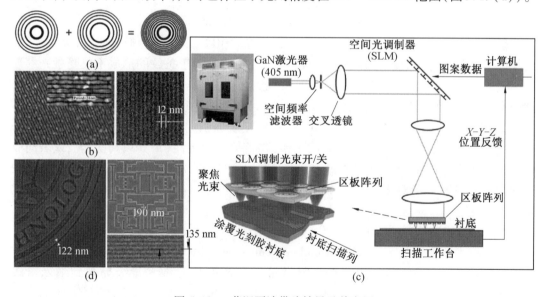

图 5.19 菲涅耳波带片结果及其应用

(3)激光诱导周期性表面波纹结构。

激光诱导周期性表面波纹(laser induced periodic surface structures,LIPSS)是一种光栅状的自组织条纹结构,它是由材料表面受到激光辐射诱导而产生的。其本质是激光与材料表面产生的等离子激元相干涉引起的光强周期性的增强和减弱。该种结构在提高表面摩擦学性能、实现超亲/疏水/油、抗结冰、表面着色、增强光吸收等方面有广泛的应用。LIPSS 条纹可在多种材料表面上形成,具有一定的随机性,可通过对飞秒激光进行时空整形获得排列一致的图案,并进一步通过设计形成三维微纳结构(图 5.20)。

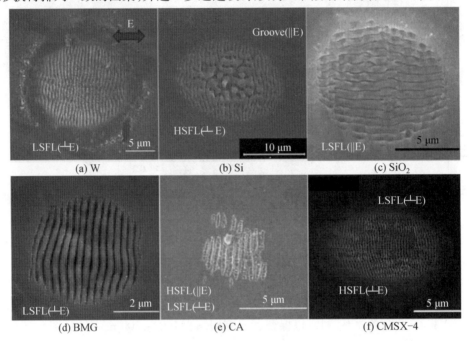

图 5.20　不同材料表面的周期性表面结构

研究发现,LIPSS 结构的周期和取向存在着低频粗纹 $\Lambda = \lambda$、高频精细纹 $\Lambda \ll \lambda$、寻常条纹(垂直极化方向)、反常条纹(平行极化方向)之分。由于条纹的形成不仅受激光参量(光强、单脉冲能量、能量密度、脉冲数、波长、脉宽、重叠率)影响,还与材料的光学、介电性能有关,同时也受到环境氛围影响,因此单一条纹的产生和调控对应较窄的工艺窗口。目前,关于 LIPSS 结构的形成机理可分为:① 粗糙表面引起脉冲能量非均匀沉积的 Spie 理论;② 入射光波与表面等离子激元的干涉;③ 流体不稳定性;④ 光束高次谐波或表面极化波的干涉、液面表面张力的调整或热不稳定性;⑤ 参量衰减模型,两步织构形成尖端表面的相关模型等。但对于上述形成机理,不同的学者所持意见不同,目前还难以形成定论。

(4) 受激发射损耗激光直写技术。

这一技术源于受激发射损耗(stimulated emission depletion,STED)荧光显微镜,该方法可以打破光学衍射极限,使共聚焦显微镜的分辨率从亚微米量级提高到纳米量级(5.8 nm)。STED 加工技术使用高斯型激发激光作为光聚合加工激光,并且需要加入一种形状为特殊焦斑状的抑制激光,在此抑制光束的曝光区域内,激发分子在抑制光束的作用下从激发态回到稳定态,这样发生光聚合作用的区域就会有一部分被还原,使得作用区域减小,从而提高加工分辨率。在三维纳米加工领域,这项技术为可见光的加工可行性提供了重要基础。

通过在损耗激光光路中添加 $0/2\pi$ 螺旋相位板,获得具有双椭圆结构的损耗激光斑,光斑具体形状如图 5.21(a)所示。耗尽光斑有两个椭圆形高强度区域,由光束中心的零强度谷分隔。高斯型激发焦点与双椭圆损耗光斑重合,形成具有棒形特征的亚衍射极限有效焦点。通过计算激发焦点和损耗光斑的激光强度分布可以发现,两个光斑同时作用于一点时,两者有很大部分的光斑重叠区域,从而获得亚衍射基本的有效作用区域,具体的设备配置如图 5.21(b) 所示。该系统主要包括:激光源及控制子系统、光束传输子系统、CCD 监测成像子系统、三维移动平台及其控制子系统。激光源及控制子系统包括波长 800 nm 的钛 – 宝石飞秒激光器、波长 532 nm 的连续波激光器、啁啾脉冲压缩器(CPC)和电光调制器(EOM);两个激光源分别为双光束亚衍射激光直写加工提供受激能量和损耗能量;啁啾脉冲压缩器调控飞秒激光的脉宽,根据不同的材料选择合适的脉冲宽度;电光调制器能够实现激光能量光电转换与控制,便于三维结构的成形。光束传输子系统主要包括两个光束放大器、相位板、二向镜、聚焦物镜及反射镜,主要用于放大激发激光和损耗激光的直径、将损耗激光光斑由高斯形态转变为中空形态以及将激光能量传输到加工所需的位置。CCD 监测成像子系统用于实时监测激光焦点位置和纳米结构制造过程;三维移动平台及其控制子系统构成由 Mad City 的 XYZ 压电移动平台及加工控制软件构成,实现激光焦点位置在 XYZ 轴三个方向的实时控制,保证双光束激光直写快速、精密地进行。

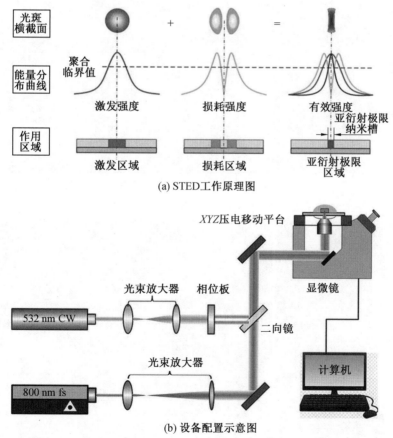

图 5.21 双束光亚衍射极限激光直写的加工原理图及加工方法示意图

利用该 STED 平台,获得的双椭圆损耗光斑如图 5.22(a) 所示。利用该系统在季戊四醇三丙烯酸酯(pentaerythritol triacrylate,PETA)光刻胶上进行纳米线加工,在不同损耗激光功率条件下获得如图 5.22(b)所示的纳米线,最小线宽可降至 45 nm,突破了激光衍射极限,将飞秒激光加工的线宽精度提高至 50 nm 以内。进一步,通过 STED 方法在光刻胶表面实现各种微三维结构的加工(图 5.23)。

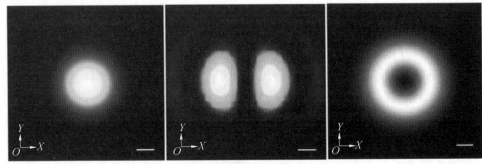

(a) 双椭圆损耗光斑

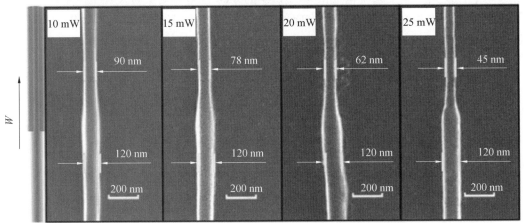

(b) 不同损耗激光功率下的纳米线的宽度

图 5.22　基于 STED 原理的光斑调制与加工结构

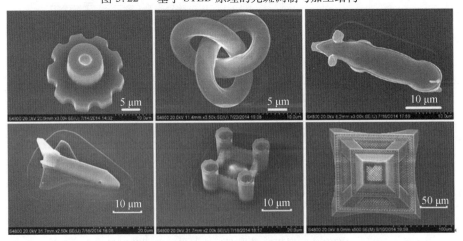

图 5.23　STED 方法制造的微三维结构

5.5 超声波微细加工技术

超声波加工通常是指利用超声振动工具在有磨料的液体介质中或干磨料中产生磨料的冲击、抛磨、液压冲击及由此产生的气蚀作用来去除材料;或给工具或工件沿一定方向施加超声频率振动进行振动加工;或利用超声振动使工件相互结合的加工方法。从上述描述性的定义可以看出,无论加工形式如何,其均在高能量超声场中,通过一定的媒介作用于工件上,提高零件加工的表面完整性或解决其他方法难以加工的材料及结构。近年来,随着超声加工技术的迅速发展,在超声振动系统、深小孔加工、拉丝模及型腔模具的研磨抛光、超声复合加工领域均有较广泛的研究和应用,尤其是在难加工材料领域,解决了许多关键性的工艺问题,取得了良好的效果。

5.5.1 超声加工的特点

超声加工的特点如下。

① 适合加工各种硬脆材料,不受材料是否导电的限制。既可以加工玻璃、陶瓷、宝石、石英、锗、硅、金刚石、大理石等不导电的非金属材料,又可以加工淬火钢、硬质合金、不锈钢、铁合金等硬质或耐热导电的金属材料。

② 由于去除工件材料主要依靠磨粒瞬时局部的冲击作用,故工件表面的宏观切削力很小,切削应力、切削热更小,不会产生变形及烧伤,表面粗糙度较低,可达 $Ra\ 0.08 \sim 0.63\ \mu m$,尺寸精度可达 0.03 mm,也适用于加工薄壁、窄缝、低刚度零件。

③ 工具可用较软的材料做成较复杂的形状,且不需要工具和工件做比较复杂的相对运动,便可加工各种复杂的型腔和型面。一般地,超声加工机床的结构比较简单,操作、维修也比较方便。

④ 可以与其他多种加工方法结合应用,如超声电火花加工和超声电解加工等。

⑤ 超声加工的面积不够大,而且工具头磨损较大,故生产率较低。

⑥ 利用超声焊接技术可以实现同种或异种材料的焊接,不需要焊接剂和外加热,不因受热而变形,没有残余应力,对焊件表面的焊接处理要求不高。

5.5.2 超声加工基本过程

超声磨料冲击加工是超声加工技术中最基本也是应用最广泛的一种加工方式,以下以超声磨料冲击加工为例,简述超声加工的基本原理。超声加工基本装置及原理示意图如图 5.24 所示,主要由超声波发生器、换能振动系统、磨料供给系统、加压系统和工作台等部分组成。换能器产生的超声振动由变幅杆将位移振幅放大后传输给工具电极夹持头,工具电极夹持头做纵向振动,其振动方向垂直于工件表面。当工具电极夹持头做纵向振动时,冲击磨料颗粒,磨料颗粒又冲击加工表面。超声加工主要是利用磨料颗粒的"连续冲击"作用,磨料在高频超声波的作用下,产生切向应力,对工件表面材料进行去除。此外,磨料悬浮液中的超声空化效应对加工也有很大的作用。在孔加工中,工具电极夹持头还可以进行旋转,提高加工精度和排屑能力。

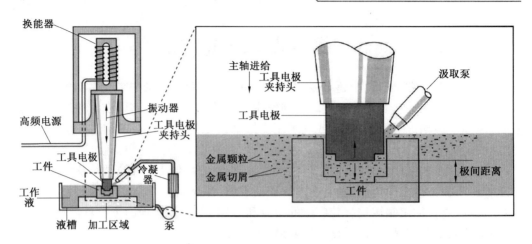

图 5.24 超声加工基本装置及原理示意图

超声加工常用的频率通常为 20～40 kHz,换能器的工作电压为 200～4 000 V,产生的振幅位移一般在 5～150 μm 之间,材料去除速率一般为 1 cm³/min,低于传统机械切削(0～3 000 cm³/min)、电化学加工(0～15)和电火花加工(0～5)。当频率一定时,增大振幅可以提高加工速度,但振幅不能过大,否则会使振动系统超出疲劳强度范围而损坏。同样,当振幅位移一定,而频率增高时,也可提高加工速度,但频率提高后,振动能量的损耗将增大。因此,一般多采用低的超声频率和大的振动幅度。加工磨料通常采用碳化硼颗粒,粒度根据加工表面质量需求进行选择;磨料混合物通常被冷却至 2～5 ℃,以 20%～60% 的比例被输送到加工区域。在磨料的辅助作用下,工具电极夹持头也同样存在损耗,通常与工件的损耗比例为 1∶1～1∶1 000。超声磨料加工通常用来加工硬度大于 HVA 40 的硬脆材料,如陶瓷、玻璃,也可以加工不锈钢等塑性材料,并在工件表面残留压应力,提高工件疲劳强度。加工精度为 ±(5～25) μm,表面粗糙度 Ra0.5～1 μm。随着超声技术研究的深入,超声与其他切削加工方式复合,逐渐形成了多种多样的超声复合加工方法,如超声振动车削、超声振动钻削、超声振动磨削、超声振动抛光等加工技术。加工材料的范围进一步拓展,包括金刚石、陶瓷、玛瑙、玉石、淬火钢、模具钢、花岗岩、大理石、石英、玻璃和烧结永磁体等在内的难加工材料,在现代工业、国防和高新技术等领域得到广泛的应用。

5.5.3 超声加工应用范围

超声加工通常与其他加工方法相结合,逐渐形成了多种多样的超声加工方法和方式,在生产中获得了广泛的应用。表 5.6 为超声加工的应用范围。

表 5.6 超声加工的应用范围

超声加工方式	具体加工方法	应用范围
超声材料去除加工	超声切削加工	超声车削,超声钻削,超声镗削,超声插齿,超声剃齿,超声滚齿,超声攻丝,超声锯料,超声铣削,超声刨削,超声振动铰孔
	超声磨削加工	超声修整砂轮,超声清洗砂轮,超声磨削,超声磨齿
	磨料冲击加工	超声打孔,超声切割,超声套料,超声雕刻

续表5.6

超声加工方式	具体加工方法	应用范围
超声表面光整加工	超声抛光,超声珩磨,超声砂带抛光,超声压光,超声珩齿	
超声焊接和其他应用	超声焊接,超声电镀,超声清洗,超声处理	
	超声塑性加工	超声拉丝,超声拉管,超声冲裁,超声轧制,超声弯管,超声挤压,超声铆墩
超声复合加工	超声电火花复合加工,超声电解复合加工	

5.5.4 超声加工工艺

（1）超声车削加工。

超声车削加工是在某一方向上给刀具或工件施加一定频率和振幅的振动,以改善车削效能的车削方法。超声振动车削有两种:一种是以断屑为主要目的,多采用低频(最高为几百赫兹)和大振幅(最大可达几毫米)的进刀方向振刀;另一种是以改善加工精度和表面粗糙度、提高车削效率、扩大车削加工适应范围为主要目的,则要用高频、小振幅(最大约30 μm)振刀。研究表明,在车削速度方向振刀的效果最好。

超声车削设备主要在普通车床上加装刀具或工件的振动系统,通常在车刀刀架上进行振动系统的改造,超声波发生器驱动压电陶瓷片产生微米级的振动,再通过变幅杆获得所需的振幅,并将纵振、弯振、椭圆振动等模式耦合进车刀的运动,实现超声车削加工。图5.25(a)所示为在工件的轴线水平面上,刀具施加垂直于进给方向和沿进给方向的超声振动,进行切削过程的示意图。前者采用刚性固定变幅杆直连小质量车刀,可实现车刀一维纵振,装置简单,成本低,应用广泛。后者对于刀杆振动的节点控制十分敏感,刀具的磨损、刃磨等都会引起相应的节点变化,因此在实际中应用得较少。若上述两个方向同时施加振动,通过调控超声参数,可实现车刀刀尖椭圆运动轨迹(图5.25(b)),称为椭圆振动车削。图5.25(c)~(e)对比了普通车削与椭圆振动切削在切削温度、切削力两个方面的差异,从中可以清楚地看出,后者具有明显改善加工性能的能力,在切削速度为75~125 m/min时,加工切削温度降低50~100 ℃,切削力减小50%;但表面粗糙度提高约50%,Ra值仍然小于6.3 μm(图5.25(e))。

（2）超声磨削加工。

磨削是零件获得高尺寸精度、低表面粗糙度值的主要方法,广泛应用于微细加工。但对于产品质量要求的不断提高和材料的不断更新,尤其是一些难加工材料的大量使用,零件尺寸的减小要求磨削工具相应减小,普通磨削中经常出现的砂轮堵塞和磨削烧伤现象更加突出。研究表明,在磨削加工中引入超声振动,可以有效地解决砂轮堵塞和磨削烧伤问题,提高磨削质量和磨削效率。

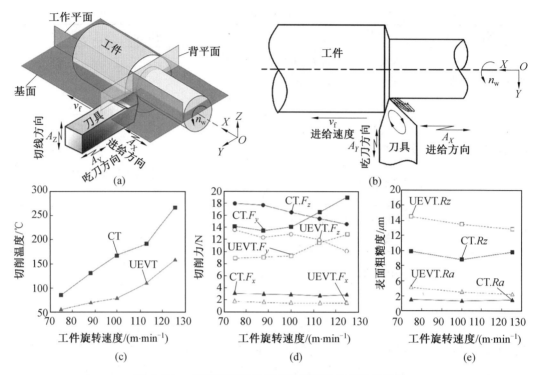

图 5.25 超声车削振动模式示意图及加工性能对比

① 砂轮振动模式。

根据砂轮的振动方向,超声磨削装置可分为纵向振动、弯曲振动和扭转振动超声磨削装置三种类型,以下以砂轮弯曲振动超声磨削装置为例。图 5.26 为用于平面和外圆磨削的弯曲振动超声磨削装置,其中指数型变幅杆的输入端与振动轴连接在一起,指数型变幅杆的输出端与砂轮座、砂轮连接在一起。换能器、变幅杆和振动轴均做纵向振动。空心套筒安装在振动轴的两个位移节点上。采用圆锥滚子轴承,可以使空心套筒在摩擦及振摆都比较小的情况下进行回转。这样,超声振动系统就能在回转的同时进行纵向振动。砂轮在换能器、振动轴和变幅杆的共振频率处发生共振,砂轮通过砂轮座与变幅杆连接起来,并与其他零件装配在一起,构成弯曲振动超声磨削装置。此外,在螺纹、齿轮或成形表面磨削加工中,砂轮的振动在其回转方向上,称为扭转振动超声磨削。实际在大批量生产中,还可以让工件产生超声振动,砂轮不振动。这种装置可以有效地解决砂轮更换、循环水密封、碳刷和集流环在高速旋转条件下工作的可靠性问题。

② 超声振动修整砂轮。

砂轮表面的形貌对于精密和超精密磨削具有重大的影响,形貌指标包括:磨粒切削刃的几何形状、磨粒切削刃的间距、磨粒切削刃的密度、磨粒切削刃突出结合剂的高度、磨粒切削刃的等高性、磨粒的微切削刃状态、磨粒切削刃的面积比等。对于不同磨削,上述指标并不固定,存在优化的值。因此,砂轮的修整显得尤其重要。在现有的砂轮修整方法中,超声振动修整砂轮法是调节砂轮工作表面形貌最有效的方式。超声振动修整砂轮法是利用超声振动系统激励修整工具,使其产生超声振动,并用此工具对砂轮进行修整,也

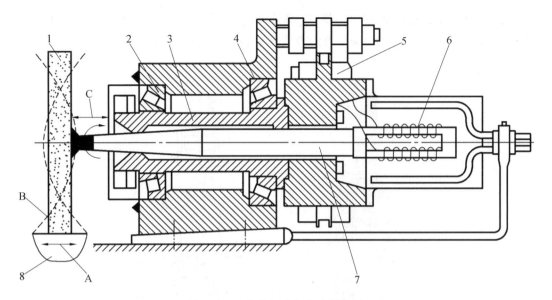

图 5.26 弯曲振动超声磨削装置

1—砂轮;2,4—圆锥滚子轴承;3—空心套筒;5—集流环;6—换能器;7—振动轴;8—工件;
A—砂轮外圆表面的振动方向;B—砂轮的弯曲振动波形;C—变幅杆的纵向振动方向

属于微细加工技术中的一类。在普通车削修整法中,仅有四个参数调节砂轮工作表面形貌,而在超声振动修整法中,调节砂轮形貌的修整参数增加,修整运动由连续车削变为间断冲击,使形成的磨粒切削刃更为锋利。改变超声振动的频率和振幅,可以调节磨粒切削刃的间距;改变修整头对磨粒冲击角度,可以调节磨粒切削刃的形状。超声振动修整砂轮,不仅从运动学上改变了原有的修整条件,而且在动力学上也使修整条件发生了变化。

(3)超声珩磨。

普通珩磨时,尤其是在钢、铝、钛合金等韧性材料管件珩磨时,油石极易堵塞而导致油石寿命过早结束,而且加工效率很低,零件已加工表面质量差。使用超硬磨料制作的油石进行普通珩磨时,由于价格昂贵,若发生油石严重堵塞现象,使其性能不能充分发挥,会造成严重浪费。实践表明,超声珩磨具有珩磨力小、珩磨温度低、油石不易堵塞、加工效率高、加工质量好、零件滑动面耐磨性高等许多优点,能够解决普通珩磨存在的问题,尤其是铜、铝、钛合金等韧性材料管件以及陶瓷、淬火钢等硬脆材料管件的珩磨问题。

超声珩磨装置有立式和卧式两种,根据油石的振动方向,超声珩磨装置可分为纵向振动和弯曲振动超声珩磨装置两种类型。超声珩磨装置由珩磨头、珩磨杆、浮动机构、油石胀开机构、超声振动系统等五个部分构成,它是超声珩磨工艺系统的关键部分。而超声振动系统又由换能器、变幅杆、弯曲振动圆盘、挠性杆-油石座振动子系统、油石座等零部件组成。

图 5.27(a)是纵向振动超声珩磨装置。换能器将超声频电振荡信号转变为超声纵向振动,经变幅杆放大后传给弯曲振动圆盘,挠性杆再将弯曲振动圆盘的弯曲振动转变成纵向振动后传给油石座,油石座带动与其连接的油石进行纵向振动,同时,油石与箭头 C、B 所指的回转及直线往复运动叠加在一起进行超声珩磨加工。图 5.27(b)是弯曲振动超声

珩磨装置。在扭转振动圆盘的外圆附近,等距离地固定挠性杆。珩磨杆按箭头 A 所指的方向振动,箭头 B、C 为超声珩磨装置的直线往复和回转运动方向。

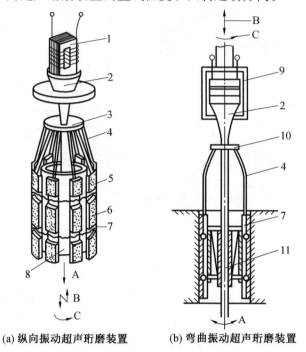

(a) 纵向振动超声珩磨装置　　(b) 弯曲振动超声珩磨装置

图 5.27　超声珩磨装置示意图

1—纵向振动换能器;2—变幅杆;3—弯曲振动圆盘;4—挠性杆;5,6—油石;7—油石座;8—珩磨头;9—扭转振动换能器;10—扭转振动圆盘;11—珩磨杆;A—油石振动方向;B,C—往复运动和回转运动方向

第6章

生长型微细加工技术

6.1 概 述

生长型微细加工技术通常指自下而上制造薄膜及三维结构的一种微细加工方法,它可以在原子或分子量级上精确控制材料种类、堆垛方式、生长方式等,可以对零件进行设计和编程制造,可达到原子级精度,同时可获得纳米级尺寸(单片)或连续生产。薄膜作为生长型微细加工技术的主要产品,通常有液态和固态之分,前者包括肥皂泡、油膜等,后者主要指固态或固体薄膜,也是本章将要讨论的。

常见的块体材料的各种物理特性是指它单位体积所具有的性质,宏观表现出来又与其体积有一定的关系,以内部粒子所表现出的性质为主。薄膜通常指在某一个维度上尺度小于 1 μm,而在其他两个维度上不受限制的一种材料。薄膜通常情况下是依附于衬底而存在的。薄膜的表面原子所占比例远高于块体材料,因此表面特性在决定其宏观性质方面占据主导地位;也正是这些丰富的表面性质使薄膜的应用范围深入到各行各业。目前制备薄膜的方法繁多,主要包括:物理气相沉积、化学气相沉积、电镀、喷涂、氧化、旋涂、提拉、LB(langmuir-blodgett)等制造技术。

6.2 真空镀膜技术

6.2.1 真空镀膜简介

(1)真空镀膜的基本概念。

真空镀膜是在真空环境中,将膜材汽化并沉积到固体基体上形成固态薄膜的一种方法。真空镀膜是生长薄膜的最重要的方法之一,几乎所有类型的薄膜都可以通过真空镀膜方法来制备。真空镀膜过程主要分为"膜材汽化""真空输运"和"薄膜生长"三个过程。具体地,在一定的能量供给下,使固态或液态的膜材料汽化或升华,形成气态;在真空腔室内输运,气态粒子在不经历碰撞或碰撞条件下到达基体;气态粒子逐渐凝聚、堆垛、生长成膜。其中,在基体表面成膜包括了吸附、扩散、成核和脱附等过程。如图6.1所示的真空镀膜系统中,以热蒸发镀铝膜为例,先把膜材(铝)和基体(或工件)置于真空室内,将挡板转到膜材上方,然后将真空腔室压力抽至10^{-4} Pa以下;再加热膜材,使其受热蒸发;当蒸发稳定后,打开挡板使热蒸发出来的膜材原子穿过真空室,到达基体上形成薄膜。真空镀膜三个基本要素:真空室、膜材和基体。

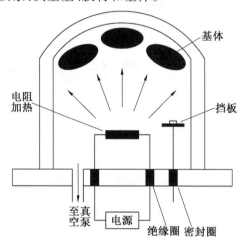

图6.1 真空镀膜装置及过程示意图

(2) 真空镀膜的分类。

如图6.2所示,根据膜材从固态变成气态方式的不同,以及膜材原子在真空中输运过程的不同,真空镀膜基本上可以分成:① 真空蒸发镀、② 真空溅射镀、③ 真空离子镀和、④ 化学气相沉积四大类型。前三种方法称为物理气相沉积(physical vapor deposition,PVD),后一种称为化学气相沉积(chemical vapor deposition,CVD)。

① 真空蒸发镀。真空蒸发镀是利用外界提供的热量使膜材受热液化后汽化或直接升华成气态,沉积到基体上形成薄膜的技术。根据热量来源不同,分为电阻加热蒸镀、电子束蒸镀、激光束蒸镀和感应加热蒸镀等。

② 真空溅射镀。真空溅射镀是在真空条件下,通过气体放电产生氩离子(Ar^+),利用带正电荷的氩离子轰击带负电的靶材,使靶材发生溅射,溅射出来的原子沉积到基体表面形成薄膜的一种技术。真空溅射镀膜派生出很多种类,如二极溅射镀、三极和四极溅射镀,以及射频磁控溅射镀、磁控溅射镀等,其中,得到广泛应用的是磁控溅射镀,包括直流平面磁控溅射镀、柱状靶磁控溅射镀、非平衡磁控溅射镀、脉冲直流磁控溅射镀、射频磁控溅射镀及中频磁控溅射镀等。磁控溅射镀在大面积平板玻璃镀膜行业发挥着重要作用。掠射角沉积是一种新的镀膜技术,能够增加薄膜中的多孔度,减小膜材密度,在很多领域有独特的应用。

③ 真空离子镀。膜材由固态变成气态的方式与热蒸发或溅射镀膜的方式相同,但是气态膜材在随后输运过程中与工作气体一起参与辉光放电,部分被离化成离子和电子,离子和中性粒子沉积到带负电位的基体上形成薄膜。离子镀包括等离子体离子镀、电弧离子镀和束流离子镀。离子镀区别于蒸发镀和溅射镀的最典型特征是:a. 在离子镀中,气化

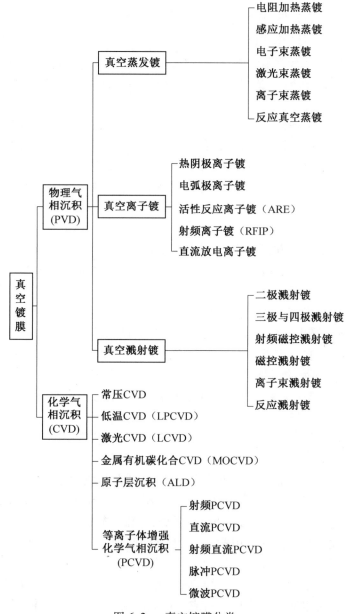

图 6.2　真空镀膜分类

的膜材原子经历一个离化过程；b. 在离子镀中，基体通常施加负偏压。满足这两个条件的镀膜基本上可以归类为离子镀。

④ 化学气相沉积。采用气态膜材，通过给基体加热或者通过辉光放电，使膜材分子或原子变成化学活性基团，促使反应物在基体表面上以较大的概率发生化学反应，形成所需薄膜。化学气相沉积可分为：常压化学气相沉积、低压化学气相沉积、等离子体增强化学气相沉积(plasma enhanced CVD，PECVD)以及光辅助化学气相沉积，还有目前广泛研究和应用的原子层沉积技术(atomic layer deposition，ALD)，它能够实现单原子层薄膜

沉积。

随着镀膜技术不断发展，出现了由基本镀膜方法复合而成的混合镀膜方式，如磁控溅射与电子束蒸发结合，磁控溅射与弧光放电镀膜结合，电子束与弧光放电镀膜结合，聚合物闪蒸与磁控溅射或蒸发镀结合等，这些杂化方式能制备出性能独特的多种薄膜。然而，无论怎样复杂的镀膜方法，其基础都是上述四种基本真空镀膜方法，因此本节着重介绍基础镀膜方法。

上述介绍的方法主要针对无机薄膜制备，而对于有机物质，由于熔点较低，最适合用真空蒸发镀和化学气相沉积镀，而不适合用真空溅射镀或真空离子镀，因为这些方法提供的能量太高，可能使有机分子裂解，同时离子轰击也可能会打断有机分子的键面，破坏分子结构，所以基本不用。另外，还有在基体上沉积聚合物的真空镀膜方法，称为真空聚合物沉积技术。

（3）真空镀膜的特点。

真空镀膜和其他镀膜方式相比较，具有以下特点。

① 真空镀膜可以在固态基体上镀制金属、合金、半导体薄膜及各种化合物薄膜，薄膜的成分可以在大范围内调控。

② 真空镀膜可以镀制高纯度、高致密度、与基体结合力强的各种功能薄膜、电子薄膜、光学薄膜。特别是大规模集成电路、小分子有机显示器件、硅太阳能电池等很多器件所需的主体薄膜只能在真空条件下制备，其他制膜技术无法满足要求。

③ 真空镀膜对环境的污染小，特别是 PVD 方法，对环境基本没有污染。用化学方法制备薄膜时，一方面膜自身受到制膜所使用的溶剂污染，性能降低；另一方面反应废弃物对环境也会造成污染。

④ 真空镀膜的主要缺点是需要有真空设备，相对来说成本比较高。

（4）真空镀膜技术的应用和发展。

从人类开始制作陶瓷器皿的彩釉算起，薄膜的制备与应用已经有三千多年的发展历史。20世纪50年代，研究者开始从制备技术、分析方法、形成机理等方面系统地研究薄膜材料；20世纪80年代，薄膜科学发展成为一门相对独立的学科。促使薄膜科学迅速发展的重要原因是薄膜材料广泛的应用背景、低维凝聚态理论的不断发展和现代分析技术分析能力的不断提高。

真空镀膜是在真空状态下镀膜，膜与基体的结合力较强，膜的纯度高，可获得优质薄膜。真空镀膜不仅可以镀制与固体材料成分相同的薄膜，而且可以镀制自然界不存在的物质，如量子点、量子阱、超晶格材料等，因此真空镀膜在生活、工业、国防和科研领域发挥着重要作用。图 6.3 简要列举了真空镀膜技术制备的薄膜及其应用领域。随着镀膜技术多样化发展，所制备的薄膜的种类和应用范围也逐步扩大，并在人类生产生活的各个领域发挥着重要的作用。

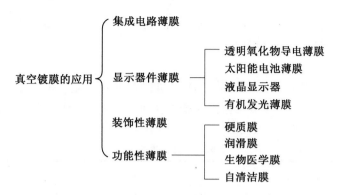

图 6.3 真空镀膜技术制备的薄膜及其应用领域

6.2.2 真空系统基本组成

真空系统是真空镀膜设备中的核心部件,它由真空元件组成,用来获得、测量、调控所需要的真空度。真空元件主要有:真空腔室、真空泵、管道、阀门、真空计和其他组成元件,如捕集阱、真空接头、储气罐、真空继电器等。图 6.4 为真空系统示意图,它主要由镀膜室、管道、阀门、真空泵及真空计(也称为真空规)等组成。膜材、样品、工件置于真空室内,真空室连接有真空计、充气管道、抽气管道等。真空计有高低真空计之分,测量低真空的真空计称为低真空计,如热偶规;测量高真空的真空计为高真空计,如电离规。如图 6.4 所示,抽气管道有粗抽管道(管道 1)、前级管道(管道 2)和主管道(管道 3)之分。阀门分

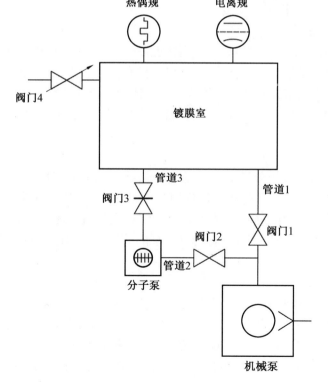

图 6.4 真空系统示意图

为粗抽阀(阀门1)、前级阀门(阀门2)和主阀(阀门3)。真空泵也分为主泵(分子泵)、前级泵(机械泵)和粗抽泵(机械泵)等。

(1) 真空度。

真空度是衡量压强低于大气压的气体稀薄程度的物理量,单位为帕斯卡(Pa),此外还有毫巴(mbar)和托(Torr)等单位。目前人类能够获得的极限真空度约为 10^{-12} Pa。从1个标准大气压到极限真空,又可以分为5个阶段(表6.1)。

表6.1 真空度划分表

真空度分类	真空度范围 /Pa
粗真空度	1 330 ~ 101 325
低真空度	0.13 ~ 1 330
高真空度	1.3×10^{-5} ~ 0.13
超高真空度	1.3×10^{-12} ~ 1.3×10^{-5}
极高真空度	< 1.3×10^{-12}

(2) 极限真空度。

被抽腔室所能达到的最高真空度称为真空系统的极限真空度或本底真空度。真空系统由真空元件组成,真空元件连接处会存在一定的漏气,同时真空元件及真空系统中的零部件会放出材料内部吸收和表面吸附的气体,再加上管道的流阻作用,所以真空系统的极限真空度低于真空泵的极限真空度。

(3) 工作真空度。

真空镀膜时需要将腔室内的真空抽到接近极限真空状态,有些真空镀膜,如真空蒸发镀,可以在高真空度或超高真空度状态下镀膜;而有些镀膜方法,如真空溅射镀或真空离子镀等,则需要向真空室充入惰性气体或反应气体,使真空度稳定在 1 ~ 3 Pa 的范围内,才能产生辉光放电并镀膜。不论镀膜过程如何,将镀膜时真空腔室内的真空度称为工作真空度。

(4) 前级真空度。

对于某些特殊的泵(如分子泵),其排气压强低于一个大气压,所以分子泵无法将压缩的气体直接排到空气中,只能将气体排到其他泵的入口(如旋片泵),由旋片泵进一步压缩,使气体在旋片泵的出口处压强大于一个大气压,这时气体才能够将旋片泵的排气阀打开,排出到大气中。此时,旋片泵称为分子泵的前级泵,它能获得的真空度称为前级真空度。

(5) 粗抽真空度。

有些泵(如溅射离子泵)正常工作的最高压强低于 1 Pa,这样的泵必须先由其他泵(如旋片泵或吸附泵等)将真空系统内压强从 1 atm 抽到低于 1 Pa 后才可以启动。这时,旋片泵(或吸附泵)称为粗抽泵,它能达到的真空度称为粗抽真空度。在旋片泵 - 分子泵系统中,旋片泵既是前级泵,又是粗抽泵,所以只要分子泵在工作,旋片泵就一直工作。

6.2.3 真空泵

真空泵的种类很多,根据工作原理分为机械泵、扩散泵、分子泵、吸附泵和低温泵等,下面简要介绍真空镀膜系统中常用的真空泵。

(1) 机械泵。

机械泵通常包括旋片泵、往复泵、滑阀泵、罗茨泵、螺杆泵和爪式泵等。这些泵都包含转子和容积腔,通过转子的旋转把气体从入口带到出口或利用偏心配置的转子和容积腔之间体积的变化压缩气体,并将气体排出。分子泵也是一种机械泵,但它与这些泵的工作原理不同,所以单列一种。

① 旋片泵。

旋片泵是最常用的一种低真空机械泵,常作分子泵、扩散泵或罗茨泵的前级泵使用;其结构简单、价格较低、易于维修,但有油污染,在对油污染要求较高的情况下,旋片泵逐渐被无油的干式泵代替。如图6.5所示,旋片泵主要由进气口、排气口、旋片、转子和定子(泵腔)组成;旋片把转子、泵腔和端盖围成的月牙形空间分隔成A、B、C三部分。转子按图中箭头所示方向旋转时,A空间的容积增加,气体经泵入口被吸入,此时泵处于吸气过程,B空间气体被封闭,C空间的容积不断减小,气体被不断压缩,压强增加。当气体压强超过排气压强时,压缩气体推开泵油密封的排气阀,向大气中排气。在泵的连续运转过程中,不断地吸气、压缩和排气,从而达到连续抽气的目的。

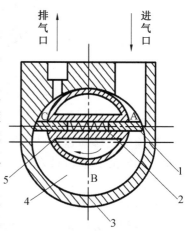

图 6.5 旋片泵工作原理图
1—旋片;2—旋片弹簧;3—泵体;
4—端盖;5—转子

② 滑阀泵。

滑阀泵常作为扩散泵或罗茨泵的前级泵,抽速大,常用在大型真空系统中。滑阀泵的偏心轮要求较高,需要有好的质量平衡,否则噪声大而且影响使用寿命。滑阀泵工作原理图如图6.6所示,滑阀泵由进气口、排气口、定子和转子组成,转子包括滑杆、滑环和偏心轮,转子的转轴偏心配置,但是与定子同心。滑阀的导轨固定在泵体上,并可以绕其自身中心轴摆动。滑阀杆可以在导轨中上下滑动和左右摆动。滑阀将泵腔分成A、B两个部分。当滑阀的驱动轴按逆时针方向转动时,A腔容积不断增加,泵入口处气体经滑阀杆进入A腔。B腔的容积不断减小,气体被不断压缩。当B腔内气体压强达到排气压强时,气体推开油封的排气阀,开始排气。在连续运转过程中,泵不断地吸气、压缩和排气,从而达到连续抽气的目的。

③ 罗茨泵。

罗茨泵是一种无内压缩的旋转变容式真空泵。如图6.7所示,罗茨泵由两个完全相同的转子和泵腔组成。两个转子朝相反的方向旋转,转子与转子之间,以及转子与真空室之间均保持小的间隙,由轴端齿轮驱动同步转动,实现吸气和排气。罗茨泵清洁,无油污染,而且在较大压强范围内有较大的抽速,无摩擦磨损,往往用在前级泵和主泵之间,作为前级泵的增压泵使用。

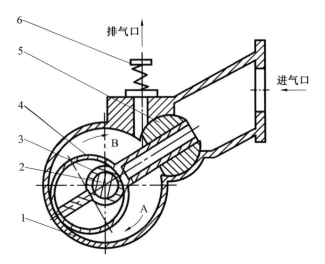

图 6.6　滑阀泵工作原理图

1— 泵体；2— 轴；3— 偏心轮；4— 滑阀；5— 导轨；6— 排气阀

(2) 分子泵。

分子泵是靠高速运动的刚体表面来携带气体分子，而实现抽气的一种机械真空泵，分为牵引分子泵和涡轮分子泵两种。

牵引分子泵依靠高速刚体表面携带气体分子，按一定方向运动而实现抽气，其工作原理图和实物图如图 6.8 所示。

涡轮分子泵是一种超高真空泵，极限真空能达到 10^{-9} Pa。涡轮分子泵的结构示意图如图 6.9 所示，由交替排列的静叶片和动叶片转子及其驱动系统组成。动、静叶轮几何尺寸相同，但叶片倾角相反。动叶轮外缘的线速度高于气体分子热运动速度（一般为 150 ~ 400 m/s）。倾斜叶片的运动使气体分子不断从低压侧向高压侧输送，从而产生抽气作用。单个叶轮的压缩比很小，通常需要十多个动叶轮和静叶轮交替排列。

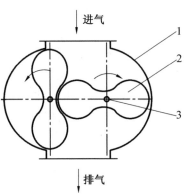

图 6.7　罗茨泵工作原理图

1— 泵体；2— 转子；3— 轴

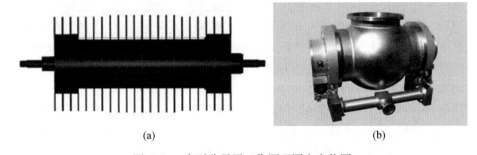

(a)　　　　　　　　　(b)

图 6.8　牵引分子泵工作原理图和实物图

分子泵清洁，无油污染，而且抽速大，启动快，所以得到广泛应用。分子泵不能工作在

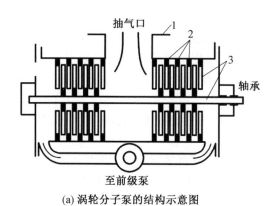  

(a) 涡轮分子泵的结构示意图 (b) 实物图

图 6.9　涡轮分子泵的结构示意图
1— 外壳；2— 定子；3— 转子

近大气压强下，排气口压强也达不到大气压强，所以工作时需要前级泵和粗抽泵，经常与旋片泵或各类干式泵组合使用，用作主泵。

（3）扩散泵。

扩散泵是以扩散泵油为工作介质的一种蒸汽流泵，其工作原理图如图 6.10 所示。扩散泵由导流管、伞形喷嘴、泵壁和电阻丝组成。扩散泵的工作压强低于 10 Pa，也就是说，需要由其他泵先将真空室和泵内压强降低到 10 Pa 以下，再用电阻丝加热泵油。由于泵内已经预抽真空，压强较低，故泵油可以在较低温度下蒸发。油蒸气经导流管进入伞形喷嘴，油蒸气经过喷嘴时将压力能转化为动能，形成高速蒸气射流。射流中分子的密度非常

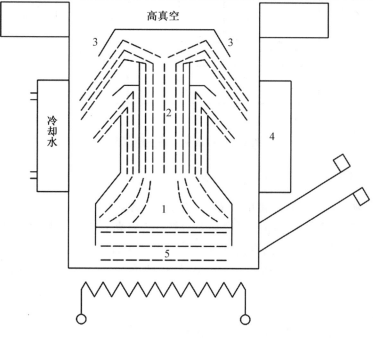

图 6.10　扩散泵工作原理图
1— 锅炉；2— 导流管；3— 伞形喷嘴；4— 冷凝器；5— 扩散泵油

低,射流上面的被抽气体因密度差很容易扩散到射流内部,并与工作蒸气分子碰撞,在射流方向上得到动量,从而被蒸气射流携带到水冷的泵壁上,这样在喷嘴和泵冷却壁之间形成了稳定的工作蒸气流。被抽气体在泵壁处从冷凝的蒸气射流中释放出来后堆积压缩,被下级的蒸气射流带走。经过这样的逐级压缩,最后被前级泵抽走。油蒸气则在泵壁上被冷凝成油滴,沿泵壁回到锅炉中循环使用。

扩散泵的优点是价格低,但是会有油污染,而且因为油需要加热到沸腾才可以形成喷射流,所以启动时间比较长。

另外,还有吸附泵(包括分子筛吸附泵和钛泵)、溅射离子泵($1 \sim 10^{-10}$ Pa)和低温泵($10 \sim 10^{-10}$ Pa)等各种泵,因为它们在真空镀膜中使用得少,所以在这里不做具体介绍。常见泵的使用范围如图 6.11 所示。

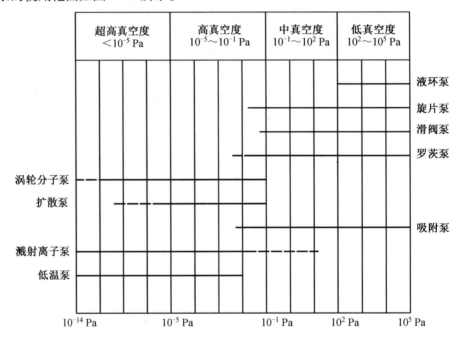

图 6.11 常见泵的使用范围

6.2.4 真空计

真空计是测量真空室真空度的仪器,由真空规、测量电路和显示仪表组成。根据探测的压强范围,真空计分为低真空计和高真空计(包括超高真空计)两大类,常用于测量低真空的真空计是热偶规,测量高真空的真空计是电离规,两个真空计的仪表可以集成在一个数显仪器上,称为复合真空计。还有一种真空规,称为冷规,工作范围为 $10^{-12} \sim 0.1$ Pa。

(1)热偶规。

热偶规是利用热电偶产生的热电势表征规管内压强的一种真空计,其工作原理图如图6.12 所示。真空规管主要由热丝($a-b-c$)和热电偶($e-b-g$)组成,热电偶的热端和热丝相连,另一端(e,g)作为冷端引出管外,接至测量电热偶电势用的毫伏表测量压强时,规管的热丝通以一定的加热电流,在较低的气压下,热丝的温度取决于气体的压强,压强越高,气体输运的热量越大,热丝的温度越低,相应热电偶的电势越小。反之,压强越低,气体输运的热量越少,热丝温度越高,从而热电偶的电势越大。这样就可以通过热电偶电势的变化反映真空室内压强的变化。

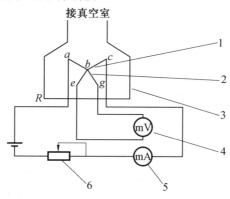

图 6.12　热偶规工作原理图

1— 热丝;2— 热电偶;3— 管壳;4— 毫伏表;5— 毫安表;6— 限流电阻

（2）电离规(热阴极电离规)。

电离规的基本原理是基于气体放电。采用一定的措施,使进入规管中的气体分子发生电离,形成电子和离子,收集其中的离子,形成离子流。在一定的压强范围内,气体压强越高,放电形成的离子流越大,即所产生的离子流与气体的压强呈正比关系,因此收集到的离子流大小可以反映真空室内的压强。电离规分为普通型热阴极电离真空规和 B – A(bayard-alpert)规。普通型热阴极电离真空规原理示意图如图 6.13 所示,它由灯丝、加速极和收集极组成,其中灯丝接地,栅极呈网状,相对于灯丝施加 200 V 正电位,而收集极相对于灯丝施加 25 V 负电位。工作时,灯丝通电加热到高温后,发射热电子,热电子向处于正电位的加速极飞去,一部分被其吸收,另一部分穿出加速极空隙,继续向离子收集极飞去。由于收集极是负电位,电子在靠近收集极时受到电场的排斥而返回,从而电子在灯丝和离子收集极之间的空间来回振荡,直到被加速极吸收为止。电子在飞行过程中不断和管内气体分子碰撞,使气体电离,产生的正离子被收集极吸收,这样在回路中产生离子流。在一定压强范围内,离子流大小正比于气体压强。如果将收集极制成丝状,置于栅极的中心线上,而将灯丝置于栅极外层,如图 6.14 所示,这种规称为 B – A 型电离真空规。B – A 规能够将测量范围扩展到 10^{-10} Pa。在实际使用中,可以将真空规的电极设置在玻璃管内,再将玻璃管接到真空室;也可以不用玻璃管,直接将电极定位在法兰上,通过法兰将电极与真空室连接起来,这种不带玻璃管的规管称为裸规。

（3）冷规(冷阴极电离规)。

如图 6.15 所示的冷阴极电离规又称为潘宁规,由块状阴极和框形阳极组成,外设磁场,磁场和电场方向平行。在阳极和阴极之间施加 2 kV 的电压。在合适的真空度下发生辉光放电,测量电路中的电流与真空室内的压强相关,根据电流可以推知真空室压强。这种规的测量范围为 10^{-5} ~ 1 Pa。冷规没有灯丝,所以不怕暴露于大气中。冷规结构不断改进,现在已经能够测量到 10^{-12} Pa。

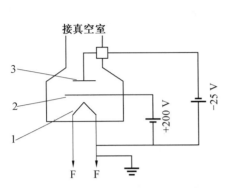

图 6.13　普通型热阴极电离真空规原理示意图
1—灯丝；2—加速极(栅极)；3—收集极

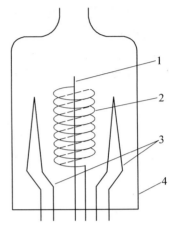

图 6.14　B–A规原理示意图
1—离子收集极；2—栅极；3—灯丝；
4—玻璃外壳

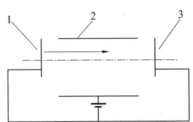

图 6.15　冷阴极电离规原理图
1—阴极；2—阳极；3—对阴极

6.3　物理气相沉积技术

物理气相沉积(PVD)是指在真空条件下将物理方法(高温蒸发、溅射、等离子体、离子束、电弧等)产生的原子或分子沉积到衬底上形成薄膜的一种技术。它具有如下特点：① 用固态或熔化态的物质作为沉积过程的源物质；② 源物质需经过物理过程转变为气相；③ 工作环境需要较低的气压；④ 气相镀膜材料和衬底表面一般不发生化学反应，但反应沉积例外。本节将从原理、特点、类型等几个方面，分别介绍了真空蒸发镀膜、真空离子镀膜和真空溅射镀膜三种物理气相沉积镀膜方法。

6.3.1　真空蒸发镀膜

(1) 真空蒸发镀膜的基本过程。

真空蒸发镀膜是在高真空室内加热靶材，使之发生汽化或升华，以原子、分子或原子团的形式离开熔体表面，凝聚在具有一定温度的基板表面形成薄膜，这个过程称为真空蒸发镀膜(简称蒸镀)。真空蒸发镀膜与其他气相沉积技术相比有许多特点：设备比较简单、容易操作；制备的薄膜纯度高、成膜速率快；薄膜生长机理简单，易控制和模拟。真空蒸发镀膜技术也存在一些不足:不容易获得结晶结构的薄膜;沉积的薄膜与基板的附着性较差;工艺重复性不够好。真空蒸发镀膜是发展较早的镀膜技术,作为一种基本镀膜技术,仍有广泛的应用。

真空蒸发镀膜基本过程与前述一样,主要包括蒸发、输运、成膜三个过程,这些过程在真空环境中($10^{-2} \sim 1$ Pa)进行,否则蒸发粒子将与空气分子发生碰撞,对膜造成污染,或者蒸发源氧化烧毁等。真空蒸发镀膜原理图如图6.16所示。

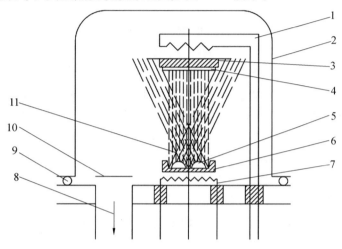

图6.16　真空蒸发镀膜原理图

1—基体加热器;2—真空室;3—基体架;4—基体;5—膜材;6—蒸发舟;7—蒸发热源;8—排气口;9—密封圈;10—挡板;11—膜材蒸气流

(2)影响蒸发镀膜过程的因素。

影响蒸镀过程的主要因素包括真空度、基板表面温度、蒸发温度、蒸发和凝结速率,以及基板表面与蒸发源的空间关系。

① 真空度。当真空系统的真空度不够高时,即系统中存在较多的空气分子,蒸气原子或分子在输运过程中易与空气分子碰撞,造成能量损失,蒸气原子或分子到达基板后易形成粗大的岛状晶核,使镀膜组织粗大、致密度下降、表面粗糙,成膜质量低。因此,蒸镀前系统的真空度一般要达到 $10^{-4} \sim 10^{-2}$ Pa,减少碰撞造成的能量损失,使它们达到基板后仍有足够的能量进行扩散、迁移,形成致密的高纯膜。若从蒸发源到基板的距离为L,为使从蒸发源出来的膜料分子(或原子)大部分不与残余气体发生碰撞而直接到达基板表面,根据分子动力学理论可知蒸镀室的压强为

$$P_r = \frac{1.3 \times 10^{-1}}{L} \tag{6.1}$$

式中,P_r可用来确定蒸镀时的起始真空度,为保证镀膜质量,其真空度最好再降低$1 \sim 2$个数量级。

② 基板表面温度。基板表面温度的设置取决于蒸发源物质的熔点,当表面温度较低时,有利于膜凝聚,但不利于提高膜与基板的结合力;表面温度适当升高时,膜与基板间会形成薄的扩散层以增大膜对基板的附着力,同时也提高膜的密度。

③蒸发温度。蒸发温度直接影响成膜速率和质量。将蒸发物质加热,使其平衡蒸气压达到几帕以上,此时温度定义为蒸发温度。根据热力学 Clasius-Clapeyron 公式,材料蒸气压 p 与温度 T 的关系可近似为

$$\lg p = A - \frac{B}{T_{ab}} \tag{6.2}$$

式中,A、B 为与蒸发膜和基板材料性质有关的常数;T_{ab} 为绝对温度;p 的单位为 $\mu m \cdot$ 汞柱。

④蒸发和凝结速率。单位时间内,单位面积上蒸发和凝结的分子数为

$$N_v = n_i \sqrt{\frac{kT}{2\pi m}} \exp\left(-\frac{q}{kT}\right), \quad N_c = n_1 \sqrt{\frac{kT}{2\pi m}} \tag{6.3}$$

式中,n_i 为蒸发膜材料的分子密度;n_1 为蒸发面附近气相分子密度;k 为玻耳兹曼常数;m 为一个蒸发分子的质量;T 为温度;q 为每个分子的汽化热,$q = m v_g^2 / 2$;v_g 为分子的逃逸速度。

当蒸发和凝结两个过程处于动态平衡时,则 $N_v = N_c$,即单位时间从单位面积蒸发的分子应该等于凝结的分子。因此,可以把蒸发速率等效为单位时间从空间碰撞到单位面积并凝结的分子数。若用单位时间从单位面积蒸发的质量 N_m 来表示蒸发速率,考虑到碰撞到液面或固面的分子部分凝结,引入系数 $\alpha(\alpha < 1)$,则有

$$N_m = m\alpha n_1 \sqrt{\frac{kT}{2\pi m}} \tag{6.4}$$

引入气体状态方程 $p = nKT$ 得

$$N_m = \alpha p \sqrt{\frac{m}{2\pi kt}} = \alpha p \sqrt{\frac{\mu}{2\pi RT}} = 4.375 \times 10^{-3} \alpha p \sqrt{\frac{\mu}{T}} \tag{6.5}$$

式中,p 为温度 T 时该单质靶料的饱和蒸汽压(Pa);μ 为摩尔质量;T 为蒸发温度(K);R 为普适气体常数。

由材料蒸气压 p 与温度之间的关系可知,控制蒸发速率的关键在于精确控制蒸发温度。

⑤基板表面与蒸发源的空间关系。蒸镀膜厚度分布由蒸发源与基板表面的相对位置和蒸发源的分布特性所决定。一般都应使工件旋转,并尽可能使工件表面各处与蒸发源的距离相等或接近相等。

(3)蒸气粒子在基体上的沉积。

蒸气粒子到达基体上产生一系列的形核和生长行为后沉积成膜,其具体过程如下。

①从蒸气源蒸发出的蒸气流和基体碰撞,部分被反射,部分被基体吸附后沉积在基体表面。

②被吸附的原子在基体表面上发生表面扩散,沉积原子之间产生二维碰撞,形成簇团,其中部分沉积原子可能在表面停留一段时间后,发生再蒸发。

③原子簇团与表面扩散的原子相碰撞,或吸附单原子,或放出单原子,这种过程反复进行,直至原子数超过某一临界值,生成稳定核。

④稳定核通过捕获表面扩散原子或靠入射原子的直接碰撞而长大。

⑤ 稳定核继续生长，和邻近的稳定核相连合并后逐渐形成连续薄膜。

薄膜形成机理主要有：核生长型、单层生长型和混合生长型，如图 6.17 所示。① 核生长型是蒸发原子在基板表面上形核并生长、合并成膜的过程，大多数膜沉积属于这种类型。沉积开始时，晶核在平行基板表面的二维尺寸大于垂直方向尺寸，继续沉积时，晶核密度不明显增大，沉积原子通过表面扩散与已有晶核结合并长大。核生长型薄膜的形成过程的示意模型如图 6.18 所示。② 单层生长型是沉积原子在基板表面上均匀覆盖，以单原子层的形式逐层形成。③ 混合生长型是上述两种生长方式的结合，在最初一两个单原子层沉积之后，再以形核和长大的方式进行。

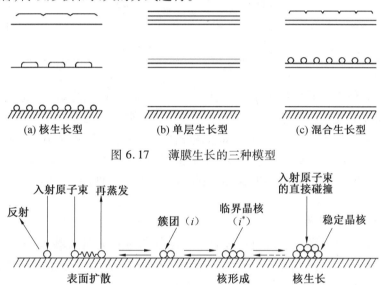

图 6.17　薄膜生长的三种模型

图 6.18　核生长型薄膜的形成过程的示意模型

（4）蒸发源的类型。

蒸发源是蒸发装置的重要部件，它是用来加热镀膜源物质使之蒸发的。目前最常用的蒸发源加热方式有电阻加热、电子束加热、高频感应加热、电弧加热和激光加热等。

① 电阻加热蒸发源。

电阻加热是一种最常见的蒸发源加热方式。它是将金属 Ta、Mo、W 等做成适当形状蒸发舟，装上待蒸发材料让电流通过电阻加热使镀材直接蒸发，或把待蒸发镀材放入 Al_2O_3、BeO、BN 坩埚内进行间接加热蒸发。电阻加热蒸发源的特点是结构简单，价格便宜，容易操作。

电阻加热蒸发源材料应具备熔点低、饱和蒸气压低、化学稳定性好、耐热性良好、原料丰富、经济耐用等特点，表 6.2 列出了电阻蒸发源材料的熔点和对应平衡蒸气压温度。

表 6.2　电阻蒸发源材料的熔点和对应平衡蒸气压温度

材料	熔点/K	对应平衡蒸气压温度/K		
		1.33×10^{-6} Pa	1.33×10^{-3} Pa	1.33 Pa
C	3 427	1 527	1 853	2 407

续表6.2

材料	熔点/K	对应平衡蒸气压温度/K		
		1.33×10^{-6} Pa	1.33×10^{-3} Pa	1.33 Pa
W	3 683	2 390	2 840	3 500
Ta	3 269	2 230	2 680	3 300
Mo	2 890	1 865	2 230	2 800
Nb	2 714	2 035	2 400	2 930
Pt	2 045	1 565	1 885	2 180
Fe	1 808	1 165	1 400	1 750
Ni	1 726	1 200	1 430	1 800

② 电子束加热蒸发源。

由于对膜的种类和质量提出了更高、更严格的要求,因此电阻蒸发源已不能满足蒸镀某些难熔金属和氧化物的要求和制备高纯度薄膜的要求。于是发展了用电子束作为加热蒸发源。电子束加热蒸发源的特点为:a.能量密度高,功率密度可达 $10^4 \sim 10^9$ W/cm²,可使高熔点材料(如 W、Mo、Ge、SiO_2、Al_2O_3 等)实现蒸发;b.制膜纯度高,因采用水冷坩埚,可避免加热容器蒸发影响膜的纯度;c.热效率高,因热量可直接加热到镀材表面,减少了热传导和热辐射。

③ 高频感应加热蒸发源。

高频感应加热蒸发源是将装有蒸发材料的坩埚放在高频螺旋线圈中央,使材料在高频电磁场感应下产生巨大涡流损失和磁滞损失,致使材料升温蒸发。高频感应加热蒸发源一般是由水冷高频线圈和石墨或陶瓷坩埚组成。

高频感应蒸发具有蒸发速率大(比电阻蒸发源大10倍左右)、温度均匀稳定、不易产生飞溅、可一次装料、操作比较简单的优点。为避免材料对膜的影响,坩埚应选用与蒸发材料反应最小材料。高频感应蒸发的缺点:蒸发装置必须屏蔽和不易对输入功率进行微量调整。另外,高频感应蒸发设备的价格昂贵。

④ 电弧加热蒸发源。

电弧加热蒸发源是在高真空下通过两电极之间产生弧光放电产生高温使电极材料蒸发。它有交流电弧、直流电弧和电子轰击电弧三种蒸发源。电弧加热可避免电阻加热中的电阻丝、坩埚与蒸发物质发生反应和污染。它可以用来蒸发高熔点的难熔金属。但是,电弧加热的缺点是:电弧放电会飞溅出电极材料的微粒影响膜的质量。

⑤ 激光加热蒸发源。

激光加热蒸发源是利用高功率连续或脉冲激光作为热源加热镀材,使之吸热蒸发汽化,沉积薄膜。激光加热蒸发源具有加热温度高,可避免坩埚污染,材料蒸发速率高和蒸发过程易控制等特点。激光加热蒸发特别适合蒸发那些成分较复杂的合金或化合物材料,如高温超导 $YBa_2Cu_3O_7$ 等。激光加热蒸发源的缺点是易产生微小物质颗粒飞溅,影响薄膜的均匀性,不宜大面积沉积和成本较高。

人们已将一些常见的蒸发物质的制备参数归纳总结(表6.3)。表中的物质包括:金属、合金、氧化物和某些化合物。

表6.3 常见物质的蒸发工艺特性

物质	最低蒸发温度/℃	蒸发源状态	坩埚材料	电子束蒸发时的沉积速率/(nm·s^{-1})
Al	1 010	熔融态	BN	2
Al$_2$O$_3$	1 325	半熔融态	—	1
Sb	425	熔融态	BN,Al$_2$O$_3$	5
As	210	升华	Al$_2$O$_3$	10
Be	1 000	熔融态	石墨,BeO	10
BeO	—	熔融态		4
B	1 800	熔融态	石墨,WC	1
B$_4$C	—	半熔融态	—	3.5
Cd	180	熔融态	Al$_2$O$_3$,石英	3
CdS	250	升华	石墨	1
CaF$_2$	—	半熔融态	—	3
C	2 140	升华	—	3
Cr	1 157	升华	W	1.5
Co	1 200	熔融态	Al$_2$O$_3$,B$_2$O$_3$	2
Cu	1 017	熔融态	石墨,Al$_2$O$_3$	5
Ga	907	熔融态	石墨,Al$_2$O$_3$	—
Ge	1 167	熔融态	石墨	2.5
Au	1 132	熔融态	BN,Al$_2$O$_3$	3
In	742	熔融态	Al$_2$O$_3$	10
Fe	1 180	熔融态	Al$_2$O$_3$,B$_2$O$_3$	5
Pb	497	熔融态	Al$_2$O$_3$	3
LiF	1 180	熔融态	Mo,W	1
Mg	327	升华	石墨	10
MgF$_2$	1 540	半熔融态	Al$_2$O$_3$	3
Mo	2 117	熔融态	—	4
Ni	1 262	熔融态	Al$_2$O$_3$,B$_2$O$_3$	2.5
玻莫合金	1 300	熔融态	Al$_2$O$_3$	3
Pt	1 747	熔融态	石墨	2
Si	1 337	熔融态	B$_2$O$_3$	1.5
SiO$_2$	850	半熔融态	Ta	2

除了单一材料薄膜的蒸发镀膜外,对于合金及化合物的蒸发,有其特殊之处。在蒸

发镀膜中,因为各种金属元素的饱和蒸气压不同,蒸发速率不同,会产生合金在蒸发过程中发生成分偏差,即合金薄膜中各元素的比与合金镀材中各元素的比产生偏差。

在处理合金蒸发的问题时,一般采用拉乌尔定律作为合金蒸发的近似处理。所以合金中 A、B 的蒸发速率可写为

$$\frac{G_A}{G_B} = \frac{p_A}{p_B} \times \frac{W_A}{W_B} \sqrt{\frac{M_A}{M_B}} \tag{6.6}$$

式中,p_A、p_B 分别为纯组元 A 和 B 在温度 T 时的饱和蒸气压;W_A、W_B 分别为合金中 A 和 B 成分在合金中的浓度;M_A、M_B 分别为合金中成分 A 和 B 的摩尔质量。

因为拉乌尔定律对合金不能完全适用,故引入活度系数 S_A,即

$$G_A = 0.058 S_A X_A p_A \sqrt{\frac{M_A}{T}} \tag{6.7}$$

式中,X_A 为合金中组分分数;S_A 一般由实验测得。

合金薄膜的制备方法可分为瞬时蒸发法(闪烁法)、双源或多源蒸发法。瞬时蒸发法是将细小的合金逐次送到非常炽热的蒸发器或坩埚中,使一个小颗粒实现瞬间完全蒸发。它的优点是能获得高纯成分的薄膜,可以进行掺杂蒸发;缺点是蒸发速率不能太快,且难于控制。双源或多源蒸发法是将要形成合金薄膜的每一成分分别装入各自的蒸发源中,然后独立地控制各蒸发源的蒸发速率,即可获得所需的合金薄膜。除了某些化合物(如氯化物、硫化物、硒化物和碲化物)用一般蒸发镀膜技术即可获得符合化学计量的薄膜外,许多化合物在热蒸发时都会全部或部分分解,如 Al_2O_3 和 TiO_2 等会发生失氧现象,用一般的蒸发镀技术很难获得组分符合化学计量的薄膜。为了获得符合化学计量的化合物薄膜,可采用反应蒸发技术,即在蒸发单质元素时,在反应器内通入活性气体,与蒸发的金属原子在基板沉积过程中发生化学反应,生成符合化学计量的化合物薄膜。反应蒸发中,化学反应可发生的地方有蒸发源表面、蒸发源到基板的空间和基板表面。应尽量避免反应发生在蒸发源表面,因为会导致蒸发速率降低。

6.3.2 真空离子镀膜

真空离子镀膜技术是美国 Sandia 公司的 Mattox 于 1963 年提出的。它是结合真空蒸发镀和溅射镀膜的特点而发展起来的一种镀膜技术。1971 年,Baunshah 等发展了活性反应蒸发技术,并制备出了超硬膜。1972 年,Moley 和 Smith 等人把空心热阴极技术应用于薄膜沉积。此后,日本小宫宗治等人进一步发展完善了空心阴极放电离子镀,并应用于装饰涂层和工模具涂层的沉积。1976 年,日本的村山洋一等人发明了射频离子镀,苏联也在阴极电弧镀方面做了大量研究工作。1981 年,美国 Multi-Arc 公司在购买苏联专利的基础上推出了阴极电弧离子镀设备,并推向世界。同时,欧瑞康巴尔泽斯公司开拓了热丝等离子弧离子镀技术。此后,离子镀技术迅速发展,目前该技术已得到广泛应用。

离子镀是在真空条件下,应用气体放电或被蒸发材料的电离,在气体离子或被蒸发物离子的轰击下,将蒸发物或反应物沉积在基体上。离子镀是将辉光放电、等离子体技术与真空蒸发技术结合在一起,显著提高了沉积薄膜的性能,并拓宽了镀膜技术的应用范围。离子镀膜技术具有薄膜附着力强,绕镀能力好,可镀材料广泛等一些优点。

(1) 离子镀的基本过程。

图 6.19 为直流二极型离子镀装置示意图。当真空抽至 10^{-4} Pa 时，通入氩气使真空度达 $10^{-1}\sim 1$ Pa。接通直流高压电源，则在蒸发源与基体之间建立一个低压等离子区，由于基体在负高压并在等离子包围中，不断受到正离子的轰击，因此可以对基体表面进行清洗。同时，镀材汽化后，蒸发粒子进入等离子区，与其他正离子和没被激活的氩原子及电子碰撞。其中一部分蒸发粒子被电离成正离子，在负高压电场的加速下，沉积到基体上形成薄膜。离子镀膜层的成核与生成所需能量，不是靠加热方式获得的，而是靠离子加速方式来激励的。

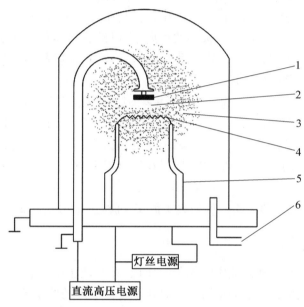

图 6.19　直流二极型离子镀装置示意图
1—衬底阴极；2—阴极暗区；3—等离子区；4—蒸发用灯丝正极；5—绝缘管；6—进气管

作为离子镀膜技术，必须具备三个条件：① 应有一个放电空间，使工作气体部分电离产生等离子体；② 要将镀材原子和反应气体原子输送到放电空间；③ 要在基体上施加负电位，以形成对离子加速的电场。

在离子镀中，基体为阴极，蒸发源为阳极。通常极间为 $1\sim 5$ kV 负高压，由于电离作用产生的镀材离子和气体离子在电场中获得较高的能量，它们会在电场加速下轰击基体和镀层表面，这种轰击过程会自始至终。因此，在基体上同时存在两种过程：正离子（氩离子 Ar^+ 或被电离的蒸发粒子）对基体的轰击过程；膜材原子的沉积作用过程。显然，只有沉积作用大于溅射作用时，基体上才能成膜。

(2) 离子镀的特点。

与蒸发镀膜、溅射镀膜相比，离子镀膜有如下特点。

① 膜层附着性能好。辉光放电产生大量高能粒子对基体表面产生阴极溅射，可清除基体表面吸附的气体和污染物，使基体表面净化，这是离子镀能获得良好附着力的重要原

因之一。在离子镀膜过程中,溅射与沉积并存。镀膜初期,可在膜基界面形成混合层,即扩散层可有效改善膜层附着性能。

② 膜层密度高。在离子镀膜过程中,膜材离子和中性原子带有较高能量到达基体,并在其上扩散、迁移。膜材原子在空间飞行过程中形成蒸气团,到达基体时也被粒子轰击碎化,形成细小核心,生长为细密的等轴晶。在此过程中,高能 Ar^+ 对改善膜层结构,提高膜密度起重要作用。

③ 绕镀性能好。在离子镀过程中,部分膜材原子被离化后成为正离子,将沿着电场电力线方向运动。凡是电力线分布处,膜材离子都可到达。离子镀中,工件各表面都处于电场中,膜材离子都可到达。另外,由于离子镀膜是在较高压强(大于等于 1 Pa)下进行,气体分子平均自由程比蒸发源到基板间的距离小,以致膜材蒸气的离子或原子在到达基体的过程中与 Ar^+ 产生多次碰撞,产生非定向散射效应,使膜材粒子散射在整个工件周围,所以,离子镀膜技术具有良好的绕镀性能。

④ 可镀材质范围广泛,可在金属、非金属表面镀金属或非金属材料。

⑤ 有利于化合物膜层形成。在离子镀技术中,在蒸发金属的同时,向真空通入活性气体则形成化合物。在辉光放电低温等离子体中,通过高能电子与金属离子的非弹性碰撞,将电能变为金属离子的反应活化能,所以在较低温度下,也能生成只有在高温条件下才能形成的化合物。

⑥ 沉积速率高,成膜速度快。例如离子镀 Ti 沉积速率可达 0.23 mm/h,镀不锈钢可达 0.3 mm/h。

(3) 离化率与离子能量。

在离子镀膜中有离子和高速中性粒子的作用,并且离子轰击存在整个镀膜过程中。而离子的作用与离化率和离子能量有关。离化率是被电离的原子数与全部蒸发的原子数之比。它是衡量离子镀活性的一个重要指标。在反应离子镀中,它又是衡量离子活化程度的主要参量。被蒸发原子和反应气体的离子化程度对沉积膜的性质会产生直接影响。在离子镀中,中性粒子的能量为 W_v,主要取决于蒸发温度,其值为

$$W_v = n_v E_v$$

式中,n_v 为单位时间内在单位面积上所沉积的粒子数;E_v 为蒸发粒子动能,$E_v = 3kT_v/2$;k 为 Boltzmann 常数;T_v 为蒸发物质温度。

在离子镀膜中,离子能量为 W_i,主要由阴极加速电压决定,其值为

$$W_i = n_i E_i$$

式中,n_i 为单位时间对单位面积轰击的离子数;E_i 为离子平均能量,$E_i = eU_i$;U_i 为沉积离子平均加速电压。

由于荷能离子的轰击,基体表面或薄膜上粒子能量增大和产生界面缺陷使基体活化,而薄膜也在不断的活化状态下凝聚生长。薄膜表面的能量活性系数 ε 近似为

$$\varepsilon = (W_i + W_v)/W_v = (n_i E_i + n_v E_v)/n_v E_v \tag{6.8}$$

活性系数是增加离子作用后,凝聚能与单纯蒸发时凝聚能的比值。由于 $n_v E_v \ll n_i E_i$,可得

第6章 生长型微细加工技术

$$\varepsilon \approx n_i E_i / n_v E_v = \frac{eU_i}{3kTL_v/2} \frac{n_i}{n_v} = C \frac{U_i}{T_v} \frac{n_i}{n_v} \quad (6.9)$$

式中,T_v 为热力学温度(K);n_i/n_v 为离子镀的离化率;C 为可调节参数。

由式(6.9)可以看出,在离子镀过程中,由于基体加速电压 U_i 的存在,即使离化率很低,也会影响离子镀的能量活性系数。在离子镀中,轰击离子的能量取决于基体加速电压,一般为50～5 000 eV,溅射原子的平均能量约为几电子伏特。而普通热蒸发中,温度为2 000 K,蒸发原子的平均能量约为0.2 eV。表6.4给出几种镀膜技术的表面能量活性系数。而在离子镀中,可以通过改变 U_i 和 n_i/n_v 使 ε 提高2～3个数量级。图6.20是蒸发温度为1 800 K,能量活性系数、离化率和加速电压的关系。由图6.20可以看出,能量活性系数和加速电压的关系在很大程度上受离化率的限制。通过提高离化率可提高离子镀的活性系数。

表6.4 几种镀膜技术的表面能量活性系数

镀膜技术	能量系数	参数	
真空蒸发	1	蒸发粒子能量 $E_v \approx 0.2$ eV	
溅射	5～10	溅射粒子能量 $E_v = 1 \sim 10$ eV	

镀膜技术	能量系数	离化率 $\frac{n_i}{n_v}$/%	平均加速电压 U_i/V
离子镀	1.2	0.1	5
	3.5	0.01～1	50～5 000
	25	0.1～10	50～5 000
	250	1～10	500～5 000
	2 500	1～10	500～5 000

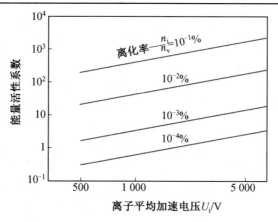

图6.20 能量活性系数、离化率和加速电压的关系

(4)离子的轰击作用。

离子镀膜的特点之一就是离子参与整个镀膜过程,并且离子轰击会引起多种效应,其中包括:离子轰击基体,离子轰击膜-基界面,离子轰击生长中的膜层所产生的物理和化

学效应。

① 在薄膜沉积之前,离子对基体的轰击作用如下。

a. 溅射清洗作用,可有效地清除基体表面所吸附的气体、各种污染物和氧化物。

b. 产生缺陷和位错网。

c. 破坏表面结晶结构。

d. 气体的掺入。

e. 表面成分变化,造成表面成分与整体成分不同。

f. 表面形貌变化,表面粗糙度增大。

g. 基体温度升高。

② 离子轰击对薄膜生长的影响作用如下。

a. 膜基面形成伪扩散层,形成梯度过渡,提高了膜-基界面的附着强度。如在直流二极离子镀 Ag 膜与 Fe 基界面间可形成 100 nm 过渡层。磁控溅射离子镀铝膜铜基时,过渡层厚为 1～4 μm。

b. 利于沉积粒子形核。离子轰击增加了基体表面的粗糙度,使缺陷密度增高,提供了更多的形核位置,膜材粒子注入表面也可以成为形核位置。

c. 改善形核模式。经离子轰击后,基体表面产生更多的缺陷,增加了形核密度。

d. 影响膜形态核结晶组分。离子镀能消除柱状晶,代之为颗粒状晶。

e. 影响膜的内应力。离子轰击一方面使一部分原子离开平衡位置而处于一种较高能量状态,从而引起内应力的增加;另一方面,粒子轰击使基体表面的自加热效应又有利于原子扩散。恰当地利用轰击的热效应或引进适当的外部加热,可以减小内应力,另外还可提高膜层组织的结晶性能。通常,蒸发镀膜具有张应力,溅射镀膜和离子镀膜具有压应力。

f. 提高材料的疲劳寿命。离子轰击可使基体表面产生压应力和基体表面强化作用。

(5) 离子镀类型。

离子镀的分类方式有多种,一般从离子来源的角度分类,可把离子镀分为蒸发源离子镀和溅射源离子镀两大类。

蒸发源离子镀有许多类型,按膜材汽化方式分,有电阻加热、电子束加热、高频或中频感应加热、等离子体束加热、电弧光放电加热等;按气体分子或原子的离化和激发方式分,有辉光放电型、电子束型、热电子束型、等离子束型、磁场增强型和各类型离子源等。

溅射源离子镀采用高能离子对镀膜材料表面进行溅射而产生金属粒子,金属粒子在气体放电空间电离成金属离子,它们到达施加负偏压的基体上沉积成膜。溅射离子镀有磁控溅射离子镀、非平衡溅射离子镀、中频交流磁控离子镀和射频溅射离子镀。

离子镀技术的重要特征是在基体上施加负偏压,用来加速离子,增加调节离子能量。负偏压的供电方式,除传统的直流偏压外,近年来又兴起采用脉冲偏压。脉冲偏压具有频率、幅值和占空比可调的特点,使偏压值、基体温度参数可分别调控,改善了离子镀膜技术的工艺条件,对镀膜会产生更多的新影响。

6.3.3 真空溅射镀膜

溅射是指用荷能粒子(电子、离子、中性粒子)轰击靶材表面,使固体原子或分子从其表面射出的现象。溅射镀膜是利用辉光放电产生的正离子在电场的作用下高速轰击阴极靶材表面,溅射出原子或分子,在基体表面沉积薄膜的一种镀膜方式。

溅射镀膜技术可制备薄膜种类多,可用来制备金属膜、导体膜、氧化物膜等。溅射镀膜较其他镀膜有很多优点:① 理论上,任何物质均可以溅射,尤其是高熔点、低蒸气压元素化合物;② 膜层与基板结合力强,由于基板可经过等离子体清洗,并且溅射原子能量高(比蒸发原子能量高 1~2 个数量级),在基板和膜之间有混熔扩散作用,二者结合力强,镀膜密度高,针孔少;③ 可控制性好,通过控制放电电流和靶电流,可控制膜厚,重复性好。但溅射镀膜也有不足之处,如设备较复杂,需高压装置,价格昂贵。

(1) 溅射现象。

具有一定能量的离子入射到靶材表面时,入射离子与靶材中的原子和电子相互作用,可能发生图 6.21 所示的一系列物理现象,其一是引起靶材表面的粒子发射,包括中性原子/分子发射、电子发射、正/负离子发射、气体解吸、气体分解发射、辐射射线等,其二是在靶材表面产生一系列的物理化学效应,有表面加热、表面清洗、表面刻蚀、表面物质的化学反应或分解,其三是部分入射离子进入到靶材的表面层里,成为注入离子,在表面层中产生包括级联碰撞、晶格损伤及晶态与无定形态的相互转化、亚稳态的形成和退火、由表面物质传输而引起的表面形貌变化、组分及组织结构变化等现象。

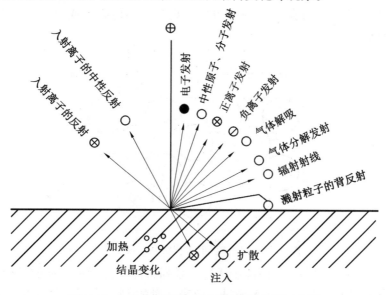

图 6.21 入射荷能离子与靶材表面的相互作用

被荷能粒子轰击的靶材处于负电位,所以也称溅射为阴极溅射。将物体置于等离子体中,当其表面具有一定的负电位时,就会发生溅射现象,只需要调整其相对等离子体的电位,就可以获得不同程度的溅射效应,从而实现溅射镀膜、溅射清洗或溅射刻蚀以及辅助沉积过程。溅射镀膜、离子镀和离子注入过程中都利用了离子与材料的这些作用,但侧重点不同。溅射镀膜注重靶材原子被溅射的速率,离子镀着重利用荷能离子轰击基体表层和薄膜生长面中的混合作用,以提高薄膜附着力和膜层质量;而离子注入则是利用注入元素的掺杂、强化作用,以及辐照损伤引起的材料表面的组织结构与性能的变化。荷能粒子轰击固体表面产生各种效应的概率见表6.5。

表6.5 荷能粒子轰击固体表面产生各种效应的概率

效应	参数	概率
溅射	溅射率 η	$\eta = 0.1 \sim 10$
离子溅射	一次离子反射系数 ρ	$\rho = 10^{-4} \sim 10^{-2}$
	被中和的一次离子反射系数 ρ_m	$\rho_m = 10^{-4} \sim 10^{-2}$
离子注入	离子注入系数 α	$\alpha = 1 - (\rho - \rho_m)$
	离子注入深度 d	$d = 1 \sim 10$ mm
二次电子发射	二次电子发射系数 γ	$\gamma = 0.1 \sim 1$
	二次离子发射系数 κ	$\kappa = 10^{-5} \sim 10^{-4}$

(2) 溅射机理。

目前认为溅射现象是弹性碰撞的直接结果,溅射完全是动能的交换过程。当正离子轰击阴极靶,入射离子最初撞击靶表面上的原子时,产生弹性碰撞,它直接将其动能传递给靶表面上的某个原子或分子,该表面原子获得动能再向靶内部原子传递,经过一系列的级联碰撞过程(图6.22),当其中某一个原子或分子获得指向靶表面外的动量,并且具有克服表面势垒(结合能)的能量时,它就可以脱离附近其他原子或分子的束缚,逸出靶面而成为溅射原子。

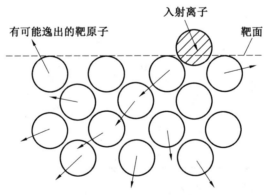

图6.22 固体溅射过程级联碰撞示意图

由此可见,溅射过程即为入射离子通过一系列碰撞进行能量交换的过程。入射离子转移到逸出的溅射原子上的能量大约只有原来能量的1%,大部分能量则通过级联碰撞而消耗在靶的表面层中,并转化为晶格的振动。溅射原子大多数来自靶表面零点几纳米的浅表层,可以认为靶材溅射时原子是从表面开始剥离的。如果轰击离子的能量不足,则只能使靶材表面的原子发生振动而不产生溅射;如果轰击离子的能量很高时,溅射原子数与轰击离子数的比值将减小,这是因为轰击离子的能量过高而发生离子注入现象。

(3) 溅射率。

溅射率是指平均每个入射正离子从阴极靶上溅射出的原子个数,一般用 S(原子/离子)表示,表 6.6 列出了常用靶材的溅射率,一般 S 值在 0.1~10 之间。实验表明,溅射率 S 的大小与轰击粒子的类型、能量、入射角有关,与靶材原子的种类、结构有关,与溅射时靶材表面发生的分解、扩散、化合等状况有关,与溅射气体的压强有关,但在很宽的温度范围内时,与靶材的温度无关。

表 6.6 常用靶材的溅射率

靶材	阈值/eV	Ar⁺ 能量/eV			靶材	阈值/eV	Ar⁺ 能量/eV		
		100	300	600			100	300	600
Ag	15	0.63	2.20	3.40	Ni	21	0.28	0.95	1.52
Al	13	0.11	0.65	1.24	Si	—	0.07	0.31	0.53
Au	20	0.32	1.65	—	Ta	26	0.10	0.41	0.62
Co	25	0.15	0.81	1.36	Ti	20	0.081	0.33	0.58
Cr	22	0.30	0.87	1.30	V	23	0.11	0.41	0.70
Cu	17	0.48	1.59	2.30	W	33	0.068	0.40	0.62
Fe	20	0.20	0.76	1.26	Zr	22	0.12	0.41	0.75
Mo	24	0.13	0.58	0.93					

① 溅射能量阈值。

使靶材产生溅射的入射离子的最小能量,即小于或等于此能量值时,不会发生溅射。表 6.7 列出了大多数金属的溅射阈值能量,不同靶材的溅射阈值能量不同。用汞离子在相同条件下轰击不同原子序数的各种元素,在每一族元素中,随着原子序数的增大,阈值能量减少,周期性的数值涨落在 40~140 eV 之间。

表 6.7 溅射阈值能量   eV

元素	Ne	Ar	Kr	Xe	Hg	热升华	元素	Ne	Ar	Kr	Xe	Hg	热升华
Be	12	15	15	15	—	—	Mo	24	24	28	27	32	6.15
Al	13	13	15	18	18	—	Rh	25	24	25	25	—	5.98
Ti	22	20	17	18	25	4.40	Pb	20	20	20	15	20	4.08
V	21	23	25	28	25	5.28	Ag	12	15(4)	15	17	—	3.35
Cr	22	22	18	20	23	4.03	Ta	25	26(13)	30	30	30	8.02
Fe	22	20	25	23	25	4.12	W	35	33(13)	30	30	30	8.80
Co	20	25(6)	22	22	—	4.40	Re	35	35	25	30	35	—
Ni	23	21	25	20	—	4.41	Pt	27	25	22	22	25	5.60
Cu	17	17	16	15	20	3.53	Au	20	20	20	18	—	3.90
Ge	23	25	22	18	25	4.07	Th	20	24				7.07
Zr	23	22(37)	18	25	30	6.14	U	20	23	25	22	27	9.57
Nb	27	25	26	32	—	7.71	Ir	—	(8)	—	—	—	5.22

② 溅射率和入射离子能量。

当入射离子能量低于溅射阈值(E_T)时,几乎不产生溅射。当 $E_T < E < 500$ eV 时,$S \propto E^2$;当 500 eV $< E < 1\,000$ eV 时,$S \propto E$;当 1 000 eV $< E < 5\,000$ eV 时,$S \propto E^{1/2}$。从上述关系可以看出,开始时,溅射率随着能量的增大而呈指数上升,其后出现一个线性区

域,并逐渐达到一个饱和状态。当离子能量更高时,增加的趋势逐渐减少,这是因为离子能量过高而引起离子注入效应,导致溅射率下降。

③ 溅射率与轰击离子种类。

随着入射离子质量的增大,溅射率保持总的上升趋势(图6.23(a))。但对于不同材料,其中有周期性起伏,而且与元素周期表的分组吻合。各类轰击离子所得的溅射率周期性起伏的峰值依次位于He、Ne、Ar、Kr、Xe的原子序数处。一般经常采用容易得到的氩气作为溅射的气体,通过氩气放电所得的Ar离子轰击阴极靶。

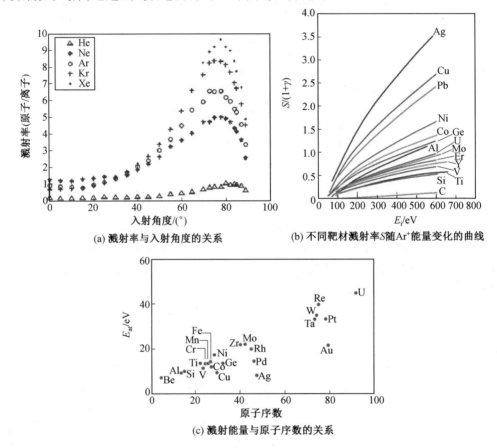

(a) 溅射率与入射角度的关系

(b) 不同靶材溅射率S随Ar^+能量变化的曲线

(c) 溅射能量与原子序数的关系

图6.23 离子溅射与原子序数、材料种类、入射角度的关系曲线

④ 溅射率与靶材原子序数。

用同一种入射离子(如Ar^+),在同一能量范围内轰击不同原子序数的靶材,呈现出与溅射能量的阈值相似的周期性涨落,如图6.23(b)所示。即Cu、Ag、Pb等溅射率较高,Ti、Si、C等溅射率较低。图6.23(c)为不同靶材在1 200 V Kr^+轰击下,内部的原子迁移到靶表面时需要的能量,该能量随原子序数增加呈现增大的趋势。

⑤ 溅射率与离子入射角。

入射角是指离子入射方向与靶材表面法线之间的夹角,溅射率与离子入射角度的关系如图6.23(a)所示。垂直入射时,$\theta = \theta_0$,无论采用何种离子溅射,溅射率均较低;当θ逐渐增加时,溅射率也随之增加;当θ为70°~80°时,溅射率最大;此后θ再增,溅射率急剧减小,直至为零。不同靶材的溅射率 S 随入射角 θ 变化情况是不同的。对于 Mo、Fe、Ta 等溅射率较小的金属,入射角对 S 的影响较大;而对于 Pt、Au、Ag、Cu 等溅射率较大的金属,影响较小。

⑥ 溅射率与工作气体压强。

工作气体压强较低时,溅射率不随压强变化;工作气体压强较高时,溅射率随压强的增大而减少。这是因为工作气体压强高时,溅射粒子与气体分子碰撞而返回阴极表面。实用溅射工作气体压强在 0.3~0.8 Pa 之间。

(4) 溅射镀膜技术

① 溅射技术概述。

溅射镀膜的基本原理就是让具有足够高能量的粒子轰击固体靶表面,使靶中的原子发射出来再沉积到基体上成膜。溅射镀膜有多种方式,其典型方式见表 6.8,表中列出了各种溅射镀膜的特点。从电极结构上可分为二极溅射、三极或四极溅射和磁控溅射;射频溅射适合制备绝缘薄膜;反应溅射可制备化合物薄膜;中频溅射是为了解决反应溅射中出现的靶中毒、弧光放电及阳极消失等现象;为了提高薄膜纯度而分别研制出偏压溅射、非对称交流溅射和吸气溅射;为了提高膜层的沉积质量,研究开发了非平衡磁控溅射技术。

表 6.8 各种溅射镀膜方法的原理及特点

序号	溅射方式	溅射电源	工作压力 /Pa	特点
1	二级溅射	DC 1~5 kV 0.15~1.5 mA/cm² RF 0.3~10 kW 1~10 W/m²	~1	构造简单,在大面积基体上可沉积均匀膜层,通过改变工作压力和电压来控制放电电流
2	三级或四级溅射	DC 0~2 kV RF 0~1 kW	~0.1	低压力,低电压放电;可独立控制靶的放电电流和离子能量,也可采用射频电源
3	磁控溅射	DC 0.2~1 kV 3~30 W/cm²	~0.1	磁场方向与阴极(靶材)表面平行,电场与磁场正交,减少电子对基体的轰击,实现高速低温溅射
4	射频溅射	RF 0.3~10 kW 0~2 kV	~1	可以制备绝缘薄膜如石英、玻璃、氧化铝等,也可以溅射金属靶材
5	偏压溅射	工作偏压 0~500 V	1	用轻电荷轰击工件表面,可得到不含 H_2O、N_2 等残留气体的薄膜
6	非对称交流溅射	AC 1~5 kV 0.1~2 mA/cm²	1	振幅大的半周期溅射阴极,振幅小的半周期轰击基板放出所吸附气体,提高镀膜纯度
7	离子束溅射镀膜	DC	~10^{-3}	在高真空下,利用离子束镀膜,是非离子体状态下的成膜过程;靶也可以接地电位

续表6.8

序号	溅射方式	溅射电源	工作压力/Pa	特点
8	对向靶溅射	DC RF	~0.1	两个靶对向放置,在垂直靶的表面方向加磁场,可以对磁性材料进行高速低温溅射
9	吸气溅射	DC 1~5 kV 0.15~1.5 mA/cm^2 RF 0.3~10 kW 1~10 W/cm^2	1	利用对溅射粒子的吸气作用,除去杂质气体,能获得纯度高的薄膜
10	反应溅射	DC 1~7 kV RF 0.3~10 kW		在氩气中混入活性反应气体,可制作化合物氮化钽、氮化硅、氮化钛等

② 二极溅射。

二极溅射是由溅射靶(阴极)和基板(阳极)两极构成,由于溅射发生在阴极,因此又可称之为阴极溅射。根据所使用电源类型和结构形式的不同,二极溅射又可分别分为射频二极溅射(使用射频电源)和直流二极溅射(使用直流电源),平面二极溅射(靶和基板固定架都是平板)和同轴二极溅射(靶和基板是同轴圆柱状分布)。

二极溅射基本工艺过程:先将真空室抽至 10^{-3} Pa,然后通入 Ar 气,使之维持 1~10 Pa,接通电源使阴阳极之间产生辉光放电,形成等离子区,使 Ar^+ 受到电场加速轰击阴极靶,从而使靶材产生溅射。阴极靶与基板之间距离以大于阴极暗区的 3~4 倍为宜。

直流二极溅射的缺点:溅射参数不易独立控制,放电电流易随气压变化,工艺重复性较差;基体温升高(可达几摄氏度),沉积速率较低;靶材必须是良导体。为了克服上述缺点,可采取的措施:设法在 10^{-1} Pa 以上真空度产生辉光放电,同时形成满足溅射的高密度等离子体;加强靶的冷却,在减少热辐射的同时,尽量减少或减弱由靶放出的高速电子对基板的轰击;选择适当的入射离子能量。

直流偏压溅射就是在直流二极溅射的基础上,在基体上加上一定的直流偏压。若施加的是负偏压,则在薄膜沉积过程中,基体表面将受到气体等离子的轰击,随时可以清除进入薄膜表面的气体,有利于提高膜的纯度。在沉积前可对基体进行轰击,净化表面,从而提高薄膜的附着力。此外,偏压溅射可改变沉积薄膜的结构。

③ 三极或四极溅射。

二极直流溅射只能在较高的气压下进行,辉光放电是靠离子轰击阴极所发出的次级电子维持的。如果气压降到 1.3~2.7 Pa 时,则暗区扩大,电子自由程增加,等离子体密度降低,辉光放电便无法维持。

三极溅射克服了这一缺点。它是在真空室内附加一个热阴极,利用热阴极和阴极获得非自持气体放电,所产生的离子在两极电场之间被加速,用等离子体中正离子轰击靶材进行溅射。三极溅射的电流密度为 1 000~2 000 A/m^2,镀膜速率为二极溅射的2倍。如果再加入一个稳定电极,使放电更稳定,此时则称为四极溅射。

三极/四极溅射的靶电流主要决定于阳极电流,而不随电压改变,它的优点有:靶电流和靶电压可以独立调节,从而克服了二极溅射的缺点;三极溅射在几百伏的靶电压下也能工作；靶电压较低，对基体溅射损伤小，适合用来做半导体器件；溅射率可由热阴极发射电流控制，提高了溅射参数的可控性和工艺重复性。三极／四极溅射也存在缺点：由于热丝电子发射难以获得大面积均匀等离子体，因此不适用于镀大工件；不能控制由靶产生的高速电子对基板的轰击，特别是在高速溅射的情况下，基板的温升较高；灯丝寿命短，还存在灯丝不纯物对膜的沾染。

④ 射频溅射。

对于直流溅射，如果靶材是绝缘材料，在正离子的轰击下会带正电，从而使电位上升，离子加速，电场逐渐减小，直至溅射停止，因此不能用于绝缘材料的溅射。射频溅射在高频交变电场作用下，可在绝缘靶表面上建立起负偏压，使溅射绝缘靶能持续进行下去。

射频溅射装置与直流溅射装置类似，只是电源换成了射频电源。为使溅射功率有效地传输到靶基板间，还有一套专门的功率匹配系统。采用射频技术在基体上沉积绝缘薄膜的原理为：将一负电位加在置于绝缘靶材背面的导体上，在辉光放电的等离子体中，正离子向导体板加速飞行，轰击其前置的绝缘靶材使其溅射。但是这种溅射只能维持 10^{-7} s，此后在绝缘靶材上积累的正电荷形成的正电位抵消了靶材背后导体板上的负电位，故而停止了高能正离子对绝缘靶材的轰击。此时，如果倒转电源的极性，即在导体板上加正电位，电子就会向导体板加速飞行，进而轰击绝缘靶材，并在 10^{-9} s 时间内中和掉绝缘靶材上的正电荷，使其电位为零。这时，再倒转电源极性，又能产生 10^{-7} s 时间的对绝缘靶材的溅射。如果持续进行下去，每倒转两次电源极性，就能产生 10^{-7} s 的溅射。因此必须使电源极性倒转率大于 10^7 次／s，在靶极和基体之间射频等离子体中的正离子和电子交替轰击绝缘靶而产生溅射，才能满足正常薄膜沉积的需要。

射频溅射的机理和特性可以用射频辉光放电解释，等离子体中，电子容易在射频电场中吸收能量产生震荡，因此，电子与工作气体分子碰撞并使之电离的概率非常大，故使得击穿电压和放电电压显著降低，只有直流溅射的 1/10 左右。射频溅射不需要用次级电子来维持放电。但当离子能量高达数千电子伏特时，绝缘靶上发射的电子数量也相当大，由于靶具有较高的负电位，电子通过暗区得到加速，将成为高能电子轰击基体，导致基体发热、带电和影响镀膜质量，所以，须将基体放置在不直接受次级电子轰击的位置上，或者利用磁场使电子偏离基体。射频溅射的特点是能溅射沉积导体、半导体、绝缘体在内的几乎所有材料。但是射频电源价格一般较贵，射频电源功率不能很大，而且采用射频溅射装置须注意辐射防护。

⑤ 磁控溅射。

上面介绍的几种溅射，主要缺点是沉积速率比较低，特别是阴极溅射，其放电过程中只有 0.3% ~ 0.5% 的气体分子被电离。为了在低气压下进行溅射沉积，必须提高气体的离化率。磁控溅射是一种高速低温溅射技术，由于在磁控溅射中运用了正交电磁场，离化率提高到 5% ~ 6%，使溅射速率比三极溅射提高 10 倍左右，沉积速率可达几百纳米至几微米每分钟。

磁控溅射工作原理示意图如图 6.24 所示，电子 e 在电场 E 的作用下，在飞向基板的过程中，与 Ar 原子发生碰撞，使其电离成 Ar^+ 和一个电子 e，电子 e 飞向基体，Ar^+ 在电场的作用下加速飞向阴极靶，并以高能量轰击靶表面，溅射出中性靶原子或分子沉积在基体上形成膜。另外,被溅射出的二次电子e_1一旦离开靶面,就同时受到电场和磁场作用,进入负辉区后受磁场作用。于是,从靶表面发出了二次电子e_2,首先在阳极暗区受到电场加速飞向负辉区,进入负辉区的电子具有一定速度,并且是垂直于磁力线运动的,在洛伦兹力的作用下,而绕磁力线旋转。电子旋转半圈后重新进入阴极暗区,受到电场减速,当电子接近靶平面时,速度降为零。此后电子在电场作用下再次飞离靶面,开始新的运动周期。电子就这样跳跃式地向 EB 所指方向漂移。电子在正交电磁场作用下的运动轨迹近似一条摆线。若为环形磁场,则电子就近似摆线形式在靶表面做圆周运动。二次电子在环形磁场的控制下,运动路径很长,增加了与气体碰撞电离的概率,从而实现磁控溅射沉积速率高的特点。

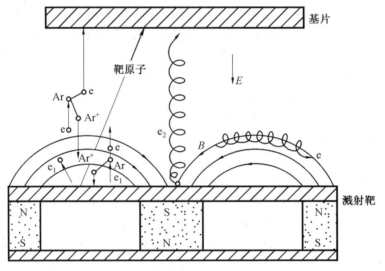

图 6.24　磁控溅射工作原理示意图

磁控溅射源的类型有柱状磁控溅射源、平面磁控溅射源(分为圆形靶和矩形靶)、S枪溅射源;此外还有对靶溅射和非平衡磁控溅射。对靶溅射是将两只靶相对安置,所加磁场和靶面垂直,且磁场和电场平行。等离子体被约束在磁场及两靶之间,避免了高能电子对基板的轰击,使基板温升减小。对靶溅射可以用来制备铁、钴、镍、三氧化二铁等磁性薄膜。非平衡磁控溅射是采用通过磁控溅射阴极内、外两个磁极端面的磁通量不相等,所以称为非平衡磁控溅射。其特征在于,溅射系统中,约束磁场所控制的等离子体区不仅限于靶面附近,还扩展到基体附近,形成大量离子轰击,直接影响基体表面的溅射成膜过程。

⑥ 反应溅射。

化合物薄膜占全部薄膜的70%,在薄膜制备中占重要地位。大多数化合物薄膜通常由化学气相沉积法制备,但是物理气相沉积法也是制备化合物薄膜的一种好方法。反应溅射是在溅射镀膜中引入某些活性反应气体与溅射粒子进行化学反应,生成不同于靶材的化合物薄膜。例如通过在 O_2 中溅射反应制备氧化物薄膜,在 N_2 或 NH_3 中制备氮化物薄膜,在 C_2H_2 或 CH_4 中制备碳化物薄膜等。

如同蒸发一样,反应过程基本上发生在基板表面,气相反应几乎可以忽略,在靶面同时存在着溅射和反应生成化合物的两个过程:溅射速率大于化合物生成速率,靶可能处于金属溅射状态;相反,如果反应气体压强增加或金属溅射速率较小,则靶处于反应生成化合物速率超过溅射速率而使溅射过程停止的状态。这一机理有三种可能,即:① 靶表面生成化合物,其溅射速率比金属低得多;② 化合物的二次电子发射比金属大得多,更多离子能量用于产生和加速二次电子;③ 反应气体离子溅射速率低于 Ar^+ 溅射速率。为了解决这一问题,可以将反应气体和溅射气体分别送至基板和靶附近,以形成压力梯度。

反应溅射过程示意图如图 6.25 所示。一般反应气体有 O_2、N_2、CH_4、CO_2、H_2S 等,反应溅射的气压都很低,气相反应不显著。但是,等离子体中电流很高,对反应气体的分解、激发和电离起着重要作用。

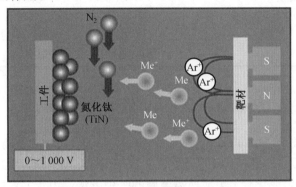

图 6.25 反应溅射过程示意图

在很多情况下,只要改变溅射时反应气体与惰性气体的比例,就可改变薄膜性质,可使薄膜产生由金属 → 导体 → 非金属的转变。例如,在镀氮化钛薄膜时,薄膜的物性与氮气含量密切相关,随着氮气分压的增加,薄膜结构改变,并且电阻率也随之变化。

反应溅射中的靶材可以是纯金属,也可以是化合物。反应溅射也可采用磁控溅射,该方法制备的化合物薄膜具有以下优点:① 有利于制备高纯度薄膜;② 通过改变工艺参数,可制备化学配比和非化学配比的化合物薄膜,从而可调控薄膜特性;③ 基板温度低,选择范围大;④ 镀膜面积大、均匀,有利于工业化生产。目前,反应溅射已经应用到许多领域,如建筑镀膜玻璃中的 ZnO、SnO_2、TiO_2、SiO_2 等;电子工业中使用的透明导电膜 ITO 膜、ZAO 膜、SiO_2、SiO_4、Al_2O_3 等钝化膜和隔离膜;光化学工业中的 TiO_2、SiO_2、Ta_2O_5 等。

以上我们介绍了蒸发镀膜和溅射镀膜,这两种镀膜方式各有特点,表 6.9 对这两种镀膜方法的原理及特点做了较为详尽的对比。

表 6.9 溅射与蒸发方法的原理及特性比较

溅射镀膜	蒸发镀膜
沉积气相的生产过程	
1. 离子轰击和碰撞动量转移机制	1. 原子的热蒸发机制
2. 较高的溅射原子能量(2 ~ 30 eV)	2. 低的原子动能(温度 1 200 K 时约 0.1 eV)
3. 稍低的溅射速率	3. 较高的蒸发速率
4. 溅射原子运动具有方向性	4. 蒸发原子运动具有方向性
5. 可保证合金成分,但化合物有分解倾向	5. 发生元素贫化或富集,化合物有分解倾向
6. 靶材纯度随材料种类而变化	6. 蒸发源纯度较高

续表6.9

溅射镀膜	蒸发镀膜
气相过程	
1. 工作压力稍高 2. 原子的平均自由程小于靶与衬底间距，原子沉积前要经过多次碰撞	1. 高真空环境 2. 蒸发原子不经碰撞直接在衬底上沉积
薄膜的沉积过程	
1. 沉积原子具有较高能量 2. 沉积过程会引入部分气体杂质 3. 薄膜附着力较高 4. 多晶取向倾向大	1. 沉积原子具有能量较低 2. 气体杂质含量低 3. 晶粒尺寸大于溅射沉积的薄膜 4. 有利于形成薄膜取向

6.4 化学气相沉积技术

化学气相沉积技术（chemical vapor deposition, CVD）是将含有组成薄膜元素的一种或几种化合物汽化后输送到基体上，借助加热、等离子体、紫外光、激光等作用，在基体表面产生化学反应（分解或化合）生成所需薄膜的一种方法。由于 CVD 技术是基于化学反应，因此可制备出多种薄膜，如各种单晶、多晶、非晶，单组分或多组分薄膜。该类薄膜具有广泛的应用领域，如应用于微电子方面的 Si_3N_4、SiO_2、AlN、GaAs、InP 等薄膜，应用于结构材料方面的硬质膜，如 Al_2O_3、TiN、TiC、TiCN、类金刚石膜等，以及应用于光学材料、医用材料、反应堆材料、宇航材料、防腐抗蚀耐热耐磨膜层等。

6.4.1 化学气相沉积的特点和分类

（1）化学气相沉积的特点。

① 反应温度显著低于薄膜组成物质的熔点。如：TiN 的熔点为 2 950 ℃，TiC 的熔点为 3 150 ℃，但 CVD 制备 TiN 和 TiC 薄膜的反应温度分别为 1 000 ℃ 和 900 ℃。

② 薄膜成分容易调控，由于 CVD 是利用多种气体反应来生成薄膜，所以薄膜成分极为丰富，可制备出金属薄膜、非金属膜、合金膜、多组分膜或多层膜、多相薄膜。

③ 绕镀性（阶梯覆盖性）好，由于反应是在气相中进行，对于复杂表面和工件的深孔都有较好的涂镀效果；从而使得 CVD 技术还具有单次制备样品量大的特点，这是流相外延和分子束外延等方法无法比拟的。

④ 薄膜纯度高、致密性好、残余应力小、附着力好，这对于表面钝化，增强表面抗腐蚀、耐磨损等功能需求，具有重要意义。

⑤ 沉积速率高，可达几个微米/小时至数百微米/小时。膜层均匀，膜针孔率低，纯度高，晶体缺陷少。

⑥ 辐射损伤低，可用于制造 MOS 半导体器件。

但 CVD 也有缺点和不足，如反应温度高，有些反应在 1 000 ℃ 以上，限制了许多基体材料的应用；如不能用于塑料基体，高速钢基体会退火，需重新进行热处理。

(2)化学气相沉积的分类。

如图 6.26 所示,CVD 可按反应温度、反应压力、反应器壁温度、反应的激活方式和反应物种类进行分类。按气流方式分,有流通式和封闭式。按沉积温度分,有低温 CVD(200 ~ 500 ℃)、中温 CVD(500 ~ 1 000 ℃)和高温 CVD(1 000 ~ 1 300 ℃)三大类。按反应压力分,有常压 CVD(1 atm)、低压 CVD(1 kPa ~ 1 atm)、高真空 CVD(< 10^{-3} Pa)和超高真空 CVD(< 10^{-6} Pa)。按反应器壁温度分,有冷壁式 CVD 和热壁式 CVD。按激活方式分,有热 CVD、等离子体 CVD、激光 CVD、紫外线 CVD 等。按源物质分,有一般 CVD(无机物)和 MOCVD(金属有机化合物)。

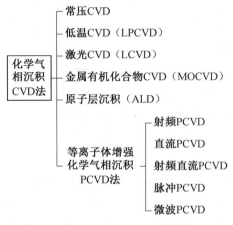

图 6.26　CVD 分类图

6.4.2　CVD 反应类型

(1)CVD 反应原理。

CVD 技术的原理是建立在化学反应基础上的,通常把反应物是气态而生成物之一是固态的反应称为 CVD 反应,因此其化学反应体系必须满足以下三个条件:① 在沉积温度下,反应物必须有足够高的蒸气压,能以适当速度进入反应室;② 反应主产物应是固体薄膜,副产物应是易挥发性气态物质;③ 沉积的固体薄膜必须有足够低的蒸气压,基体材料在沉积温度下的蒸气压也必须足够低。

目前常用的 CVD 沉积反应有下述几种类型。

① 热分解反应。热分解反应是在真空或惰性气氛中加热基体到所需要的温度,然后导入反应气体使其分解,并在基体上沉积形成固态薄膜。用作热分解反应沉积的反应物材料有:硼和大部分第 IV_B、V_B、VI_B 族元素的氢化物或氯化物,第 VIII 族元素(铁、钴、镍等)的羰基化合物或羰基氯化物,以及镍、钴、铬、铜、铝元素的有机金属化合物。例如:

$$SiH_4(气) \longrightarrow Si(固) + 2H_2(气) \quad (110 ~ 700 ℃) \tag{6.10}$$

$$Ni(CO)_4(气) \longrightarrow Ni(固) + 4CO(气) \quad (180 ℃) \tag{6.11}$$

② 氢还原反应。在反应中有一个或一个以上元素被氢元素还原的反应称为氢还原反应。例如:

$$WF_6(气) + 2H_2(气) \longrightarrow W(固) + 6HF(气) \quad (300 ℃) \tag{6.12}$$

③ 置换或合成反应。在反应中发生了置换或合成过程。例如:

$$TiCl_4(气) + CH_4(气) \longrightarrow TiC(固) + 4HCl(气) \quad (1\ 000\ ℃) \qquad (6.13)$$

④ 化学输运反应。借助于适当的气体介质(I_2、NH_4I)与膜材物质反应,生成一种气体化合物,再经过化学迁移或物理输运(用载气)使其到达与膜材原温度不同的沉积区,发生逆向反应使膜材物质重新生成,沉积成膜,此即称为化学输运反应。例如:

$$Ge(固) + I_2(气) \underset{T_2}{\overset{T_1}{\rightleftharpoons}} GeI_2 \qquad (6.14)$$

$$ZnS(固) + I_2(气) \underset{T_2}{\overset{T_1}{\rightleftharpoons}} ZnI_2 + S \qquad (6.15)$$

⑤ 歧化反应。Al、B、Ga、In、Ge、Ti 等非挥发性元素可以形成具有在不同温度范围内稳定性不同的挥发性化合物。例如:

$$2GeI_2(气) \rightleftharpoons Ge(固) + GeI_4(气) \quad (300 \sim 600\ ℃) \qquad (6.16)$$

⑥ 固相扩散反应。当含有碳、氮、硼、氧等元素的气体和炽热的基体表面相接触时,可使基体表面直接碳化、氮化、硼化或氧化,从而达到保护或强化基体表面的目的。例如:

$$Ti(固) + 2BCl_3(气) + 3H_2(气) \longrightarrow TiB_2(固) + 6HCl(气) \quad (1\ 000\ ℃)$$

$$(6.17)$$

由于化学反应的途径是多种的,所以制备同一种薄膜材料可能有几种不同的 CVD 反应。但根据以上介绍的反应类型,其共同特点如下:CVD 反应式总可以写成 aA(气) + bB(气) ⟶ cC(固) + dD(气),即有一反应物质必须是气相,生成物必须是固相,副产品必须是气相。CVD 反应往往是可逆的。

(2)CVD 反应的典型动态过程。

图 6.27 所示为典型 CVD 过程示意图,通常包含 8 个基本步骤:① 前驱物进入真空室;② 前驱物汽化并逐步解理成分子、原子、原子团簇等;③ 气态物向衬底扩散;④ 气态物质附着于衬底表面;⑤ 气态物质向衬底中扩散或反应;⑥ 气态物质原子、分子间发生化学反应,在衬底表面形成固态薄膜;⑦ 化学反应的副产物脱离反应表面;⑧ 反应副产物以及未反应的气体被真空泵抽出腔体。

下面对其中 5 个重要的步骤进行简要介绍。

① 前驱物(反应气体)进入真空室(腔体)。

反应气体可以是一种或多种气体,通常反应气体由非活性气体,如氮气、氦气或氩气携带进入真空室,以防止反应气体在到达衬底表面之前相互之间发生化学反应,即气相反应。混合非活性气体的另一个重要作用是能够有效稀释反应物,使反应更均匀地在衬底表面进行,从而提高成膜的均匀性。同样为了提高成膜均匀性,大多数 CVD 设备中设有气体喷淋装置,气体通过喷头,被均匀地喷洒到衬底表面,从而保证薄膜均匀分布在整个衬底表面。在气体输送环节,一些重要的参数对沉积速率、膜的化学组成,以及膜的性质有着重要的影响,特别是反应气体的总流量和不同反应气体之间的比率。

② 气态物质(气体分子)附着于衬底(基体)表面。

气体分子到达基体上方时,会遇到相对静止的一层气体,通常称为边界层,如图 6.27 虚线所示。气体分子必须穿过边界层,才能附着于基体表面与其他分子发生反应,形成固

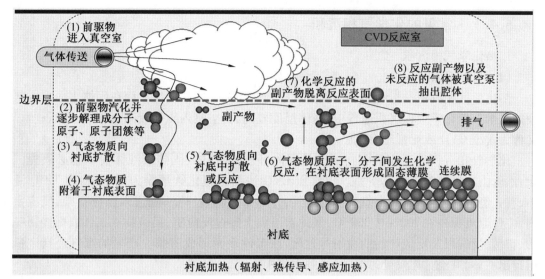

图 6.27 典型 CVD 过程示意图

态膜。未能穿过边界层的分子最终将被真空泵排到腔外,导致气体不完全反应,以及沉积速率降低。调节腔内的气压可以使尽可能多的气体分子穿过边界层而附着于基体表面。

③ 气态物质原子、分子间发生化学反应,在衬底表面形成固态薄膜。

在固体基体上成膜的 CVD 反应种类主要包括热分解反应、还原反应、氧化反应、反应沉积型和固相扩散反应五类。为促进化学反应的进行,工业上广泛采用加热或者等离子体作为辅助刺激条件。气体分子附着于基体表面后,会在表面扩散,直到发生化学反应,生成物在表面成核,后续到达表面的分子会扩散到这些核点处发生反应,使核不断长大,直到所有核结合在一起,形成网状结构的薄膜。之后的反应在薄膜表面继续进行,最终形成连续均匀的薄膜。

④ 化学反应的副产物脱离反应表面。

CVD 反应过程中常伴有副产物的形成,如果不能及时有效地使副产物脱离反应表面,它们可能进入薄膜,从而影响薄膜的化学纯度及性质。副产物的脱离关键在于克服其分子和薄膜表面的结合力(范德瓦耳斯力或化学键),以及薄膜与气体之间的界面层。较高的基体温度能够使副产物分子获得足够高的能量,从而脱离薄膜表面并穿过边界层进入腔内,随主体气流及时排出。

⑤ 反应副产物以及未反应的气体被真空泵抽出腔体。

副产物分子穿过界面层之后,便扩散进入真空腔内,随主气流从气体入口运动到出口,排出腔体。气体的导出速率主要通过改变真空腔内气压进行调节,降低腔内气压可以使副产物气体随着主气流更快地被导出。但是,主气流中同时包含反应气体,所以降低气压会导致反应气体浓度降低,因此也降低薄膜的沉积速率。综上,为提高薄膜的生长速率和气体的利用率,需要合理调节腔内气压。

6.4.3 常见的化学气相沉积

1. 热化学气相沉积

(1) 基本概念。

热化学气相沉积是指利用热能促使反应物之间发生化学反应从而在固体表面形成薄膜的技术。热化学气相沉积过程中,基体温度较高,真空室内压强较高,接近大气压,所以又称为常压 CVD 或亚常压 CVD。

化学气相沉积的反应前驱物可以是固体、液体或气体,固体或液体前驱物必须先汽化,然后由载气携带进入真空室。以常压 CVD 法制备碳化钛薄膜为例,原料为 $TiCl_4$ 液体,首先经过汽化器汽化,由氢气作为载气,并与甲烷混合,再一起进入反应室中,反应室内,工件温度保持在 700～1 000 ℃,气体自下而上经过反应室,反应物在工件表面经历吸附、扩散、反应以及反应产物的脱附等过程,在工件表面形成薄膜。产生的废气经真空机组排出腔体,并经过尾气处理装置,排到大气中。

(2) 特点。

① 可以制备金属或非金属薄膜,可通过控制组分气体流量在较大范围内调节薄膜的成分。

② 成膜速度快,一般可达到每分钟几微米,同一批次中可同时放置多个样品,因此成膜效率高。

③ 薄膜均匀性好。由于成膜时腔体内压强较高,气体的绕射性能好,所以镀膜均匀性好,即使是具有孔洞结构的工件表面也能得到均匀沉积。

④ 膜与基体附着力大。在有些反应中,基体也参与反应,在膜基之间出现过渡层,使得膜与基体之间的附着力大,这对于制备耐磨性薄膜、抗腐蚀性薄膜尤为重要。

(3) 应用举例。

热 CVD 技术被广泛应用于半导体电解质材料(如氧化物、氮化物)的制备中。以氧化物为例,半导体器件拓扑结构中的间隙或空洞制备的氧化物填充,以增强器件的机械性能。化学反应式为

$$Si(OC_2H_5)_4(液) + O_3(气) \longrightarrow SiO_2(固) + 副产物(如 CH_3CHO、O_2、H_2O 等) \tag{6.18}$$

反应物正硅酸乙酯 $Si(OC_2H_5)_4$ 以液体形式存在,所以必须由载气带入反应室中。这种方法镀制的薄膜均匀性好,间隙或者孔洞结构可以得到均匀沉积。

近年来,热 CVD 技术在二维晶体材料的制备中大显身手,高质量、大面积、单晶或多晶二维薄膜(如石墨烯、六方氮化硼、二硫化钼、二硒化钨等)制备中几乎是其唯一制备方法(图 6.28)。该类材料具有原子级厚度,体现了热 CVD 在生长型薄膜制备技术中的独特优势。

由于二维材料具有原子级结构和尺寸,采用热 CVD 技术在衬底表面的生长模式如图 6.28(a) 所示。在一定的能量供给下(加热、激光、等离子体、紫外光等),前驱物发生分解、氧化、还原、置换、传质等化学反应,并在衬底表面产生形核 – 生长 – 扩大过程。图 6.28(b) 为采用热 CVD 技术在铜箔表面获得的石墨烯单晶晶畴的形貌,从图中可以看

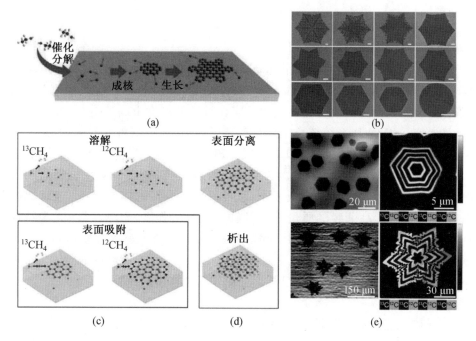

图 6.28　热化学气相沉积制备二维材料机制、形貌及结构调控

出,热 CVD 技术具有突出的形貌调控能力。进一步研究发现,石墨烯在不同金属衬底上的生长模式不同,通过碳同位素方法可以清晰地发现,石墨烯的生长模式除了表面吸附外(图 6.28(c)),还有溶解析出(图 6.28(d))。图 6.28(e)给出了两种不同形貌下,使用碳同位素生长的表面吸附,边界生长的直接证据。由此表明,热 CVD 技术具有良好的可控性,制备的薄膜的功能和结构具有多样化特性。

2. 低压化学气相沉积

热化学气相沉积的驱动力主要是热能,在沉积薄膜时,基体的温度通常很高,这就限制了其在某些不能承受高温的工件中的应用。一方面,在高温条件下薄膜晶粒粗大,耐磨性、抗压性能均不好;另一方面,由于反应腔内压强较高,气体扩散速度慢,反应速度慢,产物扩散也缓慢,不同样品之间的均匀性会受到影响。最简单的改进方法是降低反应腔室内的压强,增加气体自由程,使气体在反应室内快速扩散,这种方法称为低压化学气相沉积(low pressure chemical vapor deposition,LPCVD)。

LPCVD 中,反应腔室内压强降低到 100 ~ 1 000 Pa 以下,相较于常压条件,在相同温度下,单位体积内分子数减小至 0.1% ~ 1%,平均自由程相应增大 100 ~ 1 000 倍,所以分子输运速度大大加快。在常压及亚常压 CVD 中,由于气体分子频繁碰撞,分子沿程能量不断损失;而在 LPCVD 中,由于碰撞次数减少,沿程各处分子携带的能量相差比较小,所以各处反应速率较一致,薄膜均匀性高。同样,由于气体分子密度小,生成物的平均自由程大,扩散快,加速反应进行,因此提高沉积速率。

LPCVD 在半导体制备中有广泛的应用,按照所制备的薄膜的材料,可制备氧化物、氮化物、氮氧化物、多晶硅等多种薄膜。以多晶硅的制备为例,在 LPCVD 中,通常用甲硅烷(SiH_4)作为反应物,通过加热分解成固态的硅和氢气,化学反应式为

$$\mathrm{SiH_4(气) \xrightarrow{加热} Si(固) + 2H_2(气)} \qquad (6.19)$$

3. 等离子体增强型化学气相沉积

等离子体增强型化学气相沉积(plasma enhanced chemical vapor deposition,PECVD)是在化学气相沉积中借助辉光放电提高反应气体的活性,实现高速反应、低速沉积薄膜的一种镀膜技术。等离子体可使得化学气相反应在较低的温度下高速进行,并且制备的薄膜具有新的特点。PECVD系统核心主要是等离子体源,根据其辉光放电的形式,可分为电容耦合PECVD和电感耦合PECVD两大类。PECVD特点:① 极大地降低了衬底温度,适用于含不耐高温的衬底表面镀膜;② 大幅提高反应气体的分解率,反应所需的气体量可以相应减少,既减少原料消耗,降低成本,也可以减少废气的排放量;③ 显著提高薄膜的沉积速率;④ 显著提高薄膜的质量,包括膜的均匀性、强度、电学特性、光学特性等。PECVD常用于半导体材料制备,可用于制备大多数的电解质材料及掩膜材料。以碳膜为例,碳薄膜制备的掩膜相较于光刻胶,表面粗糙度小,轮廓分明,能够保证刻蚀形成的拓扑结构具有良好的均匀性,所以碳薄膜已被广泛用作刻蚀技术的掩膜。

4. 原子层沉积

随着半导体工艺技术的发展,芯片尺寸及线宽不断缩小,器件功能不断提升,对薄膜的质量提出了更高的要求,传统的化学气相沉积技术无法有效地精确控制薄膜的特性,原子层沉积(atomic layer deposition,ALD)技术受到越来越多的青睐。它是利用反应气体与基板或已形成的薄膜表面之间的气-固分步反应来完成薄膜生长,可将物质以单原子膜形式一层一层地沉积在衬底表面的方法。它是一种真正意义上的纳米技术,可以实现原子级精确调控。

(1)ALD基本原理。

ALD与普通的化学气相沉积有相似之处,但在ALD过程中,新一层的原子膜直接与前一层的相互作用及反应,从而使得ALD每次只能沉积一层原子膜。常见的ALD设备主要由进气系统(包括反应气体和吹扫气体),以及可加热基体座和排气系统组成。ALD与普通CVD沉积在化学反应上基本类似,最大的不同在于ALD技术将CVD的连续化学反应分成两个"半反应"交替进行。沉积过程中,两种反应气体定量、分时、交替地进入真空室,与衬底表面或已形成的薄膜表面原子反应,形成新的单原子层薄膜。

图6.29给出了硅衬底表面ALD沉积Al_2O_3薄膜过程示意图。首先通入水蒸气在硅表面形成一层羟基(—OH),然后通入前驱体三甲基铝($Al(CH_3)_3$)(图6.29(a)),其中一个甲基与硅表面的羟基发生反应,形成甲烷并被排气系统带走,铝与氧形成化学键被固定在硅表面(图6.29(b));当所有的羟基被反应完后,形成的甲烷和过剩的前驱体将被排气系统带走(图6.29(c)),再次通入水蒸气(图6.29(d)),在前一表面形成新的羟基以及铝原子之间形成桥氧(图6.29(e)),直到前一表面的甲基被反应完毕,从而形成Al_2O_3单分子薄膜(图6.29(f))。重复上述过程将一层一层沉积出Al_2O_3薄膜。

(2)ALD特点。

① 前驱物具有饱和化学吸附特性,不需要精确控制前驱物的剂量和操作人员的介入,即可以形成大面积厚度均一且精确可控的单分子薄膜。

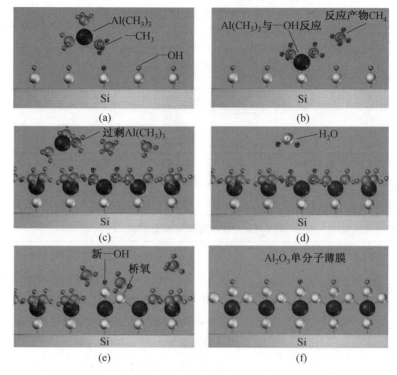

图 6.29　硅衬底表面 ALD 沉积 Al_2O_3 薄膜过程示意图

② 反应过程有序性和表面可控制性,可以程序化设置反应过程,设备简单,操作方便,对衬底形状无要求,具有高保形性。适合作为台阶覆盖和纳米孔的涂层,适用于各种形状的衬底。

③ 沉积过程精确且可重复,ALD 一个典型沉积工艺周期确定了单分子薄膜的厚度(通常为0.9～1 Å),因此在饱和沉积的情况下,可通过沉积的周期控制薄膜的厚度,ALD 沉积工艺具有高度的可重复性。

④ ALD 制备的薄膜可实现超薄、致密、均匀、极佳附着力。ALD 薄膜是以最稳定的方式紧密地排列形成的,不仅可以实现超薄,而且非常致密、均匀和具有极佳的附着力。

⑤ 薄膜生长温度低,通常为室温到 400 ℃ 之间,可用于温度敏感型衬底。ALD 可生长多层结构的薄膜,可沉积多组分纳米薄层和混合氧化物,适用于新一代集成电路制造。

(3) ALD 应用举例。

ALD 在硅基半导体行业得到了越来越多的关注,特别是在生长厚度精确可控、超薄、高保形或共形的薄膜材料方面有很大的优势。ALD 生长的金属氧化物薄膜用于栅极电介质、电致发光显示器绝缘体、电容器电介质和 MEMS 器件,生长的金属氮化物薄膜适用于扩散势垒。

表 6.10 对比了 ALD 方法与其他薄膜制备方法,从表中可以看出,除了沉积速率较低和商业前驱物种类的限制外,ALD 方法具有多方面的显著优势。如沉积温度低于200 ℃,与光刻胶所能承受的温度相当,薄膜的附着能力好。此外,表 6.11 还列出了 ALD 方法可制备的材料。

表6.10 ALD方法与其他薄膜制备方法对比

方法	ALD	MBE	CVD	溅射	蒸发	PLD
厚度均匀性	好	较好	好	好	较好	较好
薄膜致密度	好	好	好	好	不好	好
台阶覆盖性	好	不好	多变	不好	不好	不好
界面质量	好	好	多变	不好	好	多变
原料的种类	不多	多	不多	多	较多	不多
低温沉积	好	好	多变	好	好	好
沉积速率	低	低	高	较高	高	高
工业适用性	好	较好	好	好	好	不好

表6.11 ALD方法可制备的材料

材料类别		ALD可沉积的材料
II-VI族化合物		ZnS,ZnSe,ZnTe,$ZnS_{1-x}Se_x$,CaS,SrS,BeS,$SrS_{1-x}Se_x$,CdS,CdTe,MnTe,HgTe,$Hg_{1-x}Cd_xTe$,$Cd_{1-x}Mn_xTe$
基于TFEL的II-VI族荧光材料		ZnS:M (M=Mn,Tb,Tm),CaS:M (M=Eu,Ce,Tb,Pb),SrS:M (M=Ce,Tb,Mn,Cu)
III-V族化合物		GaAs,AlAs,AlP,InP,GaP,InAs,$Al_xGa_{1-x}As$,$Ga_xIn_{1-x}As$,$In_{1-x}P$
氮/碳化物	半导体/介电材料	AlN,GaN,InN,SiN_x
	导体	TiN(C),TaN(C),Ta_3N_5,NbN(C),MoN(C)
氧化物	介电层	Al_2O_3,TiO_2,ZrO_2,HfO_2,Ta_2O_5,Nb_2O_3,Y_2O_3,MgO,CeO_2,SiO_2,La_2O_3,$SrTiO_3$,$BaTiO_3$
	透明导体/半导体	In_2O_3,In_2O_3:Sn,In_2O_3:F,In_2O_3:Zr,SnO_2,SnO_2:Sb,ZnO,ZnO:Al,Ga_2O_3,NiO,CoO_2
	超导材料	$YB_2Cu_3O_{7-x}$
	其他三元材料	$LaCoO_3$,$LaNiO_3$
氟化物		CaF,SrF,ZnF
单质材料		Si,Ge,Cu,Mo,Pt,Ru,Fe,Ni
其他材料		La_2S_3,PbS,In_2S_3,$CuGaS_2$,SiC

6.5 典型薄膜的制备

6.5.1 金刚石薄膜的基本特性

金刚石作为碳的同素异形体之一，具有众多优异的性质，如硬度最高、热导率高、全波段透光率高、宽禁带、高绝缘性、抗辐射、化学惰性、耐高温、掺杂可为半导体，这些优异的特性使其在各行各业都有着广泛的应用。这些特性源于金刚石独特的晶体结构和电子结构,金刚石属于典型的原子晶体,属等轴晶系,一个碳原子位于四面体的中心,另外四个与它共价的碳原子在四面体的顶点。电子结构为 C：$1s^22s^12p_x^12p_y^12p_z^1$,即 sp^3 杂化,4 个 sp^3 电子与其他碳原子分别生产 4 个 σ 键,每个碳原子以这种杂化的轨道与相邻的 4 个碳原子共享 2 个价电子形成的共价键。键角为 $109°28'$,碳原子配位数为 4,碳原子间距为 0.154 nm。

金刚石拥有上述诸多特性,而采用 CVD 的方法制备的金刚石及类金刚石薄膜也具有突出的综合性能,其主要表现为电学性能(表 6.12)、热学性能(表 6.13)和光学性能(表 6.14)。

表 6.12 金刚石薄膜的主要电学性能

电学性能	天然金刚石	CVD 金刚石
禁带宽度 /eV	5.54	5.45
电阻率 /($\Omega \cdot cm$)	10^{16}	$>10^{12}$
击穿电压 /($V \cdot cm^{-1}$)	3.5×10^6	
电子迁移率 /($cm^2 \cdot V^{-1} \cdot s^{-1}$)	2 200	
空穴迁移率 /($cm^2 \cdot V^{-1} \cdot s^{-1}$)	1 600	
饱和电子偏移速度 /($cm \cdot s^{-1}$)	2.5×10^7	
相对介电常数	3.2	5.5
产生电子空穴对能量 /eV	13	

表 6.13 金刚石和几种高导热材料的热学性能

材料		热导率 /($W \cdot cm^{-1} \cdot K^{-1}$)			热膨胀系数 /($\times 10^{-3}$ ℃$^{-1}$)	电阻率 /($\Omega \cdot cm$)	相对介电常数
		理论	单晶	多晶			
金刚石	人造 I	20	20		2.3	约 10^{16}	5.7
	天然 II	20	20		2.3	约 10^{16}	5.7
	天然 I		10		2.3	约 10^{16}	5.7
CBN		13		6.0	3.7	$>10^{11}$	7
SiC		4.4	4.9			10^{13}	
BeO		3.7		2.4	8.0	10^4	
AlN		3.2	2.0	2.0	4.0	10^{14}	
Ag				4.3	19.1	1.6×10^{-6}	
Au				3.2	14.1	2.3×10^{-6}	
Cu				4.0	17.0	1.7×10^{-6}	
Mo				1.4	5.0	5.7×10^{-6}	

表 6.14　金刚石薄膜的主要光学性能

光学性能	禁带宽度/eV	透明性	光吸收	折射率	热导率/(W·cm^{-1}·K^{-1})
性能	5.45	225 nm→远红外	0.22	0.241(5.9 μm)	20

目前,人工合成的金刚石的力学性能已接近天然金刚石,具有高硬度、低摩擦系数,是优异的耐磨涂层,可应用于金属切削刀具、模具表面,提高表面强度和耐磨性,增加其使用寿命。同时金刚石摩擦系数低、散热快,还可以用于航空航天的高速轴承、导弹整流罩等。

金刚石的击穿电压比 Si 和 GaAs 高出 2 个数量级,电子、空穴迁移率远高于单晶硅和 GaAs,因此,金刚石可作为宽禁带半导体,应用于蓝光发射器件、紫外探测器、低漏电流器件等。通过掺硼制得 p 型半导体,电阻率低至 10^{-2} Ω·cm。利用 p 型金刚石薄膜制造的场效应晶体管和逻辑电路可以在 600 ℃ 以内正常工作,是耐高温半导体器件的首选材料。金刚石具有超高的热导率(2 000 W/(m·K)),可以用于集成电路基体的绝缘层及固体激光器的导热绝缘层,此外还可以作为高温散热材料,热沉产品。金刚石在全波段(0.22~25 μm)具有很高的透明性,仅在 3.5 μm 范围内由声子振动引起了微小吸收,是大功率红外激光器和探测器的理想窗口材料。金刚石具有高折射率,可作为理想的反射膜、雷达罩,以及承受高温、高冲击、散热快、耐磨性好的雷达保护罩。例如美国已制造出 φ150 mm,厚度为 2~3 mm 的金刚石导弹头罩。此外,金刚石还可以制造各类型光学镜头、磁盘以及保护膜等。除了上述典型的性质外,金刚石具有高弹性模量,便于高频声学波高保真传输,可用于制造声表面波滤波器件、高档音响高保真扬声器振动膜材料。图 6.30 为单晶金刚石薄膜的应用范围。

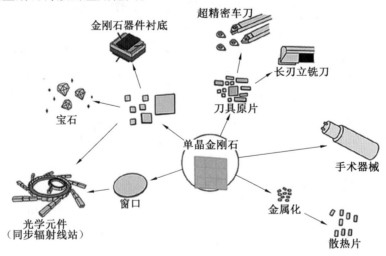

图 6.30　单晶金刚石薄膜的应用范围

6.5.2　金刚石薄膜

1. CVD 合成金刚石薄膜的工艺

金刚石首先是以天然形式存在的,由于其稀缺性和高成本,人工合成金刚石或类金刚石薄膜的研究始于19世纪30年代,并且逐步发展成熟。直到1955年达到顶峰,研究者们从反应动力学和热力学角度出发,探索出了稳定合成金刚石的压力和温度范围,提出了高温高压合成工艺方法。该方法仍面临着许多困难:① 需要极端压力;② 在极端压力条件下,需要极高温条件,使石墨转变为金刚石结构;③ 即使上述条件获得了,所得的金刚石尺寸仍然很小,难以满足实际使用需求。目前,采用低压化学气相沉积方法是高效制备大尺寸金刚石的主要手段,它的核心是利用能量使烃与氢气混合气体发生反应生产金刚石。1952年,Eversole 等人首次采用低压 CVD 成功制备出了金刚石,他们采用含碳气体(CO、CH_4 等)为前驱物,在籽晶层表面进行 CVD 沉积,获得金刚石薄膜。1954年,通用电气研究人员在高温高压且无籽晶层的条件下,制备出金刚石。1956年,苏联 Deryagin 等人利用金属催化剂,通过气 – 液 – 固反应过程生长金刚石晶须,再利用碳源与氢气的混合气体进行 CVD 外延生长金刚石。上述三个典型的研究开启了人工合成金刚石的新篇章,现今的合成方式均是在这三种方法中发展而来。20世纪七八十年代,日本无机材料研究所的研究人员报道了在低压条件下快速生长金刚石的新方法,生长速率可达几微米每小时,且不需要金刚石籽晶层,可产生单独的多面体金刚石颗粒。这项研究奠定了金刚石薄膜商业化的基石。

化学气相沉积法制备金刚石薄膜实际是一个动力学控制过程,在合成过程中,石墨相和金刚石相化学位十分接近,两相都能生成,因此如何促进金刚石相生长抑制石墨相成为关键,目前主要采用的方法是使用原子态的氢去除石墨。CVD 生长金刚石温度范围为 800 ~ 1 000 ℃,压力小于 1 atm,此时石墨是热力学稳定的,而金刚石是热力学非稳定的。由于动力学调控含碳前驱物在等离子体或高温热源的作用下形成活化基团,在衬底上同时形成石墨相和金刚石相,但由于原子态氢对石墨的刻蚀速率远远高于金刚石,最终在衬底上留下金刚石。除了原子氢,原子氧也有相同的作用,Bachman 在总结大量实验数据的基础上,得到了金刚石气相生长的相图,只有当 C、H、O 三个组分在一个特定的范围内时,才能生长出金刚石。以下详细介绍 CVD 合成金刚石薄膜的工艺。

(1)等离子体增强化学气相沉积法(PECVD)。

金刚石生长过程中,碳源由等离子体产生,促使沉积物向金刚石相转化。根据产生等离子体源的频率不同又可分为微波等离子体(2.45 GHz)、直流等离子体、电子回旋共振等离子体(ECR)和高压微波等离子体。

① 微波等离子体增强化学气相沉积法(MWPECVD)。

采用 2.45 GHz 微波,使用对称的等离子体耦合器,产生轴对称的且活性粒子浓度很高的高温等离子体,气体电离度大,存在长寿命的自由基。当引入等离子体后,可降低 CVD 方法制备金刚石的反应温度,降低反应所需压力,提高金刚石薄膜质量。适合制备高质量、光学级别金刚石薄膜。MWPECVD 存在的不足在于,沉积面积相对较小,沉积速率低,设备成本较高。图 6.31 是 MWPECVD 合成金刚石薄膜 SEM 形貌图。

② 直流离子体。

采用两个平行的极板,其中一个为衬底,在其间施加直流电源,以此在碳源前驱体中激发出等离子体。该项技术能制备出大面积金刚石薄膜,获得较高的薄膜沉积速率;但可能在快速生长的薄膜内产生高内应力和高浓度氢杂质。

图6.31 MWPECVD合成金刚石薄膜SEM形貌图

③ 电子回旋等离子体(ECR)。

电子回旋等离子体装置主要由微波源、等离子体腔室、波导管、磁体、真空系统等组成。其基本原理为：在波导管和反应腔室周围添加磁体，使微波产生的等离子体中的电子在电场和磁场的共同作用下产生洛伦兹运动，增加电子与其他粒子的碰撞概率，提高等离子体浓度，降低反应压力和温度。ECRCVD的特点在于：a. 工作压力低(0.2～10 mTor)，b. 等离子体密度高(10^{11}～10^{12} cm^3)，c. 较低的等离子势(15～30 eV)，d. 离子能量和离子流可以相对独立调控，e. 等离子体可由磁场控制其分布，远离物理表面。

④ 高压微波等离子体。

美国SEKI DIAMOND公司多年来一直致力于高压微波等离子体设备研发，已开发出

AX5000 和 AX6000 两个系列多款产品,使用微波和 ECR 等作为等离子体源,功率为 1.5 kW/5 kW,沉积速率可达 15 μm/h,衬底尺寸为 4 in(1 in = 2.54 cm),所生产的金刚石薄膜热导率为 10 ~ 20 W/cm K,工作压力为 1 ~ 100 Torr。AX6600 系列等离子体功率可达 35 ~ 100 kW,表 6.15 为 AX 系列高压微波等离子体 CVD 系统技术参数。

表 6.15 AX 系列高压微波等离子体 CVD 系统技术参数

信号源模型	AX5000	AX5400	—	—
整合模式	AX52	AX5250	—	—
系统模型	AX6300	AX6350	AX6550/6560	AX6600
反应器类型	等离子体浸没	等离子体浸没	等离子体浸没	等离子体浸没
用户	R&D	R&D	产品	产品
开始生产年份	1988	1992	1993	1998
加热或冷却层	加热	冷却	冷却	冷却
微波功率/kW	1.5	5	8	60 ~ 100
微波频率/GHz	2.45	2.45	2.45	0.915
典型直径/mm	50	50	64 热气流 100 工具	200
典型增长率/(μm·g·hr^{-1})	0.1 ~ 0.5	高达 7	高达 7	高达 15
典型质量增长率/(mg·hr^{-1})	1 ~ 4	60	90	1

(2)热灯丝化学气相沉积法(HFCVD)。

CVD 合成金刚石工艺中关键是原子态氢的产生。研究发现,当氢气通过温度在 2 000 ~ 2 500 K 的热灯丝时,易解离成原子态氢。这种方式将金刚石薄膜的沉积速率提高到 1 μm/h,并且可以在无籽晶层的条件下实现金刚石生长,设备非常简单且易操控,是目前商业化产品的主要方法。

HFCVD 原理如图 6.32 所示,其基本工艺过程为含碳前驱气体(如 CH_4)经过高温灯丝时被加热并分解为活性粒子,在原子态氢的作用下沉积生成金刚石薄膜。其关键在于 C—H 键高温热解过程以及石墨抑制两方面。在 CH_4/H_2 混合气体中,CH_4 含量通常低于 5%,酒精、丙酮与氢气的混合气体也可以用于碳源。此外,也可以在反应气氛中加入氧,它可以促进甲烷和氢气的裂解,产生大量的原子态氢,抑制石墨相,提高金刚石相含量;降低碳的浓度,减少非金刚石相生成;形成的 —OH 自由基也可有效去除非金刚石相。衬底温度维持在 1 300 ℃ 左右,反应腔压力为几千帕,气源比例可即时调控。此外,灯丝直径、灯丝材料、布置方式、与衬底距离等对金刚石薄膜有重要影响。典型的 HFCVD 工艺参数为:0.5% ~ 2.0% CH_4/H_2,总压力 10 ~ 50 Torr,衬底温度为 1 000 ~ 1 400 K,灯丝温度为 2 200 ~ 2 500 K。

HFCVD 技术的改进措施如下。

① 优化反应腔室结构。

使用直径为 0.5 mm 的钽丝,采用螺旋形竖直放置,待镀膜的零件(主要是杆状类钻

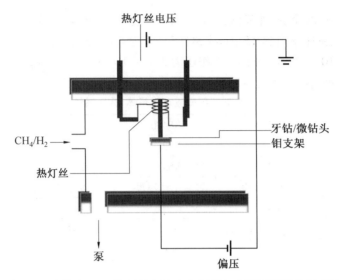

图 6.32　热丝 CVD 装置及在钻头表面制备金刚石薄膜的示意图

头、丝锥、车刀等）置于热灯丝之中并与螺旋形灯丝保持同轴,间距为 5 mm,改善温度分布均匀性,提高金刚石薄膜的均匀性、增加成核密度、提升生长速率。

② 偏压增强型成核。

金刚石薄膜制备过程的关键一步是衬底表面成核,在灯丝和衬底之间加上电压,衬底可进行正／负偏压,可起到增加成核密度、促进生长的作用。对衬底进行负偏压设置（-300 V）,可在衬底支撑台上产生高达 200 mA 的发射电流,产生明亮辉光放电,发射的电子向灯丝快速移动,并与前驱气体裂解产物相互作用,形成 CH_3—、C_2H_2—、CH_2—、CH—、C—、H— 等自由基,增加成核密度。Wang 等人实验发现,偏压施加 30 min 后,金刚石成核密度可达 0.9×10^{10} cm^{-2},如图 6.33 所示。表 6.16 还给出了集中金刚石薄膜的制备工艺的优缺点。

图 6.33　BEN – BEG 方法制备的金刚石薄膜的 SEM 图像,BEN 处理 10 min,处理时间为 60 min

表6.16 主要的CVD金刚石沉积方法比较

方法	热丝CVD法	微波法	火焰燃烧法	等离子体法
衬底温度/℃	300~1 000	300~1 200	600~1 400	600~900
热区温度/℃	1 600~1 900	>2 500	3 000~3 200	1 200~1 600
源气体	CH_4,H_2,可少量O_2	CH_4,H_2,CO,O_2	C_2H_2,O_2可加H_2	CH_4,H_2
流量/sccm	100~1 000	100~1 000	1 000~5 000	100~1 000
生长速率/($\mu m \cdot h^{-1}$)	0.1~10	0.5~15	30~200	1~2
面积/cm^2	5~900	80(低压) 5(高压)	0.5~3	6~35
质量	较高	很高	较差	很高
优点	简单,大面积沉积,3D物体沉积	质量好,稳定,附着强度高	简单,高速率,可同质外延	质量高,适合微电子、光学等应用
缺点	灯丝不稳定,速率较低,不均匀	沉积速率低,面积小,难以3D沉积	面积小,稳定性差,有污染	难以沉积大面积薄膜

(3)CVD工艺制备金刚石薄膜的关键技术。

① 衬底。

金刚石沉积的衬底或者基体材料种类繁多,形状各异,想要获得结合力强、质量高的金刚石薄膜,需要在CVD工艺中解决许多关键工艺参数。若单一为了制备金刚石薄膜,可选用的衬底为W、Mo、Si、Ne、Ta、Ti等,其共同特点是容易形成碳化物,降低碳输运到其表面的速率,直到达到金刚石形成的临界水平;若需要在刀具、模具等零件表面制备金刚石薄膜,则还要求零件基体材料的热膨胀系数与金刚石接近,确保降温过程中金刚石薄膜不至于脱落。

② 衬底预处理。

衬底材料确定后,金刚石在其表面的成核密度决定了薄膜生长,因此需要对衬底进行预处理。常用的衬底预处理方法有:a.采用纳米级金刚石或碳化硅磨料进行超精密磨削;b.采用超声波或磁流变液进行磨削;c.利用酸或Murakami试剂(100 mL H_2O + 10 g $K_2Fe(CN)_2$ + 10 g KOH混合液)进行化学处理;d.对衬底进行偏压设置,增强金刚石成核密度;e.衬底表面沉积碳氢化合物。上述这些预处理方法主要是在衬底表面形成纳米级划痕,提高金刚石成核位点密度。其中使用衬底偏压方法是金刚石在电子元器件和光学器件中应用的产品的主要生产方法。而针对刀具、模具表面金刚石薄膜的生长,由于其尺寸、形状、位置等精度要求已定,此时主要解决的难题是如何提高金刚石薄膜与基体材料的黏附力。例如以WC-Co刀具为例,Co含量为6%,晶粒尺寸为1~3 μm,是合适的金刚石涂层制备衬底。然而刀具表面Co的存在会导致制备过程中出现石墨偏多,造成金刚石薄膜与刀具表面的黏附力低。因此,通常采用酸或Murakami试剂去除刀具表面Co。

③ 金刚石薄膜在三维结构上的生长。

刀具通常具有宏-微跨尺度的三维结构,在其表面均匀制备金刚石薄膜比较困难,主要难点有:a.如何在宏-微三维结构上获得均匀的温度场,金刚石薄膜的成核和生长的环境窗口小,对沉积区域的温度的均一性和稳定性提出严格的要求。b. 常用钨钴类硬质合金表面钴的预处理方法,如何保证有效表面粗化和去钴,同时保证微细刀具的断裂强度。c. 金刚石薄膜制备工艺,保证沉积生长速率适中、表面光滑、厚度均匀、与基体黏附力强。d. 金刚石薄膜微观结构及形貌对刀具切削性能的影响,微米或纳米级金刚石颗粒在切削过程中作用。

以下针对钨钴类硬质合金微型刀具表面金刚石薄膜制备工艺进行简要概述。

① 微型刀具表面预处理。

目前国际上通用的为酸碱两步化学预处理,添加过渡层和表面改性等方法。第一步将基体浸没 Murakami 试剂中超声清洗约 10 min,使碱与 WC 充分反应,进而粗化基体表面并暴露钴(粘接相);进一步将基体放入酸试剂(30 mL HCl:70 mL H_2O_2)中,让酸与暴露的钴反应生成 Co^{2+},以达到去除钴的效果。对于微型刀具,由于其截面尺寸较小,酸碱预处理后可能导致刀具的断裂强度降低,因此对于不同截面尺寸及形状的刀具需要调整预处理工艺参数进行调整和优化。

② 金刚石薄膜制备工艺。

金刚石薄膜制备工艺窗口窄,反应腔压力、刀具基体温度、前驱物气体比例、气体流量等工艺参数都会对金刚石薄膜的质量和生长速率产生影响。其中的关键工艺技术包括:金刚石涂层与硬质合金基体之间结合力控制,在使用过程中因金刚石涂层脱落而导致的刀具失效大于 90%,由此可见,涂层与基体结合力是限制涂层刀具应用的根本。目前解决方案如下。

a. 表面处理。通过清洗、磨削、抛光、喷砂等方法对刀具基体表面进行处理,可以去除杂质和氧化膜,并提高形核率。通常采用纳米级金刚石磨粒进行磨削或者抛光,在基体表面形成纳米级划痕,增加成核位点;同时,部分金刚石磨粒嵌入刀具基体内部,也可作为籽晶生长金刚石。

b. 表面脱钴处理。鉴于钴对金刚石薄膜制备的重大影响,刀具基体表面脱钴显得尤其重要。利用酸或 Murakami 试剂(100 mL H_2O + 10 g $K_2Fe(CN)_2$ + 10 g KOH 混合液)进行化学处理;等离子体刻蚀法。后者利用 H_2、H_2/O_2、CO/H_2、Ar/H_2、H_2O/H_2 等混合气体中的 H 或 O 原子/离子与基体中的 WC 或 Co 进行反应,生成易挥发气体 CO_2、CH_4 和 $Co(CO)_4$、$Co(OH)_4$ 等,使得硬质合金表面形成一定厚度的纯钨层。在金刚石涂层沉积初始阶段,碳自由基与钨反应形成新的 WC 层,这层过渡层可以有效阻挡基体内部的钴向表面扩散,同时减小残余应力,使金刚石晶粒嵌入到 WC 晶界之中,增大了金刚石涂层与基体之间的接触面积,使涂层和基体之间形成了"钉扎效应",有效提高了涂层基体之间的界面结合强度。

c. 改变基体成分或结构。由于钴含量的影响,开发新型硬质合金粘接剂,降低钴的使用量。例如,采用质量分数为 6% 的 Fe/Ni/Co 替代纯 Co 作为 WC 硬质合金的粘接剂,前者制备的硬质合金材料在后续金刚石薄膜沉积中能形成更好的黏附力,在洛氏压痕实验中,在样件不发生分层的前提下,施加载荷可达 60 kg。此外,可采用二次烧结方法使基体中 Co 含量梯度化,从表层向内形成贫钴 – 中钴 – 富钴的梯度分布,增加涂层与基体的结合力。

d. 制作中间过渡层。在基体表面通过电化学、PVD、CVD 方法制备一层较薄的中间层,来减小界面间热膨胀系数的差异,减小热内应力,防止碳过度渗入基体,同时防止钴向表层扩散,可显著提高涂层质量和结合力。对于过渡层的要求:(a) 金刚石在其上的形核率要高;(b) 热膨胀系数适中,能降低合金与金刚石薄膜间由晶格常数、热膨胀系数的差异所造成的内应力;(c) 与金刚石薄膜、WC 硬质合金两种异质材料均能形成较强的结合键,在硬质合金和金刚石表面均有较好的附着力;(d) 可与 Co 反应生成稳定的化合物,或其本身能直接阻止 Co 在高温下向表面层以及金刚石涂层的扩散;(e) 化学性质稳定,具有一定的机械强度。目前常用的单一过渡层材料有 Ti、Mo、W、Cu、Cr、Ni、Si、B、C_{60}、TiC、CrC、SiC、Ti(C,N)、TiN、BN、TiN、CrN、Si_3N_4、BN、TiB_2 等,复合过渡层材料有 WC/W、TiN/TiCN/TiN、TiCN/Ti、Ni/Mo、TiN/MO、B/TiB_2/B、Ti – Si 等。过渡层的制备方法有:离子植入、离子镀、电子蒸发、激光辐射气相沉积、射频脉冲激光沉积和 CVD 等。

2. 金刚石涂层表面粗糙度值较高

采用 CVD 方法制备的金刚石涂层表面凹凸不平,粗糙度为 $Ra4\sim10~\mu m$,切削过程中摩擦力大,切削质量差。目前降低涂层表面粗糙度的途径主要如下。

(1) 超细及纳米晶粒涂层。

涂层表面粗糙度与金刚石颗粒尺寸密切相关,通过调整 CVD 工艺参数,开发超细及纳米晶粒涂层制备技术是解决粗糙度偏大的有效途径。表 6.17 对比了金刚石颗粒尺寸为微米和纳米时的机械性能,在纳米晶粒下,涂层具有纳米级表面粗糙度,更小的摩擦系数和更高的弹性模量。这些力学性质的改变,更加有利于刀具切削。

表 6.17 纳米金刚石涂层与微米金刚石涂层性能比较

性能	纳米金刚石涂层	微米金刚石涂层
晶粒尺寸 /nm	3～20	几十微米
表面粗糙度 /nm	< 19	粗糙
硬度 /GPa	39～78	85～100
摩擦系数	0.05～0.1	0.1(抛光)
弹性模量 /GPa	384	354～535

(2) 抛光。

在获得微米级晶粒后,可以采用抛光方法进一步降低表面粗糙度。但抛光不仅工艺复杂,而且在过程中也很容易对金刚石薄膜质量和刀具使用寿命产生不良影响,而且对于麻花钻、立铣刀等复杂形状金刚石涂层刀具,抛光问题已成为此类刀具推广应用的障碍。这种方法有很大的局限性。表 6.18 列举了各种抛光方法的抛光机理和优缺点,据此可以选择合适的抛光处理技术。

表 6.18 各种抛光方法的抛光机理和优缺点

方法	抛光机理	优点	缺点
机械抛光	微切削	成本低;表面污染轻	只适用于平面形状的抛光;抛光效率低

续表6.18

方法	抛光机理	优点	缺点
热铁板抛光	石墨化扩散	成本低；抛光效率较高	只适用于平面形状的抛光；表面污染严重
熔融金属刻蚀	化学反应	不受形状限制；成本低；抛光效率较高	表面污染严重
化学辅助机械抛光	氧化	成本低；抛光效率较高；表面污染轻	只适用于平面形状的抛光
电蚀抛光	电火花烧蚀	不受形状限制；抛光效率较高；表面污染轻	成本高
激光抛光	蒸发、刻蚀、石墨化	不受形状限制；抛光效率较高；表面污染轻	成本高
离子束抛光	喷射、刻蚀	不受形状限制；表面污染轻	抛光效率低；成本高
等离子体抛光	喷射、刻蚀	不受形状限制；表面污染轻	抛光效率低；成本较高
反应离子刻蚀	喷射	不受形状限制；抛光效率高；表面污染较轻	成本高
磨料水射流	冲击、摩擦、挤压	不受形状限制；抛光效率高；表面无污染	成本较高

众多学者对这些影响参数进行了较为系统的研究工作,得到在给定条件下较优的工艺参数和切削性能,例如 Salgueiredo 等采用正交试验方法较系统地研究了气体组成、真空腔气压、气体流量和基体温度对金刚石薄膜晶粒尺寸、残余应力、薄膜质量和生长速率的影响。他们发现基体温度对金刚石薄膜的上述性能影响最大。然而各个刀具生产厂商将这些核心工艺参数列为商业机密,难以在公开的文献中获取。

(3)应用研究方面。

金刚石涂层微型刀具应用始于2002年,Sein 等人利用改进的螺旋形热丝 CVD 方法获得更加均匀的温度场,在 $\phi 1 \sim 1.5$ mm 的 WC - Co 牙钻头上成功制备出金刚石薄膜(图6.34(a)、(b))。通过与未涂层和镶嵌聚晶金刚石的刀具对牙齿的切削对比实验,发现在其他切削条件下相同的情况下,金刚石涂层刀具磨损较小,切削之后刃口形状更为完整,证实了金刚石涂层刀具的优越性能。进一步,在 WC - Co 微钻头表面成功获得金刚石涂层(图6.34(c)~(d)),金刚石涂层在六条切削刃上均匀分布,颗粒尺寸为 $5 \sim 8$ μm,暴露(111)晶面(图6.34(d))。Gabler 等人在 PCB 专用微细钻头上制备出厚度为 13 μm 的金刚石薄膜,可将满足加工要求的制孔数从 6 000 孔提升到 20 000 孔。

目前生产金刚石涂层刀具的主要公司有美国的 sp^3、Diamond Coating Tool、SEKI DIAMOND,德国的 Cemecon,瑞士 Balzers,日本 OSC 等。例如,Diamond Coating Tool 公

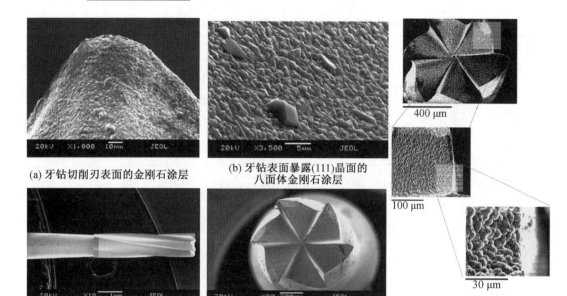

图 6.34 WC-Co 微型刀具及其表面制备的金刚石涂层 SEM 图像

司已经将金刚石涂层应用到 F-35 联合战斗机机翼及部件的加工刀具上,刀具因保持了硬质合金刀刃的几何形状和高的刀刃硬度,使用寿命提高了 10 倍。该公司还提供市场上寿命最长的金刚石涂层立铣刀,切削复合材料寿命是普通铣刀的 70 倍;切削陶瓷达到普通硬质合金铣刀的 50 倍;切削石墨是普通铣刀的 12~20 倍。山特维克公司开发的 CoroDrill 854 和 856 金刚石涂层钻削刀具和德瓦尔特集团开发的 Walter Titex PCD 钻头钻削加工复合材料,刀具寿命分别达到 650 个孔和 600 个孔,而一般的硬质合金钻头只能加工 30~40 个孔。肯纳公司开发的 SPF 金刚石涂层钻削刀具在切削速度为 120 m/min,进给速度为 0.04 mm/r 的条件下,钻削厚度为 7.62 mm 航空用碳纤维复合材料,刀具寿命为普通 PCD 刀具的 2 倍。

6.5.3 类金刚石薄膜

类金刚石(diamond like carbon,DLC)薄膜是由 sp^3、sp^2、sp 键混合而成的非晶碳膜,具有与金刚石薄膜类似的性能,如热导率高、热膨胀系数小、化学稳定性好、硬度和弹性模量高、耐磨性好及摩擦系数低等,以及突出的耐摩擦性能、自润滑特性、生物相容性,因此成为高速钢和硬质合金刀具理想的表面改性膜。

1. 类金刚石薄膜结构

由于制备方式的不同,在 DLC 薄膜中,碳原子的成键方式(如 C—H、C—C、C═C)及比例不同,导致 DLC 薄膜结构不同。由 sp^3、sp^2、sp 杂化成键的非晶碳膜称为 a—C,将含氢且 sp^3 键量小于 50% 的非晶碳膜称为 a—C:H,将不含氢且 sp^3 间含量大于 70% 的非晶碳膜称为 ta—C。几类 DLC 薄膜与金刚石和石墨等性能对比见表 6.19。图 6.35 为 DLC 薄膜的相图。

表 6.19　非晶态碳与金刚石、石墨、碳 60、聚乙烯等标准材料的主要性能比较

材料及类型	sp^3/%	H/%	密度/(g·cm^{-3})	带隙/eV	硬度/GPa
金刚石	100	0	3.515	5.5	100
石墨	0	0	2.267	0	
碳 60	0	0		1.6	
玻璃碳	0	0	1.3 ~ 1.55	0.01	3
蒸发后的碳	0	0	1.9	0.4 ~ 0.7	3
喷溅后的碳	5	0	2.2	0.5	
ta—C	80 ~ 88	0	3.1	2.5	80
a—C:H hard	40	30 ~ 40	1.6 ~ 2.2	1.1 ~ 1.7	10 ~ 20
a—C:H soft	60	40 ~ 50	1.2 ~ 16	1.7 ~ 4	< 10
ta—C:H	70	30	2.4	2.0 ~ 2.5	50
聚乙烯	100	67	0.92	6	0.01

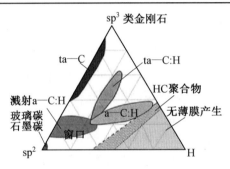

图 6.35　无定型碳 - 氢合金相图

2. DLC 薄膜的性能

(1) 力学性能。

DLC 薄膜硬度与膜中 sp^3/sp^2 键比例以及氢含量密切相关,硬度随着 sp^3 键含量的升高而提高,且与不同制备方法有关。例如,激光溅射和磁过滤阴极电弧沉积获得的 DLC 薄膜硬度达到金刚石薄膜同一数量级。真空磁过滤阴极电弧沉积的 a—C 薄膜的硬度为 70 ~ 110 GPa,接近金刚石硬度。DLC 薄膜硬度高度依赖 sp^3 键含量,这将使共价键的碳原子平均配位数提高,使薄膜结构处于过约束状态,产生大的内应力,从而使 DLC 薄膜开裂或脱落。DLC 薄膜内应力过大以及和基体材料结合力弱是其制备和应用中最大的难题。对于薄膜力学性质的工艺优化也主要是围绕降低薄膜内应力,增强薄膜与基体材料的结合力两方面进行的。通常可采用的途径包括:控制氢含量小于 1%,在薄膜中掺杂 B、N、Si 及金属元素,控制薄膜厚度的均一性等。在提高与基体结合力方面,主要是采用纯金属及化合物过渡层。

除了与金刚石薄膜类似的力学性质外,DLC 薄膜突出的特点是优异的耐磨性、摩擦系数低。这种摩擦性能受环境影响较大,例如,DLC 薄膜对金刚石摩擦系数在潮湿空气中为 0.11,而在干燥的氮气中低至 0.03。采用直流等离子体 CVD 方法制备的 Si 掺杂 DLC 薄

膜在上述两种环境中都有较小的摩擦系数(<0.05)。

(2) 电学性能。

DLC 电阻率可在 $10^5 \sim 10^{12}$ Ω·cm 之间变化,这与制备方法密切相关。通常情况下,含氢 DLC 薄膜电阻率较高,掺杂 N 可以降低电阻率,而掺杂 B 的电阻率反而提高。DLC 薄膜介电强度为 $10^5 \sim 10^7$ V/m,介电常数为 5～11,损耗角正切在 1～100 kHz 内较小,为 0.5%～1%。电子亲和能低,可作为优异的冷阴极场发射材料,且具有阈值电场低、发射电流稳定、电子发射面密度均匀等优点。研究表明,当 DLC 薄膜中 sp^3 含量大于 80%,发射阈值电场强度降低为 8 V/μm;当掺杂 N 或 B 后,阈值电场明显下降,在给定电场强度下 (20 V/μm),DLC 薄膜的发射电流密度为 80 μA/cm^2,掺杂 B 后增加到 2 500 μA/cm^2。

(3) 光学性能。

相较于金刚石薄膜,DLC 薄膜在近红外区表现出更高的透明性。在厚度为 0.4 mm 双面抛光的硅片上,采用低能电子束双面沉积 DLC 薄膜,红外波段的透过率达 80%～95%,较原始硅片提高 2 倍;禁带宽度小于 2.7 eV,且与具体的制备工艺密切相关。例如,采用磁控溅射方法制备 DLC 薄膜时,溅射功率由 200 W 增大到 1 000 W 时,薄膜禁带宽度由 2.0 eV 降低到 1.63 eV。在激光脉冲沉积方法制备 DLC 中,采用 YAG 激光和 ArF 准分子激光制备的薄膜禁带宽度值分别为 0.98 eV 和 2.6 eV。另外,掺杂对 DLC 薄膜禁带宽度值改变较明显,这与半导体掺杂功能一致。

(4) 其他性能。

DLC 薄膜的表面能较低,掺杂 F 元素可进一步降低表面能,但含 F 的薄膜化学稳定性较差。当掺入 SiO_2 时,可在降低表面能的同时保持化学稳定性。DLC 薄膜热稳定较差,这也是限制其广泛应用的一个重要因素。掺杂 Si 可明显改善热稳定性,例如,纯 DLC 薄膜 300 ℃ 退火时,出现 sp^3 向 sp^2 转变,而掺杂含量为 12.8% Si 的 DLC 薄膜在 400 ℃ 退火时,仍未出现 sp^2 成分,当含量上升到 20% 时,sp^3 最高转变温度跃升至 740 ℃。

3. DLC 薄膜制备方法

DLC 薄膜制备方法可分为 PVD 和 CVD 两大类。前者是在真空环境下加热或离化蒸发材料,使蒸发粒子沉积在基体表面形成 DLC 薄膜;加热源有激光蒸发、电弧蒸发、电子束加热。CVD 方法主要是在真空室内通入含碳化合物,并产生热裂解或离子化,再通过聚合、氧化、还原等化学反应过程,在基板上形成 DLC 薄膜。

(1) 离子束沉积。

1971 年,Aisenberg 等人首次报道了 DLC 薄膜的制备方法,他们通过碳氢化合物离子束,在中等能量(～100 eV)条件下,在单晶硅、玻璃、不锈钢表面成功制备出了 DLC 薄膜。实验中制备的类金刚石薄膜的折射率大于 2.0,镀膜后抗刮伤能力提高一倍,在氢氟酸中抗酸化时间长达 40 h,硅基体上的薄膜的附着力超过 2 000 g/cm^2。Spencer 等人提出了离子束增强沉积法制备 DLC 膜。该方法制备的薄膜具有精确的化学计量比、较高的附着力以及较小的应力,与传统的离子束相比,其性能都得到了很大的提高。但是该方法制备薄膜时产生的热较多,不能用于低温基体,同时需要离子枪,在制备大面积 DLC 薄膜方面存在一定困难。在离子束沉积工艺中,通常在衬底上施加负偏压,离子能更紧密地与衬底结合。离子束的产生可源于高压电弧放电,控制电弧弧斑尺寸在 1～10 μm,产生高

达 $10^6 \sim 10^8$ A/cm² 的电流密度,因而可以从石墨靶表面产生大量碳颗粒,形成含有离子和电子的等离子体,等离子体在弧斑处垂直于石墨靶表面喷射出来。等离子体中含有一定数量的大颗粒,可能导致薄膜中石墨颗粒的存在。在弧光放电沉积中,若采用磁过滤器,就可以消除大颗粒而得到单一荷电态的纯碳离子束。还可以通过直流或射频偏压控制碳离子的能量、种类等沉积参数,实现对薄膜性能的精密调整。

(2) 脉冲激光沉积(pulsed laser deposition,PLD)。

脉冲激光沉积是将激光束通过聚焦透镜或石英窗口投影到旋转的石墨靶上,在高能量密度激光的作用下形成等离子体放电,产生碳颗粒并沉积在基体上形成 DLC 膜。激光的波长和能量密度是决定 DLC 薄膜的关键,产生的等离子体中,离子成分越多,基体温度越高,DLC 膜中的 sp^3 成分越高,膜质量越好。

(3) 溅射沉积法。

溅射沉积法是常用制备 DLC 膜的方法,通常以石墨靶为碳源,利用高频振荡或直流激发的惰性气体离子轰击靶面,溅射出来的碳原子或离子在衬底表面形成 DLC 膜。溅射沉积法又可分为:直流溅射、磁控溅射、射频溅射、离子束溅射等。溅射沉积法所获得的 DLC 膜与气压、流量、功率、时间等工艺密切相关,DLC 膜的性质可在大范围内进行调控。

(4) 射频等离子体化学气相沉积(radio frequency plasma chemical vapor deposition,RF-CVD)。

射频等离子体化学气相沉积方法可克服 PVD 方法中表面电荷累积效应,提高沉积速率,是目前实验室制备 DLC 膜的常用方法。其特点是沉积温度低、膜层质量好、适用于在介质衬底上沉积 DLC 膜。通常采用的是电容型射频电源,在样品台与气体导板间形成电容,样品台与射频电源连接,气体导板接地;射频功率通过电容耦合到衬底上,能够使碳氢气体充分地电离并在衬底上形成 DLC 膜。

(5) 直流等离子体化学气相沉积。

通过直流辉光放电分解碳氢气体,从而激发形成等离子体,等离子体与基体表面发生相互作用,形成 DLC 膜。该技术在薄膜制备过程中,极板负偏压易于控制,而且能够大幅度调节。

(6) 热丝 CVD 方法。

该方法是在直流放电法的基础上发展起来的,该方法通过热丝发射电子来维持辉光放电,从而分解碳氢气体形成等离子体,最终在基体表面形成 DLC 膜。改进的热丝法设备和工艺比较简单,稳定性好,比较适合 DLC 自支撑膜的工业化生产。但由于易受灯丝污染和气体活化温度较低,不适合高质量 DLC 膜的制备。

4. DLC 薄膜应用领域

由于 DLC 薄膜具有类似金刚石的部分性质,同时具备特殊的耐磨损、高光学透明性和生物相容性,因此 DLC 薄膜在机械、声学、电磁学、光学、医学领域有着广泛的应用。

(1) 机械领域。

DLC 薄膜具有高硬度、低摩擦系数、良好的抗磨粒磨损和化学稳定性,非常适合做各类耐磨减磨涂层。在金属切削刀具表面沉积 DLC 薄膜,有助于减小切削力,提高使用寿命。例如,IBM 公司采用镀 DLC 薄膜的微型钻头在 PCB 板制孔中,相较于未涂层钻头,制孔速度提高50%,钻头使用寿命提高5倍,加工成本降低50%。在锻压模具方面,模具表面镀有掺杂W的DLC薄膜,锻压过程中可以不使用润滑剂,加工完毕后模具的质量更好。此外,DLC在汽车发动机活塞环、缸套部件相互摩擦的表面应用也非常广泛。

(2) 声学领域。

DLC薄膜最早被用于扬声器振动膜,1986年日本住友公司在钛膜上沉积DLC薄膜,制造出了高频响应扬声器(30 kHz),随后众多企业也加入了DLC薄膜在高保真扬声器振动薄膜研发中,目前已商用化。

(3) 电磁学领域。

高密度存储对磁盘盘面有高耐磨性要求,采用RF-CVD方法在磁盘上沉积厚度40 nm的DLC薄膜,可以达到上述效果。DLC薄膜在电子学的应用主要作为绝缘层、传感器敏感材料、场发射材料等。

(4) 光学领域。

在光学领域主要作为增透薄膜,尤其是在红外波段。例如,锗通常作为在8 ~ 13 μm波段的窗口和透镜材料,但它易被划伤和水分侵蚀,在其表面沉积一层DLC薄膜,可以防止上述两种损害,同时还可以提高红外光透过率。其他红外材料,如MgF_2、ZnS等都可以通过沉积DLC薄膜来提高红外透过率,同时增加使用寿命。在透镜抗激光损伤方面,太阳能电池的增透薄膜中应用也非常广泛。

(5) 医学领域。

DLC薄膜对于人体组织和血液等具有生物兼容性,在心脏瓣膜、人工关节、高频手术刀具、牙钻等方面拥有众多应用。

① 心脏瓣膜。心脏瓣膜疾病对于人工瓣膜的需求量巨大,目前机械瓣膜常使用的热解碳材料有其自身不足,如质地硬脆,一旦产生裂纹将自由扩展,造成破碎;与血液长期相容性不理想,佩戴者需要长期服用抗凝血药物,表面粗糙,易引起红细胞破损、表面细菌黏附等问题。DLC薄膜的组织和血液生物相容性已得到广泛证实,尤其是在钛合金表面制备DLC薄膜,利用二者的突出特点。

② 人工关节。关节疼痛也是长期困扰人们的一种慢性疾病,当关节发生疾病,需要植入关节假体(人工关节)时,植入的人工关节材料及结构需要考虑:摩擦问题、环境腐蚀、生物相容性。目前采用的人工关节材料有超高分子量聚乙烯、钛合金(TiAlN)、钴合金等,它们仍然有一些不足之处。如聚乙烯在长期工作中易产生有害的磨损颗粒,会危害周边的组织;钛合金承力表面也会产生磨损颗粒以及机械不稳定性,导致植入体附近的人体组织出现发黑现象;钴合金耐磨性和抗腐蚀性能优于前两者,但在植入初期也会产生大量磨损颗粒。对于钛合金植入体表面进行诸如纯化、渗氮、离子注入、沉积SiN等改性,能在一定程度上改善植入体表面耐磨损性能,但提升程度有限。鉴于DLC薄膜突出的耐磨性能和良好的生物相容性,在植入体表面沉积DLC薄膜将是今后的重点应用方向之一。但还要解决好以下几点:a. DLC表面纳米级粗糙度(< 10 nm),b. 关节基体与DLC薄膜界面结合力要足够高,c. DLC薄膜中sp^3含量尽可能高,越接近金刚石越好。

③ 高频手术刀具。目前高频手术刀具一般用不锈钢制造,使用时常与肌肉发生粘连,并在高频加热情况下发出难闻气味。美国ART公司利用DLC薄膜的低表面能和不浸

润特性,再通过掺杂金属元素提高其电导率,制备出了不与肌肉粘连且不发生热聚集的DLC涂层手术刀,形成商用化产品,提高工作效率和质量。

④ 牙钻。牙齿作为人体最坚硬的组织,在修复中使用的牙钻为硬质合金基体,并在其表面镀有金刚石颗粒。由于金刚石颗粒形状和尺寸的不均一性,因此参与切削的颗粒不等、切削力波动、磨损严重、效率低。而在 WC-Co 表面沉积纳米 DLC 薄膜,可以充分利用纳米 DLC 薄膜的优点。

6.6 电镀技术

电镀是用电化学的方法在固体表面上电沉积一层金属或合金的过程。当具有导电表面的零件与含有被镀金属离子的电解质溶液接触时,以被镀零件作为阴极,待镀的金属作为阳极,在外电流的作用下,就可在零件表面上沉积一层金属、合金或半导体等。电镀是表面镀膜及处理的重要组成部分,已广泛应用于各行各业,如机械、仪表、电器、电子、轻工、航空、航天、船舶以及国防工业等。电镀膜不仅能使产品质量提升、美观、新颖和耐用,而且还可以对一些有特殊要求的工业产品赋予所需要的性能,如高耐蚀性、导电性、焊接性、润滑性、磁性、反光性、高硬度、高耐磨性、耐高温性等。

6.6.1 电镀层的分类

根据电镀层使用的目的大致可分为三类。

(1) 防护性镀层。

防护性镀层通常有镀锌层、镀镉层和镀锡层。黑色金属零部件在一般大气条件下,常用镀锌层来保护;在海洋气候条件下,常用镀镉层来保护;对于接触有机酸的黑色金属零部件,则常用镀锡层来保护(如食品容器和罐头等),它不仅防护能力强,而且腐蚀产物对人没有害处。由于高价镉具有很高的毒性,从环境保护考虑,现在已很少应用,大多用锌和锌合金代替。

(2) 装饰性镀层。

镀层以装饰性为主要目的,当然也要具备一定的防护性。装饰性镀层多半都是由多层膜形成的组合镀层,这是由于很难找到单一的金属镀层满足装饰性镀层的要求。首先在基体上镀一底层,然后再镀一表面层,有时还要镀中间层,例如,铜/镍/铬多层镀。也有采用多层镍和微孔铬的,现在汽车铝轮毂的电镀层数有的多达9层。近几年来,电镀贵金属(如镀金、银等)和仿金镀层应用比较广泛,特别在一些贵重装饰品和小五金商品中,用量较多,产量也较大。

(3) 功能性镀层。

为了满足工业生产和科技上的一些特殊要求,常需要在某些零部件表面上施镀一层金属或合金,称为功能性镀层。这类镀层根据所产生的功能不同,又可分为以下几类。

① 耐磨和减摩镀层。耐磨镀层是依靠给零部件镀覆一层高硬度的金属,以增加零部件的抗磨耗能力。在工业上大量应用的是镀硬铬,通常应用在工业上的大型直轴或曲轴的轴颈、压印辊的辊面、发动机的气缸及活塞环、冲压模具的内腔以及枪、炮管的内腔等。

均镀硬铬减摩镀层多用在滑动接触面上,接触面镀上韧性金属,通常镀减摩合金镀层,这种镀层可以减少滑动摩擦,多用在轴瓦和轴套上,可以延长轴和轴瓦的使用寿命。作为减摩镀层的金属和合金有锡、铅－锡合金、铅－铟合金以及铅－锡－铜合金等。

② 抗高温氧化镀层。一些工作在高温工况下的零部件需要用耐高温材料制造,这些零部件在高温腐蚀介质中容易氧化或热疲劳而损坏。例如,喷气发动机的转子叶片和转子发动机的内腔等,常需要镀镍、钴、铬及铬合金。

③ 导电镀层。在印刷电路板、IC 元件等应用场合中,需要大量导电镀层来提高零部件表面导电性,通常采用镀铜、银和金就可以了。当要求镀层既要导电好,又要耐磨时,就需要镀 Ag－Sb 合金、Au－Co 合金、Au－Ni 合金及 Au－Sb 合金等。

④ 磁性镀层。在电子计算机和录音机等设备中,所使用的录音带、磁盘和磁鼓等存储装置均需要磁性材料。这类材料多采用电镀法制得,通常用电镀法制取的磁性材料有 Ni－Fe、Co－Ni 和 Co－Ni－P 等。

⑤ 焊接性镀层。有些电子元器件进行组装时常需要进行钎焊,为了改善和提高它们的焊接性能,在表面需要镀一层铜、锡、银以及锡－铅合金等。

⑥ 修复性镀层。有些大型和重要的机器零部件经过使用磨损后,可以用电镀或刷镀法进行修补。汽车和拖拉机的曲轴、凸轮轴、齿轮、花键、纺织机的压辊等,均可采用电镀硬铬、镀铁、镀合金等进行修复,印染、造纸等行业的一些零部件也可用镀铜、镀铬等来修复。

6.6.2 电镀工艺

1. 电镀预处理

电镀前的基体表面状态和清洁程度是保证镀层质量的先决条件,如果基体表面粗糙、锈蚀或有油污存在,将不会得到光亮、平滑、结合力良好和耐蚀性高的镀层。据统计,超过 80% 的电镀质量事故原因都在于镀前处理没有做好,因此要想得到高质量的镀层,必须加强镀前预处理的管理。

(1) 电镀粗糙表面的整平。

① 磨光。磨光的主要目的是使金属零部件粗糙不平的表面得以平坦和光滑,还能除去金属零部件的毛刺、氧化皮、锈蚀、砂眼、气泡和沟纹等。磨光用的磨料通常有人造刚玉、金刚砂、石英砂、氧化铬等。磨光用的磨轮多为弹性轮,一般使用皮革、毛毡、棉布、呢绒线、各种纤维织品及高强度纸等材料,使用压制、胶合、缝合等方法制作而成,并具有一定的弹性。磨光的效果与磨轮的旋转速度有密切关系,零部件的材料越硬,粗糙度值要求越小,磨轮的圆周速度应该越大。

② 机械抛光。机械抛光是利用装在抛光机上的抛光轮来实现的,抛光机和磨光机相似,只是抛光时用抛光轮,并且转速更高些。抛光轮通常是由棉布、亚麻布、细毛毡、皮革和特种纸等缝制成薄圆片。为了使抛光轮有足够的柔软性,缝线和轮边应保持一定的距离。机械抛光还需要使用抛光膏,它通常由金属氧化物粉与硬脂、石蜡等混合,并制成适当硬度的软块。根据其中金属氧化物的种类不同,抛光膏一般可分为白膏、红膏和绿膏三种。白膏由白色的高纯无水氧化钙和少量氧化镁粉制成,白膏中的氧化钙粉非常细小,无锐利的棱面,适用于软质金属的抛光和多种镀层的精抛光。红膏由红褐色的三氧化二铁

粉制成,红膏中的三氧化二铁具有中等硬度,适用于钢铁零部件的抛光,也可用于细磨。绿膏由绿色的三氧化二铬粉制成,绿膏中的三氧化二铬是一种硬而锋利的粉末,适用于硬质合金钢及铬镀层的抛光。

（2）滚光和光饰。

① 普通滚光。普通滚光是将零件和磨料等放入滚筒中,低速旋转滚筒,靠零部件和磨料的相对运动及摩擦效应滚光,滚光的效果与滚筒的形状、尺寸、转速、磨料、溶液的性质、零件材料性质及形状等有关。多边形滚筒比圆形滚筒好,常用的滚筒多为六边形和八边形,滚筒的旋转速度与磨削量成正比,一般旋转速度控制在20～45 r/min范围内,滚光用的磨料有石英砂、铁砂、钉子尖、陶瓷片、浮石和皮革角等。

② 离心滚光。离心滚光是在普通滚光的基础上发展起来的高能表面整平方法,在转塔内放置一些滚筒,内装零件和磨削介质等,当工作时,转塔高速旋转,而转筒则以较低的速度反方向旋转,旋转产生的离心力使转筒中的装载物压在一起对零部件产生滑动磨削,能起到去毛刺和整平的效果。

③ 振动光饰。振动光饰是在滚筒滚光的基础上发展起来的普通光饰方法,使用的设备主要是筒形或碗形容器及振动装置,振动光饰的效率比普通滚光高得多,适用于加工比较小的零部件。

④ 离心光饰。离心光饰是一种高能光饰方法,其主要结构部分是圆筒形容器、碗形盘和驱动系统。将磨料和介质放入筒内,工作时,由于盘的旋转,装载物沿着筒壁向上运动,其后又靠零部件的自身质量向下运动,如此反复使装载物呈圆筒形运动,从而对零部件产生磨削光饰作用。

（3）喷砂和喷丸。

① 喷砂。喷砂是用压缩空气将砂子喷射到工件上,利用高速砂粒的动能除去零件表面的氧化皮、锈蚀或其他污物。喷砂可分为干喷砂和湿喷砂两种。干喷砂用的磨料是石英砂、刚砂、氧化铝和碳化硅等,应用最广的是石英砂。加工时,要根据零部件材料、表面状态和加工的要求选用不同粒度的磨料。湿喷砂用磨料和干喷砂相同,可先将磨料和水混合成砂浆,磨料的体积分数一般为20%～35%,要不断搅拌以防沉淀,用压缩空气压入喷嘴喷向加工零部件。

② 喷丸。喷丸与喷砂相似,只是用钢铁丸和玻璃丸代替喷砂的磨料,喷丸能使零部件产生压应力,而且没有含硅的粉尘污染。目前,许多精密件的喷丸采用不锈钢丸。

2. 脱脂

金属零部件在镀前黏附的油污分为矿物油、植物油和动物油。所有的动物油和植物油的化学成分主要是脂肪酸和甘油酯,它们都能和碱作用生成肥皂,故称为可皂化油。矿物油主要是各种碳氢化合物,不能和碱作用,称为不可皂化油,例如凡士林、石蜡和润滑油等。

（1）有机溶剂脱脂。

常用的有机溶剂有汽油、煤油、苯、甲苯、丙酮、三氯乙烯、三氯乙烷、四氯化碳等,其中汽油、煤油、苯类、丙酮等属于有机烃类溶剂,对大多数金属没有腐蚀作用,但都是易燃液体。苯类还有较大毒性,三氯乙烷、四氯乙烷和四氯化碳等也属于有机烃类溶剂,但不易燃,且具有一定的毒性,需要在密闭的容器中进行操作。

有机溶剂脱脂的特点是对皂化油和非皂化油均能溶解,一般不腐蚀金属零部件,脱脂快,但不彻底,需用化学方法和电化学方法补充脱脂。

(2)化学脱脂。

化学脱脂是利用热碱溶液对油脂进行皂化和乳化作用,以除去可皂化性油脂,同时利用表面活性剂的乳化作用除去非皂化性油脂。

① 碱性脱脂。碱性脱脂依靠皂化和乳化作用,前者可以除去动植物油,后者可以除去矿物油。碱性脱脂溶液通常含有以下组分:氢氧化钠、碳酸钠、磷酸三钠、焦磷酸钠、硅酸钠以及表面活性剂等,表面活性剂的去脂作用与其分子结构有关。常用的乳化剂有:OP – 10、平平加 A – 20、TX – 10、O – 20、HW 和 6501、6503 等,其工艺见表 6.20。

表 6.20 碱性脱脂溶液的组成及工艺条件

组成及工艺条件		钢铁			铜及其合金		铝及其合金		锌及其合金	
		1	2	3	4	5	6	7	8	9
组成/(g·L^{-1})	氢氧化钠(NaOH)	50~100	40~60	20~40	8~12		10~15			
	碳酸钠(Na$_2$CO$_3$)	25~35	25~35	20~30	50~60	10~20		15~20	15~30	20~25
	磷酸三钠(Na$_3$PO$_4$·12H$_2$O)	25~35	25~35	5~10	50~60	10~20	40~60		15~30	
	硅酸钠(Na$_2$SiO$_3$)	10~15		5~15	5~10	10~20	20~30	10~20	10~20	20~25
	三聚磷酸钠(Na$_5$P$_3$O$_{10}$)						10~15			15~20
	OP 乳化剂				1~3		2~3		1~3	
	YC 除油添加剂		10~15							10~15
工艺条件	温度/℃	80~95	60~80	80~90	70~80	70	60~80	60~80	60~80	40~70

② 酸性脱脂(该法仅适用于有少量油污的金属零部件)。酸性脱脂通常是由无机酸和(或)有机酸中加入适量的表面活性剂混合配制而成,这是一种脱脂 – 除锈一步法工艺。常用的几种工艺如下。

a. 硫酸(H$_2$SO$_4$,ρ = 1.84 g/cm^3)80 ~ 140 mL/L,加乳化剂 15 ~ 25 mL/L,硫脲 1 ~ 2 mL/L,温度 70 ~ 85 ℃,适用于表面附有氧化皮及少量油污的黑色金属零部件。

b. 盐酸(HCL,ρ = 1.19 g/cm^3)185 mL/L,OP 乳化剂 5 ~ 7.5 g/L,乌洛托品 5 g/L,温度 50 ~ 60 ℃,适用于表面附有疏松锈蚀产物及少量油污的黑色金属零部件。

c. 硫酸(H$_2$SO$_4$,ρ = 1.84 g/cm^3)35 ~ 45 mL/L,盐酸(HCL,ρ = 1.19 g/cm^3)950 ~ 960 mL/L,乳化剂 1 ~ 2 g/L,乌洛托品 3 ~ 5 g/L,温度 80 ~ 95 ℃,适用于表面附有氧化

皮及少量油污的黑色金属零部件。

（3）电化学脱脂。

电化学脱脂的特点是脱脂效率高,能除去零部件表面的浮灰和浸蚀残渣等机械杂质,阴极脱脂易渗氢,深孔内油污去除较慢,并须有直流电源。

①阴极脱脂。阴极脱脂时,在阴极产生的氢气气泡小而多,比阳极上产生的气泡多一倍,因而阴极脱脂比阳极脱脂的速度快,脱脂的效果也好。但由于阴极上产生大量的氢气,会有一部分渗入到钢铁基体,钢铁零部件因渗氢而产生氢脆,为了尽可能减少渗氢,因此进行阴极脱脂时,可采用相对较高的电流密度,以减少阴极脱脂的时间。

②阳极脱脂。阳极脱脂析出的气泡相对较少,气泡较大,故乳化能力较弱,阳极脱脂析出的氧气容易使金属表面氧化,某些油污也被氧化,以致难以除去。有色金属及其合金不宜采用阳极脱脂。

③阴阳极联合脱脂。联合脱脂时,一般先进行阴极脱脂,随后转为短时间的阳极脱脂,这样既可利用阴极脱脂快的优点,又可减少或消除渗氢。电化学脱脂工艺见表6.21。

表6.21 电化学脱脂液的组成及工艺条件

组成及工艺条件		钢铁			铜及其合金			锌及其合金		铝及其合金
		1	2	3	4	5	6	7	8	9
组成/(g·L^{-1})	氢氧化钠	10~30	40~60	20~30	10~15		5~10		0~5	
	碳酸钠		60	10~20	20~30	20~40	10~20	5~10	0~20	
	磷酸钠			15~20		50~70	20~40	10~20	20~30	
	硅酸钠	30~50	3~5	30~50	10~15	3~5	20~30	5~10		40
	表面活性剂(40%烷基磺酸钠)			1~2			1~2			5
	三聚磷酸钠									40
工艺条件	温度/℃	80	70~80	60	70~90	70~80	60	40~50	40~70	
	电流密度/(A·dm^{-2})	10	2~5	10	3~8	2~5	5~10	5~7	5~10	
	阴极脱脂时间/min	1		1~2	5~8	1~3	1	0.5	10	
	阳极脱脂时间/min	0.2~0.5	5~10		0.3~0.5					

3. 浸蚀

（1）浸蚀方法分类。

将金属零部件浸入到含有酸、酸性盐和缓蚀剂等溶液中,以除去金属表面的氧化膜、氧化皮和锈蚀产物的过程称为浸蚀或酸洗。根据浸蚀的方法,可分为化学浸蚀和电化学浸蚀;若根据浸蚀的用途和目的,又可分为一般浸蚀、强浸蚀、光亮浸蚀和弱浸蚀等。

① 一般浸蚀。在一般情况下,能除去金属零部件表面上的氧化皮和锈蚀产物即可。

② 强浸蚀。采用的酸浓度比较高,它能溶去表面较厚的氧化皮和不良的表面组织、碳层、硬化表层和疏松层等,以达到粗化表面的目的。

③ 光亮浸蚀。一般仅能溶解金属零部件上的薄层氧化膜,去除浸蚀残渣和挂灰,并降低零部件的表面粗糙度。

④ 弱浸蚀。金属零部件一般在进行强浸蚀或一般浸蚀后,进入电镀槽之前进行弱浸蚀,主要用于溶解零部件表面上的钝化薄膜,使表面活化,以保证镀层与基体金属的牢固结合。

(2) 常用金属浸蚀工艺。

① 钢铁零部件的强浸蚀。为了去除钢铁表面的锈蚀,通常使用硫酸和盐酸,反应中由于氢的析出,高价铁还原成低价铁,有利于酸与氧化物的溶解,还能加速难溶黑色氧化皮的剥落。但析氢可能引起氢脆,故在浸蚀液中常加入适量的缓蚀剂。含有硫酸的浸蚀液中使用的缓蚀剂有若丁、磺化煤焦油等;含有盐酸的浸蚀液中使用的缓蚀剂有六次甲基四胺、苯胺和六次甲基四胺的缩合物等。钢铁零部件化学浸蚀液和电化学浸蚀液的组成及工艺条件见表 6.22 和表 6.23。

表 6.22　钢铁零部件化学侵蚀液的组成及工艺条件

组成及工艺条件		1	3	3	4	5	6	7	8	9	10
组成/(g·L^{-1})	硫酸	200~250	100~200		150~250		600~800	30~50		75%	
	盐酸		100~200	150~350			5~15				100~150
	硝酸				800~1 200						
	氢氟酸									25%	
	磷酸							80~120			
	铬酐						150~350				
	氢氧化钠										
	氯化钠				100~200						
	缓蚀剂				0.5~2		0.5~2				
	若丁	0.3~0.5	0~0.5							0.1	

续表6.22

组成及工艺条件		1	3	3	4	5	6	7	8	9	10
工艺条件	温度/℃	50~75	40~65	室温	40~60	<50		室温	70~80	室温	室温
	时间/min	<60	5~20		1~5	0.05~0.17		2~5	5~15	除尽	

表6.23 钢铁零部件电化学浸蚀液的组成及工艺条件

组成及工艺条件		阳极浸蚀				阴极浸蚀		交流浸蚀
		1	2	3	4	5	6	7
组成/(g·L^{-1})	硫酸(98%)	200~250	150~250	10~20		100~150	40~50	120~150
	硫酸亚铁			200~300				
	盐酸				320~380		25~30	
	氢氟酸(40%)				0.15~0.3			
	氯化钠	30~50		50~60			20~22	
	缓蚀剂(二甲苯硫脲)				3~5			
工艺条件	温度/℃	20~60	20~30	20~60	30~40	40~50	60~70	30~50
	电流密度/(A·dm^{-2})	5~10	2~6	5~10	5~10	3~10	7~10	3~10
	时间/min	10~20	10~20	10~20	1~10	10~15	10~15	4~8
	电极材料	阴极为铁或铅	阴极为铁或铅	阴极为铁或铅	阴极为铁或铅	阳极用铅	阳极用铅	

② 钢铁零部件的弱浸蚀及活化。金属零部件在脱脂及强浸蚀之后,还需要进行弱浸蚀或活化处理,其目的是除去金属表面上极薄的一层氧化膜,使表面活化,以保证镀层与基体金属牢固结合,弱浸蚀工艺条件见表6.24。

表 6.24　一般钢铁零部件的弱浸蚀工艺条件

	组成及工艺条件	1	2	3	4
组成/(g·L^{-1})	硫酸(H$_2$SO$_4$98%)	30～50			15～30
	盐酸(HCl)		50～80		
	氰化钠(NaCN)			20～40	
工艺条件	温度/℃	室温	室温	室温	室温
	电流密度/(A·dm^{-2})				3～5
	时间/min	0.5～1	0.5～1	0.5～1	0.5～1

6.7　喷涂技术

1910年,瑞士Schoop博士开发了世界首部金属熔液喷涂装置,采用氧乙炔火焰喷涂铝线和锌线作为装饰用,由此开创了热喷涂技术。20世纪30～40年代,随着火焰和电弧线材喷涂设备的完善,热喷涂技术从最初的装饰涂层发展到用钢丝修复机械零件、制作防腐蚀涂层。50年代爆炸喷涂技术的开发及随后等离子喷涂技术的成功开发,使喷涂技术在航空航天等领域获得了广泛的应用,自熔剂合金粉末的研制成功使通过涂层重熔工艺消除涂层中的气孔,实现与基体冶金结合成为可能,极大地扩大了热喷涂技术的应用领域。80年代初期开发成功的高速火焰喷涂技术,使 WC－Co 硬质合金涂层的应用从航天航空领域扩大到各种工业领域。90年代,高效能超音速等离子喷涂技术的成功研制,促进了高效型喷涂技术的发展,为在各个工业领域进一步有效地利用热喷涂技术提供了重要手段。近几年开发出的高速电弧喷涂技术在保持普通电弧喷涂技术经济性能好、适用性强等特点的同时,使喷涂层获得更加优异的性能,特别是在船舶及其他海洋钢结构防腐、电站锅炉管道防腐耐冲蚀和贵重零件的修复等方面,有着巨大的应用价值。自热喷涂技术进入实际应用以来,新的热源、新型结构的喷枪以及新型喷涂材料的研究发展都对热喷涂技术的发展起到了巨大的推动作用,热喷涂技术已成为在机械制造和设备维修中广泛应用的一项表面工程技术。

6.7.1　热喷涂

(1)热喷涂基本过程。

热喷涂是以一定形式的热源将粉状、丝状或棒状喷涂材料加热至熔融或半熔融状态,同时用高速气流使其雾化,喷射在经过预处理的零件表面,形成喷涂层,用以改善或改变工件表面性能的一种表面加工技术。热喷涂是一种典型的自下而上的生长型薄膜制备技术,所制备的涂层较 PVD 和 CVD 技术制备的薄膜有其特殊之处。

热喷涂的喷涂基本过程如图6.36所示,当高温熔融粒子高速撞击基体表面时,将发生液体的横向流动,导致扁平化,与此同时,粒子经快速冷却、凝固黏附在基体表面,整体涂层由大量粒子逐次沉积而形成。涂层的性能与涂层材料本身密切相关。选择合适的材料,可以获得具有优越的耐磨损、耐腐蚀、耐热、绝热、耐辐射等性能的保护涂层,也可使材料表面获得具有导电、绝缘、磁、电等性能的功能涂层。

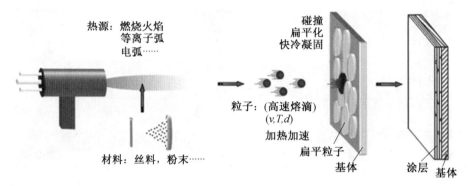

图 6.36 热喷涂原理示意图

特别地,在热喷涂工艺条件下,涂层与工件表面之间形成机械结合,使得涂层与基体之间的结合强度普遍高于 PVD 和 CVD 技术。当高温、高速的金属喷涂粒子与清洁表面的金属工件表面紧密接触,并使两者间的距离达到晶格常数的范围内时,还会产生金属键结合。在喷涂放热型复合材料时,在喷涂层与工件的界面上,微观局部可能产生微冶金结合。

热喷涂的种类主要以热源形式进行划分,并结合喷涂材料的形态、性质、喷涂速度以及喷涂环境进行进一步细分,如喷涂材料的形态(粉材、丝材、棒材)、材料的性质(金属、非金属)、能量级别(高能、高速)、喷涂环境(大气、真空、负压)等。热喷涂可分为火焰喷涂、电弧喷涂、等离子喷涂和特种喷涂四大类。火焰喷涂通常是指以氧炔火焰、燃气高速火焰、燃油高速火焰等。电弧喷涂包括普通电弧喷涂和高速电弧喷涂。等离子喷涂主要包括普通等离子喷涂、低压等离子喷涂、超音速等离子喷涂等。特种喷涂主要有线爆喷涂、激光喷涂、悬浮液料热喷涂、冷喷涂等。表 6.25 为热喷涂方法及其技术特性。

表 6.25 热喷涂方法及其技术特性

热喷涂	火焰喷涂						电弧喷涂		等离子喷涂			其他喷涂方法	
热喷涂方法	材料火焰喷涂	陶瓷棒火焰喷涂	粉末火焰喷涂	粉末塑料火焰喷涂	气体爆燃式喷涂	高速火焰喷涂	电弧喷涂	高速电弧喷涂	等离子喷涂	低压等离子喷涂	超音速等离子喷涂	激光喷涂	丝材爆炸喷涂
热源	燃烧火焰	燃烧火焰	燃烧火焰	燃烧火焰	爆燃火焰	燃烧火焰	电弧	电弧	等离子电弧	等离子电弧	等离子电弧	激光	电容放电能量
温度/℃	3 000	2 800	3 000	2 000	3 000	略低于等离子	4 000	4 000	6 000~12 000	—	18 000	—	—

续表6.25

热喷涂	火焰喷涂						电弧喷涂		等离子喷涂			其他喷涂方法	
喷涂离子飞行速度/(m·s^{-1})	50~100	150~240	30~90	50~150	700~800	1000~1400	50~150	200~600	300~350	—	3660(电弧速度)	—	400~600
喷涂材料	金属复合材料,粉芯丝材	Al$_2$O$_3$、ZrO$_2$、Cr$_2$O$_3$等陶瓷	金属、陶瓷复合粉末材料	塑料粉末	陶瓷、金属陶瓷、硬质合金	金属、陶瓷、硬质合金	金属丝、粉芯丝材	金属丝、粉芯丝材	金属、陶瓷、塑料	MCrAlY合金、碳化物、易氧化合金、有毒合金	金属、合金、碳化物和陶瓷材料	低熔点到高熔点的各种材料	金属
喷涂量/(kg·h^{-1})	2.5~3.0(金属)	0.5~1.0	1.5~2.5(陶瓷) 3.5~10(金属)	2	—	20~30	10~35	10~38	3.5~10(金属) 6.0~7.5(陶瓷)	5~55	不锈钢丝34,铝丝25,WC/Co6.8	—	—
喷涂层结合强度/MPa	10~20(金属)	5~10	5~20(金属)	15	70(陶瓷) 175(WC-Co金属陶瓷)	>70	10~30	20~60	30~60(金属)	>80	40~80	良好	30~60
孔隙率/%	5~20(金属)	2~8	5~20(金属)	无气孔	<2(金属)	<2(金属)	5~15	<2	3~15(金属)	<1	<1	较低	2.0~2.5

（2）热喷涂特点。

与其他表面工程技术相比,热喷涂在实用性方面有以下主要特点。

① 热喷涂的种类多。各种热喷涂技术的优势相互补充,扩大了热喷涂的应用范围,在技术发展中,各种热喷涂技术之间又相互借鉴,增加了功能重叠性。

② 涂层的功能多。应用热喷涂技术可以在工件表面制备出耐磨损、耐腐蚀、耐高温、

抗氧化、隔热、导电、绝缘、密封、润滑等多种功能的单一材料涂层或多种材料的复合涂层。

③适用热喷涂的零件范围宽。热喷涂的基本特征决定了在实施热喷涂时，零件受热小，基材不发生组织变化，因而施工对象可以是金属、陶瓷、玻璃等无机材料，也可以是塑料、木材、纸等有机材料。由于热喷涂涂层与基体之间主要是机械结合，因而热喷涂不适用于重载交变负荷的工件表面，但对于各种摩擦表面、防腐表面、装饰表面、特殊功能表面等均可适用。

④设备简单、生产率高。常用的火焰喷涂、电弧喷涂以及小型等离子弧喷涂设备都可以运到现场施工，热喷涂的涂层沉积率仅次于电弧堆焊。

⑤操作环境较差。需加以防护，在实施喷砂预处理和喷涂过程中伴有噪声和粉尘等，需采取劳动防护及环境防护措施。

表6.26列出了热喷涂技术与其他常用表面工程技术的比较。

表6.26　热喷涂技术与其他常用表面工程技术的比较

有关参数	热喷涂	堆焊	气相沉积	电镀
零件尺寸	无限制	易变形件除外	受真空室限制	受电镀槽尺寸限制
零件几何形状	简单形状	对小孔有困难	适于简单形状	范围广
零件的材料	几乎不受限制	金属	通常限制不大	导电材料或经过导电化处理的材料
表面材料	几乎不受限制	金属	金属及合金	金属、简单合金
涂层厚度/mm	1~25	达25	通常<1	达1
涂层孔隙率/%	1~15	通常无	极小	通常无
涂层与基体结合强度	一般	高	高	较高
热输入	低	通常很高	低	无
预处理	喷砂	机械清洁	要求高	化学清洁
后处理	通常需要封孔处理	清除应力	通常不需要	通常不需要
表面粗糙度	较细	较粗	很细	极细
沉积率/(kg·h^{-1})	1~10	1~70	很慢	0.25~0.5

6.7.2　火焰喷涂

火焰喷涂是利用乙炔等燃料与氧气燃烧时所释放出的大量热作为热源，将喷涂材料加热到熔融或半熔融状态，并高速喷射到经过预处理的工件表面上，从而形成具有一定特性的涂层的喷涂工艺。火焰喷涂方法根据使用的材料种类与火焰燃烧特性又分为粉末火焰喷涂法、线材火焰喷涂法、气体爆燃喷涂法与高速火焰喷涂法。

（1）粉末火焰喷涂法。

粉末火焰热喷涂装置及喷涂示意图如图6.37所示，喷枪通过气阀分别引入燃料（主要采用乙炔）和氧气，经混合后，从喷嘴喷出，产生燃烧火焰，喷枪上设有供粉装置（粉斗或进粉管），利用送粉气流产生的负压与粉末自身重力作用，抽吸粉斗中的粉末，使粉末颗粒随气流从喷嘴中心进入火焰，粒子被加热熔化或软化成为熔融粒子。焰流推动熔滴以一定速度撞击在基体表面形成扁平粒子，不断沉积形成涂层，为了提高熔滴的速度，有的喷枪设置有压缩空气喷嘴，由压缩空气给熔滴以附加的推动力。对于与喷枪分离的送粉装置，借助压缩空气或惰性气体，通过软管将粉末送入喷枪，粉末火焰喷涂设备由喷枪及氧气和乙炔气供给装置组成。

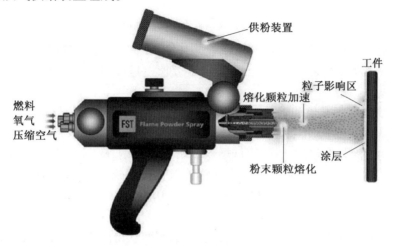

图 6.37　粉末火焰热喷涂装置及喷涂示意图

粉末火焰喷涂法已是较普遍采用的喷涂方法，主要特点有以下几个方面。

① 设备简单、轻便，价格便宜，现场施工方便，噪声小。
② 操作工艺简单，容易掌握，便于普及。
③ 适于机械零部件的局部修复和强化，成本低，耗时少，效益高。
④ 可以喷涂纯金属、合金、陶瓷和复合粉末等多种材料，但一般主要用于制备喷涂后需要再重熔的自熔合金涂层、镍石墨等可磨耗涂层以及塑料涂层。
⑤ 与其他热喷涂方法相比，由于火焰温度和熔粒飞行速度较低，涂层的气孔率较高，结合强度和涂层自身强度都比较低。

由于以上特点，粉末火焰喷涂法可广泛用于在机械零部件和化工容器、辊筒表面制备耐蚀、耐磨涂层，在无法采用等离子喷涂的场合（如现场施工），用此方法可方便地喷涂粉末材料。

（2）线材火焰喷涂法。

图 6.38 为线材火焰喷涂法的基本原理示意图，喷枪通过气阀分别引入乙炔、氧气和压缩空气，乙炔与氧气混合后在喷嘴出口处产生燃烧火焰，喷枪内的送丝机构带动线材连续地通过喷嘴中心孔送入火焰，在火焰中被加热熔化，压缩空气通过空气帽形成锥形的高速气流，使熔化的材料从线材端部脱离，并雾化成细微的颗粒，在火焰及气流的推动下，沉积到经过预处理的基材表面形成涂层。

线材火焰喷涂法的主要特点有以下几个方面。

① 可以固定，也可以手持操作，灵活轻便，尤其适合户外施工。

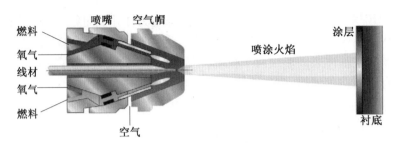

图 6.38　线材火焰喷涂喷嘴及喷涂示意图

② 凡能拉成丝的金属材料几乎都能用于喷涂,也可以喷涂复合丝材。

③ 火焰的形态、性能及喷涂工艺参数调节方便,可以适应从低熔点的锡到高熔点的钼等材料的喷涂。

④ 采用压缩空气雾化和推动熔滴,喷涂速率、沉积效率较高。

⑤ 工件表面温度低,不会产生变形,甚至可以在纸张、织物、塑料上进行喷涂,线材火焰喷涂使用的喷涂材料包括从锌、铝低熔点金属到不锈钢、碳钢、钼等可以加工成线材的所有材料,难以加工成线材的氧化铝、氧化铬等氧化物陶瓷、碳化物金属陶瓷也可以填充在柔性塑料管中进行喷涂,线材的直径可从 0.8 mm 到 7 mm,最常用的直径为 3.0 ~ 3.2 mm。

线材火焰喷涂法操作简便,设备运转费用低,因而获得广泛应用,目前主要用于喷铝、喷锌防腐喷涂,机械零部件、汽车零部件的耐磨喷涂。

(3) 气体爆燃喷涂法。

气体爆燃喷涂设备由气体爆燃喷涂枪、送粉装置、气体控制装置、旋转和移动工件的装置、隔声防尘室等几部分组成,其原理如图 6.39 所示。将一定比例的氧气和乙炔气送入到喷枪内,然后再由另一入口用氮气与喷涂粉末混合送入,在枪内充有一定量的混合气体和粉末后,由电火花塞点火,使氧乙炔混合气发生爆炸,产生热量和压力波,喷涂粉末在获得加速的同时被加热,由枪口喷出,撞击在工件表面,形成致密的涂层。

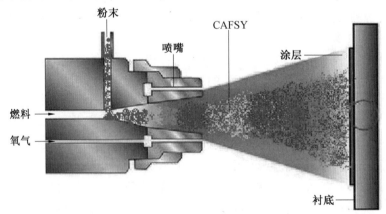

图 6.39　气体爆燃喷涂喷嘴及喷涂示意图

气体爆燃喷涂法适用的粉末范围很广,按其成分可分为金属及其合金、自熔合金粉末、陶瓷和复合材料四类,但主要用于喷涂陶瓷和金属陶瓷,修复航空发动机,涂层质量高,喷涂陶瓷粉末时,涂层的结合强度可以达到 70 MPa,而金属陶瓷涂层的结合强度可以达到 175 MPa。涂层中可以形成超细组织或非晶态组织,孔隙率可以达到 2% 以下。近年来,其应用领域也从航空航天等高科技部门逐步向冶金、机械、纺织、石油化工、钻探等民用工业部门转移,其应用领域仍在不断扩展之中。

(4)高速火焰喷涂法。

高速火焰喷涂(high velocity oxy-fuel,HVOF)具有非常高的速度和相对较低的温度,特别适合喷涂 WC – Co 等金属陶瓷,涂层耐磨性能与气体爆燃喷涂层相当,显著优于等离子弧喷涂层和电镀硬铬层,结合强度可达 150 MPa。另外,HVOF 也可用于喷涂熔点较低的金属及合金,实验表明,HVOF 自熔剂合金涂层的耐磨性能优于喷熔层,可超过电镀硬铬层。HVOF 金属涂层的应用潜力非常大。

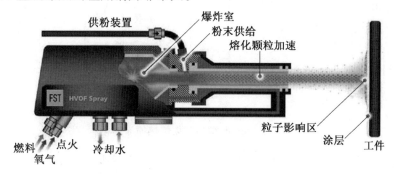

图 6.40　高速火焰热喷涂装置及喷涂示意图

高速火焰喷涂系统由喷枪、控制柜、送粉器、冷却系统与连接管路构成,其装置示意图如图 6.40 所示。Jet-Kote 是第一台商品化的 HVOF 喷涂系统。图 6.42 为 Jet-Kote Ⅱ 型喷枪结构图,燃气(丙烷、丙烯或氢气)和氧气分别以 0.3 MPa 以上的压力输入燃烧室,同时从喷枪喷管轴向的圆心处由送粉气(氮气或压缩空气)送入喷涂粉末,喷枪的燃烧室和喷管均用水冷却,燃气和氧气在燃烧室混合燃烧,气体燃烧产生压力,形成高速的焰流,进入长约 150 mm 的喷管,在喷管里汇成一束高温射流,将进入射流中的粉末加热熔化和加速。射流通过喷管时受到水冷壁的压缩,离开喷嘴后,燃烧气体迅速膨胀,产生超音速火焰(火焰喷射速度可达 2 倍以上的声速),为普通火焰喷涂的 4 倍,也显著高于一般的等离子喷涂射流。

高速火焰喷涂法具有以下技术特点。

① 火焰及喷涂粒子速度极高,火焰速度可达 2 000 m/s,喷涂粒子速度可达 300 ~ 650 m/s。

② 粒子与周围大气接触时间短,喷涂粒子和大气几乎不发生反应,喷涂材料微观组织变化小,能保持其原有的特点,这对喷涂碳化物金属陶瓷特别有利,能有效避免其分解和脱碳。

③ 高速区范围大,可操作喷涂距离范围大(150 ~ 300 mm),工艺性好。

④ 气体消耗量大,通常为普通火焰喷涂法的数倍至十倍。

⑤ 噪声较大,需要隔声设备。

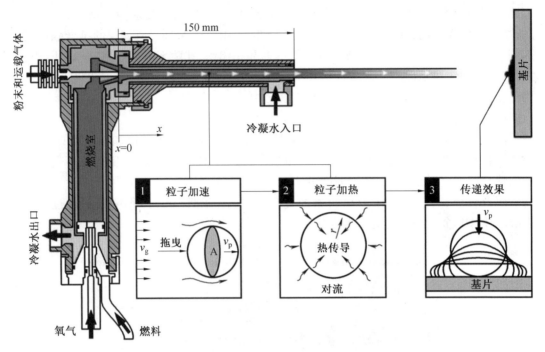

图 6.41　Jet-Kote Ⅱ 型高速火焰热喷涂结构示意图

⑥ 焰流温度低,不适合高熔点材料(如陶瓷材料)的喷涂。

根据理论计算和实际测量,火焰的速度可达到 1 500～2 000 m/s,然而,由于受火焰自身的限制,火焰温度与等离子相比要低得多。由于作为热源具有以上特性,HVOF 用于喷涂 WC 系硬质合金类,使用效果最好。可用于 HVOF 的喷涂材料包括一般的金属、铁基合金、镍基合金和钴基合金等金属合金粉末,WC 系、Cr_3C_2 系、TiC 系、SiC 系和 Al_2O_3 系金属陶瓷粉末,有的 HVOF 系统甚至可以喷涂 Al_2O_3、TiO_2、ZrO_2、Cr_2O_3 等陶瓷粉末。由于具有优越的性能,HVOF 涂层的应用已遍及航空航天发动机、民用汽轮机、石油化工、汽车、钢铁冶金、造纸、生物医学等各个领域。

热喷涂方法特别是 HVOF 技术由于自身的优点,成为纳米材料涂层制备的有效途径之一。HVOF 因其相对较低的工作温度,纳米结构喂料承受相对较短的受热时间,以及形成的纳米结构涂层组织致密、结合强度高、硬度高、孔隙率低、涂层表面粗糙度值小等而备受推崇。目前,HVOF 技术被认为是制备高温耐磨涂层较为理想的技术,WC/Co 系列纳米结构涂层的成功制备将大大拓宽 HVOF 技术在耐磨领域的应用前景。

6.7.3　电弧喷涂

电弧喷涂技术是热喷涂技术中的一种。随着喷涂设备、材料、工艺的迅速发展与进步,电弧喷涂技术已经成为目前热喷涂领域中最引人注目的技术之一。

(1) 电弧喷涂原理及特点。

如图 6.42 所示,电弧喷涂是以电弧为热源,将熔化的金属丝用高速气流雾化,并高速喷射到工件表面形成涂层的一种工艺。电弧喷涂是从丝盘拉出两根喷涂丝材,在两根丝材未接触之前保持绝缘,将两个喷涂丝材分别送进喷枪的导电嘴内,两个导电嘴一个接在电源的正极上,另一个接在电源的负极上,当喷涂丝材进入导电嘴后,两根丝材端部互相接触时将形成短路并且产生电弧,此时相接处短路引起电弧所产生的热量会渐渐加热两喷涂丝材的端部并使之熔化,由于压缩空气气流的作用,熔融的金属喷涂丝料喷射并雾化,雾化的颗粒能以 180 ~ 335 m/s 的速度冲击到预先制备好的材料表面形成喷涂层。此项技术可赋予工件表面优异的耐磨、防腐、防滑、耐高温等性能,在机械制造、电力电子和修复领域中获得广泛的应用。

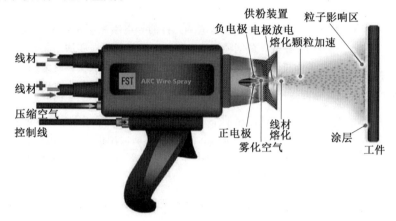

图 6.42　高速火焰热喷涂装置及喷涂示意图

（2）电弧喷涂的优点。

① 涂层与基体结合强度高,一般为火焰喷涂涂层与基体结合强度的 2 倍,可以在不提高工件温度、不使用贵重底材的情况下获得更好的涂层结合力。

② 效率高,喷涂效率正比于电弧电流,能源利用率达 57%,在同样的时间内,电弧喷涂的金属的质量要比其他热喷涂技术喷涂的金属的质量大。

③ 应用范围广,使用电能更安全、经济、设备更小、质量更轻,已在航天、航空、能源、交通、机械、冶金、国防等领域得到了广泛的应用。

（3）电弧喷涂材料。

几乎所有能导电的金属和合金都能成为电弧喷涂的喷涂材料。此外还有粉芯丝材,直径通常在 1.6 ~ 5.0 mm 的范围内,丝材熔化形成的颗粒速度可以达到 150 m/s,熔敷效率约 20 kg/h。电弧喷涂丝材包括两类,一类是实心丝材,另一类是粉心丝材。前者经熔炼、拉拔等工艺制成,是目前采用的主要喷涂材料。粉心丝材包括外皮和粉心两部分,由金属外皮内包装着不同类型金属、合金粉末或陶瓷粉末构成,因而同时具备丝材和粉末的优点,能够进行柔性加工制造、拓宽涂层材料成分范围,并可制造特殊的合金涂层和金属陶瓷复合材料涂层。表 6.27 为常用实心丝材及应用领域,表 6.28 为常用粉心丝材及应用领域。

表 6.27 常用实心丝材及应用领域

丝材	特点主要应用领域
锌及锌合金	在大气和水中具有良好的耐蚀性,而在酸、碱、盐中不耐腐蚀。广泛应用于室外露天的钢铁构件,如水门闸、桥梁、铁塔和容器等的常温腐蚀防护
铝及铝合金	铝及铝合金喷涂层已广泛应用于储水容器、硫黄气体包围的钢铁构件、食品储存器、燃烧室、船体和闸门等的腐蚀防护。Zn-Al合金涂层也具有优异的防腐蚀性能
铜及铜合金	纯铜主要用作电器开关和电子元件的导电喷涂层及塑像、工艺品、建筑表面和装饰喷涂层。黄铜喷涂层广泛应用于修复磨损和加工超差的零件,也可以用作装饰喷涂层。铝青铜的结合强度高,抗海水腐蚀能力强,主要用于修复水泵叶片、气闸阀门、活塞、轴瓦,也可用来修复青铜铸件及用作装饰喷涂层
镍及镍合金	镍合金中用作喷涂层的主要为镍铬合金。这类合金具有非常好的抗高温氧化性能,可在 880 ℃ 高温下使用,是目前应用很广的热阻材料。它还可以耐水蒸气、二氧化碳、一氧化碳、氨、醋酸及碱等介质的腐蚀,因此镍铬合金被大量用作耐腐蚀及耐高温喷涂层
钼	钼在喷涂中常作为粘接底层材料使用。还可以用作摩擦表面的减摩工作涂层,如活塞环、刹车片、铝合金气缸等
碳钢及低合金钢	碳钢和低合金钢是应用广泛的高速电弧喷涂材料。它具有强度较高、耐磨性好、来源广泛、价格低廉等特点。高速电弧喷涂一般采用高碳钢,以弥补碳元素的烧损

表 6.28 常用粉心丝材及应用领域

丝材	主要成分	主要应用领域
7Cr13 耐磨丝材	Fe、C、Cr、Mn	马氏体不锈钢组织,涂层硬度高,可用于造纸烘缸、压力柱塞、曲轴等零部件修复
低碳马氏体丝材	Fe、Cr、Ni、Mo	低碳马氏体组织,膨胀系数小,可以喷涂较厚的涂层,具有较好的韧性和耐磨性,可以用作打底涂层
奥氏体不锈钢丝材	Fe、Cr、Ni	奥氏体不锈钢组织,配合适当的封孔剂,涂层具有良好的耐晶间腐蚀与点蚀性能
FH-16 防滑丝材	Al/Al_2O_3	铝基复合陶瓷涂层,具有较高的摩擦因数和良好的摩擦因数保持能力,可用作防腐防滑耐磨涂层
Fe-Al 复合丝材	Fe-Al/WC Fe-Al/Cr_3C_2	可制备 Fe-Al 金属间化合物复合涂层,可应用于电厂燃煤锅炉管道等的高温冲蚀磨损防护
Zn 基防腐丝材	Zn、Al、Mg Zn、Al、Mg、Re	用于海洋气候环境下舰船、港口设备、海上石油平台等装备的腐蚀防护

(4)电弧喷涂的工艺参数。

电弧喷涂的主要工艺参数有:① 工作电流;② 雾化气体压力;③ 喷涂距离;④ 电弧电压。一般情况下,电弧电压随喷涂材料熔点的降低而减小。因此,应根据不同的喷涂材料来选择合适的电弧电压(表 6.29)。在实际应用中,采用空气或氮气、氧气和燃气混合气作为雾化气体,压力控制在 0.2 ~ 0.7 MPa 之间,喷涂距离为 50 ~ 170 mm,喷涂效率可达 10 ~ 25 kg/h,粒子速度为 100 m/s。喷涂后可进行炉内回火,进一步提高涂层的密度和结合强度。

表 6.29 常见喷涂材料的喷涂工作电压

材料	工作电压/V	材料	工作电压/V
锌	26 ~ 28	碳钢及不锈钢	30 ~ 32
铝	30 ~ 32	锡合金	23 ~ 25
锌铝合金	28 ~ 30	镍合金	30 ~ 33
铝镁合金	30 ~ 32	铜合金	29 ~ 32
稀土铝合金	30 ~ 32	铝青铜(黏结层)	34 ~ 38
锌铝伪合金	28 ~ 30	镍铝合金(黏结层)	34 ~ 38

喷涂电压是最重要的工艺参数,电弧电压过高时,会导致喷涂粒子尺寸增大,氧化烧损严重,同时烟尘量也将增大;当电弧电压过于低时,电弧将不稳定,会产生线材的不连续接触以及电弧的间断,导致喷涂过程不连续,未充分熔化的丝段飞向待喷涂材料表面而产生涂层缺陷,甚至发生两丝焊在一起的现象造成喷涂过程中断,另外,对于导电性较差的丝材需要较高的电弧电压以维持电弧的稳定。

6.7.4 等离子喷涂

等离子喷涂是采用等离子弧为热源,以喷涂粉末材料为主的热喷涂方法。它利用等离子喷枪产生的等离子火焰来加热熔化喷涂材料,喷涂材料达到熔融或半熔融后,经孔道高压压缩后和等离子一起呈高速等离子射流喷出,喷向材料的表面形成喷涂层。通常的工作气体为 Ar、He、N_2 和 H_2 等气体,气体被电弧加热并且解离形成了等离子体,在喷涂进行过程中,等离子喷涂的射流中心温度最高可达 33 000 K,喷流速度在 300 ~ 400 m/s。近年来,等离子喷涂技术发展迅速,发展出低压等离子喷涂、计算机自动控制的等离子喷涂、高能/高速等离子喷涂、超音速等离子喷涂、三电极轴向送粉等离子喷涂和水稳等离子喷涂等,这些新设备、新工艺、新技术在航空、航天、原子能、能源、交通、先进制造业和国防工业上的应用日益广泛。

(1)等离子喷涂的原理及特点。

图 6.43 为等离子喷涂原理示意图,左侧为等离子喷枪,根据工艺的需要经进气管通入 Ar、He、N_2 和 H_2 等气体,这些气体进入弧柱区后,发生电离而成为等离子体,高频电源接通使钨极端部与前枪体之间产生火花放电,于是电弧便被引燃,电弧引燃后,切断高频电路,引燃后的电弧在孔道中受到三种压缩效应,温度升高,喷射速度加大,此时往前枪体的送粉管中输送粉状材料,粉末在等离子焰流中被加热到熔融状态,并高速喷射到零件表面形成喷涂层。

等离子弧喷涂与其他热喷涂技术相比,主要有以下特点:① 基体受热温度低(< 200 ℃),零件无变形,不改变基体金属的热处理性质;② 等离子焰流的温度高,可喷

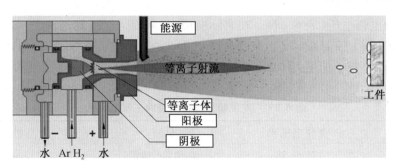

图 6.43　等离子喷涂原理示意图

涂材料广泛,既可喷涂金属或合金涂层,也可喷涂陶瓷和一些高熔点的难熔金属;③ 等离子射流速度高,射流中粒子的飞行速度一般可达200～300 m/s。最新开发的超音速等离子喷涂粒子速度可达600 m/s以上,因此形成的涂层更致密,结合强度更高,显著提高了涂层的质量,特别是在喷涂高熔点的陶瓷粉末或难熔金属等方面更显示出独特的优越性。

(2) 低压等离子喷涂。

等离子喷涂一般都是在大气环境中进行的,由于一些喷涂材料在喷涂过程中易氧化,严重影响涂层质量,所以必须在低气压或保护气氛中喷涂。其主要改进措施是将等离子喷枪、工件及其运转机械置于低真空或选定的可控气氛的密闭室里,在室外控制喷涂过程,当等离子射流进入低真空环境,其形态和特性都将发生变化。

① 相比于大气等离子射流,体积膨胀更大,密度变小,射流的速度相应提高。喷涂材料在焰流中停留时间长,熔化好,不氧化,涂层残余应力亦降低,涂层质量显著提高,尤其适用于喷涂易氧化烧损的材料。

② 由于低真空环境传热性差,离子保温时间长,熔化充分,基体预热温度也较高,无氧化膜,有利于提高涂层结合强度,减小孔隙率。

③ 压力越低,熔滴的飞行阻力越小,速度也显著提高,利于提高涂层结合强度和致密性,目前,国内广州有色金属研究院成功开发出低压等离子喷涂技术,并应用于重要装备的零部件表面。

(3) 超音速等离子喷涂。

超音速等离子喷涂是在高能等离子喷涂的基础上,利用非转移型等离子弧与高速气流混合时出现的"扩展弧",得到稳定聚集的超音速等离子射流进行喷涂的方法。美国TAFA公司向市场推出了能够满足工业化生产需要的270 kW级大功率、大气体流量(21 m³/h)的"PLAZJet"超音速等离子喷涂系统,其核心技术集中在超音速等离子喷枪的设计上,该喷枪依靠增大等离子气体流量提高射流速度,采用双阳极来拉长电弧,使电弧电压高达200～400 V,电流400～500 A,焰流速度超过3 000 m/s,大幅提高喷射粒子的速度(可达400～600 m/s),涂层质量明显优于常规速度(200～300 m/s)的等离子喷涂层,但是由于能量消耗大,且为了保证连续工作,采用了外送粉方式,造成粉末利用率降低,喷涂成本很高,限制了其推广应用。图6.44为该喷枪结构示意图。图6.45从喷涂速度和喷涂温度两个方面,对比几种典型喷涂技术的技术指标。

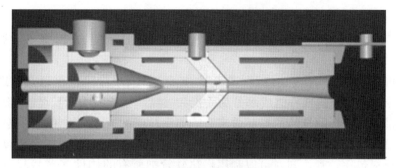

图 6.44　超音速等离子喷涂喷枪结构示意图

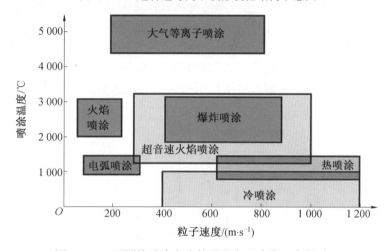

图 6.45　不同热喷涂方法粒子速度和喷涂温度的对比

6.7.5　冷喷涂

冷喷涂是将氮气、空气和各种混合气体进行压缩,产生的压缩气体作为加速介质,并且压缩气体带动金属颗粒以很高的速度撞击基体表面,使金属颗粒产生严重的塑性形变,以此来获得涂层的喷涂技术。由于金属颗粒在喷涂过程中温度低于它的熔点,因此称为冷喷涂,又可称为冷气动力喷涂(cold gas dynamic spray,CGDS)。冷喷涂是由 Alkhimov 等人于 20 世纪 80 年代提出的,近年来得到蓬勃发展。

相较于其他喷涂技术,冷喷涂具有如下特点。

①喷涂速度较高,可达到 3 kg/h,沉积效率可达 80%。

②涂层显微组织不存在晶粒长大、合金成分烧损、氧化等现象,特别适合喷涂热敏感材料,同时还可以喷涂活性金属高分子材料,冷喷涂技术适用于纳米和非晶等材料的涂层制备。

③可以把具有不同性质的粉末进行机械混合处理,形成机械混合物。复合材料涂层可以用这些具有不同性质的粉末混合物进行制备。

④冷喷涂对基体热影响比较小,同时晶粒以很慢的速度生长,跟锻造组织相像,化学成分通常很稳定,相结构一般不易发生变化,冷喷涂的损失也很小。

⑤冷涂层外部形貌与基体表面形貌相似,具有高等级的表面粗糙度,并且喷涂距离

很短。

⑥冷喷涂涂层的残余应力小,并且这些残余应力都是压应力,降低了对涂层厚度的限制。

冷喷涂设备主要由喷枪、加热器、送粉器、控制系统、喷涂机械手以及辅助装置组成(图6.46),冷喷涂系统的核心组成部分为喷枪和喷嘴。喷枪的喷管长度、喉部直径、喷嘴形状等因素都能通过影响气体的马赫数来影响喷涂粒子的速度。运用耐高温材料可以保证喷枪以及喷嘴有较长的使用寿命。当主气进入金属高压软管时,为避免温度损失,可以用高级绝缘材料包住软管。同时可以利用耐热软管把所有的构件连在一起,使喷枪的操作更加灵活。送粉系统输送粉末是通过细高压软管输送的,喷枪具有一个转接器,粉末颗粒通过不锈钢管通向喷枪压射室,并被引至喷嘴,最终加速射向基材表面。加热器是冷喷涂系统重要的组成部分,它可以在1~2 min内把载气加热到800 ℃左右。绝缘室外形尺寸设计合理,可以使持续几个小时工作的加热器外壳不会过热。封闭冷却系统可以避免管路过热,使冷却液不断地流过铜极将所产生的热量引入热交换器。

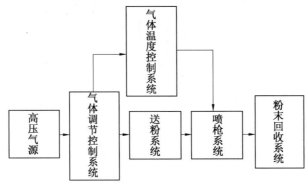

图6.46　冷喷涂系统示意图

冷喷涂的气流温度约为600 ℃,气流速度为1 000 m/s。冷喷涂相对于热喷涂而言,它不需要熔化金属离子,基体表面产生的温度不会高于150 ℃。金属颗粒在喷涂过程中温度低于它的熔点。冷喷涂所用材料需要具备塑性变形的能力,诸如陶瓷等材料不能进行冷喷涂,因此材料方面具有一定的局限性,主要是金属或者合金。喷涂工艺参数主要有:气体种类(N_2、He、Ar、空气)、气体压力(1.5~3.5 MPa)、气体温度(100~600 ℃)、喷嘴马赫数(2~4)、粉末粒度(10~50 μm)、喷嘴气流速度(300~1 200 m/s)、喷嘴距离(10~50 mm)、电功率(5~25 kW)等。

6.8　微弧氧化技术

微弧氧化技术是通过电解液与相应参数的组合,在镁、铝、钛等有色金属及其合金表面依靠弧光放电产生的瞬时高温高压作用,原位生长出以基体金属氧化物为主的陶瓷膜层的一种生长型表面处理技术。它是一种工艺简单、高效、绿色环保的新型表面处理技术。微弧氧化制备的膜层与基体结合力强,韧性高,结构致密,并具有良好的耐磨、耐蚀、抗高温冲击和耐高压绝缘等特性;在航空、航天、汽车、电子、医疗、民用等领域都具有十分广阔的应用前景。

20世纪30年代,德国科学家Gunterschulze和Betz首次报道了浸在溶液里的金属在高压电场作用下,其表面会出现火花放电现象,随后逐渐发展出微弧氧化技术。70年代,苏联、美国和德国等国家积极开展相关研究,对微弧氧化设备、电源、工艺参数进行了详细的研究,对镁、铝、钛等轻金属进行了研究。目前开展研究的国家主要集中在俄罗斯、美国、德国、日本和中国,在微弧氧化机理、工艺、装备和应用方面都取得了很好的成果。我国从90年代起步,目前在耐磨、耐蚀及装饰膜层方面逐步走向应用。

6.8.1 微弧氧化原理

图6.47为微弧氧化技术装置及原理示意图。图6.47(a)所示,将铝、镁、钛等金属或其合金置于电场环境下的电解液中作为阳极,电解槽为阴极,并施加较高的电压(如1 000 V)和较大的电流。通电后,在金属表面会立刻生成一层很薄的金属氧化物绝缘膜(图6.47(b)),而形成完整的绝缘膜是进行微弧氧化处理的必要条件。在此基础上,工件所加电压稳定上升,并在达到某一临界值时,率先击穿绝缘膜上的某些薄弱环节,发生微区弧光放电现象,瞬间形成超高温区域($10^3 \sim 10^4$ K),导致氧化物和基体金属被熔融甚至气化。熔融物与电解液接触后,由于激冷而形成陶瓷膜层。因为击穿总是发生在氧化膜相对薄弱的部位,且击穿后在原部位会生成新的氧化膜,于是击穿点就转移到其他相对薄弱的区域。如此重复,最终便在金属表面形成了均匀的氧化膜。在处理过程中,工件表面会出现无数个游动的弧点和火花,如图6.47(c)所示。每个电弧存在的时间很短,弧光十分细小,没有固定位置,并在材料表面形成大量等离子体微区。这些微区的瞬间温度可达$10^3 \sim 10^4$ K,压力可达$10^2 \sim 10^3$ MPa。高能量作用为引发各种化学反应创造了有利条件。

微弧氧化技术是在阳极氧化的基础上发展而来的,但它突破了后者工作电压范围(法拉第区),进入高压放电区域,从而在阳极表面发生了等离子体弧光放电,并在该区域发生了微弧氧化,因而在基体材料表面原位生长出氧化膜。区别于普通阳极氧化,微弧氧化时的等离子体产生的高温高压可使原本无定型的氧化物变成晶态的氧化物陶瓷,这也是微弧氧化膜质量高的根本原因。

普遍认为的微弧氧化过程四个阶段有:阳极氧化、火花放电、微弧氧化和熄弧阶段。以下对这四个阶段的现象、物质交换、成膜过程进行简要介绍。

(1)阳极氧化阶段。

当工件置于微弧氧化装置中并施加电压后,工件和阴极表面均出现无数细小均匀的白色气泡;随着电压增加,气泡逐渐变大变密,生成速率也不断加快。在达到击穿电压之前,这种现象一直存在,这一阶段就是阳极氧化阶段。在该阶段,电压上升得很快,但电流变化很小。当电压较低时,样品表面形成了一层很薄的氧化膜;但随着电压的升高,氧化膜又开始溶解且速率逐渐加快,有时甚至会使部分基体溶解。所以应尽量缩短阳极氧化阶段。

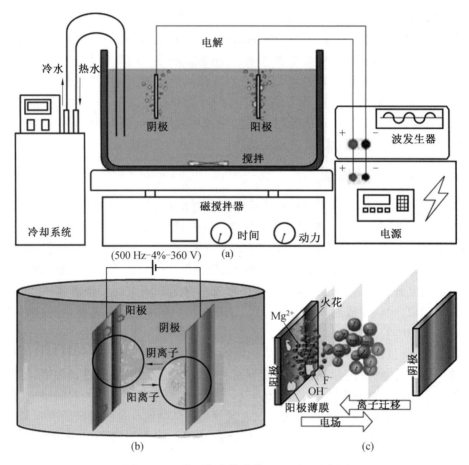

图 6.47　微弧氧化技术装置及原理示意图

（2）火花放电阶段。

当电压继续升高达到击穿电压时,工件表面开始出现无数细小、亮度较低的火花放电点。工件表面开始形成不连续的微弧氧化膜,但膜层生长速率很小,硬度和致密度较低,所以对最终形成的膜层贡献不大,也应尽量减少这一阶段的时间。

（3）微弧氧化阶段。

随着电压继续增加,火花放电点逐渐变大变亮,密度增加。随后,工件表面开始均匀地出现放电弧斑。弧斑较大、密度较高,随着电流密度的增加而变亮,并伴有强烈的爆鸣声,即进入微弧氧化阶段。在微弧氧化阶段,随着时间的延长,样品表面细小密集的弧斑逐渐变得大而稀疏;同时电压缓慢上升,电流逐渐下降并降至零。弧点较密集的阶段,对氧化膜的生长最有利,膜层的大部分在此阶段形成;弧点较稀疏的阶段,对生长氧化膜的贡献不大,但可以提高氧化膜的致密性并降低表面粗糙度。微弧氧化阶段是形成陶瓷膜的主要阶段,对氧化膜的最终厚度、膜层表面质量和性能都起着决定性的作用。考虑到该阶段在整个微弧氧化过程中的作用,在保证膜层质量的前提下,应尽量延长该阶段的持续时间。

(4）熄弧阶段。

微弧氧化阶段末期,电压达到最大值,工件表面的弧点越来越疏并最终消失,爆鸣声停止,表面只有少量的细碎火花,并最终完全消失,微弧氧化过程也随之结束,称为熄弧阶段。在熄弧阶段,工件表面也可能出现一个或几个部位弧斑突然增大,产生耀眼的弧光并伴随着爆鸣声和大量气体出现,在氧化膜上形成大坑,损坏氧化均一性,应当尽可能避免。

6.8.2 微弧氧化技术特点

（1）微弧氧化处理能力强,可以处理各种形状及复杂程度的工件,能在工件的内外表面生成均匀陶瓷层；主要处理铝、镁、钛金属及其合金,还能在锆、铊、铌等金属及其合金表面生长陶瓷膜层。

（2）陶瓷膜层与基体以冶金方式进行结合后原位生长,两者结合紧密,膜层与基体有较好的结合力,不易剥落。

（3）陶瓷膜层拥有比较好的综合性能,如具有良好的耐蚀性、耐磨性、高硬度等,此外还能制备出具有隔热、催化、抑菌、生物亲和性等其他特殊功能的膜层。

（4）处理效率高,一般阳极氧化获得厚度 30 μm 陶瓷层需要 1～2 h,而微弧氧化只需 10～60 min。

（5）微弧氧化电解液不需要特殊化学试剂,对环境基本无污染,整个处理过程中无有害废水和废气产生,绿色环保可持续发展。

（6）整套设备工艺简单,处理工序少,无须经过酸洗、碱洗等前处理工序,除油后可直接进行微弧氧化处理,易于实现自动化生产。

表 6.30 为微弧氧化与阳极氧化及硬质阳极氧化膜的性能指标对比,从表中可以看出,微弧氧化膜的各项指标都超越了阳极氧化。

表 6.30 微弧氧化与阳极氧化及硬质阳极氧化膜的性能指标对比

性能参数	微弧氧化	阳极氧化	硬质阳极氧化
适用范围	耐磨,耐腐蚀,热防护,电绝缘,热震,高温抗氧化,保护性装饰	保护性装饰,油漆底漆	铝合金零件耐磨,耐腐蚀,热防护,电绝缘
电压/V	≤750	13～22	10～110
电流/A	Strong	0.5～2.0	0.5～2.5
最大厚度/μm	300	<40	50～80
氧化时间/min	10～30(50 μm)	30～60(30 μm)	60～120(50 μm)
微硬度(HV)	≤3 000	—	300～500
击穿电压/V	>2 000	—	低
热震温度	2 500 ℃	—	低

续表6.30

性能参数	微弧氧化	阳极氧化	硬质阳极氧化
环境污染	无	特殊处理,污染物排出	特殊处理,污染物排出
厚度均一性	一致	不一致	不一致
灵活性	好	—	差
空隙度/%	0～40	>40	>40
耐磨性	好	差	中等
盐雾实验/h	>1 000	<300	>300
粗糙度(Ra)/μm	≈0.037	中等	中等
电阻抗/MΩ	≥100	—	—
工艺流程	清洗→微弧氧化	碱洗→酸洗→机械洗→阳极氧化→封孔	清洗→碱洗→脱氧→硬质阳极氧化→化学封→加热/蜡封
电解液特性	弱碱性	酸性	酸性
工作温度/℃	<50	13～26	-10～5

6.8.3 微弧氧化技术工艺

微弧氧化工艺一般流程为:表面清洗→微弧氧化→清水冲洗→热水封闭(此步骤主要用于制备耐蚀性膜)→烘干或自然干燥。研究表明,碱清洗有利于提高微弧氧化层的抗腐蚀能力。通常情况下,微弧氧化形成的陶瓷膜性能与工艺参数密切相关,影响的主要因素有:电解液成分及浓度、电源供电参数(电压、电流、占空比、频率、氧化时间等)、添加剂、基体中的合金元素。目前对于微弧氧化陶瓷膜组织与性能影响因素的研究多是在选定的基体上,综合考虑电解液成分、电参数、添加剂及其三者之间的交互作用对微弧氧化陶瓷膜层的组织结构、形貌和性能的影响。

在工艺参数中,电参数是最为重要的,所以对于微弧氧化,电源是其核心。从电源特征看,最早采用的是直流或单向脉冲电源,随后采用了交流电源,后来发展出了不对称交流电源。脉冲电压特有的针尖作用,使得微弧氧化膜的表面微孔相互重叠,膜层质量好。微弧氧化过程中,正、负脉冲幅度和宽度的优化调整,使微弧氧化层性能达到最佳,并能有效地节约能源(表6.31)。

表6.31 常用微弧氧化电源类型及优缺点

电源类型	微弧氧化领域应用优点	微弧氧化领域应用缺点
直流	成膜速率大、稳定性好、操作简单、成本低	膜层较薄;膜厚不均匀且粗糙;表面孔洞和裂纹尺寸较大;耐蚀性差

续表6.31

电源类型	微弧氧化领域应用优点	微弧氧化领域应用缺点
单相脉冲	膜层孔洞尺寸小且均匀、裂纹少、稳压性好、结构简单、成本低	成膜速率低；反应较慢；膜层均匀性差；硬度低；易出现缺陷
直流叠加脉冲	膜层均匀细致、耐蚀性能好、频率和占空比可调、电源模式可控	成膜速率低；硬度低；操作复杂
双向非对称脉冲	成膜速率大、膜层厚、质量好、硬度高、稳流／压性好、工艺适应性好	陶瓷膜厚度略有下降；操作复杂；成本高

微弧氧化电解液分酸性和碱性两类工艺，目前多用弱碱性电解液，并通过添加无机及有机添加剂改变微弧氧化膜层的成分，进而实现膜层性能的可设计性。然而，实际选用电解液时，不能简单地根据电解液的酸碱度、导电性大小、黏度、热容量等理化因素来确定，还要考虑被处理的基体合金材料，选用的电解液应对合金及其氧化膜具有一定的溶解作用和钝化作用。工艺控制方面，有恒电压微弧氧化法和恒电流微弧氧化法两类，一般采用恒电流法，因为此法省时且易于控制，电流密度通常根据膜层厚度、耐磨、耐蚀、耐热等需要在 $5 \sim 40 \text{ A/dm}^2$ 范围内选定（表6.32）。

表6.32 影响微弧氧化膜层性能的主要因素

影响因素	影响结果
电流密度	(1) 电流密度越大，氧化膜的生长速度越快，膜厚度不断增加，但易出现烧损现象 (2) 随着电流密度的增加，击穿电压也升高，氧化膜表面粗糙度也增加 (3) 随着电流密度的增加，氧化膜硬度增加
氧化时间	(1) 随着氧化时间的增加，氧化膜厚度增加，但有极限氧化膜厚度 (2) 随着氧化时间的增加，膜表面微孔密度降低，但粗糙度变大。如果氧化时间足够长，达到溶解与沉积的动态平衡，则对膜表面有一定的平整作用，表面粗糙度反而会减小
氧化电压	(1) 低压生成的膜孔径小，孔数多；高压使膜孔径大，孔数小，但成膜速率快 (2) 电压过低，成膜速率小，膜层薄，膜颜色浅，硬度也低；电压过高，易出现膜层局部击穿，对膜层的耐蚀性不利
电源频率	(1) 高频时，膜生长速率高，但厚度较薄，高频下组织中非晶态相的比例远远高于低频试样 (2) 高频下孔径小且分布均匀，整个表面比较平整、致密；低频下微孔孔隙大而深，且试样极易被烧损
溶液温度	(1) 温度低时，氧化膜的生长速率较快，膜致密，性能较佳；但温度过低时，氧化膜作用较弱，膜厚和硬度值都较低 (2) 温度过高时，碱性电解液对氧化膜的溶解作用增强，致使膜厚和硬度显著下降，且溶液易飞溅，膜层也易被局部烧焦或击穿
溶液酸碱度	酸碱度过大或过小，溶解速度都加快，氧化膜生成长速率减慢，所以一般选择弱碱性溶液

续表6.32

影响因素	影响结果
溶液浓度	溶液浓度对氧化膜的成膜速率、表面颜色和粗糙度都有影响
溶液电导率	溶液电导率对微弧氧化膜的生长速率和致密度都有影响
溶液组分	不同溶液体系对微弧氧化膜的生长速率、表面粗糙度、硬度、电绝缘性等均有影响
基体合金	基体成分影响膜成分和相结构,微弧氧化工艺等,如 Cu 和 Mg 等合金元素可促进微弧氧化,而 Si 则有碍铝的微弧氧化,特别是对高硅铸铝合金(Si 含量大于等于10%),随着 Si 元素含量增高,合金中 Si 相数量增多,微弧氧化工艺难以实现

6.8.4 微弧氧化技术的应用领域

微弧氧化主要应用于有色金属及其合金,应用范围见表 6.33。根据特性可以将微弧氧化陶瓷层分为腐蚀防护膜层、耐磨膜层、电保护膜层、光学膜层和功能性膜层。利用膜层高硬度、低磨损特性,可用于活塞、马达、轴承等铝合金零件的表面处理;利用耐蚀性好的特点,可用于腐蚀环境下的铝合金缸体、叶轮、管件、连接件零件的防腐处理;利用微弧氧化技术制备耐磨、耐热、耐蚀、耐热侵蚀涂层,并已成功地应用于石油、纺织、航空航天、兵器、船舶等工业;用于一些高速旋转的摩擦副、泵体密封端面、塑料膜压型、高炉风口、气体喷嘴、内燃机零件、汽轮机叶片等的表面改性,将大幅度提高它们的使用性能和寿命。因此微弧氧化技术在民用、军工、航空航天、涂层和装饰等领域具有广阔的发展前景。其相关应用领域的归类及性能见表 6.34。

表 6.33　微弧氧化在铝、镁、钛、铌、锆合金中的应用

合金名称		常用合金分类和用途		
铝合金	种类	ZL108	6061	2A12
	用途	内燃发动机活塞及其他要求耐磨、尺寸、体积稳定的零件	冷藏箱、集装箱底板、卡车车架、船舶上层结构件	飞机结构、铆钉、卡车轮毂、螺旋桨元件等各种结构件
镁合金	种类	AZ91D	MB8	AM50A
	用途	汽车、摩托车的盖、壳类结构件,小尺寸薄型或异性支架类结构件	承力不大、要求耐蚀性较高、焊接性较好的零件	制造汽车、摩托车轮毂、方向盘骨架等
钛合金	种类	TA1	TA2	TC4
	用途	钛设备换热器、高尔夫球杆、医疗器械等方面	军工材料、医学、体育用品、眼镜电镀挂具、焊丝等	汽车发动机进气门和排气门,人体植入物,航天航空零件

续表6.33

合金名称				
铌合金	种类	Nb-10W-1Zr-0.1C	C103	Nb-1Zr
	用途	制作特殊用途的弹性元件,化工、纺织部门的腐蚀元件	航空航天用防护罩、火箭推进器头锥、军工材料	用于航天航空、通信卫星、人体成像设备和多种高温零件
锆合金	种类	Zr-2	Zr-4	Zr-1Nb
	用途	硫酸、盐酸工业中作阀门、泵密封、换热器、搅拌桨等	制造腐蚀部件和制药机械制作,塑性加工成管材、板材等	纺织业中作油箱盘管、壳管热交换器、热虹吸管、蒸发器等

表6.34 微弧氧化技术应用领域

应用领域	举例	所用性能
航空、航天、机械、汽车	轴、气动组件、密封环	耐磨性
石油、化工、造船、医疗	管道、阀门、钛合金人工关节	耐蚀性、耐磨性
纺织、机械	纺杯、压掌、滚筒	耐磨性
电器	电容器、线圈	绝缘性
兵器、汽车	储药仓、喷嘴	耐热性
建材、日用品	装饰材料、电熨斗、水龙头	耐蚀性、色彩

6.9 电火花沉积陶瓷层技术

通常认为电火花加工是一个热物理作用过程,加工过程中,其放电点附近可形成上万度的局部高温。因此适当控制加工条件,并对工作液和电极材料进行适当处理,应能在被加工表面上形成抗磨损和抗氧化性能良好的加工表层。

液中电火花沉积术(electrical discharge coating,EDC)通常是以低电导率的金属(如钛、钨)及其碳化物(碳化钛、碳化钨)的粉末进行压制和烧结体,作为放电电极,并在电极与工件之间施加放电脉冲,在煤油基工作液中对金属工件表面进行放电,进而在工件表面形成高硬度、高耐磨性的表面陶瓷层的技术。如图6.48所示,利用Ti压粉体电极进行电火花沉积原理示意图。在这个过程中,工作液煤油受热分解生成的碳与电极的金属成分反应生成金属碳化物,并在工件表面堆积而形成极硬的碳化钛覆盖膜。

1998年,日本丰田工业大学毛利尚武教授首先报道了电火花沉积陶瓷层技术,并与三菱电机名古屋制作所合作开展了大量的液中电火花沉积的研究工作,采用WC-Co粉末或Ti基粉末压结成型电极对碳钢进行表面电火花覆层强化处理,均取得了较好的结果,其表面的抗腐蚀性和耐磨损性均大幅提高。哈尔滨工业大学王振龙等人紧随其后,对该项技术进行了较为深入的研究。在压粉体电极、半烧结电极等的电极制作工艺技术,电火花沉积工艺技术,脉冲电源技术,工具、模具表面的电火花沉积强化技术等方面均进行

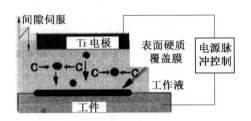

图 6.48　钛压粉体电极电火花沉积原理示意图

了大量的研究工作。在工具钢、高速钢表面沉积了 5～500 μm 的 TiC、WC 陶瓷层。经测试表明,处理过的表面硬度均达到了基体硬度的 5 倍以上;在相同的磨损实验条件下,用液中放电沉积方法处理过的表面磨损失质量仅为未处理表面的 1/7 左右,是 PVD 方法处理表面的 1/3 左右。

采用金属粉末或金属化合物粉末压粉体电极的优点是电极的成分容易因放电能量而熔化,从而便于在工件表面上形成涂层,但也存在着一定的不足:① 压坯形式的电极易于损坏。因此,不适合用于成形加工。因此,放电表面处理的准备工作变得非常复杂,使得实际加工效率下降。② 从实用化的观点,压粉体电极难以形成令人满意的尺寸,即只有在利用高性能压机时才能形成这样的电极。此外,压紧粉末材料时的压力不能在材料中均匀传播的事实引起电极密度的不一致,因此产生了电极断裂等问题,继而在工件上形成不均匀硬质涂层,导致产品质量下降。③ 难以生成实际所需的较大厚度的涂层。

基于此,毛利尚武等人把金属粉末、金属化合物粉末、陶瓷材料粉末或这些粉末的混合物用作电极材料,通过压紧而使电极材料成形后,在电极材料中用作黏合剂的一部分材料熔化的温度下进行焙烧而形成电极。由于电极材料的烧结温度没有达到完全烧结的温度,因此称用这种方法制作的电极为半烧结体电极。用半烧结体电极进行电火花沉积加工,较好地解决了压粉体电极沉积时的技术问题,使得电火花沉积陶瓷层技术的实用化成为可能。

目前,电火花沉积陶瓷层技术已开始应用于模具、刀具刃口的表面强化中。图 6.49 是冲头(日本)及车刀(哈工大)经电火花表面强化及未处理的磨损状态效果照片。图 6.49(a)是用经过电火花沉积处理和未经处理的冲头冲压 0.5 mm 厚硅钢板,冲压 35 万次后的冲头磨损状态照片。未处理的模具约有 20 μm 的塌边,而经电火花处理后的模具几乎没有塌边。图 6.49(b)是用经过电火花沉积处理和未经处理的车刀车削 45 钢试件,车削距离为 4.2 m 时车刀的磨损状态照片。此时,未处理的车刀已处于破损状态,而经电火花处理后的车刀尚处于正常磨损状态。

相对于化学气相沉积 CVD、物理气相沉积 PVD、热喷涂等表面涂层技术而言,液中电火花沉积技术不需要专用设备,可以方便地实现局部强化,可直接应用于工、模具车间现场环境。液中电火花沉积技术的主要技术特点如下。

(1) 结合强度高。所生成的沉积层是渐进倾斜变化的膜,基体和处理膜之间没有界限,结合力强,不会引起剥离。

(2) 没有工件大小的限制。因为没有必要像其他的处理方法要把工件放入容器中,对工件的大小没有限制,而且可方便地实现不同点位强化,可对大的工件进行局部处理。

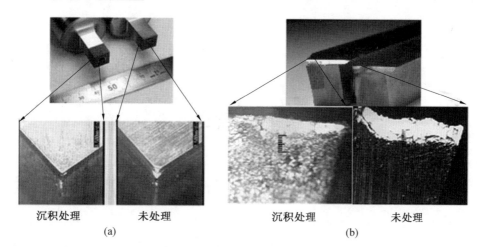

图 6.49　冲头及车刀经电火花表面强化及未处理的磨损状态效果照片

（3）在基体内部也能形成硬质处理膜。由于放电过程同时作用于工具与工件表面，因此在基体内部也能形成数微米的硬质层，即使把隆起沉积的部分去除，也留有硬质膜。

由于电火花加工机床已经成为工模具车间的必备设备，因此利用普通电火花成型机床，对金属材料进行电火花沉积陶瓷层是一种极具应用潜力和经济价值的工艺方法。

第 7 章

硅微细加工技术

7.1 概 述

硅(Si)是一种化学元素,原子序数为 14,相对原子质量为 28.085 5,有无定形硅和晶体硅两种同素异形体,属于元素周期表上第三周期,第 ⅣA 族,具有明显的非金属特性。硅是地壳中第二丰富的元素,占地壳总质量的 26.4%,含量仅次于氧(49.4%),是极为常见的一种元素,广泛存在于岩石、沙砾、尘土之中;然而,它极少以单质的形式存在于自然界,而是以复杂的硅酸盐或二氧化硅的形式。硅原子核最外层电子数为 4(价电子),处于亚稳定结构,价电子使得硅原子之间以共价键结合,结合力强,使得硅具有较高的熔点和密度,化学性质稳定,常温下很难与其他物质(除氟化氢和碱液以外)发生反应,这使得从其化合物中还原获得单质的硅变得十分困难。这也间接阻碍了硅微电子的发展。

1958 年,Hoerni 首次提出了利用平面工艺制作硅晶体管的方法,从而开启了集成电路制造的序幕,使人类掌握了在微纳米尺度上制造大规模电子元器件与连接电路的技术,即微电子技术。集成电路的迅速发展,使得硅成了最为重要的微电子材料,也成为 MEMS 技术发展的重要基石。其中最为关键的平面硅工艺就是指制作平面晶体管及其他电子元器件与连接电路的一整套制造工艺技术。集成电路制造主要工艺流程如图 7.1 所示,主要包括:切片、抛光、外延、氧化、光刻、刻蚀、掺杂、镀膜等技术。其中涉及的每一步都是一项分立的微细加工技术,由此可以看出,平面硅工艺是融合了多项微细加工技术的综合性技术。可以说,微细加工技术产生和最典型的应用就是针对硅等半导体材料基片的大规模和超大规模集成电路的加工制造。集成电路的制造是一个复杂的制造体系,是当今最为精密的制造技术,代表着制造行业的最高水平,也是一个国家微纳米制造能力的体现。本章主要讲述光刻、刻蚀和掺杂技术。

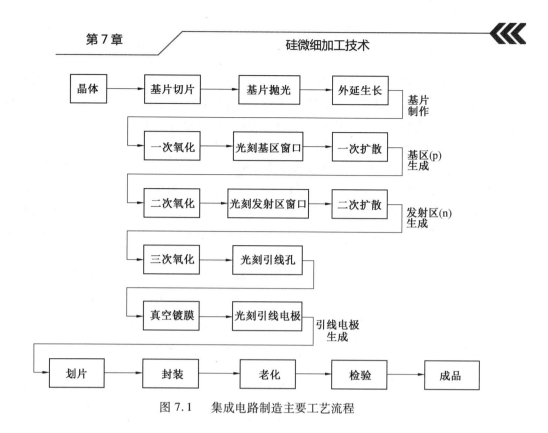

图 7.1 集成电路制造主要工艺流程

7.2 光刻技术

7.2.1 光刻基本知识

光刻技术是指将掩膜版的图形精确转移到涂覆在衬底上光刻胶膜中,为后续刻蚀、掺杂、镀膜等工艺提供掩蔽膜,以完成图形最终转移的工艺过程。光刻技术是平面硅工艺中最重要、最耗时、成本最高的工艺步骤,其成本占整个芯片制造工艺流程的1/3;也是目前可在衬底上稳定、快速、均一地制备出 5 nm 至几微米分辨率的图形的唯一技术。

光刻是一个复杂的过程,涉及多种原材料、多种设备、多道工序。硅片表面的清洁度、掩膜版质量、对准精度、特征尺寸的偏差等都会对最终的光刻结果产生影响。光刻的三个基本条件为掩膜版、光刻胶、光刻机。

(1)掩膜版。

掩膜版是在薄膜、塑料或玻璃基体材料上制作各种功能图形并精确定位,以便用于光致抗蚀剂涂层选择性曝光的一种结构。掩膜版分为正版和负版,前者以玻璃为基底,铬膜为掩膜层,图形精度高,适合 3 μm 以下的图形光刻加工;后者以石英为基底,氧化铁为掩膜层,精度较低,适合 3 μm 以上的图形光刻加工。掩膜版的制造也需要借助更高精度的光刻技术,如电子束、离子束等加工技术。

(2)光刻胶。

光刻胶一类用于光刻工艺中对光照敏感的有机化合物,它受光照射后,在显影液中溶解度发生显著变化。它由增感剂、溶剂、感光树脂以及多种添加剂成分构成,是集成电路

221

制造的关键基础材料。光刻胶是微电子技术中微细图形加工的关键材料之一,特别应用于超大规模集成电路制造中,光刻胶与光刻机一样,技术复杂程度高,是核心的技术机密。根据光照后发生的化学反应机理和显影原理,光刻胶可分为正性和负性光刻胶,前者曝光后形成可溶性物质,在后续显影过程中被去除掉;而后者被保留。基于光敏化合物的化学结构,光刻胶可分为光聚合型、光分解型、光交联型、含硅光刻胶等种类。光刻胶的主要参数有分辨率、对比度、灵敏度、黏滞性黏度、抗蚀性、表面张力和黏附性。光刻胶是伴随着光源技术的进步而发展的,从1954年第一种感光聚合物——聚乙烯醇肉桂酸酯,发展至当今的EUV光刻胶;在不同的光刻精度要求下,当前主要的几类光刻胶体系见表7.1。

表7.1 光源波长及对应光刻胶

光源及波长	光刻胶			加工精度
	体系	感光剂	成膜材料	
紫外光(300~450 nm)	环化橡胶-双叠氮负胶	双叠氮化合物	环化橡胶	>2 μm
G-line(436 nm)	酚醛树脂-重氮萘醌正胶	重氮萘醌化合物	酚醛树脂	0.50 μm
I-line(436 nm)	酚醛树脂-重氮萘醌正胶	重氮萘醌化合物	酚醛树脂	0.35~0.50 μm
KrF(248 nm)	248光刻胶	光致产酸剂	聚对羟基苯乙烯(PHS)及其衍生物	0.15~0.25 μm
ArF(193 nm 干法)	193光刻胶	光致产酸剂	聚酯环族丙烯酸酯及其共聚物	65~130 nm
X射线				<100 nm
ArF(193 nm 浸没法)	193光刻胶	光致产酸剂	聚酯环族丙烯酸酯及其共聚物	14~45 nm
极紫外光(EUV,13.5 nm)	EUV光刻胶	光致产酸剂	聚酯衍生物分子玻璃单组分材料	3~32 nm
电子束	电子束光刻胶	光致产酸剂	甲基丙烯酸酯及其共聚物	掩膜版

在浸没式光刻技术中,所使用的光刻胶主要是化学放大型体系,这类光刻胶主要指在光的作用下,光致产酸剂分解产生强酸,在热作用下将主体树脂中对酸敏感的部分分解为碱可溶的基团,并在显影液中通过溶解度的差异将部分树脂溶解,而获得正像或负像图案。光致产酸剂包括离子型和非离子型两类,前者主要由二芳基碘鎓盐和三芳基硫鎓盐组成,后者主要由硝基苄基酯或含磺酸酯类化合物组成。

最新的EUV光刻胶体系,主要包含化学放大光刻胶体系,非化学放大光刻胶体系。浸没式EUV光刻技术广泛用于32 nm、22 nm、14 nm、9 nm、7 nm、5 nm光刻工艺,而且也是最新3 nm技术唯一选择。该项技术对光刻胶提出严苛的要求,如低吸光率、高透明度、高抗蚀刻性、高分辨率(<22 nm)、高灵敏度、低曝光剂量(<10 mJ/cm^2)、高环境稳定性、低产气作用和低线边缘粗糙度(<1.5 nm)等。光刻所能达到的最小特征尺寸

(critical dimension, CD)由 Rayleigh 公式给出,即
$$CD = k_1 \lambda / NA \tag{7.1}$$
式中,λ 为曝光光源波长;NA 为光刻机物镜数值孔径;k_1 为光刻过程相关系数。

目前,ASML 公司使用的 0.55NA EUV 光刻机可以达到 5 nm 的分辨率。EUV 不仅能降低最小特征尺寸,而且可以减少目前的 193 nm 光刻中复杂的工序,从而使得芯片的制造成本降低。表 7.2 为几类重要的光刻胶体系。表 7.3 为光刻胶主要生产企业。

表 7.2 几类重要的光刻胶体系

光刻胶体系	成膜材料	感光剂		
化学放大光刻胶体系	树脂	光致产酸剂	离子型	二芳基碘鎓盐 / 三芳基硫鎓盐
			非离子型	硝基苄基酯 / 含磺酸酯类化合物
非化学放大光刻胶体系	聚对羟基苯乙烯衍生物和聚碳酸酯类衍生物;PMMA - 聚砜类高分子材料			
分子玻璃体系	苯环结构的核心 + 酸性官能团			
聚合物(或小分子)	PAG 键合光刻胶			

表 7.3 光刻胶主要生产企业

主要国家	日本	美国	德国	韩国	中国
企业名称	东京应化	陶氏	Microresist Technology	东进化学	北京科华
	瑞翁集团	杜邦	Allresist 公司	锦湖化学	苏州瑞红
	住友化学			LG 化学	浙江永太科技
	信越化学			COTEM 公司	北京化学试剂研究所
	日产化学				京东方
	JSR 株式会社				
	富士胶片				

7.2.2 光刻基本工艺

1. 光刻基本工艺流程

光刻基本工艺过程涉及的步骤繁多,主要步骤如图 7.2 所示。

(1) 气相成底膜。

气相成底膜主要包括清洗、脱水和硅片表面成底膜处理三步,目的是除去衬底表面污染物(颗粒、有机物、工艺残留、可动离子等),并增强衬底与光刻胶之间的黏附性。硅片清洗包括清洗和冲洗过程,之后通过脱水烘干去除吸附在硅片表面的大部分水汽,达到清洁和干燥的目的。脱水烘干后可用六甲基二硅氮烷(HMDS)进行成膜处理,起到黏附光刻胶与衬底的作用。

(2) 涂胶。

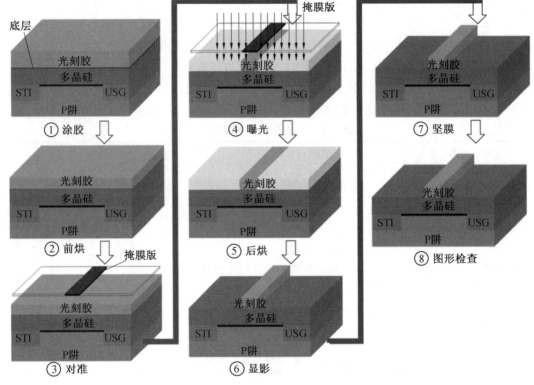

图7.2 光刻的主要工艺步骤

涂胶过程通常在旋涂机上进行,可分为静止涂胶和旋转涂胶,前者是指硅片在静止状态下滴涂光刻胶,之后再旋转匀胶;后者是指硅片在低速旋转过程中滴涂光刻胶,而后进行高速旋转。光刻胶膜的厚度可通过旋涂转数、斜坡速率、旋涂时间、光刻胶黏度等参数进行调控,达到预设膜厚度和膜的均一性。光刻胶层厚度(T)与光刻胶特性及旋涂转数(W)的关系为

$$T = (KC^{\beta}\eta^{\gamma})/W^{1/2} \qquad (7.2)$$

式中,C为光刻胶浓度(g/100 mL);η为光刻胶本征黏度系数;K为系统校正参数。

此外,对于光刻胶层厚度的选择,还需要考虑到曝光光源的波长,例如,对于I-line、KrF 和 ArF 光源,理想的光刻胶层厚度分别为 0.7 ~ 3 μm、0.4 ~ 0.9 μm 和 0.2 ~ 0.5 μm。

(3)前烘。

旋涂之后的光刻胶必须经过前烘,前烘的目的是去除光刻胶中的溶剂、增强黏附性、释放光刻胶层内应力、防止光刻胶污染光刻设备、提高光刻胶的均匀性和与硅片的黏附性,可得到优异的线宽控制。前烘主要可使用热板、烘箱、微波等进行,前烘的时间与光刻胶的特性相关。

(4)对准和曝光。

将掩膜版上的图形与衬底进行对准,主要分为预对准、单面层间对准(套刻)和双面对准。对准操作需要借助光刻机系统,对于高精度光刻,对准系统亦十分复杂,主要分为

同轴对准和离轴对准两类。对准后可进行曝光,将掩膜版上的图形转移到光刻胶上。对准和曝光的重要指标是线宽分辨率、套刻精度、颗粒和缺陷。

(5) 后烘。

后烘主要目的是消除曝光过程中产生的驻波效应,增强光刻胶图形侧壁垂直度。对于化学放大体系光刻胶,后烘是光刻工艺中必不可少的一步,后烘可诱发级联反应,产生更多的光酸,易于显影中除去变性光刻胶。对于其他类型光刻胶,此步骤可省略。

(6) 显影。

显影是指光刻胶曝光后,在特定溶剂中进行选择性溶解曝光后的光刻胶。通常光刻胶与显影液配合使用,常用的为由有机胺(TMAH)和无机盐(KOH)配置而成的水溶液。显影的方法有浸没法、旋转法、喷雾法等,显影后用去离子水冲洗,用氮气吹干。

(7) 坚膜。

坚膜是指对光刻胶在显影后的热烘处理,主要目的是稳固光刻胶,挥发掉残留的光刻胶溶剂,提高光刻胶对衬底的黏附性,这一步骤对刻蚀或离子注入过程十分关键。该步骤比软烘温度要高,但是不能过高,否则影响光刻胶的流动性,进而破坏图形。

(8) 图形检查。

图形检查指对光刻图形进行检查确定光刻胶图形的质量。检查的目的是找到光刻图形中的缺陷、污点、关键尺寸、对准精度以及侧面形貌,不合格则去胶返工,是光刻工艺制造过程中少有的可以纠正的几步之一。检查的设备包括:光学显微镜、原子力显微镜、台阶仪、扫描电子显微镜等。

2. 光学曝光模式与原理

光学曝光模式与光刻机发展密不可分,同时也是决定光刻精度的重要因素。常见光学曝光模式分为:接触式、接近式、投影式、步进式和高精度曝光方式。

(1) 接触式。

光刻机上掩膜版支撑架和样品台的相对移动,使掩膜版与光刻胶层直接接触,完成图形的对准(图7.3(a))。接触式对设备要求低,图形复制精度较高,可以实现 1 μm 的对准和套刻精度。但接触式会使光刻胶污染掩膜版,实现的精度也只适合分立元器件和小规模的集成电路制作,适合实验室科研级应用。

(2) 接近式。

如图7.3(b)所示,接近式曝光在掩膜版与光刻胶层之间有几微米至几百微米的间隙(d)。当 $\lambda < d < W^2/\lambda$ 时,图形保真度(δ)计算式为

$$\delta = k(\lambda d)^{1/2} \tag{7.3}$$

式中,k 为与工艺条件相关的参数,$k = 0.7 \sim 1$,从而得出接近式曝光最小图形的分辨尺寸为

$$W_{\min} \approx k(\lambda d)^{1/2} \tag{7.4}$$

接近式曝光可以消除对掩膜版的损伤,但光的衍射效应使分辨率有所降低;同时光强分布的不均匀性随着间隙的增大而增大,影响所获得图形的形貌,特别是在衬底不平时,影响更为突出。

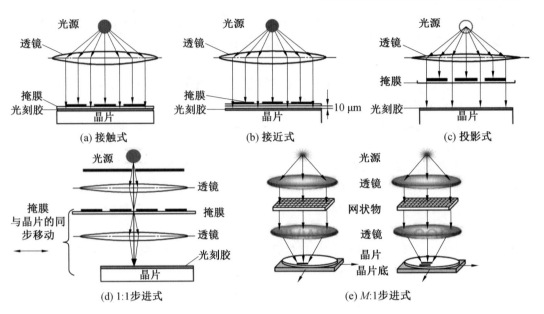

图 7.3　光学曝光模式

(3) 投影式。

如图 7.3(c) 所示,投影式曝光系统中,掩膜版与光刻胶层之间的间距进一步加大,采用更加复杂的光学投影系统,使光刻分辨率达到亚微米量级,最小线宽为 $0.61\lambda/\mathrm{NA}$;但投影式设备复杂,技术难度高。

(4) 步进式。

如图 7.3(d)、(e) 所示,采用掩膜版和光源狭缝程序化相对位移,将掩膜版上的图形按比例缩小投影到光刻胶上,从而获得小于 250 nm 的高精度。广泛采用的方式有 1∶1 倍全反射扫描曝光方式(图 7.3(d))和 M∶1 倍的分布重复曝光方式(图 7.3(e))。后者可将衬底图形缩小至掩膜版图形的 $1/M$,大大提高了光刻精度,降低了对掩膜版的加工精度要求,它是目前芯片制造的主流技术。

步进式曝光系统基本参数包括:分辨率、焦深(DOF)、视场、调制传递函数、关键尺寸、套刻与对准精度、产率等。前五个参数由曝光设备的光学系统决定,后两个参数由设备的机械结构决定。系统的光学分辨率(R)可表示为

$$R = k_1 \lambda / \mathrm{NA} \tag{7.5}$$

式中,k_1 为与工艺条件相关的参数;NA 为数值孔径。

焦深即轴上光线到极限聚焦位置的光程差,根据 Rayleigh 判据,DOF 可表示为

$$\mathrm{DOF} = k_2 \lambda / (\mathrm{NA})^2 \tag{7.6}$$

式中,k_2 为与具体的曝光系统和光刻胶性质相关的参数,$k_2 = 0.4 \sim 0.5$。

从上式可以看出,光学系统的数值孔径对于分辨率和焦深都有重要影响,且影响方向相反,需要综合考虑,是最重要的参数之一。目前主流的 NA 值为 0.33,对于 EUV 光刻机(NEX33X0)可达到 0.55。

（5）高精度曝光方式。

除了缩短曝光光源波长和增大数值孔径外，还有许多的技术可以提高光刻分辨率，如浸没式曝光、离轴照明、光学临近效应校正、分步扫描、空间滤波、偏正控制，以及光学放大光刻胶、光刻胶修剪、多层光刻胶工艺等。例如，浸没式曝光技术是指在曝光物镜镜头和光刻胶之间充满液体进行曝光，替代传统的空气。利用液体的折射率大于空气，间接提高曝光物镜的 NA 值，从而提高曝光系统的分辨率；同时浸没式也能增大系统焦深，改善曝光系统的工艺窗口。离轴照明技术是指采用一束与主光轴方向成一定角度的光，再由透过掩膜版的 0 级光和其中一束 1 级衍射光经过透镜系统在光刻胶表面干涉成像。该技术能增加焦深，提高成像对比度。

7.2.3 平面硅工艺主要设备

平面硅工艺所用到的主要设备包括光刻机、刻蚀机、沉积镀膜机、离子注入机、清洗机等，各类设备的市场占比如图 7.4 所示，其中镀膜设备、刻蚀、光刻和研磨设备占据 63% 以上。表 7.4 和表 7.5 列出了当前这些设备的主要国外和国内生产商。表 7.6 为荷兰 ASML 发展历程及技术节点，ASML 作为国际上高端光刻机生产商的供应商，代表制作光刻机的标准，此外在中高端光刻机方面，主要有日本尼康和佳能。在刻蚀设备方面，美国 Lam Research（泛林）公司代表着行业最高技术水准，其发展历程及技术节点见表 7.7。此外，表 7.8 详细列举了主要国家光刻机发展情况。从表中可以看出，荷兰在高端光刻机领域独占鳌头，垄断了顶级光刻机生产。日本在光刻机光源和光学透镜方面具有一定的优势，为 ASML、Canon 等公司提供了大量组件。美国在中低端光刻机领域也有一定的市场份额。我国光刻机还处于研发阶段，能够达到几十纳米节点。表 7.9 详细列举了荷兰 ASML EUV 系列光刻机发展中的典型机型及其主要技术参数。目前已经能稳定加工小于 7 nm 的芯片，套刻精度小于 1 nm，每小时晶圆处理量超过 185 片。表 7.10 列举了主要芯片生产国家和企业，三星和台积电仍然是全球芯片的最主要的生产厂商；英特尔和世创占有较大的市场份额；此外，中芯国际和海力士也占有一定的市场份额。

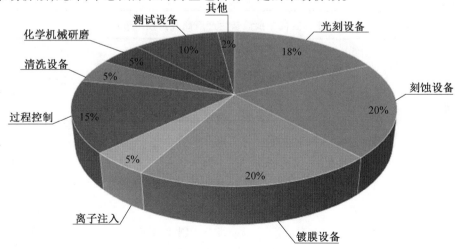

图 7.4 半导体加工设备及其所占市场份额

表7.4　2017年全球前12的IC设备厂商国外主要设备生产厂商

公司	总部所处国家	主要产品领域	2017年营收/亿美元	较2016年增长率
Applied Materials（应用材料）	美国	沉积、刻蚀、离子注入、化学机械研磨等	107	38%
Lam Research（泛林）	美国	刻蚀、沉积、清洗等	84.4	62%
Tokyo Electron（东京电子）	日本	沉积、刻蚀、匀胶、显影设备等	72.03	48%
ASML（阿斯麦）	荷兰	光刻设备	71.86	41%
KLA-Tencor（科磊）	美国	硅片检测、测量设备	28.2	17%
Screen Semiconductor Solutions（迪恩士）	日本	刻蚀、清洗设备	13.9	1%
SEMES（细美事）	韩国	清洗、光刻、封装设备	10.5	142%
Hitachi High-Technologies（日立高新）	日本	沉积、刻蚀、检测、封装贴片设备等	10.3	5%
Hitachi Kokusai（日立国际电气）	日本	热处理设备	9.7	84%
Daifuku（大幅）	日本	无尘室设备	6.9	46%
ASM International（先域）	荷兰	沉积、封装、键合设备等	6.5	31%
Nikon（尼康）	日本	光刻设备	6.2	16%

表7.5　国内主要设备生产厂商及其技术节点

设备种类	产品	供应商	技术节点/nm
光刻	光刻机	上海微电子	90/60
	涂胶显影机	沈阳芯源	90/65
刻蚀	硅刻蚀机、金属刻蚀机	北方华创	65/45/28/14
	介质刻蚀机	中微半导体	65/45/28/14/7
镀膜	LPCVD	北方华创	65/28/14
	ALD	北方华创	28/14/7
	PECVD	北方华创、沈阳拓荆	65/28/14
	PVD	北方华创	65/45/28/14

续表7.5

设备种类	产品	供应商	技术节点/nm
离子注入	离子注入机	中科信、凯世通	65/45/28
	氧化/扩散炉、退火炉	北方华创	65/45/28
清洗设备	清洗机	北方华创、盛美半导体	65/45/28
	CMP化学机械研磨设备	华海清科、盛美、中电45所	28/14
	镀铜设备	盛美	28/14
测试设备	光学尺寸测量设备	睿励科学、东方晶源	65/28/14

表7.6 荷兰ASML发展历程及技术节点

年份	标志性事件
1986	推出媲美最佳机型的PAS 2500步进式光刻机
1991	推出突破性平台PAS 5000,获得较大成功
2000	推出双晶圆台技术,进一步提高公司认可度
2003	推出业界首款浸入式光刻工具,尼康与佳能市场份额被压缩,奠定高端市场垄断地位
2007	推出TWINSCAN NXT:1950i浸入式光刻系统,市场份额进一步扩大
2008	佳能逐步退出芯片光刻机市场,尼康芯片光刻部门持续亏损
2010	与台积电展开EUV设备研究,逐步垄断高端光刻机市场
2012	三星、英特尔和台积电共同向ASML注资,加速开发EUV
2017	EUV光刻机量产出货
2021	EUV光刻机实现5 nm出货

表7.7 Lam Research发展历程及技术节点

年份	产品	可供应制程
1982	Auto Etch	1.5 μm
1992	ICP干法刻蚀设备	0.8 μm
1995	首款ICP介质刻蚀设备	350 nm
2000	2300系列刻蚀平台	180 nm
2004	KIYO和FLEX系列第一代	90 nm
2014	ALE刻蚀设备FLEX系列及KIYO系列	14 nm

表7.8 主要国家光刻机设备的发展情况

国家	企业	主要产品及应用范围	加工能力
荷兰	ASML（阿斯麦）	NXT2000i ArF NEX3400C	分辨率5~7 nm,overlay 1.9 nm;顶级光刻机(NEX33X0,7 nm加工精度),IC集成电路

续表7.8

国家	企业	主要产品及应用范围	加工能力
日本	Nikon(尼康) Canon(佳能) Gigphoton	EUV等光刻机光源	为ASML、Nikon、Canon提供EUV光源
美国	ABM Ultratech	对准曝光机、单独曝光系统	
中国	上海微电子装备有限公司(SMEE)	SMEE200系列投影式,90/110/280 nm精度,IC制造与先进封装,MEMS,TSV/3D/TFT-OLED	小规模集成电路
	中国电科45所	1 μm接触接近式	

表7.9 ASML EUVL-NXE系列光刻机主要性能指标

年份	6~60 /(W·h^{-1})	50~125 /(W·h^{-1})	125~145 /(W·h^{-1})	155~170 /(W·h^{-1})	185 /(W·h^{-1})	分辨率 /nm	IF功率 /W	套刻精度 /nm
2011	NXE:3100B					≤27	10~105	7
2013	NXE:3300B					≤22	80~250	5
2015	NXE:3350B					≤16	250	2.5
2017			NXE:3400B			≤13	250	2
2019				NXE:3400C		≤13	≥250	<2
2020					NEXT	≤7	350	1.5
202X						≤7	350~500	

表7.10 主要芯片生产商生产能力分析

国家	企业	加工能力/时间节点	应用范围
韩国	三星	7 nm/2019年,5 nm、4 nm、3 nm/2021年之后	CPU
	海力士	10 nm/2018年	DDR内存
中国	中芯国际	14 nm/2019年	
	台积电	7 nm/2019年,5 nm/2021年,3 nm/2024年	CPU
美国	英特尔		CPU
德国	世创		晶圆生产

7.3 硅掺杂技术

本征硅电阻率很高($\sim 2.3 \times 10^5 \ \Omega \cdot cm$),而半导体器件中要求材料的电阻率通常小于 $200 \ \Omega \cdot cm$。通过掺杂技术在本征硅中可控引入一定量杂质,改变硅的结构和电学特性,这也是硅微电子的基础。对硅进行可控掺杂所用的元素见表 7.11。常用的掺杂元素有硼和磷,分别形成 n 型和 p 型掺杂。材料的电阻率与掺杂浓度的关系为

$$\rho = \frac{1}{ne\mu} \tag{7.7}$$

式中,ρ 为电阻率($\Omega \cdot cm$);n 为载流子浓度(个$/cm^3$);e 为电子电荷(C);μ 为载流子迁移率($cm^2/(V \cdot s)$)。

表 7.11 常见硅掺杂元素及主要性能参数

掺杂形式	元素	晶格常数/Å	分凝系数	硅中最大溶解度/(原子·cm^{-3})	电阻率/($\Omega \cdot cm$)
施主杂质(VA族) n 型掺杂	氮				
	磷	1.10	0.35	1.3×10^{21}	$< 3 \times 10^{-4}$
	砷	1.18	0.30	2.0×10^{21}	$< 3 \times 10^{-4}$
	锑	1.36	0.023	6.0×10^{19}	$< 1.8 \times 10^{-3}$
受主杂质(VA族) p 型掺杂	硼	0.88	0.8	5×10^{20}	4×10^{-3}
	铝	1.26	2×10^{-3}	$10^{19} \sim 10^{20}$	$10^{-3} \sim 10^{-2}$
	镓	1.26	8×10^{-3}	4×10^{19}	4.6×10^{-3}
	铟				

硅的掺杂主要通过扩散和离子注入来实现,前者利用高温驱动杂质穿过硅的晶格结构,形成杂质热扩散,受扩散时间和温度的影响。后者通过高能离子轰击将杂质引入硅片,杂质通过与硅片发生原子级的高能碰撞才能被注入。随着特征尺寸的不断减小和相应的器件缩小,现代 IC 芯片的制造中几乎所有掺杂工艺都是离子注入掺杂,少数情况下使用热扩散工艺。一般 COMS 工艺流程中涉及 6~12 次离子注入,离子能量为 5~200 keV,剂量为 $10^{11} \sim 10^{16} \ cm^{-2}$。电子器件从平面型向鳍式(FinFET)过渡中,受其本身非平面结构和束线离子注入的视线性所限。

7.3.1 离子注入技术

(1)离子注入基本原理。

离子注入技术是指某种元素的原子经离化后,在强电场的加速作用下,注射入靶材的表层,以改变这种材料表层的物理或化学性质。离子注入对于杂质浓度可以进行精确调控($10^{11} \sim 10^{16} \ cm^{-2}$),并可在同一平面上形成非常均匀的分布(8 in,±1%)。离子注入是一个纯物理过程,也是一个非平衡过程,不受固溶度限制,具有注入元素纯度高、工艺温度低等优点。但也存在一些不足,如高能离子轰击造成硅原子晶体结构损伤,离子注入设

备复杂、价格昂贵,产生高压有毒性气体。离子注入中最重要的参数为注入剂量(Q)和射程(R),有

$$Q = \frac{It}{enA} \tag{7.8}$$

式中,I 为束流(A);t 为注入时间(s);e 为电子电荷(C);n 为离子电荷(C);A 为注入面积(cm^2)。

$$R = \int_0^R dx = \int_0^{E_0} \frac{dE}{S_n(E) + S_e(E)} \tag{7.9}$$

式中,E_0 为离子初始能量(J);$S_n(E)$ 和 $S_e(E)$ 分别为核阻止本领和电子阻止本领,均为能量 E 的函数。

(2)离子注入设备。

离子注入技术包括离子的产生、加速和控制三大基本要素。图 7.5 所示为离子注入系统示意图,离子注入设备则主要包括六个部分:离子源、提取电极、粒子分析器、加速管、扫描系统、工艺室。

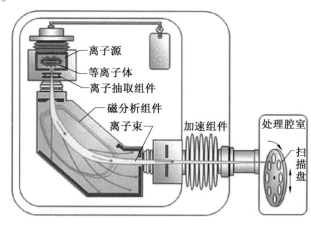

图 7.5 离子注入系统示意图

① 离子源。通过三种方式获得离子,分别是热钨灯丝发射的热电子与源气体分子碰撞离子化,射频电源离子化,微波离子化。

② 提取电极。电场对离子进行加速,使其能量大于 50 keV,供离子分析器进行离子选择。

③ 粒子分析器。在磁场中,带电离子的回旋半径与荷质比密切相关,调控磁场使目标离子通过狭缝。

④ 加速管。电场加速离子,使其达到器件所需深度,可通过垂直快门调控束流密度。

⑤ 扫描系统。聚束离子束束斑通常很小,须通过扫描覆盖整个硅片。扫描在剂量的一致性和重复性方面起着关键作用。一般来说,注入机中的扫描系统有四种不同种类:静电扫描、机械扫描、混合扫描、平行扫描。

⑥ 工艺室。离子束向硅片的注入发生在工艺室中。工艺室是注入机的重要组成部分,包括扫描系统、具有真空锁的装卸硅片的终端台、硅片传输系统和计算机控制系统。

另外还有一些监测剂量和控制沟道效应的装置。如果用机械扫描,终端台会比较大。可以用多级机械泵、涡轮泵、冷却泵把真空抽到注入要求的本底气压。

目前,主要离子注入设备生产厂商见表 7.12。

表 7.12　主要离子注入设备生产厂商

国家	美国	日本	中国
生产厂商	Applied Materils（应用材料）	Lam Research（泛林）	中电科电子装备集团有限公司
	Axcelis	Tokyo Electron（东京电子）	北方华创
		Hitachi High-Technologies（日立高新）	
		Screen Semiconductor Solutions（迪恩士）	

7.3.2　扩散技术

硅的扩散掺杂是硅微电子制造工艺中最基本的工艺之一,是形成 PN 结、电阻、欧姆接触等的关键工艺。硅的扩散掺杂技术指在 900～1 200 ℃ 的高温下,在含有杂质气氛中(p 型或 n 型掺杂物),使杂质向硅衬底特定的区域内扩散,达到一定浓度,实现半导体定域、定量掺杂的一种工艺,也称为热扩散。常见杂质元素热扩散使用的源见表 7.13。

表 7.13　常见杂质元素热扩散使用的源

杂质	砷(As)	磷(P)	磷(P)	硼(B)	硼(B)	硼(B)	锑(Sb)
杂质源	砷烷(AsH_3)	磷烷(PH_3)	三氯氧磷($POCl_3$)	乙硼烷(B_2H_6)	三氟化硼(BF_3)	三溴化硼(BBr_3)	五氯化锑($SbCl_5$)
形态	气体	气体	液体	气体	液体	液体	固体

热扩散主要有两种方式:一是间隙扩散,利用原子半径比硅小或不易与硅原子键合的杂质进行掺杂,它不占据硅原子晶格位置,只是从一个位置移动到另一个位置;二是空位掺杂,硅原子在高温下平衡格点做热振动,并在足够能量下离开格点,形成空位,临近的杂原子移动到空位格点上。

两步扩散结合工艺,第一步为预扩散(或预淀积),在较低的温度下,采用恒定表面源扩散方式,在硅片浅表扩散一层均匀分布杂质,控制扩散杂质数量;第二步为主扩散(或再分布),以预扩散引入的杂质作为扩散源,在较高的温度下进行扩散并氧化,控制硅表面浓度和扩散深度。此处扩散的源可以选择固态、液态和气态,因此产生三个不同的扩散系统和工艺技术(表 7.14)。

表 7.14 热扩散工艺

杂质源	热扩散工艺	工艺特点
固态源	开管扩散,杂质与硅片间隔放置	重复性和稳定性都好
	箱法扩散,杂质源和硅片密封于箱,惰性气体保护	杂质均匀性好
	涂源法扩散,杂质源涂抹、旋涂或气相沉积硅片表面	工艺范围广
液态源	利用惰性气体携带杂质进入反应炉	重复性和均匀性好,成本低、效率高
气态源	气体杂质载气稀释下进入反应炉	氢化物或卤化物源,毒性大,易燃易爆

表 7.15 对比了热扩散和离子注入工艺在不同参数条件下的结果。

表 7.15 热扩散和离子注入工艺对比

对比内容	热扩散	离子注入
动力	高温、杂质的浓度梯度平衡过程	5～500 keV 非平衡过程
杂质浓度	受表面固溶度限制,掺杂浓度过高、过低都无法实现	浓度不受限
结深	结深控制不精确,适合深结掺杂	结深控制精确,适合浅结掺杂
横向扩散	严重。横向是纵向扩散线度的 0.70～0.85 倍,扩散线宽在 3 μm 以上	较小。特别在低温退火时,线宽可小于 1 μm
均匀性	电阻率波动为 5%～10%	电阻率波动约为 1%
温度	高温工艺,超 1 000 ℃	常温注入,退火温度约 800 ℃,可低温、快速退火
掩蔽膜	二氧化硅等耐高温薄膜	光刻胶,二氧化硅或金属薄膜
工艺卫生	易污染	高真空、常温注入,清洁
晶格损伤	小	损伤大,退火也无法完全消除,注入过程芯片带电
设备、费用	设备简单、价廉	复杂、费用高
应用	深层掺杂的双极型器件或者电路	浅结的超大规模电路

7.4 硅刻蚀技术

硅的刻蚀技术泛指在半导体工艺中按照掩膜图形或设计要求对硅等半导体衬底表面或表面覆盖的薄膜进行选择性的腐蚀或剥离的技术。它是半导体器件和集成电路制造中的基本工艺,还应用于薄膜电路、印刷电路和其他微细图形的加工。硅的刻蚀技术主要分为湿法刻蚀和干法刻蚀两大类,主要通过以下五个参数评价刻蚀工艺。

① 刻蚀速率,指被刻蚀材料单位时间内刻蚀的深度,它应与刻蚀精度达到相应的

平衡。

② 选择比,指掩膜与被刻蚀材料的刻蚀速率之比,也称为抗刻蚀比。选择比越大,越有利于刻蚀,它是设计某种材料掩膜厚度的重要参数。

③ 方向性,指掩膜图形暴露部分被刻蚀材料在不同方向上刻蚀速率比,分为各向同性刻蚀和各向异性刻蚀。

④ 刻蚀深宽比,指刻蚀特定图形的特征尺寸与对应能够刻蚀的最大深度之比,反映刻蚀保持各向异性的能力。每种刻蚀方法或工艺对于特定尺寸的结构都存在极限刻蚀深度。

⑤ 刻蚀粗糙度,指刻蚀结构边壁和底面的粗糙度,反映刻蚀的均匀性和稳定性。

7.4.1 湿法刻蚀技术

将带有掩膜的衬底浸入化学刻蚀液中,使暴露部分(未被掩膜遮挡)材料腐蚀去除,获得相应的微米结构。其特点有:选择性好、重复性好、效率高、设备简单、成本低;但对转移图形控制性差、各向异性能力较差、难以实现纳米级结构、产生刻蚀废液。

在硅半导体工艺中,利用不同晶面化学刻蚀的速率不同,也能实现良好的各向异性刻蚀。例如,氢氧化钾(KOH)对硅(110)、(100)、(111)晶面的腐蚀速率比为400∶200∶1,因此采用KOH对硅(100)晶面进行刻蚀时,能够沿着(111)与(100)晶面形成夹角形(57.3°)和斜锥状面。为了改善刻蚀表面的粗糙度,可采用KOH与异丙醇或四甲基氢氧化铵(TMAH)混合,也可以使用纯的TMAH进行硅的湿法刻蚀。湿法腐蚀的基本过程可分为:刻蚀液向被刻蚀材料输运,生成物输运,因此,湿法刻蚀中掩膜材料和刻蚀液的选择至关重要,同时也受刻蚀液浓度、温度、结构特征尺寸、刻蚀深度以及刻蚀过程中是否搅拌等多因素影响。部分常见材料的常用湿法刻蚀液见表7.16。除了对硅等材料的刻蚀外,在半导体工艺中还涉及对某些金属的刻蚀以形成最终的结构。常见金属刻蚀液及配比见表7.17。

表7.16 部分常见材料的常用湿法刻蚀液

被刻蚀材料	刻蚀液	备注
硅	KOH,EDP,TMAH,HNA	EDP(乙二胺+对苯二酚+水)
氧化硅	HF,BOE	HF∶H_2O = 6∶1 或 10∶1 或 20∶1,6∶1溶液对热氧化硅腐蚀速率 120 nm/min;20∶1,3 nm/min HF∶NH4F 保持 HF 浓度
氮化硅	H_3PO_4(140 ℃/200 ℃)	49% HF 水溶液 + 70% HNO_3 溶液(3∶10 混合)
砷化镓	$H_2SO_4 + H_2O_2 + H_2O$ $Br + CH_3OH$ $NaOH + H_2O_2$ $NH_4OH + H_2O_2 + H_2O$	

表 7.17　常见金属刻蚀液及配比

金属	温度	刻蚀液	比例(质量比)
Al		H_2O/HF	1:1
		$HCl/HNO_3/HF$	1:1:1
Sb		$H_2O/HCl/HNO_3$	1:1:1
		$H_2O/HF/HNO_3$	90:1:10
Bi		H_2O/HCl	10:1
Cr		H_2O/H_2O_2	3:1
Co		H_2O/HNO_3	1:1
		HCl/H_2O_2	3:1
Cu		H_2O/HNO_3	1:5
Au	Hot	HCl/HNO_3	3:1
Hf		$H_2O/HF/H_2O_2$	20:1:1
In	Hot	HCl/HNO_3	3:1
Ir	Hot	HCl/HNO_3	3:1
Fe		H_2O/HCl	1:1
		H_2O/HNO_3	1:1
Pb		CH_3COOH/H_2O_2	1:1
Mg	Hot	$H_2O/NaOH$	10:1
		H_2O/CrO_3	5:1
Mo		HCl/H_2O_2	1:1
Ni		$HNO_3/CH_3COOH/CH_3COCH_3$	1:1:1
		HF/HNO_3	1:1
Nb		HF/HNO_3	1:1
Pd	Hot	HCl/HNO_3	3:1
Pt	Hot	HCl/HNO_3	3:1
Re	Hot	HCl/HNO_3	3:1
Rh	Hot	HCl/HNO_3	3:1
Ru	Hot	HCl/HNO_3	3:1
Ag		NH_3OH/H_2O_2	1:1
Ta		HF/HNO_3	1:1
Sn		HF/HCl	1:1
		HF/HNO_3	1:1
		HF/H_2O	1:1

续表7.17

金属	温度	刻蚀液	比例(质量比)
Ti		$H_2O/HF/HNO_3$	50∶1∶1
W		HF/HNO_3	1∶1
V		H_2O/HNO_3	1∶1
		$H_2O/HF/H_2O_2$	1∶1
Zr		$H_2O/HF/HNO_3$	50∶1∶1
		$H_2O/HF/H_2O_2$	20∶1∶1

7.4.2 干法刻蚀技术

除了上述湿法刻蚀技术外,其他无溶液刻蚀方法都可称为干法刻蚀,既包含物理性轰击溅射,也包含化学反应刻蚀。它是目前主流刻蚀技术,特别是在超大规模集成电路制造中。干法刻蚀特点:各向异性好、刻蚀选择性好、刻蚀速率可控、刻蚀均匀性高、工艺稳定。

(1) 离子束刻蚀。

离子束刻蚀是最早用于干法刻蚀的一种物理性刻蚀方法。它利用惰性气体离子束直接轰击被刻蚀材料,并将动能传递给表面原子,产生溅射去除。该方法具有很高的分辨率和极好的各向异性;但也有选择比差、不能实现深结构刻蚀、产生离子注入、二次沉积等不足。为了克服上述不足,离子束刻蚀技术还引入了化学反应机制,利用离子轰击和化学反应相结合手段,提高刻蚀选择比,获得深宽比更高的微纳米结构,同时还能提高刻蚀速率。目前,离子束刻蚀技术常用于化学性质稳定,且难以通过化学反应的方式刻蚀的材料(如金属、陶瓷)的微纳米结构的刻蚀。

(2) 反应离子束刻蚀。

反应离子束刻蚀(reactive ion etching,RIE)综合了物理轰击溅射和化学反应刻蚀机制,是当前半导体工艺和微纳米加工中的主流刻蚀技术。它具有诸多突出的优点:刻蚀速率高、各向异性好、选择比大、大面积均匀性好、可实现高质量、高精度、纳米结构刻蚀,且剖面质量好。其基本原理是在较低的压强下(0.1~10 Pa),通过反应气体在射频电场作用下辉光放电产生等离子体,并轰击衬底材料表面,实现离子的物理轰击溅射和活性粒子的化学反应双重作用,从而实现高精度图形的刻蚀。常用被刻蚀材料及其刻蚀反应气体见表7.18。除了反应气体的选择外,影响 RIE 刻蚀结果的主要因素还包括:气体流速、射频功率、反应腔室压力、样品表面温度、电极材料及腔体环境和辅助气体等。

表7.18 常用被刻蚀材料及其刻蚀反应气体

被刻蚀材料	刻蚀反应气体
Si	C_4F_8/SF_6,CF_4/SF_6,CF_3Br,SF_6/O_2,HBr,Br_2/SF_6,$SiCl_4/Cl_2$,HBr/O_2,$HBr/Cl_2/O_2$
SiO_2	CF_4/H_2,CHF_3/O_3,CHF_3/CF_4,CCl_2F_2,CH_3CHF
Si_3N_4	CF_4/O_2,CF_4/H_2,CHF_3,CH_3CHF

续表7.18

被刻蚀材料	刻蚀反应气体
GaAs	$SiCl_4/SF_6$,$SiCl_4/NF_3$,$SiCl_4/CF_4$
Al	BCl_3/Cl_2,$SiCl_4/Cl_2$,HBr/Cl_2
W	SF_6,NF_3/Cl_2
InP	CH_4/H_2
ITO	CH_4/H_2
有机材料	O_2,O_2/CF_4,O_2/SF_6

(3) 电感耦合等离子体反应离子刻蚀(inductive coupled plasma reactive ion etching,ICP-RIE)。

针对高深宽比的精细结构加工需求,要求干刻蚀技术具有:① 更好的刻蚀方向性,即各向异性能力强;② 更高的刻蚀选择比,保证刻蚀掩膜的耐刻蚀性;③ 更快的刻蚀速率。在这样的需求背景下,电感耦合等离子体反应离子刻蚀技术应运而生。它在传统 RIE 的基础上增加一个射频电源(ICP 源),并通过感应线圈从外部进行功率耦合,进入等离子体的发生腔,从而使等离子体的产生与刻蚀区分开。ICP-RIE 技术可实现高密度、低能量的等离子体,满足高深宽比、高刻蚀速率和高刻蚀选择比的要求,并且具有低损伤、低压下仍能保持刻蚀速率低等优点。

(4) 反应气体刻蚀。

反应气体刻蚀指通过气态的反应气体直接与刻蚀材料进行反应的刻蚀方法。通常采用二氟化氙(XeF_2)气体对硅进行高选择性刻蚀,它能与硅形成四氟化硅挥发性产物,但对金属、二氧化硅和其他掩膜几乎没有腐蚀作用,具有极高的刻蚀选择比。一般对硅的刻蚀速率可达 $1 \sim 3~\mu m/min$,表面粗糙,可在 XeF_2 中混入 BrF_3 或 ClF_3 等气体加以改善。

第 8 章

LIGA 技术

8.1 LIGA 技术概述

LIGA 是德语 Lithographic、Galvanofornung 和 Abformung 三个词语的缩写,分别表示制版术、电铸成形、注塑三种技术的有机结合。LIGA 技术起源于 20 世纪 80 年代,Ehrfeld 等人为制造铀 – 235 微喷嘴发明的一种制造微型零件的新工艺方法。LIGA 技术主要工艺过程主要分为三步:X 射线深层光刻、电铸制模、注塑复制,如图 8.1 所示。

(1)X 射线深层光刻。

首先在基底表面蒸镀一层金属薄膜(与第二步电铸金属材料相同),再在其上旋涂一层光刻胶(PMMA),然后利用同步辐射 X 射线(波长为 0.1 ~ 1 nm)进行曝光,可以穿透 10 ~ 1 000 μm 光刻胶,使得同步辐射 X 射线曝光最终图形的深宽比超过 1 000。

(2)电铸制模。

显影后获得光刻胶的三维结构,再以基底上金属膜为阴极进行材料电铸,将金属填充到光刻胶三维结构空隙中,形成与光刻胶结构互补的金属三维结构。此金属结构可以作为最终的微结构产品,也可以作为批量复制的模具。值得注意的是,电铸液需要进入微细结构,要求其具有较小的表面张力,可通过添加表面抗张力剂,脉冲电铸电源,超声波增加金属离子对流。

(3)注塑复制。

用上述金属微结构为模板,采用注塑成形或模压成形等工艺,重复制造所需的微结构。符合工业上大批量生产要求,降低成本。

对于 LIGA 技术,所用的曝光光源、掩膜版、光刻胶等都具有一定的特殊性,与光学光刻技术具有显著差异,具有如下显著特点。

①LIGA 技术所用的同步辐射 X 射线,较普通 X 射线波长更短,强度高出 3 ~ 4 个数量级,穿透力极强,曝光时间短,光刻胶侧壁垂直度好,故能获得深宽比可大于 1 000。可以加工横向尺寸为 0.5 μm,高宽比大于 200 的立方微架构。

②掩膜版需要吸收穿透力强的 X 射线,通常采用金作为吸收体,厚度大于 10 μm;同

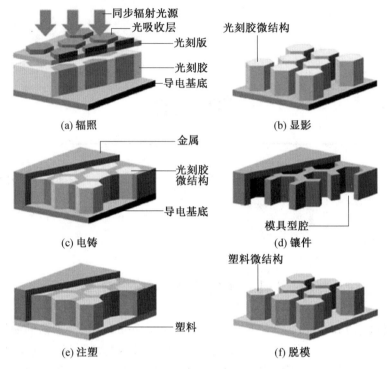

图 8.1　LIGA 技术基本工艺过程

时对于掩膜版的基体,也需要对 X 射线透过性好的铍或钛制作。

③ 可加工材料范围广,可以是金属、陶瓷、聚合物、玻璃等,突破了半导体工艺对材料的限制。

④ 零件结构复杂度高,精度高,加工精度可达 $0.1~\mu m$;可重复复制,符合工业上大批量生产要求,成本低。

8.2　准 LIGA 技术概述

同步辐射 X 射线源的稀缺性,使得 LIGA 技术在实际应用中受阻。利用紫外光来替代昂贵的同步辐射 X 射线源,并采用类似 LIGA 工艺的电铸和注塑完成图形的转移,称为准 LIGA 技术。由于采用紫外光光源,尽管牺牲了微结构的深宽比,但极大地拓展了 LIGA 技术的应用范围。此外,研究者还发展出其他类型的准 LIGA 技术,如利用激光直写光刻胶 Laser-LIGA,采用硅深刻蚀工艺 ICP-LIGA,离子束刻蚀 IB-LIGA,DEM 技术,掩膜移动 LIGA 技术等。

图 8.2 为 LIGA 技术与准 LIGA 技术基础流程对比图,准 LIGA 工艺除了所使用的光刻光源、光刻胶和掩膜外,与 LIGA 工艺基本相同。首先在基片上沉淀电铸用的种子金属层,再在其上涂上光敏聚酰亚胺,然后用紫外光光源光刻形成模子,再电铸上金属,去掉聚酰亚胺,形成金属微结构。为实现较厚的结构制作,可进行多次涂胶、软烘的重复涂胶法。利用准 LIGA 工艺可以得到厚度达 $300~\mu m$ 的镍、铜、金、银、铁镍合金等金属结构。利

用牺牲层释放金属结构,还可制备可动构件,如:微齿轮、微电机等。选择聚酰亚胺作为准LIGA工艺的光刻成膜材料,是因为聚酰亚胺具有抗酸碱腐蚀,能经受电镀槽中的长时间浸泡;耐高温,在其上还能沉淀其他材料等特点。而且由于聚酰亚胺广泛应用于集成电路工艺多重布线的平滑材料和绝缘层,其刻蚀条件和性能得到了较为充分的研究。因此,利用准LIGA技术既可制造非硅材料高深宽比的微结构,又有与微电子技术更好的兼容性。目前,瑞士Mimotec SA公司在UV-LIGA技术方面开展了系统研究,能提供制造工艺和多类型的产品(图8.3)。

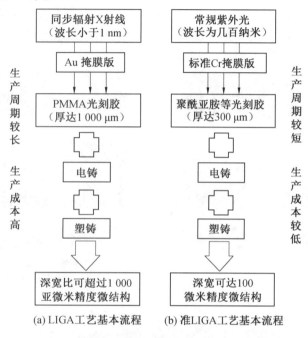

图8.2　LIGA技术与准LIGA技术基本流程对比图

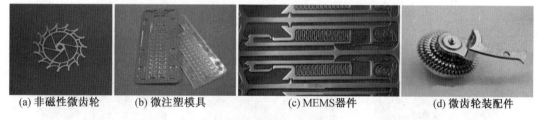

图8.3　Mimotec SA公司UV-LIGA技术制造的零部件

8.3　LIGA技术的拓展

LIGA技术适合制作陡峭的垂直结构,而对于具有斜面、自由曲面的结构则不擅长。为此,人们已经开始对其进行技术改进,以拓展LIGA技术的加工范围。

(1) 电感耦合等离子体(inductively coupled plasma, ICP)LIGA技术。

利用电感耦合等离子体刻蚀技术进行高深宽比塑料或硅刻蚀后,从硅片上直接进行微电铸，得到金属模具后，再进行微复制工艺，就可实现微机械器件的大批量生产。利用此技术既可制造非硅材料高深宽比的微结构，又与微电子技术具有良好的兼容性。

（2）激光 LIGA 技术。

LIGA 技术中对光刻胶的曝光形式决定了显影后的光刻胶结构，Abraham 等人利用激光替代 LIGA 技术 X 射线对光刻胶进行选择性曝光，再进行电铸和注塑工艺，开发了激光辅助 LIGA 技术（Laser-LIGA）。图 8.4（a）为 Laser-LIGA 的整个工艺流程，其中关键一步是采用激光对抗刻蚀剂（如 PMMA）进行三维结构曝光，再通过电铸获得相应金属微三维结构，以及后续注塑形成其他聚合物模型。图 8.4（b）为激光曝光形成的 PMMA 抗刻蚀剂三维结构，进一步通过电铸镍形成了完全一致的镍模具结构（图 8.4（c）），再进行 PMMA 注塑成形获得 PMMA 模型（图 8.4（d））。

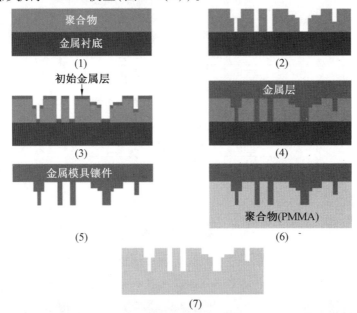

图 8.4　激光 LIGA 技术

（3）移动掩膜技术。

从 LIGA 的工艺原理可以看出，用 X 射线制版法加工抗蚀剂所得到的深度取决于曝光量，即取决于积聚的 X 射线能量的分布。在曝光的过程中，如果以一定的速度移动掩膜，就可以使抗蚀剂中各处积聚的 X 射线能量具有所要求的分布，控制这种积聚能量的分布，就有可能得到任意倾斜的侧壁，这种方法称为移动掩膜深度 X 射线光刻（moving mask deep X-ray lithography，M^2DXL）。侧壁的倾斜角度取决于掩膜相对于加工深度的振动幅度，因此，只要预先掌握了积聚能量的分布与加工深度之间的关系，就可以加工出所需要的倾斜角。日本京都大学 Tabata 等人基于 X 射线光刻，提出了该项技术。图 8.5(a) 为 M^2DXL 技术基本原理图，通过一定速度移动掩膜版，可使光刻胶不同位置所吸收的 X 射线剂量不同，在后续的显影中，显影液在不同方向上的溶解扩散速率不同，形成预定的显影结构。通过理论建模研究可获得掩膜版移动速度与显影结构之间的对应关系(图 8.5(b))，从而可控制造三维结构(图 8.5(c))。图 8.5(d) 详细地展现了不同位置上显影时间不同而形成不同深度的结构，其根本在于不同深度吸收的 X 射线剂量不同(图 8.5(e))。因此，移动掩膜这种方法对于 LIGA 的实际应用具有十分重要的意义。

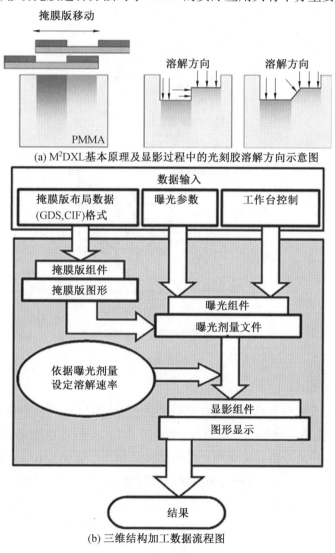

(a) M^2DXL 基本原理及显影过程中的光刻胶溶解方向示意图

(b) 三维结构加工数据流程图

图 8.5　移动掩膜深度 X 射线光刻(M^2DXL) 技术

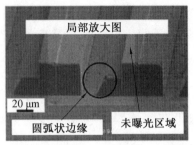

(c) 所制备的PMMA三维结构SEM图像

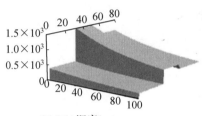

PMMA深度/μm

(d) 不同位置PMMA曝光所达到的剂量

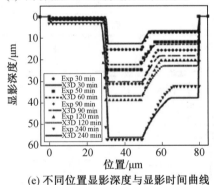

(e) 不同位置显影深度与显影时间曲线

续图 8.5

(4) 双次曝光 LIGA 技术。

标准 LIGA 技术所制造的微结构具有陡峭的侧壁,难以实现任意倾斜角度的微结构制造,在严格的意义只能称为 2.5 维结构,这限制了 LIGA 技术在微纳制造中的应用。双次曝光 LIGA 技术分两步曝光可实现三维微结构的制造。如图 8.6(a) 所示,第一次曝光与标准的 LIGA 技术一致,采用相应的掩膜版进行曝光;第二次曝光则不加掩膜版进行整个面积均匀曝光,从而实现三维结构的制造。进一步,日本京都大学 Matsuzuka 等人对双次曝光中光刻胶对光子的吸收过程进行理论建模分析(图 8.6(b)),通过控制曝光量可实现特定截面形状的制造,例如微针阵列(图 8.6(c))。

(5) 断面转印方法(plane pattern to cross-section transfer,PCT)。

采用与所要得到的微三维结构断面相似的图形作为掩膜版图形,当进行 X 射线曝光

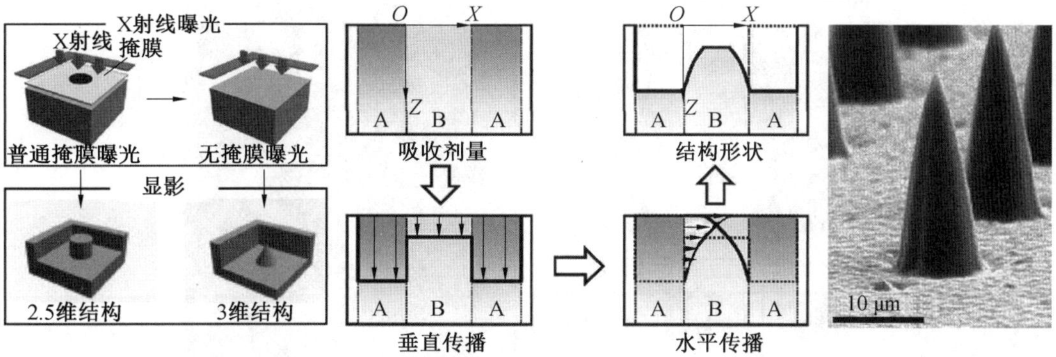

(a) 标注LIGA技术与双次曝光LIGA技术主要工艺流程示意图

(b) 双次曝光光刻胶吸收光子过程示意图

(c) 三维微针阵列SEM图像

图 8.6　双次曝光 LIGA 技术制造三维微结构

时，可以使抗蚀剂层相对于此 X 射线掩膜沿一定方向移动，并且根据 X 射线掩膜上 X 射线吸收层图形的开口面积比的不同来选择不同的曝光量，以此来控制 X 射线在抗蚀剂层断面方向积聚能量的二维分布。把经过这种方式曝光的抗蚀剂显影以后，就可以得到具有所需断面形状的微结构，该方法称为断面转印法（PCT）。PCT 所使用的抗蚀剂也是 PMMA，其显影开始时的 X 射线积聚能量阈值一般为 $1 \sim 2 \text{ kJ/cm}^3$，而且此阈值界限分明，十分稳定，比较容易设计断面的形状。可以直接按照所需微结构的断面形状来设计 X 射线掩膜上的 X 射线吸收层的形状。如果在一个方向移动抗蚀剂层以后再转过 90° 向着与之垂直的方向移动，进行二次曝光，就有可能得到由许多针状结构物排列起来的阵列（图 8.7(a)）。与双次曝光 LIGA 技术相同，PCT-LIGA 技术具有微结构可设计性，可预先设计所需要的微三维结构形状，大幅拓展了 LIGA 技术加工范围。图 8.7(b) ~ (d) 为利用 PCT-LIGA 制造的 PMMA 微针尖阵列，通过改变掩膜版图形形状，可获得微针针尖为等腰形状（图 8.7(c)）和沙漏形状（图 8.7(d)）的结构，充分证明了该方法灵活的可设计性。

（6）像素点曝光。

针对 LIGA 技术在任意形状微三维结构制造中存在的困难，Horade 等人于 2010 年提出了基于像素点曝光的 LIGA 技术。图 8.8(a) 为该方法的基本原理，相邻两次曝光通过光阑和制动器编程组合控制每个像素点的曝光量，逐步对微结构进行曝光。图 8.8(b) 针对微三维结构对同一个像素点采用多次曝光叠加曝光量的方法，得到不同位置的不同曝光量，从而获得相应的微结构。图 8.8(c) 为通过像素点曝光模式制备的阶梯槽，槽宽为 100 μm。图 8.8(d)、(e) 为每个像素点的间距分别为曝光所用光阑尺寸的 1/2 和 1/4 时制备的曲面图像。可以看出，减小像素点尺寸获得的加工曲面更加圆滑。

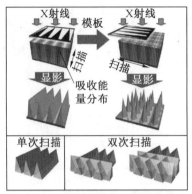
(a) PCT方法工艺过程示意图

(b) PMMA微针尖阵列SEM图像

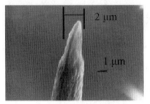
(c) 使用等腰掩膜版图形制备微针针尖

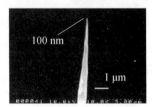
(d) 使用倾斜角2.5°的沙漏图形掩膜版制备微针尖

图 8.7 　PCT-LIGA 技术制备三维微结构

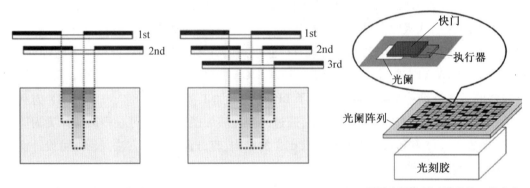

(a) 像素点曝光基本过程原理图　　　　(b) 利用光阑和制动器对单一像素点进行曝光示意图

(c) PTFE上制备的阶梯槽SEM图像

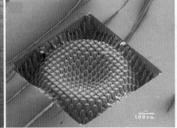
(d) 1/4光阑直径

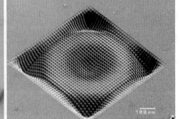
(e) 制备的三维曲面SEM图像

图 8.8 　基于像素点曝光原理 LIGA 技术

8.4 LIGA 技术在微细三维结构制造中的应用

LIGA 技术自诞生以来就一直被认为是进行微三维立体构件加工的最有力的手段之一。目前已有许多公司在批量化生产各类型的构件,用于实际工作环境。

(1) 波导结构。

真空电子器件频率越高,其核心部件的折叠波导慢波微结构的尺寸越小,通常的加工技术难以实现大深宽比结构的加工,UV-LIGA 技术在此方面展现出优异的加工能力。Srivastava 等人利用两步 UV-LIGA 技术针对太赫兹行波波导管进行加工,首先对波导微结构进行 UV-LIGA 加工,再对电子束调制结构进行第二次 UV-LIGA 加工(图 8.9(a)),从而在硅片表面同时获得 16 个阵列化的波导器件(图 8.9(b)),其结构宽度为 138 μm,周期 280 μm(图 8.9(b)为放大 SEM 图像),且具有均一的结构和陡峭的侧壁(图 8.9(c))。Li 等人也采用类似的两步 UV-LIGA 工艺,在铜材料的波导器件(图 8.9(d))。

(2) 微齿轮制作。

由于微小齿轮的结构相对简单,而且应用面极广,研究者进行了 LIGA 技术在微齿轮的制作开始。目前已可制作出能够相互啮合的渐开线齿形的齿轮。研究表明,LIGA 技术可以自由地进行二维设计,并且在设计时能够进行计算机优化,精确度可以达到亚微米级。图 8.10 是德国学者用 LIGA 和准 LIGA 技术制造出的大长径比微齿轮及齿轮系。

(3) 大纵横比微结构。

大纵横比微结构作为一种实用的微细加工手段,LIGA 工艺的一大突出特性就是可以完成大纵横比微结构的制作。图 8.11 是日本学者用 LIGA 技术完成的部分微结构制作。其中,图 8.11(a)是制作的 Ni 金属模具,它的高度为 15 μm,线宽为 0.2 μm,纵横比为 75;图 8.11(b)是用 LIGA 技术制作的 Ni 掩膜照片,其高度为 200 μm,线宽为 2 μm,纵横比为 100;图 8.11(c)是在 PMMA 上得到的厚度为 200 μm 微结构照片。

(4) 微传感器、制动结构的制作。

微传感器和微制动器的性能很大程度上取决于其敏感器件的灵敏度,而敏感器件则大多为大纵横比的微悬臂结构,这正是 LIGA 技术的加工特长。图 8.12 是德国学者用 LIGA 技术制作的部分微传感器和微制动器结构。可以看出,应用 LIGA 技术已经能够制作出结构相当复杂的微系统结构。

(5) 微动力装置的制作。

LIGA 技术的实用化和普及应用,除了能制作大纵横比的微结构零件外,更为重要的将体现在与其他技术相结合(如微装配技术、牺牲层技术等),从而制作出可动的微动力装置。为此,包括中国在内的世界各国学者进行了大量的研究工作。如德国卡尔斯鲁厄研究所制作的静电式微电机,其中心轴轴径为 4.8 μm,转子有 56 个齿,直径为 267 μm。美国威斯康星大学用牺牲层与 LIGA 技术相结合制作的电磁马达,6 个电极中 2 个相对的电极的线圈相连,组成每一相的定子线圈,其转子直径为 150 μm,3 个齿轮直径分别为 77 μm、100 μm、150 μm,该微电机在空气中转动时,转速可达 33 000 r/min。

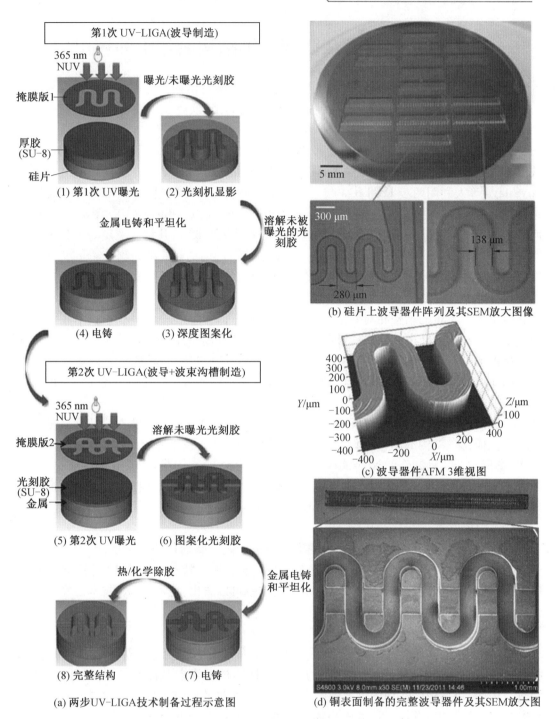

图 8.9　太赫兹行波管两步 UV-LIGA 制造过程示意图

第8章　LIGA 技术

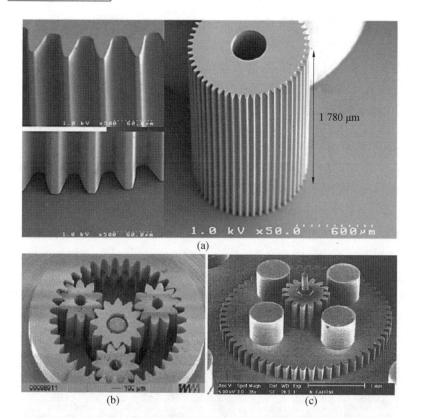

图 8.10　LIGA 和准 LIGA 技术制造出的大长径比微齿轮及齿轮系

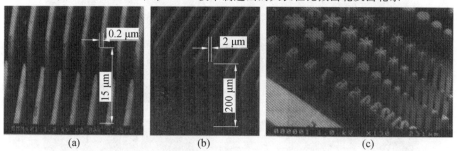

图 8.11　LIGA 技术加工的大深宽比微结构

图 8.12　LIGA 技术制作的部分微传感器和微制动器结构

图8.13(a)是德国学者用准LIGA技术制作的磁力驱动微涡轮,其中心轴为50 μm厚Ni材料,转子的厚度为40 μm、直径为400 μm NiCo材料。图8.13(b)是中国科技大学用LIGA结合微装配技术制作的金属Ni微流量计,其活动微齿轮高230 μm、半径为200 μm,中心轴半径为80 μm,间隙为10 μm。在气流作用下,齿轮能平稳地转动,其转速可以通过控制气流的大小来调节。微齿轮转速在30~60 r/min时,可以平稳转动,换算成流量量程为3 μl~15 nl。图8.13(c)、(d)是美国学者用准LIGA工艺在分布了简单的电路的硅片上制作的环形微陀螺仪。其制作过程为:在已图形化的导电牺牲层上涂上高密度、高透明度的光刻胶,光刻成模子,然后再电铸上金属Ni后,去掉光刻胶模和牺牲层,制成具有可动部分(环、支撑条)和固定部分(电极、支撑点)的微陀螺仪结构。图8.13(b)是光刻胶电铸膜的部分放大照片,环的直径为1 mm,宽为5 μm,厚为19 μm,电极间的距离为7 μm。该陀螺仪的分辨率在带宽10 Hz时约为0.5 (°)/s,通过改进电路及所用的材料等措施,可望提高到带宽50 Hz时为0.5 (°)/s。

此外,LIGA技术还在光纤通信等众多领域中开始进入应用阶段。如用LIGA技术制作的光纤夹可以使衬底上的对准结构的热膨胀系数因子和光纤夹保持一致,从而可以减少热膨胀对准精度的影响,提高耦合效率。事实上,数据传输系统多支光纤的网络中,需要用到多种无源器件,而其中的波导结构均可以用LIGA技术制作。

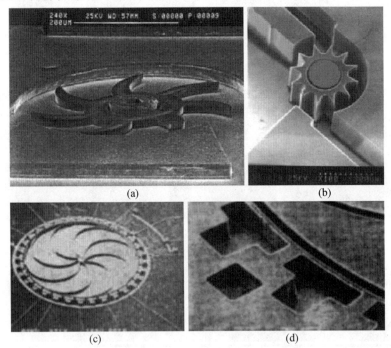

图8.13 LIGA技术制备典型微动装置

(6)LIGA与微细电火花加工技术结合。

微细电火花加工技术在金属材料的微细加工中发挥了重要作用,但微细电极,尤其是微小成形电极的制备却相当困难,一直是制约该技术广泛应用的瓶颈问题。由于LIGA技术的批量生产特性,可以用其制作复杂形状金属成形电极,从而大大拓宽微细电火花加工艺技术的加工能力和应用领域。将两种或两种以上的微细加工技术进行有效的集成，充分发挥各自的技术特点，将是未来微细加工技术发展的必然趋势之一。

LIGA 与微细电火花加工技术相结合的复合加工技术的基本过程为：① 利用具有所需图形的对光刻胶进行同步辐射深度曝光；② 显影，得到导电光刻胶基板上的微结构；③ 在光刻胶微结构中电铸金属铜；④ 表面磨抛后去胶，得到金属铜工具电极；⑤ 利用该工具电极在电火花加工机床上加工工件。

图 8.14(a) 为美国斯坦福大学利用 LIGA 技术获得的硅模具；图 8.14(b) 为采用电铸法反求获得的具有复杂形状的微细铜电极；图 8.14(c) 为中国科学院高能物理研究所用 LIGA 技术获得的 Y 字形金属铜电极，其厚度为 730 μm，线条宽 90 μm，且侧壁陡直；图 8.14(d) 为在电火花成形加工机床上加工的厚度为 150 μm 的不锈钢零件。图 8.14(e) 是日本学者用 LIGA 技术制作出电火花加工用的微细成形电极，然后再用制作出的电极进行微细电火花加工实例。由于在加工衬底上一次制作出的是一批电极，因此，用此电极一次就可以加工出一批工件。图 8.14(e)、(f) 是用此方法制作出的 20 μm×20 μm 的圆柱电极阵列以及用此电极在厚为 50 μm 的不锈钢片上加工出的微细阵列孔，每根电极的直径为 20 μm，材料为铜，加工后孔的直径为 30 ~ 32 μm；图 8.14(g)、(h) 是用此方法制作出的成形电极以及用此成形电极加工出的零件照片。

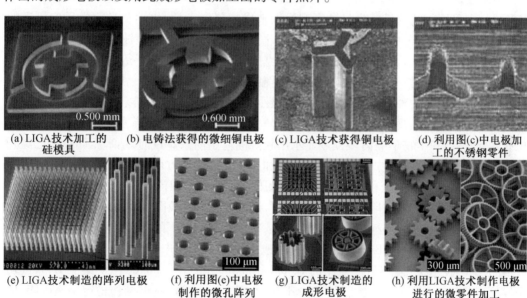

(a) LIGA 技术加工的硅模具
(b) 电铸法获得的微细铜电极
(c) LIGA 技术获得铜电极
(d) 利用图(c)中电极加工的不锈钢零件
(e) LIGA 技术制造的阵列电极
(f) 利用图(e)中电极制作的微孔阵列
(g) LIGA 技术制造的成形电极
(h) 利用 LIGA 技术制作电极进行的微零件加工

图 8.14　LIGA 与 EDM 复合加工技术在微结构制造中的应用

第 9 章

纳米压印技术

9.1 纳米压印技术概述

纳米压印技术(nanoimprint)是由美国普林斯顿大学华裔科学家Chou等人在1995年提出的。它采用传统的机械模具微复型原理来代替包含光学、化学及光化学反应机理的传统复杂光学光刻,避免了对特殊曝光束源、高精度聚集系统、极短波长透镜系统以及抗蚀剂分辨率受光半波长效应的限制和要求,克服了光学曝光中由于衍射现象引起的分辨率极限等问题。它是一种全新的纳米图形复制方法,具有高分辨率、快速、大面积、低成本等适合工业化生产的独特优点。目前压印最小特征尺寸可达2 nm以下,相比下一代光刻技术,其具有低成本、高产量的优势,因此在超大规模集成电路、超高密度存储、光学组件、电子学、传感器和生物学等诸多领域显示出较好的应用前景。目前,纳米压印技术已经开始从实验室走向工业化生产,并在数据存储和显示器件制造方面率先取得了应用。此外,科学家正在致力于为科研和工业界建立纳米压印的各项标准,以促进该项技术更好更快地发展。2003年,纳米压印技术被列入国际半导体技术路线图(international technology roadmap for semiconductors, ITRS),被认为是22 nm节点以下的备选技术,开始得到工业界的广泛关注,并被MIT Review誉为"可能改变世界的十大未来技术"之一。2009年开始,纳米压印技术被排在ITRS蓝图的16 nm和11 nm节点上。2016年,奥地利EVG公司宣布在其最新的UV-NIL系统(EVG7200LA)上实现了40 nm的微结构稳定快速压印,应用于显示器领域,具有更高的像素分辨率、更低功耗、更低生产成本。

9.2 纳米压印关键工艺

(1) 纳米压印原理与基本工艺过程。

纳米压印是一种全新的纳米图形复制方法,其实质是将传统的模具复型原理应用到微纳制造领域。其基本原理是在外加机械力作用下,处于黏流态或液态的压印胶逐渐流动并填充到模板表面微纳米尺度的特征图形的腔体结构中;并在热、光、化学等条件下固化;进而分离模板与压印胶,在后者表面复制模板图形;最后通过刻蚀技术将压印胶上的图形转移至衬底上。与传统光刻工艺相比,纳米压印技术不是通过改变抗蚀剂的化学特性实现抗蚀剂的图形化,而是通过抗蚀剂的受力变形实现其图形化。

如图9.1所示,根据纳米压印技术原理可知,纳米压印技术的工艺过程通常可分为三步:①模板的制作与处理;②压印与脱模;③压印胶图形转移。为了获得几纳米的均匀结构图案,每一个过程的控制都非常关键,其中就涉及模板制作、压印胶、高精度压印过程控制(缺陷控制、对准套刻)、三维结构压印以及精确蚀刻等一系列核心技术。

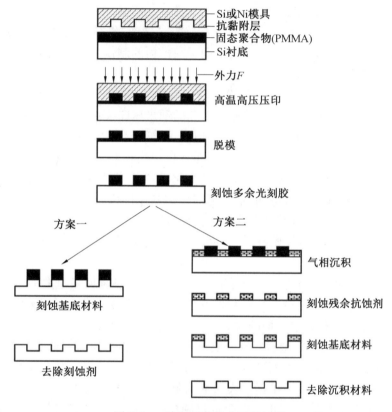

图 9.1　纳米压印基本工艺过程

(2) 模板的制作与处理。

模板是纳米压印技术核心部件,其精度和质量直接决定了纳米压印的质量,因而其制作难度和成本都是整个压印工艺中最高的部分。常用制作模板的硬质材料包括:硅、石英、镍、铬、金刚石、蓝宝石、氮化硅等;此后又发展出许多柔性材料,如聚二甲基硅氧烷(PDMS)、高抗冲击聚苯乙烯(HIPS)、光敏树脂、聚甲基丙烯酸甲酯(PMMA),以及将硬质和柔性材料结合的复合模板。不同压印工艺需要不同的模板材料,而不同的模板材料需要相应的模板制作技术,从而衍生出多种模板制作技术。其中主要有电子束直写、电铸、氧化法、化学气相沉积法、玻璃湿法刻蚀法、软模板复型工艺等。

①电子束直写。纳米压印精度与模板精度密切相关,通常想要获得100 nm以下的纳米结构,需要模板具有相应的尺寸,电子束直写能很好地解决这一尺度下模板的制作。电

子束直写与传统光刻技术不同，无须光掩膜版，可一次直写成图形，且具有几纳米的空间分辨率。通常先在镀有铬层的硅片上进行匀胶，所用压印胶一般为 PMMA，厚度为 $0.3 \sim 1.0 \ \mu m$，然后通过高能电子束进行曝光，经过显影、去胶工艺，再以 PMMA 为掩蔽层进行反应离子刻蚀，将图形转移到铬层上，然后以铬层为掩蔽层，将图形转移到硅或者二氧化硅层上，完成特征直写，得到硬模具或软模具复制需要的母版。目前利用电子束直写可获得最小特征尺寸为 5 nm 的模板。但该方法也存在一些不足，如高能电子束存在散射，临近效应明显，其产生的二次离子会导致分辨率下降，不利于制作大深宽比的特征；电子束直写加工效率较低，设备昂贵。

② 电铸。电铸是利用电解沉积原理来精确复制微细、复杂和某些难以用其他方法加工的特殊形状工件的特种加工方法。通常用于镍模板的制作。该方法可获得 50 nm 以上的模板，且工艺简单、成本低、易于大批量生产。

③ 氧化法。该方法制备纳米压印模板时分为两类：硅横向氧化和多孔氧化铝模板。硅横向氧化是通过控制硅的横向氧化速率得到的纳米压印模板的特征尺寸达 20 nm。与电子束直写相比，该方法简单方便、成本低，但氧化层厚度难以精确控制，表面粗糙度值较大，只能用来制作简单的栅类结构模板。多孔氧化铝模板利用铝在酸性电解液中进行阳极氧化可形成具有纳米孔洞阵列的多孔阳极氧化铝，通过调节阳极氧化参数，可以得到排列高度有序的纳米孔阵列，其特殊的结构可用作纳米压印模板。该方法突出的优势在于可以制作大深径比孔结构，有序的多孔氧化铝模板制备工艺简单、易操作、成本低；缺点是小面积范围内纳米孔洞比较规则有序，大面积有序的纳米孔洞制备困难，不适用于大面积的纳米压印。

④ 化学气相沉积法。化学气相沉积法是当今薄膜制备领域最重要的方法，也可以直接用于压印模板的制作。相较于其他制作方法，它更有利于制作具有大的深宽比特征的模板；但该方法依赖具有微纳结构的衬底，其制作精度主要取决于衬底精度。

⑤ 玻璃湿法刻蚀法。玻璃材料具有良好的微加工性能，利用氢氟酸对玻璃的腐蚀作用，对精密、复杂玻璃元器件表面进行化学蚀刻、化学抛光等加工，则不仅精度高，还可避免产生加工缺陷，同时，加工不受器件表面形状限制，加工效率较高。

⑥ 软模板复型工艺。软模板一般是通过硬模板复型工艺得到，利用工艺模板专用橡胶经固化成形制作的，而硬模板可由上述工艺方法制备。软模板复型工艺的基本原理是将聚合物液体倾注在硬模板的表面，经过固化后机械分离即可得到软模板。最初使用的软模板材料是 PDMS，其成本低，使用方法简单，同硅之间具有良好的黏附性，而且具有良好的化学惰性等特点。

上述方法可获得应用于不同场合的压印模板，值得注意的是，这里的模板主要指母模板，而非复制模板。

对于制备好的模板，在进行压印之前，需要进行必要的表面处理，以降低压印模板与压印胶之间的黏附性，这对于成功脱模和保护模板至关重要。模板表面防黏处理旨在增加抗黏层，降低其表面能。常用的抗黏层为聚四氟乙烯和含氟的有机硅烷；抗黏层的厚度可以实现纳米量级，且可以精确调控，这对纳米级结构的压印至关重要。

目前主要的纳米压印设备供应商包括：美国的 Molecular Imprints 公司和 Nanonex 公

司,奥地利 EVG 公司,瑞典 Obducat AB 公司和德国 Suss Micro Tec 公司。国内研究从 2001 年开始,主要研究单位包括:西安交通大学、上海交通大学、华中科技大学、中国科学院光电所以及上海市纳米科技与产业发展促进中心(上海纳米中心)等,这些单位也取得了很多创新性成果,但尚未出现商业化产品。

(3) 压印胶。

压印胶是纳米压印中的关键材料,其性能将直接影响压印图形复制精度、图形缺陷率和图形向底材转移时刻蚀选择性。随着压印技术的改变,压印胶也适时发生变化,由原本单一的热塑性材料发展到热固性材料、紫外固化材料;其成分也由纯有机物质拓展至有机硅杂化材料、含氟聚合物材料。

① 压印胶选择。

根据纳米压印技术的原理和具体工艺过程,压印胶的选择应从成膜性能、硬度黏度、固化速度、界面性质和抗刻蚀能力等指标上进行考察。

a. 成膜性能。为了保证压印图形的质量,高质量的压印胶薄膜成为首要条件。硬质底材上的热压印、紫外压印通常采用旋涂制膜方式,此种制膜方式对光刻胶成膜性能要求最高,需要光刻胶对底材润湿性好、成膜性能优良、旋涂后厚度均匀、没有气孔等缺陷。步进压印和滚动式压印光刻胶黏度低,可通过压印力补偿涂胶时的不均匀,但仍需光刻胶材料对底材润湿性好,易于成膜。

b. 硬度黏度。压印时压印胶应具有很好的流变性和塑性,以便被模板压印时能够精准地复制图形。压印胶的硬度上限不能大于模板,通常固化前硬度越小越好,以便在较低压力下完成压印。固化后强度增大,防止脱模时损坏胶面的精细结构。

c. 固化速度。固化速度快慢对生产效率有着重要影响,热塑性光刻胶由于反应速度慢,逐渐被速度更快的热固性光刻胶取代。紫外胶固化为光致反应,因能达到更快的反应而受到了研究者的重视。在此基础上发展的步进压印和滚动式压印多采用热固性光刻胶或紫外固化式光刻胶。

d. 界面性质。由于压印是通过机械接触的方式实现图形复制,压印胶与底材之间需要有足够强的结合力以防止脱胶,同时压印胶与模板之间的结合力越小越容易脱模。特殊的性能给压印胶的研发带来了挑战。通常纯有机的碳氧主链材料具有较高的表面能,易于黏附底材,但也容易粘连模板,造成压印图形缺陷或损坏模板;有机硅和氟聚合物表面能低,容易脱模,但对底材附着力也较小,压印后容易脱胶。为解决这一困难,研究者一方面合成杂化的材料,其一端为高表面能的碳氧基团,另一端为低表面能的硅氧或者氟碳基团,旋涂制膜时高表面能基团向高表面能的底材如硅、金属、石英等表面富集,而表面能较低的硅氧、氟碳基团向空气表面富集,很好地解决了光刻胶的双表面能需求;另一方面向碳氧主体材料中添加有机硅或者氟碳类添加剂,作为表面活性剂,有利于降低光刻胶表面能,达到顺利脱模的目的。

e. 抗刻蚀能力。除了一些功能化的光刻胶,通常压印光刻胶是作为一种图形转移介质来使用的,压印后光刻胶上的图形通过刻蚀方法转移到基底上,因此需要光刻胶有很好的抗刻蚀能力和刻蚀选择性。因为 C—C 键和 C—H 键的键能较低,纯有机材料抗刻蚀能力较弱;得益于其高能 Si—O 键有机硅材料抗刻蚀能力较强;在半导体工艺中,通常用氟等离子体刻蚀硅片,氟聚合物由于其元素相似,刻蚀选择性也较强。

② 压印胶种类。

根据压印方式的不同,压印胶可分为热压印胶、紫外光固化压印胶、纯有机压印胶、有机硅、氟压印胶等。热塑性压印胶通常为低玻璃化温度聚合物和低沸点溶剂以及一些助剂。较常见的有聚甲基丙烯酸酯(PMMA)、聚苯乙烯(PS)、聚碳酸酯(PC)和有机硅材料。热固化压印胶为化学固化方式,主要由预聚物、催化剂交联剂等成分组成,常见的如聚二甲基硅氧烷(PDMS)、聚乙烯基苯酚(PHS)和邻苯二甲酸丙烯酯低聚物(PDAP, mr-I9000)。紫外光固化压印胶主要由紫外可固化的物质组成,可分为自由基和阳离子聚合两大体系。前者常见的为丙烯酸型,品牌:美国 DSM 公司的 Hybrane 系列、Nanonex 公司的 NXR 系列、日本东洋合成工业株式会社生产的 PAK-01、德国 AMO GmbH 公司的 AMONIL-MMS4 等;后者常见为环氧化合物和乙烯基醚化合物。环氧型阳离子聚合物,如 SU-8 和 mr-L6000;乙烯基醚化合物,含氟硅类压印胶,日本旭硝子公司 NIF 系列等。

压印胶的发展始终伴随着压印技术的发展和进步,其核心是要解决提高固化速度、改进表面性质和固化压印胶降解三个问题。压印胶经历了热塑性材料、热固性材料和紫外固化材料三个阶段,每一个阶段都提高了固化速度。但为了有更高的效率,提高光刻胶的固化速度仍然是研究者追求的目标之一。机械式接触使得光刻胶需同时满足与基底有良好的黏附和易于脱模的要求,这样的竞争式需求均相材料无法满足,碳氧主链材料表面能高不易脱模,有机硅、氟碳聚合物容易脱模但对底材的附着力相对较差,合成碳氧主链和硅氟有机材料的共聚物能够很好地解决黏附和脱模问题。同时,在纯有机材料中加入硅氟类添加剂也能极大地降低光刻胶表面能,改善光刻胶脱模能力。盖章式光刻方法较容易发生光刻胶与模板的粘连,清除粘连的光刻胶以保证模板清洁对提高成品率和延长模板寿命至关重要。可逆交联剂也是压印光刻胶的一个研究热点。

③ 压印胶制膜方式。

选择好压印胶后,并对压印衬底完成前处理后,需要在衬底上进行压印胶制膜。目前常用的制膜方式有旋涂、滴胶、滚涂、喷雾、提拉等方法,其中以旋涂最为常见。该方法适合在硬质衬底,且尺寸小于 10 in 范围内压印胶制作。膜厚度可通过过旋涂速度、旋涂时间、压印胶黏度等参数进行调控,并通过原子力显微镜、椭圆偏光仪、白光干涉仪、台阶仪等设备精确测量。制膜的厚度与压印工艺密切相关,存在合适的范围。滴胶通常只在紫外光固化纳米压印技术中使用。例如在步进 – 闪光压印中,不同区域分步进行压印,需要对每个待压印区域分别进行制膜,采用滴胶方式最为方便。滴胶的量也需要精确控制。

(4) 压印与脱模。

将制作好的模板与涂有压印胶的衬底分别安装在纳米压印设备上,调节外加机械压力大小与施加规律、压印温度和保压时间等条件,使处于黏流态或液态的压印胶逐渐填充到模板的微纳米结构中,然后通过热、光、光化学等能场将压印胶固化。

完成压印胶固化后,需要将模板与压印胶分离,并将模板上图形复制在压印胶上,这一过程称为脱模。该过程主要通过外力破坏模板与压印胶之间的黏附力。脱模过程对压印结构的完整性和模板的寿命起着至关重要的作用。根据模板和衬底软硬程度不同,可将脱模方式分为平行脱模和撕开式脱模。前者主要用于模板和衬底都是硬质材料的场合,后者主要用于二者至少有一个为软质材料或薄膜材料的情况。

(5)压印胶图形转移。

脱模完毕后,模板的图形复制在压印胶上,进一步通过刻蚀技术将压印胶上的图形转移至最终衬底上,这一过程称为图形转移。在刻蚀工艺中,由压印形成的图形可作为抗刻蚀层;同时也可以采用镀膜工艺形成新的金属抗刻蚀层,进行大深宽比的刻蚀。与半导体刻蚀工艺类似,刻蚀方法可基于物理和化学原理,进行干法刻蚀和湿法刻蚀。

9.3 纳米压印技术分类

纳米压印技术经过二十余年的发展,从最初的热压印技术,到紫外光固化压印技术,发展到微接触印刷术、软膜复型技术、激光辅助直接压印技术等(图9.2)。各类新的纳米压印技术不断涌现和发展,促进了纳米压印技术在微纳米制造领域中的应用,以下分别对各种纳米压印技术进行简要介绍。

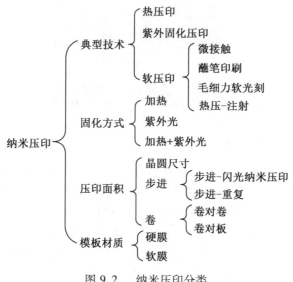

图 9.2 纳米压印分类

(1)热压印技术。

早在1995年,Chou提出纳米压印技术概念时,所指的即是热压印技术。热压印技术通过对衬底加热,使其表面的压印胶高于其玻璃化温度(T_g)50 ~ 100 ℃,从而控制压印胶的形态。在压印的过程中,保持玻璃化温度之上特定温度,通过施加的压力将模板上的图形压到呈液态特性的压印胶中。待压印胶填充完全之后,降低温度至玻璃化温度之下,此时已带有模板图形的压印胶呈固态特性,仅需将模板从压印胶中脱模出来即完成了压印过程。该方法可获得的最小图形尺寸为5 ~ 30 nm,广泛用于微电子器件、光电子器件等领域。

热压印技术所使用的压印胶通常为PMMA,与现行电子行业相同,在后续光刻工艺中不需要重新调配工艺参数,与现有的微电子工业生产线吻合性良好,这是该工艺的技术优势。同时热压印技术工艺简单,易于得到和模板相反的压印胶图形。但该技术也存在一定不足,如压印过程中所需的温度和压强较高,降温过程时间较长,压印的生产效率较低;模板与衬底之间存在平行度和平面度误差,且无法消除,使得压印胶产生形状误差;压印过程中模板经历高温高压过程,模板的寿命较短,从而增加了压印成本。在基板上获得压印结构的聚合物后,可以如图9.3所示直接进行刻蚀加工,将图案转移至基板上;也可以在聚合物图案上继续蒸镀金属形成金属掩膜,再进行刻蚀加工,获得最终图案。

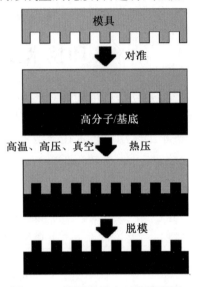

图 9.3　热压印基本工艺流程图

(2) 紫外固化压印技术。

紫外固化纳米压印技术(ultraviolet nanoimprint lithography, UV-NIL)是Verheijen等人于1996年率先提出一种纳米压印技术。其压印流程与热压印技术类似,但所使用的压印胶具有紫外光光敏特性,压印模板具有紫外光透明性。该项技术在常温下进行,此时压印胶就具有低黏度和高流动性,模板与衬底之间无须施加高压力即可使压印胶充满微纳米结构,使用紫外光照射使压印胶固化,再脱模(图9.4)。由于固化时采用紫外光,要求模板具有良好的紫外光透过性,通常采用石英制作模板。

该方法优点在于可在常温或较低的温度下进行纳米压印,减少了升温和降温过程消耗的时间,压印力也较小,避免了由热和力导致压印胶和衬底形变,模板损坏等;此外,透明的模板可以克服热压印中的对准难题,压印图形的分辨率仍取决于模板的精度,不受紫外光衍射极限的影响。该工艺目前可获得小于10 nm的复形能力以及50 nm的对准精度。

(3) 步进-闪光纳米压印技术。

若要将纳米压印技术运用于大规模批量化生产,需要确保大面积压印结构的均一性,这对模板的制作和压印胶制膜都提出了巨大的挑战。热压印技术和紫外固化压印技术所需的大面积高精度模板制作成本高昂。为了克服模板制作难题,2000年,Willson等人在紫外固化纳米压印技术基础上,提出了一种新的纳米压印技术——步进-闪光纳米压印

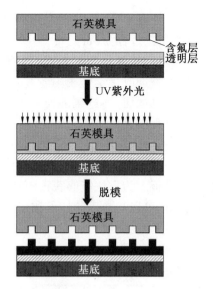

图 9.4　紫外固化纳米压印技术(UV-NIL)工艺流程图

技术(step and flash imprint lithography,SFIL)。如图9.5所示,该方法采用小尺寸模板在衬底上分区域进行多次压印,移动对准拼接,实现大面积图形压印。该方法通过所制作小面积压印模板来完成大面积图形压印,大大降低了模板制作成本,提高了压印图形的均匀性,拓展了纳米压印技术的应用范围。但该方法不可避免地引入拼接误差。

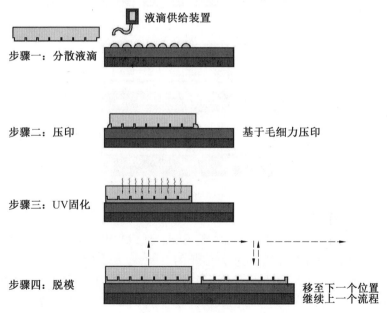

图 9.5　步进-闪光纳米压印工艺流程图

(4)微接触压印技术。

微接触压印技术(micro contact printing,μCP)是由美国哈佛大学Whitesides等人于1996年提出的一项构筑图案化自组装单分子层(SAM)的微纳米制造技术,也称为软光刻技术。与其他纳米压印技术显著区别在于,使用软质的 PDMS 材料作为模板,压印中没有加压过程。如图 9.6 所示,其基本工艺过程为:首先将 PDMS 模板浸入含待转移自组装分子的特制溶液中,再将 PDMS 模板以微接触压印的方式与衬底(无压印胶)接触,模板表面凸起位置的自组装单分子层通过物理或化学作用附着在衬底表面,从而完成模板图形的转移。该自组装单分子层即为抗刻蚀层,通过刻蚀技术进一步将图形转移至衬底上。微接触压印技术优点在于在整个过程中无须高温、高压和紫外光固化,不会对母版造成伤害(使用 PDMS 反拷母版,批量获得压印模板),也不会对基底造成任何破坏,与生物样品的压印有很好的兼容性。考虑到一般情况下使用微接触压印时基底平整度不高,所以微接触压印一般采用可形变的软性模板。该方法能够获得 100 μm ~ 30 nm 特征尺寸的微纳米结构。此外,微接触压印技术还可以与热压印技术和紫外固化压印技术相结合,衍生出许多新的纳米压印技术,如复制模塑技术(replica molding,REM)、微转移模塑技术(microtransfer molding,μTM)、毛细管微模塑技术(micromolding in capillaries,MIMIC)和溶剂辅助微模塑技术(solvent-assisted micromolding,SAMIM)。

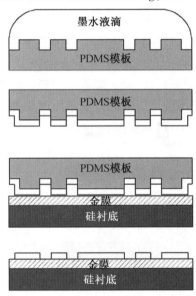

图 9.6　μCP 技术工艺流程图

(5)滚对滚压印技术。

滚对滚压印技术(roll-to-roll imprint)是 Chou 于 1998 年提出的一种连续纳米压印技术,其工艺流程图如图 9.7 所示。经过 20 多年的发展,在基本理论、工艺、装备、模具、材料和应用等方面都取得了巨大的进步。由于具有连续生产能力、产量高、成本低等特点,广泛用于各类微纳阵列化图案的生产,已成功实现了 100 nm 以下图形连续转移,是纳米压印技术产业化最具潜力的方法之一。滚对滚压印技术具有高效率、大面积、复杂三维微纳结构的制造能力、非平整衬底的图形化能力,尤其是对于软紫外纳米压印具有在非平整(弯曲、翘曲或者台阶)、曲面、易碎衬底上实现晶圆级纳米压印的潜能。

滚对滚压印技术适合各种柔性(软)的衬底,典型的应用包括各种功能性光学薄膜、OLED、柔性电子器件、柔性显示、有机太阳能电池等。典型制造工艺方法有两种:一是模

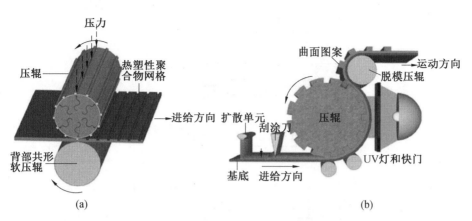

图 9.7 滚对滚压印技术工艺流程图

具为圆柱形滚轮,柔性衬底通过涂层系统均匀涂铺压印材料,经回收滚轮的旋转带动其至圆柱形滚轮模具处,在模具和背部支撑滚轮的共同作用下进行线接触压印,随后对于压印后的图形进行固化(一般为紫外固化),脱模后滚轮模具上的特征图形被转移至衬底抗蚀剂上。此种方式要求滚轮形模具与衬底抗蚀剂间脱模性能好(表现为非浸润性),抗蚀剂固化速度快,并且抗蚀剂与衬底间的黏附性强。但是这种方法模具制造复杂,成本高,特征图形的分辨率需要更进一步地提高。二是将原有的滚轮型模具替换成柔性带状模具,并缠绕在双辊或多个辊子上,通过柔性带状模具和衬底的相对运动,实现图形的压印。该种方式的优点是模具的制造相对简单,并且模具易于更换,模具使用寿命长,但是软模具在压入过程中容易变形,导致压印图形均匀性和一致性差,良率降低,同时带状模具与抗蚀剂接触面积大,脱模困难,对模具防粘连处理上提出更高的要求。

(6) 软模转印技术(IPS-STU)。

软模转印技术(intermediate polymer stamp-simultaneous thermal and UV imprint, IPS-STU)使用 PDMS 作为模板应用于微接触压印技术时,由于 PDMS 模板的高弹性,在压力较大时容易引起微纳米结构的变形,造成图形均匀性变差,压印分辨率较低。此外,PDMS 在有机溶剂中发生溶胀,固化时结构收缩,造成结构尺寸和形状精度误差。为了克服这些缺点与不足,使用复形能力更好的聚合物制作模板,统称为 IPS 模板(intermediate polymer stamp, IPS)与热或紫外固化压印胶联合压印(simultaneous thermal and UV imprint, STU),开发出 IPS-STU 技术。如图 9.8 所示,该项技术通常将压印工艺分为两阶段,首先聚合物反拷母版,获得高精度综合性能较好的 IPS 模板,再将该模板用于紫外光固化压印胶(如 STU)进行压印,并使用热或紫外光固化。

(7) 激光辅助直接压印技术。

激光辅助直接压印技术(laser-assisted direct imprint, LADI)是 Chou 在 2002 年提出的全新的纳米压印技术。其基本工艺为利用激光将硅衬底表面瞬间加热至熔融状态,同时将具有比衬底更高熔点的模板压入熔融衬底表面,冷却后直接在衬底上形成所复形,其工艺流程图如图 9.9 所示。该技术不仅可在硅衬底快速获得压印图形,也可以在铜、镍、铝、金等金属上获得良好的图形。由此可见,LADI 技术省去了压印胶制膜、压印、固化、残胶去除、镀膜、刻蚀等工艺流程,极大缩短了工艺流程,降低工艺复杂程度,具有速度快、产

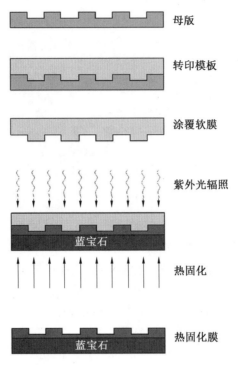

图 9.8　IPS-STU 技术工艺流程图

量高等优势。

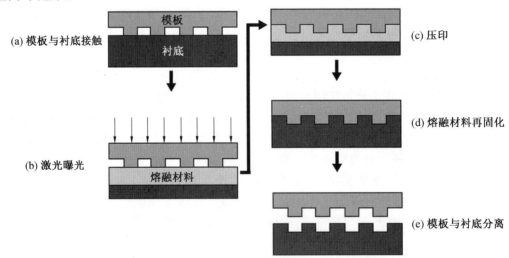

图 9.9　LADI 技术工艺流程图

表 9.1 列举了典型三种压印技术特点,从表中可以看出,三种技术各有优劣,在不同的工艺场合发挥着各自作用。

表9.1 纳米压印技术的对比

工艺	热压印	紫外压印	微接触印刷
温度	高温	室温	室温
压力 p/kN	0.002 ~ 40	0.001 ~ 0.1	0.001 ~ 0.04
最小尺寸/nm	5	10	60
深宽比	1 ~ 6	1 ~ 4	无
多次压印	好	好	差
多层压印	可以	可以	较难
套刻精度	较好	好	差

第 10 章

自组装加工技术

10.1 自组装加工技术概述

1959 年,诺贝尔物理学奖获得者 Feynman 教授发表了题为"There's Plenty of Room at the Bottom"的著名讲演,前瞻性地提出如果能按照人们的意志去排列原子,将会得到具有独特性质的材料,从而开启了一个全新的制造理念——自下而上的加工方式。这与传统的加工理念,如机械加工、特种加工、光刻等,形成鲜明的对比。限于当时加工和表征的水平,这一理念尚未被人们普遍接受。1981 年,Binnig 和 Rohrer 教授发明了扫描隧道显微镜,首次观察到单个原子,并实现了对单个原子的操纵。此后,自下而上的加工方式逐渐被人们所接受,并引起了全球范围内的研究热潮。STM 对原子具有极高的加工精度,但该加工方式只能实现对少数原子和分子的操纵,难以制造出宏观实用的零件。

在纳米材料和结构的制备过程中,原子或分子在外部激励条件下,基于内在的相互作用而自发地形成相应材料和结构,这一过程称为自组装。值得注意的是,通常所指的自组装技术不是通过共价键形成或断裂形成新的物质,而是基于构建单元之间弱的相互作用,自发地聚集形成具有特殊结构和功能的聚集体。这里构建单元包括:原子、分子、纳米颗粒(如:量子点、纳米线、纳米棒、多分子层等)。2005 年,Science 杂志在其创刊 125 周年纪念专辑中提出了 21 世纪亟待解决的 25 个重大科学问题,唯一与化学相关的问题就是"我们能够推动化学自组装走多远?"。而化学自组装正是自下而上加工方式的典型代表。自组装技术涉及化学、物理、生物、机械、电磁、光学、热力学等多学科交叉融合,其发展也将惠及相关学科领域。

10.2 自组装的基本原理、分类及特点

(1) 自组装的基本原理。

自组装是自然界普遍存在的一种现象,是一种由简单到复杂、由无序到有序、由多组分收敛到单一组分的自我修正、自我完善的自发过程。通常意义上的自组装是分子或纳

米颗粒等结构单元在没有外来干涉的情况下,通过非共价键作用自发地缔造成热力学稳定、结构稳定、组织规则的聚集体的过程。通过模拟自然界的自组装过程改进现有的或者发现新的高性能材料,进而制造出新的功能材料,甚至试图利用自组装技术构建出可规模化生产应用的、具有某种功能的分子器件,从而满足对电子器件等要求更小、更快、更冷的需求(图10.1)。

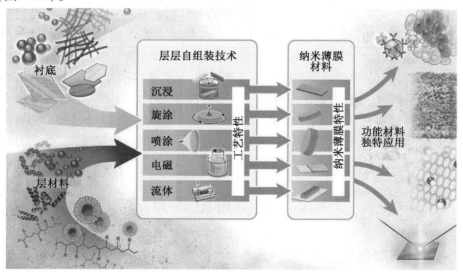

图 10.1 自组装技术及其应用

自组装技术可以和常用的自上而下的微纳加工技术相结合,进而构筑出多样化的长程有序的聚集体。利用自组装构建单元在纳米及亚纳米级尺度,构筑出高精度的宏观尺度薄膜或三维结构;结合自上而下的微纳加工技术,真正实现纳米制造。

(2)自组装分类。

从自组装技术的原理可以看出,作为自组装的基本构建单元具有大范围的尺度和丰富的材料选择,因此可以根据构建单元特性来划分自组装类型。在这方面主要可分为:表面活性剂自组装、大分子自组装、纳米颗粒自组装和微米颗粒自组装。

① 表面活性剂自组装。表面活性剂自组装指具有两亲性的表面活性剂分子在材料表面、交替聚集体或溶液表/界面形成高度有序排列的自组装过程。

② 大分子自组装。大分子自组装指包括嵌段共聚物、共轭聚合物、液晶高分子、蛋白质、DNA等在内的众多有机大分子,在氢键力、π-π相互作用和疏水相互作用下进行识别和排列成更高级别的聚集体的过程。

③ 纳米颗粒自组装。纳米颗粒自组装指具有纳米尺度的粒子,在偶极作用、表面张力、疏水作用下,形成纳米或微米尺度的具有特殊力、热、光、电、磁等性质的过程。

④ 微米颗粒自组装。微米颗粒自组装指具有微米尺度的颗粒,在静电力、范德瓦耳斯力、π-π相互作用下,进一步取向形成微米甚至是宏观尺度的二维或三维聚集体的过程。

上述四类自组装类型的共同特点是依靠分子间的非共价作用力自发形成具有一定结构和功能的稳定的聚集体。该类组装过程可分静态和动态自组装两类。此外,近年来,在自组装过程中加入磁场、电场、光、热等外界激励,人工干预自组装过程,并通过外形识别或自选性胶体等实现构建单元在衬底特定位置上定向和定位,进而完成聚集体的制造,这类自组装又可称为定向自组装。其构建单元组装的驱动力包括表面张力、毛细作用力、外形匹配等。

(3) 自组装特点。

从自组装的过程来看,它具有几个特点:① 自组装过程是自发进行的,组装过程是由构建单元之间内在弱的相互作用控制的,不受外界干扰;各种弱相互作用力相互竞争并协同作用,组装过程一旦开始,就会朝着某个热力学平衡的状态方向发展,最终达到聚集体能量最低状态。自组装可以获得缺陷极少的聚集体,具有高质量和优异性能。② 自组装过程能够多组分同时进行,过程十分复杂,但产物(聚集体)相对单一。这主要是由于构建单元受到的各种弱相互作用来源于每个单元内部的识别信息,组装过程无化学键的形成和断裂。③ 自组装技术可用的构建单元尺度,从原子到纳米颗粒范围,可用的材料包含有机、无机、金属及其杂化物质,范围非常宽广。

10.3 典型自组装方法

10.3.1 典型自组装方法

如图 10.2 为典型自组装方法,包括沉浸、旋涂、喷涂、电磁、流体五大类。

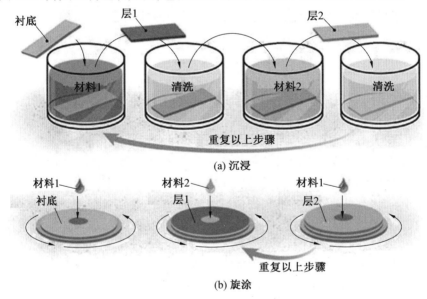

图 10.2 典型自组装方法

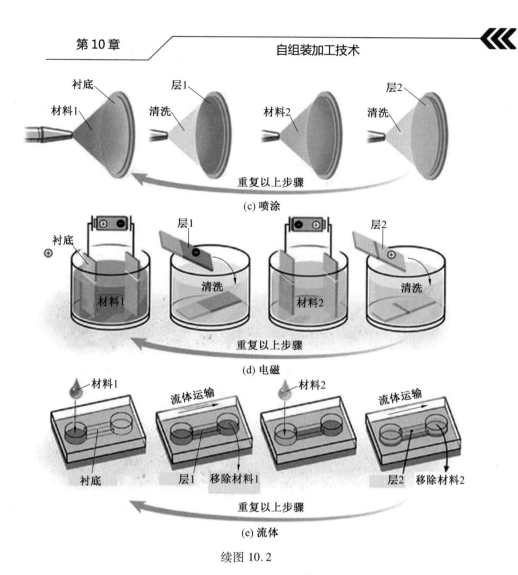

续图 10.2

10.3.2 自组装的驱动力

自组装的构建单元包括原子、分子、微纳米颗粒等,在这一尺度上要形成稳定的聚集体,需要驱动力的作用距离比共价键更大;然而作用距离的增大导致这些力比共价键要小得多。这些力包括:静电力、氢键力、π-π相互作用力、范德瓦耳斯力、疏水作用力等(表10.1)。研究这些作用力的性质和特点,有助于从自组装最底层设计和构筑聚集体,是自组装的核心问题。

表 10.1 自组装驱动力及各自特点

层层自组装技术	衬底	衬底尺寸	层材料	每层用时	是否自动化	层厚/nm	表面粗糙度/nm	层结构
沉浸	—	10 nm ~ 1 m	—	10 s ~ 12 h	—	< 1 ~ 15	1 ~ 20	渗透

续表10.1

层层自组装技术	衬底	衬底尺寸	层材料	每层用时	是否自动化	层厚/nm	表面粗糙度/nm	层结构
蘸	平面的	1~100 mm	聚合物、胶体	10~30 s 或 10~20 min	是	1~2	1~10	—
去水分	平面的	1~10 mm	聚合物、胶体	30~60 s	否	1~2	—	—
卷对卷	柔性平面	0.1~1 m	聚合物	2~5 min	是	1~15	15~20	—
离心	微粒	10 nm~10 μm	聚合物、胶体	20 min	否	1~2	3~10	—
沉浸固定	微粒的	0.1~1 μm	聚合物	40~50 min	是	<1	—	—
沉淀	乳剂	10 nm~1 μm	聚合物、胶体	0.5~12 h	否	1~7	—	—
旋涂	—	1~100 mm	—	10 s~5 min	—	<1~2	1~10	分层的
旋涂	平面的	1~100 mm	聚合物、胶体	10~60 s	是	1~2	1~10	—
高重力	平面的	1~100 mm	聚合物、胶体	20 s~5 min	否	—	1~2	—
喷涂	—	10 nm~10 m	—	1 s~22 h	—	<1~15	1~10	分层的
喷涂	平面的	1 mm~10 m	聚合物	1~30 s	是	<1~5	1~10	—
雾化	—	10~100 nm	带电聚合物	12~24 h	否	5~15	—	—
喷雾固定	颗粒的	10~100 nm	聚合物	5~10 s	是	2~4	—	—
电磁	—	10 nm~100 mm	—	1 s~20 min	—	1~20 000	10~30	分层的
电沉积	平面的	1~100 mm	聚合物、胶体	1 s~20 min	否	2~20 000	10~30	—

续表10.1

层层自组装技术	衬底	衬底尺寸	层材料	每层用时	是否自动化	层厚/nm	表面粗糙度/nm	层结构
磁场	平面或颗粒的	10 nm ~ 100 mm	聚合物、胶体	15 ~ 20 min	否	1 ~ 2	—	—
电固定	微粒的	10 nm ~ 1 μm	带电聚合物	15 ~ 20 s	否	2 ~ 3	—	—
流体	—	100 nm ~ 100 mm	—	10 s ~ 45 min	—	< 1 ~ 3	1 ~ 11	
平面微流体	平面的	10 μm ~ 100 mm	聚合物	1 ~ 15 min	是	< 1 ~ 3	1 ~ 10	
微流体微粒	微粒的	100 nm ~ 10 μm	聚合物	10 ~ 60 s	是	1 ~ 3		
流化床	微粒的	1 ~ 10 μm	聚合物	3 ~ 5 min	否	2 ~ 3	9 ~ 11	
流体固定	微粒的	100 nm ~ 1 μm	聚合物、胶体	5 ~ 45 min	否	1 ~ 2	—	—
真空抽滤	微粒的	100 nm ~ 1 μm	聚合物	10 ~ 20 min	是	1 ~ 2	5 ~ 10	

（1）静电相互作用。

静电相互作用是构建单元所携带的电荷相互作用产生的库仑力，根据电荷的正负可以表现为吸引力或排斥力。其中原子尺度的构建单元自组装过程中主要涉及真空或空气中的静电相互作用；多数分子和胶体等介观尺度的自组装过程主要涉及溶液中的静电相互作用。静电相互作用是自组装中应用最多、发展最为成熟的一种驱动力。

基于静电相互作用自组装，主要利用带有相反电荷的不同构建单元在溶液中交替吸附，从而在衬底上形成具有特定厚度和功能的多层复合薄膜。其基本过程如图10.3所示，将一个表面带正电的衬底浸入到带负电的溶液中，静置一段时间，由于静电相互作用，衬底表面会吸附一层带负电的物质；取出并用去离子水冲洗干净，干燥；再浸入到带正电的溶液中，静置一段时间，衬底表面会吸附一层带正电的物质。如此反复进行，即可在衬底表面组装出多层复合薄膜。影响多层膜生长的因素有很多，如溶液的离子强度（中小分子盐的浓度，如氯化钠）、溶液的pH值、溶剂性质、分子浓度及其相对分子质量、衬底表面电荷密度和吸附时间等。改变聚合物浓度及离子强度等因素，可以实现在分子水平上控制膜的组成、结构和厚度。

根据带电粒子的属性，可将静电相互作用分为：离子－离子相互作用、离子－偶极相互作用和偶极－偶极相互作用三种。

① 离子－离子相互作用。离子－离子相互作用力在强度上可以与共价键相当，为

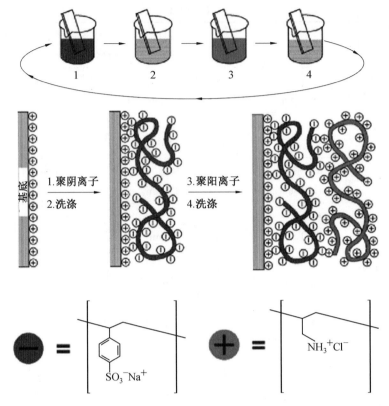

图 10.3　基于静电相互作用的层层自组装过程示意图

100 ~ 350 kJ/mol。其相互作用能为

$$E = \frac{(Z_1 e)(Z_2 e)}{4\pi\varepsilon_0 x} \tag{10.1}$$

式中，E 为相互作用能；Z_1 和 Z_2 分别为离子的价态；e 为元电荷；ε_0 为真空介电常数；x 为两个离子的间距。

如果在溶液中进行，ε 为相对介电常数与真空介电常数乘积表达，即 $\varepsilon_{溶液} = \varepsilon_{相对} \cdot \varepsilon_0$。例如，将 NaCl 看作 Na^+ 和 Cl^- 自组装的聚集体，Na^+ 通过离子 - 离子相互作用将六个互补的供体 Cl^- 组装在其周围，形成稳定的结构。

② 离子 - 偶极相互作用。其强度为 50 ~ 200 kJ/mol，这种力产生的原因是极性化合物中电负性较强的原子的孤对电子被阳离子的正电荷所吸引而形成的。其相互作用能为

$$E = \frac{(Ze)\mu\cos\theta}{4\pi\varepsilon_0 x^2} \tag{10.2}$$

式中，μ 为极性分子的偶极矩；θ 为偶极的轴与离子 - 极性分子连线之间的夹角。

其典型的代表为一个钠离子与一个水分子的键合，就是典型的离子 - 偶极相互作用，这种作用在固态和液态中都存在。此外，离子 - 偶极相互作用也包括配位键；在非极性的金属离子和强碱的配位作用中，其本质是静电作用。

③ 偶极 - 偶极相互作用。其强度为 5 ~ 50 kJ/mol。两个偶极分子的排列可以导致明显的互相吸引作用，形成邻近分子上一对偶极的排列（类型 Ⅰ），或者两个偶极分子相

对的排列(类型 Ⅱ)。其相互作用能为

$$E = \frac{C\mu_1\mu_2}{4\pi\varepsilon_0 x^3} \qquad (10.3)$$

式中,μ_1 和 μ_2 分别为两个极性分子的偶极矩;C 为与两个偶极相对方向有关的常数。

(2) 氢键作用。

氢键是一种中等强度的且具有方向的分子间相互作用,其作用力比静电力弱,其键能在 4 ~ 120 kJ/mol。氢键可以看作是一种特殊的偶极 - 偶极相互作用。当氢原子与强电负性原子形成共价键时,氢原子将失去电子,产生正电极化;进而与附近的电负性原子发生强相互作用。其具有较强的强度和良好的方向性。氢键在分子自组装过程中能够为聚集体提供稳定性和方向性。

(3) π - π 堆积作用。

π - π 堆积作用是一种存在于含有离域 π 键的共轭化合物之间的非共价性质的相互作用,其能量在 0 ~ 50 kJ/mol。π - π 堆积作用具有明显的方向性,导致最终产物通常是面对面或边对边的有序结构。

(4) 范德瓦耳斯力。

范德瓦耳斯力是两个原子或分子相互靠拢时极化的电子云的静电相互作用,是一种典型的分子间相互作用力,其能量在 0 ~ 5 kJ/mol。范德瓦耳斯力大小与分子的分子量成正比,与分子间的距离具有强依赖关系。

(5) 疏水作用力。

疏水作用力通常与大颗粒或弱溶剂化的粒子对进行分子的排斥力相关。如在互不相溶的矿物油和水之间,疏水作用表现得非常明显。水分子之间的强烈相互作用使得矿物油分子自发地形成一个聚集体,从而被挤出强的溶剂间的相互作用之外。

10.4 典型自组装微纳结构

10.4.1 自组装单分子膜

自组装单分子膜(self-assembling monolayers,SAMs)是指化学吸附在固体表面的吸附物自发地形成高密度有序的二维单分子层结构。1946 年,Zisman 等人第一个报道了在抛光金属表面通过表面活性剂吸附制备单分子膜的方法,拉开了自组装单分子膜研究的序幕。但此后发展一直缓慢,直到 20 世纪 80 年代,Sagiv 报道了十八烷基三氯硅烷在硅片表面自组装形成单分子膜;Allara 等人实现了烷基硫化物在金表面自组装形成单分子膜,形成了两类最为常见的自组装单分子膜。此后,自组装单分子膜技术逐渐成熟起来,在金属防腐与防护、表面润滑与摩擦、电化学、生化传感器、表面催化、药物传送等方面发挥着重要作用。

通常能够形成 SAMs 的有机分子都由三个部分组成:头部基团、亚甲基中间体和尾部基团(图 10.4(a))。头部上官能团在液/固界面上与衬底之间形成化学键,将整个分子锚定在衬底上,其作用力远高于单层膜分子在气/液界面上的结合力,能提高单分子膜的稳定性。例如：硫醇与金表面，羧酸与银表面，三氯硅烷与亲水处理后的硅表面。亚甲基中间体是有机分子的主链部分，不同长度的烷基链化学性质不同，之间的范德瓦耳斯力随着长度的增加而增大，因此烷基链的长度是影响自组装的主要因素之一。当头部基团吸附在衬底表面上，烷基链之间的范德瓦耳斯力使有机分子自发地排列成整齐且致密的结构。尾部基团决定 SAMs 的表面性质，如亲疏水性、摩擦性、黏附性等。尾部基团暴露在 SAMs 的外侧，其表面性质也可以通过其他方法进行二次改性，实现特定功能。图 10.4(b) 为有机分子自组装过程示意图，其经历了吸附 – 流动相 – 条纹相 – 紧缩 – 成膜的过程。

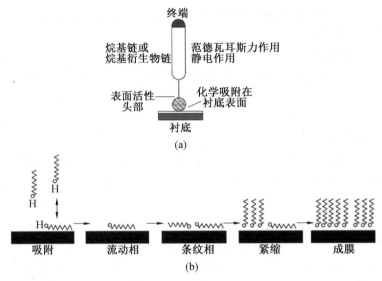

图 10.4　自组装有机分子结构及单分子膜自组装过程示意图

(1) 硫醇自组装单分子膜。

作为三种研究最为广泛的 SAMs，金表面形成的硫醇自组装单分子膜最具代表性，其形成分为两个阶段。第一阶段，当金浸入硫醇溶液后，后者将吸附在金的表面，并与之发生化学反应 $2R-SH + 2Au \longrightarrow 2R-S-Au + H_2$；进一步，R—S—Au 组装膜平铺在金表面，逐渐达到饱和，通过侧压诱导力由平铺重排沿表面法线方向形成膜。这一步组装速率非常快，仅需几分钟，膜厚就能达到 80% ~ 90%，驱动力为扩散控制的 Langmuir 吸附，吸附速率主要与硫醇的浓度有关，为硫醇与金属活性反应点的结合，其反应活化能可能依赖于吸附硫原子的电荷密度。第二阶段，膜稳固成熟化阶段，速率慢，几小时后膜厚才达极限值，这与表面膜的结构无序性、膜分子间作用力大小、膜分子在基底表面的流动性等因素有关。膜的稳定性和自组装高分子与金属间的键能有直接关系，键能越大，膜层越稳定。硫醇在金表面成膜后呈现六方紧密堆积，烷基分子链倾斜角度与表面晶格间距有关。

(2) 有机硅烷自组装单分子膜。

有机硅烷是指一类由硅原子与至少一个共价键结合的有机取代基作为侧基和至少一个不具有化学稳定性的官能团作为头基形成的硅烷，也称为硅烷偶联剂，通常包括：烷氧基硅烷、氨基硅烷、氯硅烷等。其成膜驱动力为聚硅氧烷与硅表面的羟基发生聚合反应，生成 Si—O—Si 键。有机硅烷类 SAMs 的组装机理已有清楚一致的认识：首先头基 (—S(OR)$_3$ 或 —SiCl$_3$) 吸收溶液中或固体表面上的水，发生水解生成硅醇基 (—Si(OH)$_3$)；然后与基底表面的羟基(Si—OH)以 Si—O—Si 共价键结合，同时有机硅烷链之间也可以通过水解反应缩聚形成交互的网络(Si—O—Si)。其基本过程示意图如图 10.5 所示。

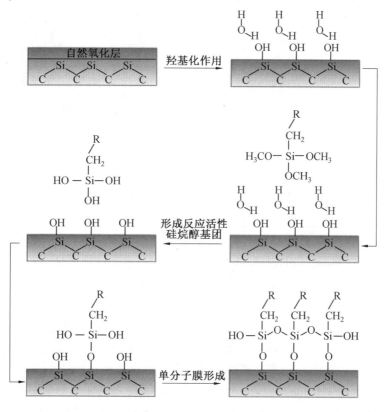

图 10.5　有机硅烷类 SAMs 形成过程示意图

(3) 脂肪酸类自组装单分子膜。

脂肪酸类 SAMs 是脂肪酸及其衍生物，在铝、银、铜等金属氧化物表面形成的一类单分子膜。其成膜的驱动力为酸根离子与金属阳离子在界面形成盐，成膜机理为酸碱反应。1985 年，Allara 和 Nuzzo 在 Langmuir 上连发两篇关于正脂肪酸在氧化银和氧化铝表面的吸附的文章(图 10.6)，对脂肪酸类分子的成膜、动力学过程、单分子膜光谱和物理性质进行了全面的阐述，开启了脂肪酸类 SAMs 研究的大门。

自组装单分子层从分子和原子水平上提供了对结构与性能之间的关系以及对各种界面现象进行深入理解的平台。SAMs 都具有取向性好、有序性强、排列紧密、缺陷少、结合力强等优点，而且具有可设计性，使其成为研究有序性生长、润滑性、润湿性、黏附性、腐蚀性等课题的极佳体系。SAMs 空间的有序性，使其作为二维乃至三维体系中研究物理化学和统计物理学的很好模型。此外，其生物模拟和生物相容性的本质，使其在化学和生物化学传感器元件的制备中也有很好的应用前景。综上，SAMs 在生物化学、合成化学、结

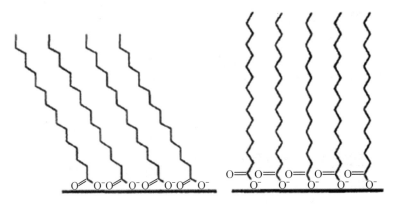

图 10.6 羧酸分子在 AgO 和 Al_2O_3 衬底上的形态

构化学、医学、材料科学、电子学等领域扮演着越来越重要的角色。尤其是在金属防腐方面具有独特优势。

相较于传统涂层，SAMs 涂层具有三个突出特点：①SMAs 是自发的化学吸附，与金属表面的黏合力较强，且能在任意形状表面上形成自组装膜；②SAMs 膜层厚度可控且能控制在纳米量级，对构件尺寸和形状精度的影响可忽略；③SAMs 分子设计灵活，选择多样，因此对表面特性具有丰富的调控能力。在金属表面缓蚀方面，SAMs 主要有三类体系，烷基硫醇类、咪唑啉类和希夫碱类。其中，烷基硫醇在金属表面形成的自组装膜是研究最为深入的一类。这主要是因为烷基硫醇中的巯基与金属有很强的亲和力，能与金属形成很强的配位键，从而使烷基硫醇稳定密集地排列在金属表面。

SAMs 良好的缓刻蚀性能，也可以作为掩膜，在图案化结构的制备中发挥掩膜的作用。例如，以紫外光对烷基硫醇自组装单分子膜进行辐照，能够在光照区域引发氧化反应，氧化产物可通过水或乙醇进行显影去除。由此可以看出，该 SAMs 具有类似正胶的作用，其最小线宽可达 100 nm。此外，电子束同样也能在自组装单分子膜发生一系列化学反应，形成图案化的结构。由于 SAMs 厚度仅为 1~2 nm，分子之间间距为 0.5~1 nm，因此作为电子束光刻的掩膜，可获得纳米级的尺寸分辨率。例如，Buriak 等人使用低能电子束在 APTMS、SAMs 表面实现了 ~15 nm 图案化的金纳米颗粒。Allara 等人使用扫描隧道显微镜探针进行烷基硫醇 SAMs 的图案化加工，获得最小尺寸可达 ~15 nm。

脂肪酸类 SAMs 还具有很好的润滑性能、防腐蚀性和催化性能。例如，硬脂酸在氧化铝表面能自组装形成均匀、致密、有序的膜，有效地改善了氧化铝与环氧树脂的黏附性能。相较于饱和脂肪酸，在不锈钢表面组装不饱和脂肪酸单分子层，能获得更小的摩擦系数。

10.4.2 嵌段共聚物自组装

(1) 嵌段共聚物自组装影响因素。

共聚物是由两种或两种以上不同单体经聚合反应而得到的聚合物。根据不同单体在共聚物分子中的排布情况，可将聚合物分为交替共聚物、无规则共聚物、接枝共聚物和嵌段共聚物。嵌段共聚物是共聚物分子中存在两种或两种以上、物理化学性质不同的高分子链通过共价键相连接形成的聚合物。由于各嵌段间不同的物理和化学性质,彼此互不相容,从而发生相分离;而各嵌段间共价键的存在使体系的相分离又只能发生在微观尺度上,即微相分离。由嵌段共聚物微相分离而自发形成周期性有序结构的过程称为嵌段共聚物自组装。这种有序结构在热力学上是稳定的,其特征尺寸通常在 5 ~ 100 nm 的范围。在本体或溶液状态下,嵌段共聚物能自组装成丰富多样的组装形貌与纳米结构,已成为微纳米制造的重要手段之一,在光电材料、纳米器件、生物医药、传感、功能材料制备、催化等领域均展现出了重要的应用前景。

嵌段共聚物自组装受链段长度、溶剂、嵌段共聚物浓度、溶液的 pH 值的影响。下面分别介绍相关参数对自组装的影响。

① 链段长度。

嵌段共聚物各链段的物理和化学性质一般不同,在溶液中组装正是利用各链段与溶剂不同的相互作用,改变链段相对长度会对这种作用力产生影响,最终影响到共聚物的形貌。Charleux 等人合成了 PMAchol 疏水段和 PDEAAm 亲水段分子,并在二氧己烷和水溶液中进行组装。如图 10.7 所示,当疏水段和亲水段的聚合度比例为 45∶55 时,形成了圆柱状及球状胶束,其流体力学直径为 25 ~ 30 nm,长度为 25 ~ 500 nm(聚合物 P1);若比例为 74∶26,可形成直径为 25 ~ 30 nm,长度为 50 ~ 1 000 nm 的纤维状胶束(聚合物 P2);若比例为 80∶20,形成的胶束仍为圆柱状或球状,但胶束长度小于 200 nm(聚合物 P3)。由此可见,链段长度对嵌段共聚物形貌及尺寸具有良好的调控作用,有利于结构的多样化。

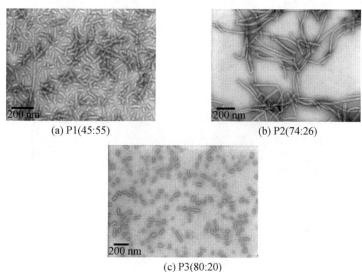

图 10.7　不同疏水段和亲水段分子比例形成的自组装体形貌

② 溶剂。

溶剂作为嵌段共聚物自组装的介质,其极性、溶解度参数及用量等都会影响与嵌段共聚物链段之间的相互作用,进而影响嵌段共聚物在溶液中自组装形貌。如图 10.8 所示,Jiang 等人研究了选择性溶剂对 4-乙烯基吡啶-b-苯乙烯-b-4-乙烯基吡啶的自组装形貌影响,发现选择性溶剂的种类和用量都会影响自组装形貌。其在二氧己烷中进行组装时,分别加入甲醇和水,聚集体呈现球状和双层状;同时加入甲醇和水,且水的体积分数从0到100%时,胶束呈现球状 → 囊泡状 → 双层状变化。

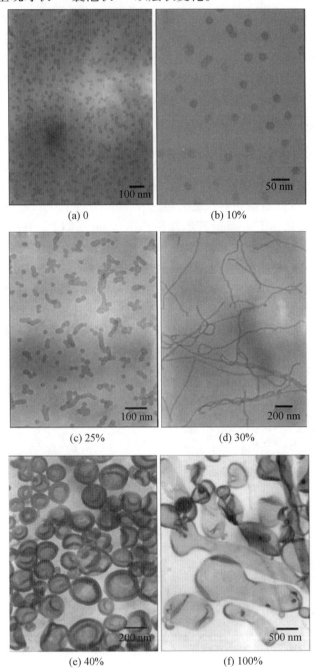

图10.8　浓度为1%的共聚物在二氧己烷/水/甲醇的混合溶剂自组装聚集体的形貌,其中水/甲醇总含量保持40%不变,水的含量分别为0、10%、25%、30%、40%、100%

③ 嵌段共聚物浓度。

嵌段共聚物的起始浓度会对成核链段的伸展度、胶束核与溶剂之间的界面张力、成壳链段之间的作用等造成影响,是决定共聚物自组装最终形貌的重要因素之一。如图10.9所示,Hu 等人研究了 MPEG$_{115}$-b-PMALM$_{44}$ 在 N,N-二甲基甲酰胺和水的混合溶剂中的自组装行为,发现嵌段共聚物的浓度对自组装形成的聚集体的形貌有重大影响。TEM 图像显示,当嵌段共聚物的浓度为0.1%时,自组装形成球状聚集体;当浓度增加到0.5%,形成的是囊泡;浓度继续增加到3.5%,形成的是圆柱状胶束。

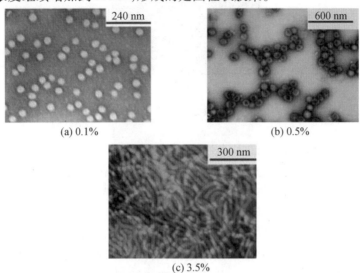

图 10.9 嵌段共聚物的浓度对自组装形貌的影响

④ 溶液的 pH 值。

pH 敏感的共聚物通常含有酸性(羧酸、磺酸)或碱性(铵盐)基团,即含有大量可离子化的基团(COO^-、NRH_2^+、NR_2H^+、NR_3^+ 等),在环境的 pH 值发生变化时接受或给予质子,导致亲水/疏水性发生变化,从而导致胶束的形貌发生变化。Colombani 等人研究了两亲性嵌段共聚物 P($nBA_{50\%}$-stat-AA$_{50\%}$)$_{99}$-b-PAA$_{98}$ 在水中的自组装形貌,发现加入不同量的氢氧化钠,分别使10%、30%、50%的丙烯酸离子化时,形成的溶液 pH 值分别为4.6、5.4和6.1。此时亲水段中的丙烯酸的离子化和疏水段中的丙烯酸相继的离子化,导致了成核链段越来越少。通过 TEM 观察可知,虽然形成的都是球状胶束,但是胶束尺寸越变越小,胶束的数量也变少了(图10.10)。

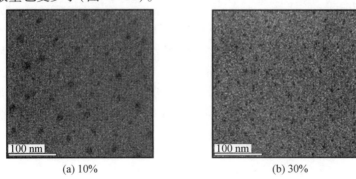

图 10.10 在水中浓度为 10 g/L 的 P($nBA_{50\%}$-stat-AA$_{50\%}$)$_{99}$-b-PAA$_{98}$ 嵌段共聚物中有10%、30%、50%的丙烯酸离子化成 AA^- 和 Na^+ 的冷冻透射电子显微镜图像

(c) 50%

续图 10.10

(2) 基于嵌段共聚物的纳米结构制造。

嵌段共聚物由于特殊的结构,使其不同链段的物理和化学性质迥异,整体表现出不同于其他聚合物的特性。可用作热塑弹性体、共混相溶剂、界面改性剂等,在生物医药、建材化工、纳米光刻、微电子/光电子工业等方面有着重要的应用。由于嵌段共聚物存在微观相分离现象,可在组装膜表面形成纳米结构和图案化结构,因此可用于微纳米制造中。嵌段共聚物在衬底表面微相分离的基本条件是,共聚物中不同链段之间具有不相容性,且表现出在热力学和动力学上的差异。前几章所述的微纳制造技术,如光刻、纳米压印、高能束直写技术等,都可以看作是自上而下的加工方式,其加工精度和能力受装备的限制,且特征尺寸降低至 10 nm 范围内,制造成本将变得难以接受。相较而言,嵌段共聚物的自组装是典型的自下而上的加工方式,非常适合特征尺寸 10 nm 范围内的制造。利用嵌段共聚物微相分离制造纳米结构通常的步骤:首先将共聚物溶于有机溶剂形成一定浓度的溶液,再利用旋涂等方法在衬底上制膜,最后对衬底表面的薄膜进行退火处理获得长程有序、强的微相分离表面。微相分离所形成的纳米结构特征尺寸包括:分离尺寸、微相间距、分离形状等,可通过调控聚合物的分子量、分子量分布、表面膜厚度、链段体积分数和 Flory-Huggins 参数来实现;通过纳米光刻、化学气相沉积、旋涂或滴涂、化学接枝等制备;同时退火技术,如溶剂退火、热退火、微波退火和激光退火等后退火工艺技术也会对纳米结构形貌产生影响。

常见的嵌段共聚物有两嵌段和三嵌段的,随着共聚物分子量、化学组成和 Flory-Huggins 参数的变化,两嵌段聚合物可以组装成层状、岛状、圆柱状及球状等多种形貌,如图 10.11 所示。进一步研究发现,嵌段共聚物薄膜厚度与其通过相分离形成的结构类型有着内在的联系。Magerle 等人通过理论模拟和实验研究发现,在一个膜厚度连续变化的体系内可以同时存在带有穿透孔层状相(PL 区域)、垂直于表面的柱状相(C 区域)和平行于表面的柱状相(C// 区域)(图 10.12)。

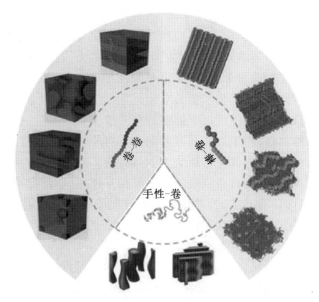

图 10.11 两嵌段聚合物可形成的多种形貌

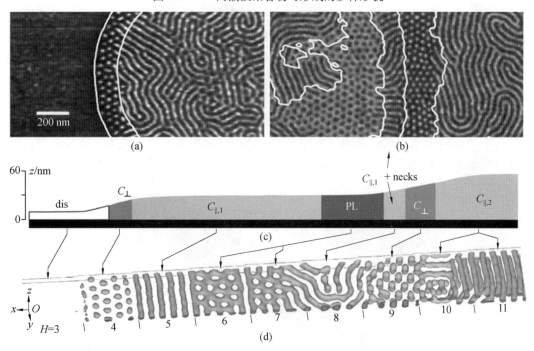

图 10.12 嵌段共聚物不同区域形成的微观结构

10.4.3 石墨烯自组装结构

除了上述介绍的自组装材料外,纳米颗粒作为构建三维实体的重要基本单元,其自组装可形成多样化的平面及三维结构,是微纳制造的重要手段和技术之一。需要指出的是,本节所述的纳米颗粒泛指一切至少在一个维度上具有纳米级尺寸的有机和无机材料;包括量子点、量子线、纳米粒子、纳米线、纳米棒、纳米片、二维材料等。纳米颗粒之间通过多种作用力自组装在一起，形成具有一定结构和功能的聚集体。例如，常用的自组装纳米颗粒为有机或无机小球和贵金属纳米颗粒，它们可通过静电力、表面张力、范德瓦耳斯力、溶剂作用力等自组装在一起。而聚苯乙烯、聚甲基酸乙酯和二氧化硅小球，通过重力沉降、气压法、溶剂作用力法等方法自组装。相关结构可用于光子晶体、表面增强拉曼光谱、人工三维光子晶体，还可以作为刻蚀或沉积镀膜的掩膜版。

近年来新兴的二维材料，由于其在厚度方向上具有原子级的尺度，表面效应在决定其整体性质中占有较大的比例，因此在自组装方面具有众多应用。作为典型的二维材料，石墨烯具有大的共轭提携，片层间具有强烈的 π‑π 相互作用，非常容易发生片层叠加和聚集，同时氧化石墨烯表面含有丰富的官能团，组装过程还可以通过范德瓦耳斯力、静电力等相互作用，构建不同层次的有序功能体系。

（1）石墨烯一维组装体 —— 石墨烯纤维。

石墨烯纤维通常采用湿法纺丝，2011 年，浙江大学高超课题组首次报道了石墨烯的一维组装体结构。提高石墨烯水溶液的浓度，使其形成液晶态，片层结构石墨烯在水溶液中依靠 π‑π 相互作用力，形成有序的自组装结构（图 10.13(a)）。进一步将溶液中自组装液晶态物质喷射进凝固液中进行凝固，从而获得纤维状的一维组装体；最后进行还原或退火处理，获得石墨烯纤维。该纤维截面表现出长程有序的组装结构（图 10.13(b)、(c)）。此外，石墨烯与离子液体、无机盐、聚合物等复合，二者间形成交替组装产物（图 10.13(d) ～ (h)）。例如，哈尔滨工业大学张甲等人通过还原石墨烯与聚乙烯醇复合，制备出高浓度的石墨烯/PVA 液晶态，通过湿法纺丝连续制备出具有层层自组装结构的纤维，进一步使纤维在切向扭转和轴向拉力的共同作用下，纤维逐渐形成具有螺旋结构的宏观纤维。石墨烯组装一维纤维结构如图 10.13 所示。该组装方法可以拓展到石墨烯与其他聚合物形成聚集体，以及二硫化钼、碳酸钙等其他层状材料与聚合物形成（图 10.14）。

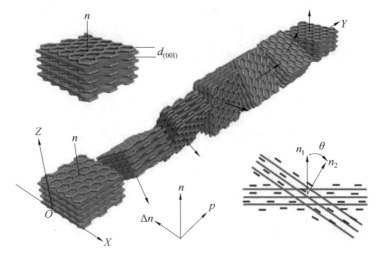

(a) 石墨烯纳米片三维自组装示意图

图 10.13　石墨烯组装一维纤维结构

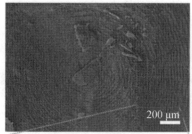
(b) 石墨烯自组装结构截面
低倍SEM图像

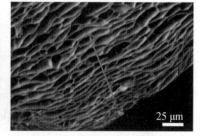
(c) 石墨烯自组装结构截面高倍SEM图像

(d) GO-Ag纳米线 (e) Graphene-HPG纤维 (f) Graphene-PVA纤维

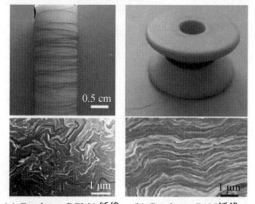
(g) Graphene-PGMA纤维 (h) Graphene-PAN纤维

续图 10.13

（2）石墨烯二维组装体——石墨烯薄膜。

由于石墨烯的共轭结构,石墨烯片层之间可以通过氢键或 π-π 相互作用组装成不同厚度的薄膜。利用石墨烯表面的疏水性质,通过 Langmiur-Blodgett 组装技术可以实现大面积单层、双层及多层石墨烯薄膜的制备（图 10.15(a)）。例如,美国斯坦福大学 Dai 等人实现了大面积石墨烯 LB 石墨烯膜的组装（图 10.15(b)）,并应用于柔性透明电极。此外,抽滤、旋涂、滚压、喷涂、界面组装均可以用于石墨烯薄膜的自组装中（图 10.15(c)～(e)）,它们在薄膜层数、成分、尺寸等方面具有良好的可操控性,并在柔性透明导体、电极材料、触摸／显示屏、过滤、传感器等方面显示出巨大的应用前景。

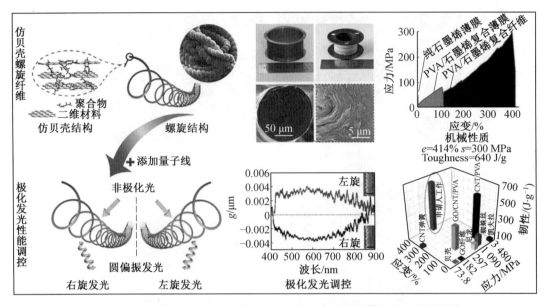

图 10.14　二维纳米片与聚合物形成的多尺度纤维及其力学和光学性能

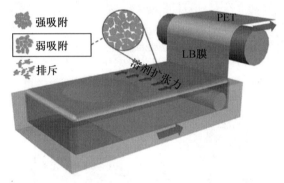

(a) 连续Langmiur-Blodgett组装石墨烯薄膜

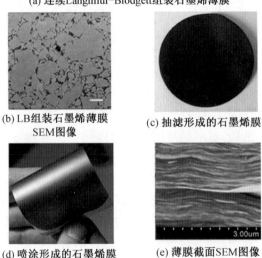

(b) LB组装石墨烯薄膜SEM图像　　(c) 抽滤形成的石墨烯膜

(d) 喷涂形成的石墨烯膜　　(e) 薄膜截面SEM图像

图 10.15　石墨烯二维组装薄膜

（3）石墨烯三维组装体 —— 石墨烯网络结构。

利用石墨烯层间的 π-π 相互作用，可将石墨烯二维结构拓展到三维宏观网络结构中，进一步拓展石墨烯自组装体的应用范围。利用水作为反应溶剂，在密闭空间中通过溶剂热反应制备出三维多孔网络结构的石墨烯泡沫（图10.16(a) ~ (c)），该类结构具有极低的密度（图10.16(d)）、高导电性能、高力学性能和热学稳定性。此外，利用三维形状的金属催化剂，如泡沫镍、泡沫铜、金属丝、金属网等为模板，通过化学气相沉积法在其上生长石墨烯薄膜（图10.16(e)），然后再通过刻蚀剂去除金属催化剂，可形成石墨烯三维组装体（图10.16(f)），并可与其他纳米颗粒进一步组装成为复杂的三维结构。

图 10.16　石墨烯三维组装体

第 11 章

扫描探针加工技术

11.1 概 述

随着纳米科技在20世纪80年代蓬勃发展,对于微纳米精度的加工技术迫切需求推动了研究者们不断探索,发展出许多"自上而下"和"自下而上"的微纳加工方式。然而要实现真正的纳米级加工精度,需要在零件的尺寸、形状和表面质量方面均达到纳米量级。但当时的加工技术均难以同时实现上述目标,存在以下难点。

(1) 纳米级尺寸精度。

大型或较大型构件的绝对尺寸精度很难达到纳米级。零件材料的稳定性、内应力、重力等内部因素造成的变形以及外部环境温度变化、气压变化、振动、粉尘和测量误差等都将产生尺寸误差。因此,长度测量基准不再以标准尺为基准,而是以光速和时间作为长度基准。微小型构件的尺寸难以达到纳米级,这是精密机械、微型机械和超微型机械中的常见问题,因此无论是加工还是测量都需要更深入地研究。

(2) 纳米级形状精度。

纳米级形状精度也是精密机械及微型机械中常遇到的问题。如精密轴和孔的圆度和圆柱度;精密球(如陀螺球、计量用标准球等)的球度;制造集成电路用的单晶硅基片的平面度;光学透镜、反射镜等的平面度、曲面形状等。这些精密零件的形状精度将直接影响其工作性能和使用效果,在纳米级尺度的加工与检测中,其形状精度必须在纳米级。

(3) 纳米级表面质量。

表面质量不仅仅指表面粗糙度,在微纳米尺度上,其表层的物理力学状态将更为重要。如制造大规模集成电路用的单晶硅基片,不仅要求很高的平面度、很低的表面粗糙度值和无划伤,更要求其表面无(或很小)变质、无表面残余应力、无组织缺陷;高精度反射镜的表面粗糙度和变质层影响其反射率。

11.2 扫描隧道显微镜

1981年,IBM公司苏黎世研究室验室Binnig和Rohrer等人发明了扫描隧道显微镜。它使人类第一次直接观察到材料表面的单个原子及其分布状态,并可对其物理和化学性质进行测量。STM的发现和应用为人类认识和改造世界提供全新的手段,并产生了深远的影响,1986年Binnig和Rohrer也因此获得了诺贝尔物理学奖。

STM系统如图11.1(a)所示,其组成主要包括如下。

(1) 针尖。STM成像的关键之一在于针尖,需要高刚度、易形成尖锐的尖角、不易氧化、不易受污染。常见的针尖材料包括:铂、钨、铂铱合金等。针尖的制备方法多样,如机械裁剪、阳极氧化、拉拔等。

(2) 三维位移系统。三维位移系统主要通过扫描压电陶瓷管实现三个坐标轴方向上的纳米级运动,通常平面内(X和Y轴)位移范围为3~5 μm,精度为0.01~0.1 nm,Z轴位移范围为3~5 μm,精度为0.005~0.01 nm。它是STM系统中最为关键的部分。

(3) 控制系统。控制系统主要包括:控制隧道电流的自动反馈系统、压电陶瓷扫描器的运动控制系统、探针、试件粗调和微调的运动控制系统、操作监控系统等。

(4) 信号采集和数据、图像处理系统。信号采集和数据、图像处理系统主要包括计算机和各种软件处理系统。

如图11.1(b)所示,STM基本工作原理如下:通常情况下,互不接触的两个电极之间是电绝缘的,但当这两极之间的距离缩短到小于1 nm时,由于量子力学中粒子的波动性,电子在外加电场的作用下,会穿过两极之间的势垒而从一极流向另一极,称之为隧道效应。当其中一个电极是非常尖锐的探针时,将由于尖端放电而使隧道电流加大。该隧道电流和隧道间隙呈现负指数的关系(图11.1(c)),隧道电流对针尖与试件表面的距离的变化非常敏感,如果距离减小0.1 nm,隧道电流将增加一个数量级。

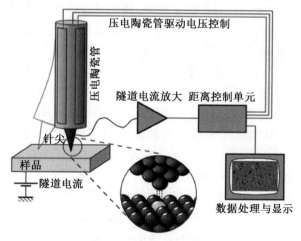

(a) 扫描隧道显微镜系统原理示意图

图11.1 STM组成及工作原理示意图

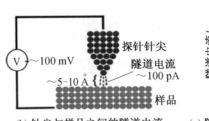
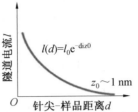

(b) 针尖与样品之间的隧道电流　　(c) 隧道电流与针尖-样品距离的关系

续图 11.1

具体成像的过程中,当STM针尖与样品表面的距离大于0.6 nm时,二者之间的作用以纯电场或纯电流效应为主;操纵以恒电流方式进行,可以保证针尖和样品表面之间距离始终在0.6 nm附近。采用这种方式,针尖和样品表面之间不存在复杂的化学相互作用,可以方便地研究原子操纵过程中的物理机制。当STM针尖与样品表面的距离小于0.4 nm时,原子操纵将主要受到二者之间的化学相互作用。此时二者之间距离的减少,将使得隧道电流呈数量级增大,同时针尖和样品表面原子的电子云相互重叠,使得二者相互作用大大增强。该类原子操纵方法通常为:首先切断STM的恒电流反馈,再将针尖进一步移向样品,使二者距离继续减小。鉴于上述两种原子操纵模式,目前常见的操纵工艺过程为:首先在STM针尖和样品之间施加具有适当的幅值和脉宽的电压脉冲,如幅值为几伏,脉宽为几十毫秒;由于二者之间的距离仅为 0.3~1.0 nm,则会在二者之间产生 $10^9 \sim 10^{10}$ V/m 数量级的强大电场,样品表面的原子将被蒸发并移动或提取,在原样品表面留下空位。反之,吸附在STM针尖上的原子也可以在强电场的蒸发作用下而沉积到样品表面,实现单原子的放置操纵。通过重复上述过程,可实现单原子操纵构筑较复杂的纳米结构。

STM最初是用来对样品表面进行原子尺度的成像,这一功能一直不断地完善和发展,成为当前纳米表征领域的重要的技术和设备,但这不在本节讨论的重点范围。此外,还可以在纳米尺度上对材料表面进行各种加工处理,甚至是操纵和搬迁单个原子,构筑具有一定功能的纳米结构,如单分子、单原子和单电子器件,这使得人类的加工极限从微米尺度跨入纳米尺度,有力地推动了人类科学和技术的发展。

STM单原子操纵是其纳米制造的基础,其工艺过程主要有单原子移动、提取和放置三步,任何复杂的结构构筑都是基于这简单的三步操纵。其中移动过程可分为平行移动和垂直移动(图11.2(a)),都可以进行原子操纵。1990年,Schweizer等人使用STM移动了吸附在Ni(110)表面的惰性气体Xe原子,并使用35个Xe原子构筑了"IBM"字样(图11.2(b)),开创了STM单原子操纵的先例。在Xe原子移动操纵过程中,只需将STM针尖下移并尽量地接近表面上的Xe原子,Xe原子与针尖顶部原子之间形成的范德瓦耳斯力和由于"电子云"重叠产生化学键力,会使Xe原子吸附在针尖上并将随针尖一起移动。进一步,他们在Cu(111)表面移动48个Fe原子并排列成直径为14.26 nm的圆形量子栅栏,如图11.2(c)所示。由于金属表面的自由电子被局域在栅栏内,从而形成了电子云密度分布的驻波形态。这是人类首次用原子组成具有特定功能的人工结构,具有重大的科学意义。此外,他们还采用101个Fe原子书写了迄今最小的汉字"原子"(图11.2(d))。

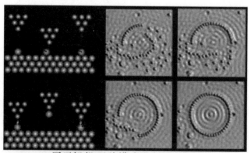
(a) 原子操纵两种模式及制造的圆环

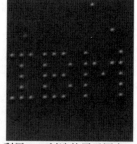
(b) 利用STM制造的原子图案(IBM)

(c) 利用STM制造的量子栅

(d) 利用STM制造的原子图案(原子)

图 11.2　STM 原子操纵过程及典型结构

11.3　原子力显微镜

STM 虽然具有极高的分辨率和测试灵敏度,但其依靠探针与试件间隧道电流进行测量,工作时要监测针尖与试件之间的隧道电流的变化,不能用于非导体材料的测量。但许多研究对象是非导体材料的,因此研究非导体材料时,只能在其表面覆盖一层导电膜,这样会掩盖表面的结构细节。为了能够用 STM 检测绝缘体试件,1986 年 Binnig 等人在 STM 的测量原理基础上,利用原子之间普遍存在的力相互作用(图 11.3(a)),研制出了原子力显微镜。基于原子之间力相互作用,AFM 可以检测导体、半导体和绝缘体等不同材料的样品。

图 11.3(b) 为 AFM 系统示意图,将探针装在一个对极弱力非常敏感的悬臂上,当针尖与被测量试件表面的距离接近数纳米时,原子之间的力就开始作用起来。由于针尖原子与试件表面原子存在原子间的相互作用力,通过扫描时控制作用力的恒定,悬臂将对应于原子间作用力的等位面在垂直于试件表面的方向起伏运动。利用光学检测法或隧道电流检测法,测得悬臂对应各扫描点位置的变化,从而可以获得试件表面微观形貌的信息。

目前,AFM 常用的扫描测量模式主要有接触模式和非接触模式。接触式测量利用原子间距离极近时的原子间排斥力,探针针尖与试件表面之间的距离小于 0.5 nm;非接触式测量则利用原子间距离稍远时的原子间吸引力,探针针尖与试件表面之间的距离在 0.5~1 nm(图 11.3(a))。初期的 AFM 常用的扫描测量模式是接触模式。接触模式 AFM 扫描速度高;对微观形貌在垂直方向变化剧烈的试件表面,接触模式可以使扫描更容易;而且从原理上讲,接触模式 AFM 具有极高的测量分辨率。但是接触时的碰撞,常使

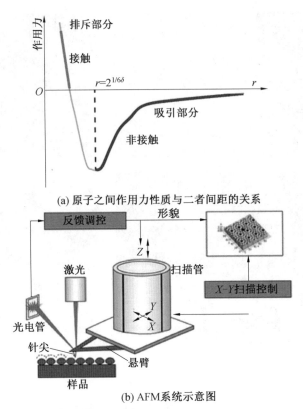

图 11.3　原子之间相互作用力和 AFM 系统示意图

得悬臂的突起前端和试件表面损坏,加上接触状态下探针针尖和试件之间的刮削,针尖和试件表面的磨损接触面积较大,将可能引起扫描图像的变形,无法看清原子级的点缺陷,并可能损伤较软的试件(生物样品、聚合物等)。

为减少接触或扫描时针尖和试样表面的损坏,改进成悬臂大幅度振动、针尖周期性接触试件表面的方法,即 Tapping 模式(也称为轻敲或击拍模式)。采用这种方法甚至可以检测柔软试件表面的凸凹。但该方法很难获得稳定的点阵图。

11.4　AFM 微纳加工技术

目前,AFM 在微纳加工领域有着广泛的应用,相较于其他微纳加工技术,在加工尺度和加工精度方面,在"小尺寸、高精度"上具有更加突出的优势。它也是唯一一种实现对单个原子和分子进行直接操纵,构筑微纳结构的方法。目前,AFM 微纳加工技术主要包括:① 阳极氧化方法,② 蘸笔纳米加工技术,③ 机械刻画加工技术。

(1) AFM 阳极氧化方法。

AFM 阳极氧化方法是利用 AFM 针尖与样品之间发生化学反应,在样品表面形成微纳米结构或图案的方法。通常,AFM 探针作为阴极,样品表面作为阳极,样品表面环境中的水分为电解液,提供化学反应所需的氢氧根离子(OH^-)。可以通过调控针尖与样品之间的偏压、环境湿度、针尖几何参数、针尖扫描参数等,调控样品表面形成的微纳米结构的物性。美国科学院与工程院院士、斯坦福大学戴红杰教授于1998年实现了利用纳米管针尖的AFM阳极氧化方法，加工出SiO_2纳米线阵列（图11.4(a)），该阵列中单一纳米线高2 nm，宽10 nm，间距为100 nm；表明AFM阳极氧化方法具有纳米级加工能力。此外，利用该方法还可实现任意图案的加工（图11.4(b)）。此后，众多学者从AFM硬件系统、加工参数、电解液、被加工材料方面，对AFM阳极氧化方法进行了全面深入的研究工作。例如，Zhao等人利用AFM阳极氧化在MoS_2等多种二维材料表面进行微纳米结构的加工，并系统研究了针尖偏压、偏压施加方式和环境湿度等参数对MoS_2表面圆形图案加工高度和相位的影响，获得圆形图案的加工尺寸小于100 nm（图11.5）。

(a) SiO_2纳米线阵列　　(b) SiO_2纳米字母结构

图11.4　AFM阳极氧化法制备

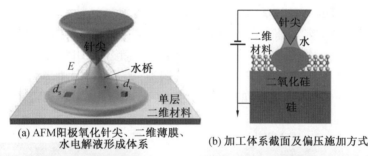

(a) AFM阳极氧化针尖、二维薄膜、　(b) 加工体系截面及偏压施加方式
　　水电解液形成体系

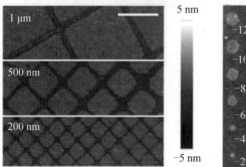
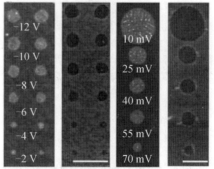

(c) 单层MoS_2表面加工出不同尺寸　(d) 针尖偏压、偏压施加方式（$V_{setpoint}$）
　　栅格纳米结构　　　　　　　　　　对MoS_2表面圆形图案加工的
　　　　　　　　　　　　　　　　　　　影响（高度和相位）

图11.5　AFM阳极氧化法在二维材料表面制备微纳米结构

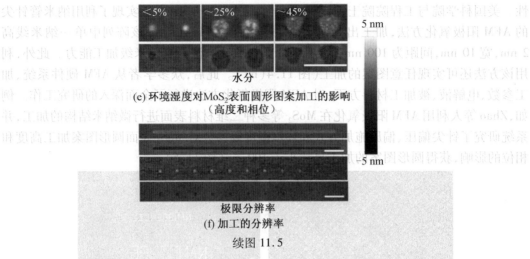

(e) 环境湿度对MoS₂表面圆形图案加工的影响
（高度和相位）

极限分辨率
(f) 加工的分辨率

续图 11.5

(2) AFM 蘸笔加工技术。

AFM 蘸笔加工技术（dip pen nanolithography，DPN）是由 Mirkin 教授于 1999 年率先提出的一种纳米结构加工方法。在大气环境中，AFM 针尖和样品表面吸附会吸附水分子，并在毛细力作用下形成弯月形状液桥，黏附在针尖上的材料分子通过液桥传输，并化学吸附在样品表面形成稳定的表面结构（图 11.6(a)）。此后，Mirkin 教授课题组与 NanoInk 公司合作开发专门用于 DPN 加工的相关设备，如 DPN-5000 和 NLP-2000，逐渐将该项技术推向了商业化。DPN 加工技术中所采用的墨水分子包括：多种有机小分子、有机染料、蛋白质分子、DNA、硅烷类试剂、导电聚合物、无机纳米粒子、导电金属"墨水"或无机盐，可加工的对象非常丰富。同时，利用 DPN 形成的图案化结构可以作为刻蚀掩膜，进行进一步的图案转移，进一步拓展了 DPN 技术的应用范围。DPN 加工形成的图案可以从环境、探针、样品材料、加工参数等多方面进行调控，加工的柔性非常好。因此，DPN 技术可在纳米尺度范围内实现多组分的可控组装，其分辨率高，对样品需求量少，破坏作用小。

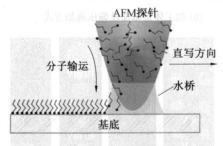
(a) 单一探针DPN加工技术原理示意图

(b) 多探针DPN加工技术及各类图案

图 11.6　AFM 蘸笔加工技术示意图

图 11.7 显示了 DPN 技术过去 20 年的发展历程，以及每个时期代表性的成果，从最初单一悬臂加工技术（cantilever-based DPN）到无悬臂的扫描探针光刻技术（cantilever-free scanning probe lithography，SPL）。探针与样品之间的作用力也从最初的毛细力，发展出热、机械力、电

场力、光等。由于单一探针加工效率难以提高,Mirkin 等人又提出了多探针 DPN 技术(图 11.6(b)),通过对多个探针进行单独或并行控制,可以高效地加工出各类图案。

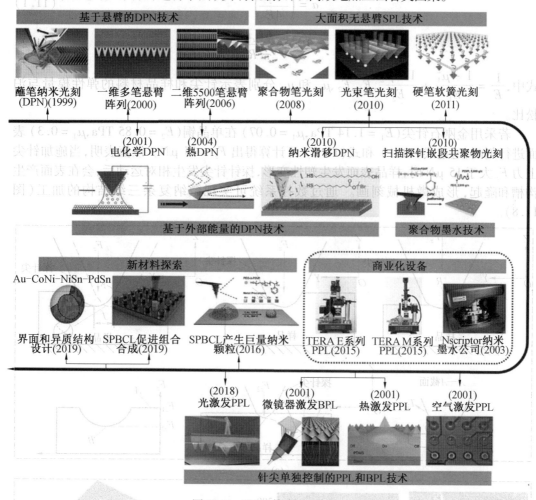

图 11.7　DPN 技术发展历程

(3)AFM 机械刻画加工技术。

①AFM 高精度机械刻画。

利用高硬度的 AFM 探针(如金刚石、氮化硅、单晶硅等)对样品表面进行直接机械刻画,改变样品的形貌,实现微纳结构机械加工。哈尔滨工业大学闫永达等人对 AFM 探针机械刻画加工系统、加工机理、加工工艺等进行系统的研究。如图 11.8 所示,探针在垂直力作用下压入样品表面,并保持不动,通过工作台的移动来实现机械刻画加工。在这种工作模式下,扫描管只进行垂直于样品的调节运动,而水平面的运动由精密位移平台实现。这种组合消除了扫描管的非线性、磁滞、黏附,加工运动精度由三维工作台保证。AFM 机械刻画加工的机理:施加于悬臂上的作用力(F_z),探针尖端与样品表面原子间的斥力($F_{斥}$)相互平衡,同时会在样品表面留下半径 R 的凹坑(R 为探针尖端近似球体的半径),根据 Hertz 弹性变形理论,可得到二者的相互作用关系,推导出探针与样品表面的接触面

积 a、最大压力 P_{max} 为

$$a = \left(\frac{3F_z R}{4E}\right)^{2/3} \quad (11.1)$$

$$P_{max} = \frac{6F_z E}{\pi^3 R^3} \quad (11.2)$$

式中，$\frac{1}{E} = \frac{1-\mu_1^2}{E_1} + \frac{1-\mu_2^2}{E_2}$，$E_1$、$E_2$、$\mu_1$ 和 μ_2 分别表示针尖和样品材料的弹性模量与泊松比。

若采用金刚石针尖（$E_1 = 1.14$ TPa，$\mu_1 = 0.07$）在单晶铜（$E_2 = 0.85$ TPa，$\mu_1 = 0.3$）表面进行刻画，通过式（11.1）和式（11.2）可计算得出 $F_z = 15$ μN。该值表明，当施加针尖上力 F_z 大于 15 μN 时，样品表面发生塑性变形，探针针尖发生相对运动后，会在表面产生沟槽和隆起，形成微机械刻画。通过数控系统可实现微纳复杂三维结构的加工（图 11.8）。

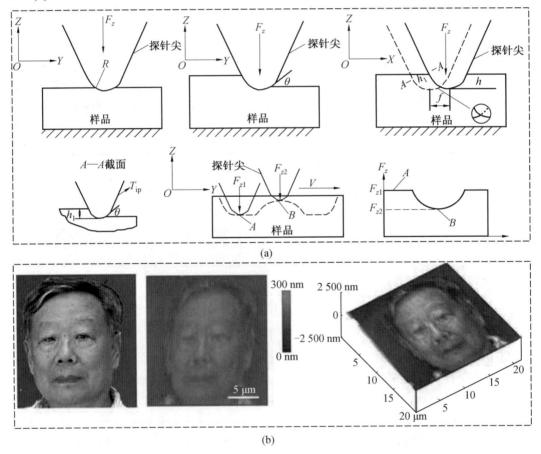

图 11.8 AFM 探针机械刻画加工过程示意图及加工的人脸图像

②AFM 机械刻画加工技术改进。

AFM 机械刻画具有纳米级加工精度，但在加工尺寸范围和加工效率方面存在明显的不足，制约着该项技术商用化发展。针对如何拓展加工尺寸成为近年来研究的热点之一，

主要的解决方案包括如下。

a. 扩大压电陶瓷的扫描区域。通过对压电陶瓷不断改进，目前单一探针最大范围可到 200 μm × 200 μm。Veeco 公司研制的 Dimension 5000 系列原子力显微镜采用了改进的悬臂桥型结构，使得最大样品加工尺寸达 200 mm × 200 mm。但这种方案受压电陶瓷本身特性的限制，难以进一步提高加工尺寸范围。

b. 多探针技术。斯坦福大学 Quate 课题组提出并实现了并行原子力显微镜技术来提高加工速度和加工尺寸。他们采用 5 × 1 线阵列和 5 × 5 面阵列布置探针，每根探针上单独集成加热器和压阻传感器，利用压阻原理检测探针的变形，从而提高加工速度。Binning 等人升级了多探针加工技术，在 3 mm × 3 mm 基底上集成了 32 × 32 根探针，称之为"千足之虫"（图 11.9）。到 2001 年，多探针技术已经发展到 10 000 根 /mm²，极大地提高了加工效率和加工尺寸。同时采用多个探针极大地拓展了加工尺寸。

c. 高精度二维工作台。单纯依靠扩大单一探针扫描范围或采用多探针加工技术，仍然难以解决大面积高精度加工。

由于压电陶瓷本身特性的限制，单纯依靠调控压电陶瓷性能来实现大尺寸的加工的方法受到极大限制，而通过逐个区域加工后拼接，也存在着重复定位误差等问题。相比之下，采用高精度的二维工作台，利用工作台精密移动来拓展加工的尺寸。

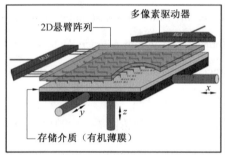

(a) Millipede 结构示意图

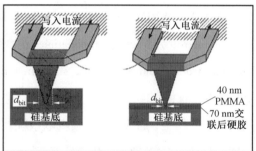

(b) 早期聚碳酸酯厚膜存储介质和新式 PMMA 纳米膜存储介质

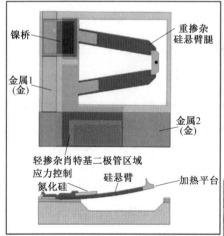

(c) 单一探针结构布局俯视及侧视图

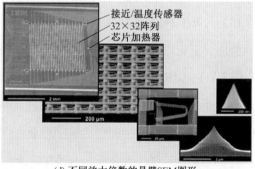

(d) 不同放大倍数的悬臂 SEM 图形

(e) X/Y/Z 三轴磁驱动器结构照片　　(f) 32×32 根探针构成的芯片照片

图 11.9　"千足之虫"多探针原理、设计及加工（×8）

参考文献

[1] YAN Yongda, HU Zhenjiang, ZHAO Xueshen, et al. Top-down nanomechanical machining of three-dimensional nanostructures by atomic force microscopy[J]. Small, 2010, 6(6): 724-728.

[2] HAISMA J, VERHEIJEN M, VAN D H K, et al. Mold-assisted nanolithography: a process for reliable pattern replication[J]. Journal of vacuum science & technology B: microelectronics and nanometer structures processing, measurement, and phenomena, 1996, 14(6): 4124-4128.

[3] 周兆英, 叶雄英, 唐飞, 等. 微机电系统技术[J]. 电子产品世界, 1999(5): 19-21.

[4] LIN Hong, WAN Xia, JIANG Xuesong, et al. A nanoimprint lithography hybrid photoresist based on the thiol-ene system[J]. Advanced functional materials, 2011, 21(15): 2960-2967.

[5] 袁哲俊, 王先逵. 精密和超精密加工技术[M]. 北京: 机械工业出版社, 1999.

[6] BAILEY T, CHOI B J, COLBURN M, et al. Step and flash imprint lithography: template surface treatment and defect analysis[J]. Journal of vacuum science & technology B: microelectronics and nanometer structures processing, measurement, and phenomena, 2000, 18(6): 3572-3577.

[7] 龚晓燕. 微型机械电子系统的研究动态[J]. 煤矿机械, 2001, 22(11): 1-4.

[8] 丁衡高. 微机电系统的科学研究与技术开发[J]. 清华大学学报(自然科学版), 1997, 37(9): 1-5.

[9] 余寿文. 复杂微力-电系统的细微尺度力学[J]. 力学进展, 1995, 25(2): 249-259.

[10] 李立斌, 郎素萍, 谢丽丽. 微机电系统与微机械学[J]. 机械设计, 2003, 20(4):

6-8.

[11] 王琪民. 微型机械导论[M]. 合肥：中国科学技术大学出版社，2003.

[12] 梅涛，伍小平. 微机电系统[M]. 北京：化学工业出版社，2003.

[13] MENZ W, MOHR J, PAUL O. 微系统技术[M]. 王春海，于杰，等译. 北京：化学工业出版社，2003.

[14] 苑伟政，马炳和. 微机械与微细加工技术[M]. 西安：西北工业大学出版社，2000.

[15] 徐泰然. MEMS和微系统：设计与制造[M]. 王晓浩，等译. 北京：机械工业出版社，2004.

[16] 傅卫平，方宗德. 微系统动力学中的若干非线性问题[J]. 力学进展，2002，32(1)：17-25.

[17] WILBUR J L, KUMAR A, BIEBUYCK H A, et al. Microcontact printing of self-assembled monolayers: applications in microfabrication[J]. Nanotechnology, 1996, 7(4): 452-457.

[18] 宗登刚. 微机械材料力学性能测量[D]. 上海：中国科学院上海微系统与信息技术研究所，2003.

[19] 张泰华，杨业敏，赵亚溥，等. MEMS材料力学性能的测试技术[J]. 力学进展，2002，32(4)：545-562.

[20] 张向军，孟永钢，温诗铸. 微电子机械系统中的若干固体力学问题[J]. 力学与实践，2003，25(2)：7-11.

[21] 余寿文. 微电子机械系统的几个力学问题[J]. 机械强度，2001，23(4)：380-384.

[22] 梅涛，孔德义，张培强，等. 微电子机械系统的力学特性与尺度效应[J]. 机械强度，2001，23(4)：373-379.

[23] 钱劲，刘澂，张大成，等. 微电子机械系统中的残余应力问题[J]. 机械强度，2001，23(4)：393-401.

[24] 路甬祥. 流体传动与控制技术的历史进展与展望[J]. 机械工程学报，2001，37(10)：1-9.

[25] AND Y X, WHITESIDES G M. Soft lithography[J]. Encyclopedia of nanotechnology, 2003, 37(28): 153-184.

[26] 钟映春，谭湘强，杨宜民. 微流体力学几个问题的探讨[J]. 广东工业大学学报，

2001,18(3):46-48.

[27] 彭匡鼎.微系统的热力学[J].云南大学学报(自然科学版),1996,18(3):221-225.

[28] 王沫然,李志信.微尺度热科学及其在MEMS中的应用[J].仪表技术与传感器,2002(7):1-4,51.

[29] 温诗铸.纳米摩擦学[M].北京:清华大学出版社,1998.

[30] 王渭源.影响微电子机械系统成品率和可靠性的粘合力和摩擦力[J].中国工程科学,2000(3):36-41.

[31] MABOUDIAN R, HOWE R T. Critical review: adhesion in surface micromechanical structures[J]. Journal of vacuum science & technology B: microelectronics and nanometer structures processing, measurement, and phenomena, 1997, 15(1): 1-20.

[32] HE Gang, MUSER M H, ROBBINS M O. Adsorbed layers and the origin of static friction[J]. Science, 1999, 284(5420): 1650-1652.

[33] 刘莹,温诗铸.微机电系统中微摩擦特性及控制研究[J].机械工程学报,2002,38(3):1-5.

[34] AHN S H, GUO L J. High-speed roll-to-roll nanoimprint lithography on flexible plastic substrates[J]. Advanced materials, 2008, 20(11): 2044-2049.

[35] GUO Q, ROSS J D J, POLLOCK H M. What part do adhesion and deformation play in fine-scale static and sliding contact?[J]. MRS online proceedings library, 1988, 140: 51-66.

[36] 蒋玮,雒建斌,温诗铸.OTS分子膜的摩擦特性[J].科学通报,2000,45(17):1900-1904.

[37] 钱林茂,雒建斌,温诗铸,等.二氧化硅及其硅烷自组装膜微观摩擦力与粘着力的研究(Ⅰ)摩擦力的实验与分析[J].物理学报,2000(11):2240-2246.

[38] 张兴等.微电子学概论[M].北京:北京大学出版社,2000.

[39] 王阳元,康晋锋.物理学研究与微电子科学技术的发展[J].物理,2002(7):415-421.

[40] 李志坚.从微电子学到纳电子学:电子科学技术的又一次革命[J].电子世界,2001(10):7-9.

[41] 沈一喆,皮德富.真空微电子学的研究方向与主要内容[J].真空电子技术,1996(5):22-27.

[42] 李静.真空微电子学的现状及其应用[J].微电子技术,2002(5):16-21.

[43] 黄庆安.真空微电子学的研究与发展[J].电子学报,1995(10):134-138,133.

[44] 陈祖平.真空微电子学综述[J].光电子技术,1995(2):109-115.

[45] 刘敏,雷威,张晓兵,等.真空微电子学的研究和进展[J].电子器件,2003(4):428-433.

[46] 赫尔齐克 H P.微光学元件、系统和应用[M].周海宪,王永年,程云芳,等译.北京:国防工业出版社,2002.

[47] 李育林,傅晓理.微光学[J].光学精密工程,1994,2(1):1-8.

[48] 李文军,赵小林,蔡炳初,等.微光机电系统及其应用[J].微细加工技术,2001(3):1-8,13.

[49] 傅丹鹰,殷纯永,乌崇德.微光学机电系统的发展和应用[J].光学精密工程,1998(4):7-14.

[50] 杨国光,沈亦兵,侯西云.微光学技术及其发展[J].红外与激光工程,2001,30(4):157-162.

[51] 叶雄英,周兆英,福田敏男,等.微型光机电系统[J].仪表技术与传感器,1998(10):33-35,38.

[52] 陈非凡,殷玲,李云龙.微光机电系统(MOEMS)的研究现状及展望[J].微细加工技术,2002(3):1-7.

[53] 刘琳.光开关技术发展及应用[J].光纤与电缆及其应用技术,2002(6):10-13.

[54] 侯建国,李斌,杨金龙,等.利用扫描隧道显微镜研究单分子的最新进展[J].科学通报,2000(18):1912-1920.

[55] 田文超,贾建援.单分子操纵技术[J].仪器仪表学报,2003(S1):531-533,542.

[56] TAN Hua,GILBERTSON A,CHOU S Y. Roller nanoimprint lithography[J]. Journal of vacuum science & technology B: microelectronics and nanometer structures processing, measurement, and phenomena, 1998, 16(6):3926-3928.

[57] 顾宁,付德刚,张海黔,等.纳米技术与应用[M].北京:人民邮电出版社,2002.

[58] 周凯.微细切削加工与微机械制造技术初探[J].现代制造技术与装备,2019(7):

80-81.

[59] BAO Weiyu, TANSEL I N. Modeling micro-end-milling operations. Part I: analytical cutting force model[J]. International journal of machine tools and manufacture, 2000, 40(15): 2155-2173.

[60] VOGLER M P, KAPOOR S G, DEVOR R E. On the modeling and analysis of machining performance in micro-endmilling, part II: cutting force prediction[J]. Journal of manufacturing science and engineering, 2004, 126(4): 695-705.

[61] 闫永达, 孙涛, 董申. 利用AFM探针机械刻划方法加工微纳米结构[J]. 传感技术学报, 2006(5): 1451-1454.

[62] AXINTE D A, ABDUL SHUKOR S, BOZDANA A T. An analysis of the functional capability of an in-house developed miniature 4-axis machine tool[J]. International journal of machine tools and manufacture, 2010, 50(2): 191-203.

[63] 陈琨, 谭清河, 杨培林. 高速车床花岗岩与铸铁床身动静态性能的对比分析[J]. 机械设计与制造, 2011(12): 177-179.

[64] 周志雄, 肖航, 李伟, 等. 微细切削用微机床的研究现状及发展趋势[J]. 机械工程学报, 2014, 50(9): 153-160.

[65] OLIAEI S N B, KARPAT Y, DAVIM J P, et al. Micro tool design and fabrication: a review[J]. Journal of manufacturing processes, 2018, 36: 496-519.

[66] LI Peiyuan, OOSTERLING J A J, HOOGSTRATE A M, et al. Design of micro square endmills for hard milling applications[J]. The international journal of advanced manufacturing technology, 2011, 57: 859-870.

[67] FLEISCHER J, DEUCHERT M, RUHS C, et al. Design and manufacturing of micro milling tools[J]. Microsystem technologies, 2008, 14: 1771-1775.

[68] KAWAHARA N, SUTO T, HIRANO T, et al. Microfactories: new applications of micromachine technology to the manufacture of small products[J]. Microsystem technologies, 1997, 3: 37-41.

[69] CHOU S Y, KEIMEL C, GU Jian. Ultrafast and direct imprint of nanostructures in silicon[J]. Nature, 2002, 417(6891): 835-837.

[70] LU Zinan, YONEYAMA T. Micro cutting in the micro lathe turning system[J].

International journal of machine tools and manufacture, 1999, 39(7): 1171-1183.

[71] CUI B, KEIMEL C, CHOU S Y. Ultrafast direct imprinting of nanostructures in metals by pulsed laser melting[J]. Nanotechnology, 2010, 21(4): 045303.

[72] ADAMS D P, VASILE M J, KRISHNAN A S M. Microgrooving and microthreading tools for fabricating curvilinear features[J]. Precision engineering, 2000, 24(4): 347-356.

[73] 李朝朝, 兰红波. 滚型纳米压印工艺的研究进展和技术挑战[J]. 青岛理工大学学报, 2013, 34(3): 79-85.

[74] RICHARDSON J J, BJÖRNMALM M, CARUSO F. Multilayer assembly. Technology-driven layer-by-layer assembly of nanofilms[J]. Science, 2015, 348(6233): aaa2491.

[75] 孙雅洲, 梁迎春, 董申. 微小型化机床的研制[J]. 哈尔滨工业大学学报, 2005, 37(5): 591-593.

[76] 王波, 梁迎春, 孙雅洲, 等. 带三维结构的惯性MEMS器件的微细铣削加工[J]. 传感技术学报, 2006(5): 1473-1476.

[77] 王伟荣. 2MNKA9820型纳米级精度微型数控磨床[J]. 装备机械, 2012(1): 45-50.

[78] EGASHIRA K, MIZUTANI K. Micro-drilling of monocrystalline silicon using a cutting tool[J]. Precision engineering, 2002, 26(3): 263-268.

[79] 邢丽, 张复实, 向军辉, 等. 自组装技术及其研究进展[J]. 世界科技研究与发展, 2007(3): 39-44.

[80] BAO Weiyu, TANSEL I N. Modeling micro-end-milling operations. Part II: tool run-out[J]. International journal of machine tools and manufacture, 2000, 40(15): 2175-2192.

[81] RAHNAMA R, SAJJADI M, PARK S S. Chatter suppression in micro end milling with process damping[J]. Journal of materials processing technology, 2009, 209(17): 5766-5776.

[82] GUPTA K, OZDOGANLAr O B, KAPOOR S G, et al. Modeling and prediction of hole profile in drilling, part 2: modeling hole profile[J]. Journal of manufacturing science and engineering, 2003, 125(1): 14-20.

[83] DUMOND J J, YEE L H. Recent developments and design challenges in continuous

roller micro-and nanoimprinting[J]. Journal of vacuum science & technology B, 2012, 30(1): 010801.

[84] 邢丽,张复实,向军辉,等. 自组装技术及其研究进展[J]. 世界科技研究与发展, 2007(3): 39-44.

[85] FU Lianyu, LI Xueguang, GUO Qiang. Development of a micro drill bit with a high aspect ratio[J]. Circuit world, 2010, 36(4): 30-34.

[86] FU Lianyu, GUO Qiang. Development of an ultra-small micro drill bit for packaging substrates[J]. Circuit world, 2010, 36(3): 23-27.

[87] ZHENG Xiaohu, LIU Zhiqiang, AN Qinglong, et al. Experimental investigation of microdrilling of printed circuit board[J]. Circuit world, 2013, 39(2): 82-94.

[88] BIERMANN D, HEILMANN M, KIRSCHNER M. Analysis of the influence of tool geometry on surface integrity in single-lip deep hole drilling with small diameters[J]. Procedia engineering, 2011, 19: 16-21.

[89] AZIZ M, OHNISHI O, ONIKURA H. Novel micro deep drilling using micro long flat drill with ultrasonic vibration[J]. Precision engineering, 2012, 36(1): 168-174.

[90] AZIZ M, OHNISHI O, ONIKURA H. Advanced burr-free hole machining using newly developed micro compound tool[J]. International journal of precision engineering and manufacturing, 2012, 13: 947-953.

[91] EGASHIRA K, HOSONO S, TAKEMOTO S, et al. Fabrication and cutting performance of cemented tungsten carbide micro-cutting tools[J]. Precision engineering, 2011, 35(4): 547-553.

[92] 郑小虎. 微细钻削铣削关键技术及应用基础研究[D]. 上海:上海交通大学, 2013.

[93] UCHIC M D, DIMIDUK D M, FLORANDO J N, et al. Sample dimensions influence strength and crystal plasticity[J]. Science, 2004, 305(5686): 986-989.

[94] UCHIC M D, SHADE P A, DIMIDUK D M. Plasticity of micrometer-scale single crystals in compression[J]. Annual review of materials research, 2009, 39: 361-386.

[95] GREER J R, NIX W D. Size dependence in mechanical properties of gold at the micron scale in the absence of strain gradients[J]. Applied physics A, 2008, 90(1): 203.

[96] SHAN Zhiwei, MISHRA R K, SYED ASIF S A, et al. Mechanical annealing and

source-limited deformation in submicrometre-diameter Ni crystals[J]. Nature materials, 2008, 7(2): 115-119.

[97] 孙涛. 功能型超分子体系的合成与自组装[D]. 济南: 山东大学, 2012.

[98] KIM J H, KIM S H, SHIRATORI S. Fabrication of nanoporous and hetero structure thin film via a layer-by-layer self assembly method for a gas sensor[J]. Sensors and actuators B: chemical, 2004, 102(2): 241-247.

[99] WANG chunjunju, SHAN Debin, ZHOU Jian, et al. Size effects of the cavity dimension on the microforming ability during coining process[J]. Journal of materials processing technology, 2007, 187/188: 256-259.

[100] BIGELOW W C, PICKETT D L, ZISMAN W A. Oleophobic monolayers: I. Films adsorbed from solution in non-polar liquids[J]. Journal of colloid science, 1946, 1(6): 513-538.

[101] VOLLERTSEN F, NIEHOFF H S, HU Zhenyu. State of the art in micro forming[J]. International journal of machine tools and manufacture, 2006, 46(11): 1172-1179.

[102] XU Zhutian, PENG Linfan, LAI Xinmin, et al. Geometry and grain size effects on the forming limit of sheet metals in micro-scaled plastic deformation[J]. Materials science and engineering: A, 2014, 611: 345-353.

[103] XU Zhutian, PENG Linfan FU Mingwang, et al. Size effect affected formability of sheet metals in micro/meso scale plastic deformation: experiment and modeling[J]. International journal of plasticity, 2015, 68: 34-54.

[104] SHIMIZU T, MURASHIGE Y, ITO K, et al. Influence of surface topographical interaction between tool and material in micro-deep drawing[J]. Journal of solid mechanics and materials engineering, 2009, 3(2): 397-408.

[105] SAOTOME Y, IWAZAKI H. Superplastic backward microextrusion of microparts for micro-electro-mechanical systems[J]. Journal of materials processing technology, 2001, 119(1/2/3): 307-311.

[106] RHIM S H, SHIN S Y, JOO B Y, et al. Burr formation during micro via-hole punching process of ceramic and PET double layer sheet[J]. The international journal of advanced manufacturing technology, 2006, 30: 227-232.

[107] CHERN Gwolianq, Chuang Yin. Study on vibration-EDM and mass punching of micro-holes[J]. Journal of materials processing technology, 2006, 180(1/2/3): 151-160.

[108] XU Jie, GUO Bin, SHan Debin, et al. Development of a micro-forming system for micro-punching process of micro-hole arrays in brass foil[J]. Journal of materials processing technology, 2012, 212(11): 2238-2246.

[109] SAGIV J. Organized monolayers by adsorption. 1. Formation and structure of oleophobic mixed monolayers on solid surfaces[J]. Journal of the American chemical society, 1980, 102(1): 92-98.

[110] NUZZO R G, ALLARA D L. Adsorption of bifunctional organic disulfides on gold surfaces[J]. Journal of the American chemical society, 1983, 105(13): 4481-4483.

[111] BROOMFIELD M, MORI T, MIKURIYA T, et al. Micro-hole multi-point punching system using punch and die made by EDM[J]. Journal of solid mechanics and materials engineering, 2009, 3(4): 710-720.

[112] AOKI I, SASADA M, HIGUCHI T, et al. Development of micro-piercing system with punch-damage monitoring function[J]. Journal of materials processing technology, 2002, 125/126: 497-502.

[113] JOO B Y, RHIM S H, OH S I. Micro-hole fabrication by mechanical punching process[J]. Journal of materials processing technology, 2005, 170(3): 593-601.

[114] SHINN N D, MAYER T M, MICHALSKE T A. Structure-dependent viscoelastic properties of C_9>-alkanethiol monolayers[J]. Tribology letters, 1999, 7: 67-71.

[115] MASUZAWA T. State of the art of micromachining[J]. CIRP annals, 2000, 49(2): 473-488.

[116] EGASHIRA K, MORITA Y, HATTORI Y. Electrical discharge machining of submicron holes using ultrasmall-diameter electrodes[J]. Precision engineering, 2010, 34(1): 139-144.

[117] 张勇,王振龙,李志勇,等. 微细电火花加工装置关键技术研究[J]. 机械工程学报,2004,40(9):175-179.

[118] 贾宝贤,王振龙,赵万生. 用块电极轴向进给法电火花磨削微细轴[J]. 电加工与模具,2004(3):26-29,70.

[119] 费翔. 微细电火花与微冲压组合加工设备及工艺研究[D]. 哈尔滨:哈尔滨工业大学,2011.

[120] 王玉魁,何小龙,张开祯,等. 基于微细电火花加工机床的微孔冲裁加工装置[J]. 电加工与模具,2013(6):24-27.

[121] CHERN Gwoliang, WU Yingjeng, LIU Shunfeng. Development of a micro-punching machine and study on the influence of vibration machining in micro-EDM[J]. Journal of materials processing technology, 2006, 180(1/2/3):102-109.

[122] CHERN Gwoliang, WANG Sende. Punching of noncircular micro-holes and development of micro-forming[J]. Precision engineering, 2007, 31(3):210-217.

[123] BUTLER-SMITH P W, AXINTE D A, DAINE M. Solid diamond micro-grinding tools: from innovative design and fabrication to preliminary performance evaluation in Ti-6Al-4V[J]. International journal of machine tools and manufacture, 2012, 59:55-64.

[124] MASAKI T, KURIYAGAWA T, YAN Jiwang, et al. Study on shaping spherical poly crystalline diamond tool by micro-electro-discharge machining and micro-grinding with the tool[J]. International journal of surface science and engineering, 2007, 1(4):344-359.

[125] 巩亚东,吴艾奎,程军,等. 塑性材料微磨削表面质量影响因素试验研究[J]. 东北大学学报(自然科学版),2015,36(2):263-268.

[126] GONG Yadong, LIU yin, Sun yao, et al. Experimental and emulational investigations into grinding characteristics of Zr-based bulk metallic glass (BMG) using microgrinding [J]. The international journal of advanced manufacturing technology, 2018, 97:3431-3451.

[127] 李伟,周志雄,尹韶辉,等. 微细磨削技术及微磨床设备研究现状分析与探讨[J]. 机械工程学报,2016,52(17):10-19.

[128] 程军,王超,温雪龙,等. 单晶硅微尺度磨削材料去除过程试验研究[J]. 机械工程学报,2014,50(17):194-200.

[129] 温雪龙,巩亚东,程军,等. 钠钙玻璃微磨削表面粗糙度试验研究[J]. 中国机械工程,2014,25(3):290-294.

[130] CHENG Jun, GONG Yadong. Experimental study on ductile-regime micro-grinding

character of soda-lime glass with diamond tool[J]. The international journal of advanced manufacturing technology, 2013, 69: 147-160.

[131] ALLARA D L, NUZZO R G. Spontaneously organized molecular assemblies. 1. Formation, dynamics, and physical properties of n-alkanoic acids adsorbed from solution on an oxidized aluminum surface[J]. Langmuir, 1985, 1(1): 45-52.

[132] ALLARA D L, NUZZO R G. Spontaneously organized molecular assemblies. 2. Quantitative infrared spectroscopic determination of equilibrium structures of solution-adsorbed n-alkanoic acids on an oxidized aluminum surface[J]. Langmuir, 1985, 1(1): 52-66.

[133] JOSHI S, MELKOTE S. An explanation for the size-effect in machining using strain gradient plasticity[J]. Journal of manufacturing science and engineering-transactions of the ASME, 2004, 126: 679-684.

[134] AURICH J C, CARRELLA M, WALK M. Micro grinding with ultra small micro pencil grinding tools using an integrated machine tool[J]. CIRP annals, 2015, 64(1): 325-328.

[135] LIU H T P. Advanced waterjet technology for machining curved and layered structures[J]. Curved and layered structures, 2019, 6(1): 41-56.

[136] PEREC A. Abrasive suspension water jet cutting optimization using orthogonal array design[J]. Procedia engineering, 2016, 149: 366-373.

[137] FRIEBEL S, AIZENBERG J, ABAD S, et al. Ultraviolet lithography of self-assembled monolayers for submicron patterned deposition[J]. Applied physics letters, 2000, 77(15): 2406-2408.

[138] FETTERLY C R, OLSEN B C, LUBER E J, et al. Vapor-phase nanopatterning of aminosilanes with electron beam lithography: understanding and minimizing background functionalization[J]. Langmuir, 2018, 34(16): 4780-4792.

[139] MILLER D S. Micromachining with abrasive waterjets[J]. Journal of materials processing technology, 2004, 149(1/2/3): 37-42.

[140] ALLY S, SPELT J K, PAPINI M. Prediction of machined surface evolution in the abrasive jet micro-machining of metals[J]. Wear, 2012, 292/293: 89-99.

[141] KONG Mingchu, SRINIVASU D, AXINTE D, et al. On geometrical accuracy and integrity of surfaces in multi-mode abrasive waterjet machining of NiTi shape memory alloys[J]. CIRP annals, 2013, 62(1): 555-558.

[142] 雷玉勇, 蒋代君, 刘克福, 等. 微磨料水射流三维加工的实验研究[J]. 西华大学学报(自然科学版), 2010, 29(2): 7-10, 40.

[143] HAGHBIN N, SPELT J K, PAPINI M. Abrasive waterjet micro-machining of channels in metals: comparison between machining in air and submerged in water[J]. International journal of machine tools and manufacture, 2015, 88: 108-117.

[144] LERCEL M J, REDINBO G F, PARDO F D, et al. Electron beam lithography with monolayers of alkylthiols and alkylsiloxanes[J]. Journal of vacuum science & technology B: microelectronics and nanometer structures processing, measurement, and phenomena, 1994, 12(6): 3663-3667.

[145] THOMPSON W R, PEMBERTON J E. Characterization of octadecylsilane and stearic acid layers on Al_2O_3 surfaces by Raman spectroscopy[J]. Langmuir, 1995, 11(5): 1720-1725.

[146] 白基成, 刘晋春, 郭永丰, 等. 特种加工[M]. 6 版. 北京: 机械工业出版社, 2014.

[147] 童浩. 小型往复走丝微细电火花线切割装置设计及实验研究[D]. 哈尔滨: 哈尔滨工业大学, 2016.

[148] 于滨, 赵万生, 狄士春, 等. 异形孔的微细超声电火花加工技术研究[J]. 微细加工技术, 2003(1): 44-50.

[149] 高升晖. 微细及小孔电火花加工的关键技术研究[D]. 大连: 大连理工大学, 2008.

[150] 李晓鹏, 王元刚, 刘宇, 等. 电蚀产物对微细电火花电极形状损耗影响的实验研究[J]. 中国机械工程, 2020, 31(15): 1815-1822, 1889.

[151] 郭成波. 钛合金电火花高效铣削电极运动轨迹控制及工艺研究[D]. 哈尔滨: 哈尔滨工业大学, 2011.

[152] 杨鹏, 宋昌清. 电火花线切割液研究进展[J]. 机床与液压, 2011, 39(11): 143-146.

[153] 郝卫昭. 纳秒脉冲微细电化学加工的工艺研究[D]. 上海: 上海交通大学, 2009.

[154] 田昭武. 电化学研究方法[M]. 北京: 科学出版社, 1984: 21-24.

[155] 房佳恒, 张华, 姜新东, 等. 微细电铸制造技术的研究进展[J]. 电镀与涂饰, 2018, 37(13): 592-597.

[156] MANFRINATO V R, ZHANG Lihua, SU Dong, et al. Resolution limits of electron-beam lithography toward the atomic scale[J]. Nano letters, 2013, 13(4): 1555-1558.

[157] SAHOO R R, BISWAS S K. Frictional response of fatty acids on steel[J]. Journal of colloid and interface science, 2009, 333(2): 707-718.

[158] PARIKH M. Self-consistent proximity effect correction technique for resist exposure (SPECTRE)[J]. Journal of vacuum science and technology, 1978, 15(3): 931-933.

[159] COOK B D, LEE S Y. Fast proximity effect correction: an extension of PYRAMID for thicker resists[J]. Journal of vacuum science & technology B: microelectronics and nanometer structures processing, measurement, and phenomena, 1993, 11(6): 2762-2767.

[160] OWEN G, RISSMAN P. Proximity effect correction for electron beam lithography by equalization of background dose[J]. Journal of applied physics, 1983, 54(6): 3573-3581.

[161] 陈国庆, 张秉刚, 冯吉才, 等. 电子束焊接在航空航天工业中的应用[J]. 航空制造技术, 2011(11): 42-45.

[162] VOLKERT C A, MINOR A M. Focused ion beam microscopy and micromachining[J]. MRS bulletin, 2007, 32(5): 389-399.

[163] 初明璋, 顾文琪. 离子束曝光技术[J]. 微细加工技术, 2003(3): 9-15.

[164] YU Haizhou, ZHU Jintao, WEI Jiang. Effect of binary block-selective solvents on self-assembly of ABA triblock copolymer in dilute solution[J]. Journal of polymer science part B: polymer physics, 2008, 46(15): 1536-1545.

[165] JIANG Qianqing, LIU Dongqi, LIU Gangqin, et al. Focused-ion-beam overlay-patterning of three-dimensional diamond structures for advanced single-photon properties[J]. Journal of applied physics, 2014, 116(4): 044308.

[166] WINKLER R, LEWIS B B, FOWLKES J D, et al. High-fidelity 3D-nanoprinting via

focused electron beams: growth fundamentals[J]. ACS applied nano materials, 2018, 1(3): 1014-1027.

[167] LI Wuxia, WARBURTON P A. Low-current focused-ion-beam induced deposition of three-dimensional tungsten nanoscale conductors [J]. Nanotechnology, 2007, 18(48): 485305.

[168] MORITA T, NAKAMATSU K I, KANDA K, et al. Nanomechanical switch fabrication by focused-ion-beam chemical vapor deposition [J]. Journal of vacuum science & technology B: microelectronics and nanometer structures processing, measurement, and phenomena, 2004, 22(6): 3137-3142.

[169] ESPOSITO M, TASCO V, CUSCUNÀ M, et al. Nanoscale 3D chiral plasmonic helices with circular dichroism at visible frequencies [J]. ACS Photonics, 2015, 2(1): 105-114.

[170] KOMETANI R, HOSHINO T, KONDO K, et al. Performance of nanomanipulator fabricated on glass capillary by focused-ion-beam chemical vapor deposition [J]. Journal of vacuum science & technology B: microelectronics and nanometer structures processing, measurement, and phenomena, 2005, 23(1): 298-301.

[171] NAGASE M, NAKAMATSU K, MATSUI S, et al. Carbon multiprobes with nanosprings integrated on Si cantilever using focused-ion-beam technology[J]. Japanese journal of applied physics, 2005, 44(7S): 5409.

[172] DAS K, FREUND J B, JOHNSON H T. A FIB induced boiling mechanism for rapid nanopore formation[J]. Nanotechnology, 2014, 25(3): 035303.

[173] ZHANG Fengqiang, LI Changhai, ZHANG Jia, et al. Microtopography-guided radial gradient circle array film with nanoscale resolution [J]. Small, 2019, 15(50): e1902612.

[174] SRINIVASAN R, SUTCLIFFE E, BRAREN B. Ablation and etching of polymethylmethacrylate by very short (160 fs) ultraviolet (308 nm) laser pulses[J]. Applied physics letters, 1987, 51(16): 1285-1287.

[175] KAWATA S, SUN Hongbo, TANAKA T, et al. Finer features for functional microdevices[J]. Nature, 2001, 412(6848): 697-698.

[176] MAI Yiyong, EISENBERG A. Self-assembly of block copolymers[J]. Chemical society reviews, 2012, 41(18): 5969-5985.

[177] GOULIELMAKIS E, SCHULTZE M, HOFSTETTER M, et al. Single-cycle nonlinear optics[J]. Science, 2008, 320(5883): 1614-1617.

[178] KELLER U. Ultrafast all-solid-state laser technology[J]. Applied physics B, 1994, 58: 347-363.

[179] FU W, WRIGHT L G, SIDORENKO P, et al. Several new directions for ultrafast fiber lasers[J]. Optics express, 2018, 26(8): 9432-9463.

[180] ZHAO Fabao, SUN Jiangping, LIU Zhilei, et al. Multiple morphologies of the aggregates from self-assembly of diblock copolymer with relatively long corona-forming block in dilute aqueous solution[J]. Journal of polymer science part B: polymer physics, 2010, 48(3): 364-371.

[181] CHAO Weilun, KIM J, REKAWA S, et al. Demonstration of 12 nm resolution fresnel zone plate lens based soft X-ray microscopy[J]. Optics express, 2009, 17(20): 17669-17677.

[182] SMITH H I, MENON R, PATEL A, et al. Zone-plate-array lithography: A low-cost complement or competitor to scanning-electron-beam lithography[J]. Microelectronic engineering, 2006, 83(4/5/6/7/8/9): 956-961.

[183] BUIVIDAS R, MIKUTIS M, JUODKAZIS S. Surface and bulk structuring of materials by ripples with long and short laser pulses: recent advances[J]. Progress in quantum electronics, 2014, 38(3): 119-156.

[184] 肖荣诗, 张寰臻, 黄婷. 飞秒激光加工最新研究进展[J]. 机械工程学报, 2016, 52(17): 176-186.

[185] HE Xiaolong, DATTA A, NAM W, et al. Sub-diffraction limited writing based on laser induced periodic surface structures (LIPSS)[J]. Scientific reports, 2016, 6: 35035.

[186] HE Xiaolong, LI Tianlong, ZHANG Jia, et al. STED direct laser writing of 45 nm width nanowire[J]. Micromachines, 2019, 10(11): 726.

[187] WANG Qiang, WU Yongbo, GU Jia, et al. Fundamental machining characteristics of the in-base-plane ultrasonic elliptical vibration assisted turning of inconel 718[J].

Procedia CIRP, 2016, 42: 858-862.

[188] 达道安. 真空设计手册[M]. 2版. 北京: 国防工业出版社, 1991.

[189] 李向明. 电子束蒸发沉积重掺硅薄膜及其应用[D]. 杭州: 杭州电子科技大学, 2012.

[190] LEJEUNE E, DRECHSLER M, JESTIN J, et al. Amphiphilic diblock copolymers with a moderately hydrophobic block: toward dynamic micelles[J]. Macromolecules, 2010, 43(6): 2667-2671.

[191] GREENE J E. Review article: tracing the recorded history of thin-film sputter deposition: from the 1800s to 2017[J]. Journal of vacuum science & technology A: vacuum, surfaces, and films, 2017, 35(5): 05C204.

[192] XU Zhen, GAO Chao. Graphene chiral liquid crystals and macroscopic assembled fibres [J]. Nature communications, 2011, 2: 571.

[193] WANG B B, WANG W L, LIAO K J. Theoretical analysis of ion bombardment roles in the bias-enhanced nucleation process of CVD diamond[J]. Diamond and related materials, 2001, 10(9/10): 1622-1626.

[194] SALGUEIREDO E, AMARAL M, NETO M A, et al. HFCVD diamond deposition parameters optimized by a taguchi matrix[J]. Vacuum, 2011, 85(6): 701-704.

[195] SEIN H, AHMED W, REGO C. Application of diamond coatings onto small dental tools[J]. Diamond and related materials, 2002, 11(3/4/5/6): 731-735.

[196] SEIN H, AHMED W, HASSAN I U, et al. Chemical vapour deposition of microdrill cutting edges for micro-and nanotechnology applications[J]. Journal of materials science, 2002, 37: 5057-5063.

[197] THOMSON L A, LAW F C, RUSHTON N, et al. Biocompatibility of diamond-like carbon coating[J]. Biomaterials, 1991, 12(1): 37-40.

[198] JONES M I, MCCOLL I R, GRANT D M, et al. Haemocompatibility of DLC and TiC-TiN interlayers on titanium[J]. Diamond and related materials, 1999, 8(2/3/4/5): 457-462.

[199] XU Zhen, GAO Chao. Graphene in macroscopic order: liquid crystals and wet-spun fibers[J]. Accounts of chemical research, 2014, 47(4): 1267-1276.

[200] 宋仁国. 微弧氧化技术的发展及其应用[J]. 材料工程, 2019, 47(3): 50-62.

[201] 刘耀辉, 李颂. 微弧氧化技术国内外研究进展[J]. 材料保护, 2005(6): 36-40, 77.

[202] TRAN Quangphu, KUO Yucheng, SUN Jiankai, et al. High quality oxide-layers on Al-alloy by micro-arc oxidation using hybrid voltages[J]. Surface and coatings technology, 2016, 303: 61-67.

[203] 伍婷, 龚成龙, 王平. 中国微弧氧化技术研究进展[J]. 热加工工艺, 2015, 44(24): 16-19.

[204] ZHANG Jia, FENG Wenchun, ZHANG Huangxi, et al. Multiscale deformations lead to high toughness and circularly polarized emission in helical nacre-like fibres[J]. Nature communications, 2016, 7: 10701.

[205] LI Xiaolin, ZHANG Guangyu, BAI Xuedong, et al. Highly conducting graphene sheets and Langmuir-Blodgett films[J]. Nature nanotechnology, 2008, 3(9): 538-542.

[206] 方宇, 赵万生, 王振龙, 等. 用 Ti 压粉体电极进行金属表面沉积陶瓷层的研究[J]. 新技术新工艺, 2004(7): 40-42.

[207] HOERNI J A. Method of manufacturing semiconductor devices (U.S. patent No. 3,025,589)[J]. IEEE solid-state circuits newsletter, 2009, 12(2): 41-42.

[208] XU Luzhu, TETREAULT A R, KHALIGH H H, et al. Continuous langmuir-blodgett deposition and transfer by controlled edge-to-edge assembly of floating 2D materials[J]. Langmuir, 2019, 35(1): 51-59.

[209] NISHIKUBO T, KUDO H. Recent development in molecular resists for extreme ultraviolet lithography[J]. Journal of photopolymer science and technology, 2011, 24(1): 9-18.

[210] LIO A. EUV photoresists: a progress report and future prospects[J]. Synchrotron radiation news, 2019, 32(4): 9-14.

[211] 王海霞, 冯应国, 仲伟科. 中国集成电路用化学品发展现状[J]. 现代化工, 2018, 38(11): 1-7.

[212] 曾世铭. 硅单晶掺杂技术探讨[J]. 稀有金属, 1979(3): 46-53.

[213] BINNIG G, ROHRER H. Scanning tunneling microscopy[J]. IBM journal research

and development, 1986, 30(4): 355-369.

[214] MATSUO S, ADACHI Y. Reactive ion beam etching using a broad beam ECR ion source[J]. Japanese journal of applied physics, 1982, 21(1A): L4.

[215] CHINN J D, FERNANDEZ A, ADESIDA I, et al. Chemically assisted ion beam etching of GaAs, Ti, and Mo[J]. Journal of vacuum science & technology A: vacuum, surfaces, and films, 1983, 1(2): 701-704.

[216] National Research Council. Implications of emerging micro-and nanotechnologies[M]. Washington DC: The National Academies Press, 2002.

[217] VETTIGER P, DESPONT M, DRECHSLER U, et al. The "Millipede"—more than thousand tips for future AFM storage[J]. IBM journal of research and development, 2000, 44(3): 323-340.

[218] HIRAI Y, HAFIZOVIC S, MATSUZUKA N, et al. Validation of X-ray lithography and development simulation system for moving mask deep X-ray lithography[J]. Journal of microelectromechanical systems, 2006, 15(1): 159-168.

[219] EIGLER D M, SCHWEIZER E K. Positioning single atoms with a scanning tunnelling microscope[J]. Nature, 1990, 344: 524-526.

[220] KHUMPUANG S, HORADE M, FUJIOKA K, et al. Microneedle fabrication using the plane pattern to cross-section transfer method[J]. Smart materials and structures, 2006, 15(2): 600.

[221] HORADE M, SUGIYAMA S. Study on fabrication of 3-D microstructures by synchrotron radiation based on pixels exposed lithography[J]. Microsystem technologies, 2010, 16: 1331-1338.

[222] DAI Hongjie, FRANKLIN N, HAN Jie. Exploiting the properties of carbon nanotubes for nanolithography[J]. Applied physics letters, 1998, 73(11): 1508-1510.

[223] ZHAO Peida, WANG Ruixuan, LIEN D H, et al. Scanning probe lithography patterning of monolayer semiconductors and application in quantifying edge recombination[J]. Advanced materials, 2019, 31(48): 1900136.

[224] CHOU S Y, KRAUSS P R, RENSTROM P J. Imprint of sub-25 nm vias and trenches in polymers[J]. Applied physics letters, 1995, 67(21): 3114-3116.

[225] HUA Feng, SUN Yugang, GAUR A, et al. Polymer imprint lithography with molecular-scale resolution[J]. Nano letters, 2004, 4(12): 2467-2471.

[226] PINER R D, ZHU Jin, XU Feng, et al. "Dip-pen" nanolithography[J]. Science, 1999, 283(5402): 661-663.

[227] LIU Guoqiang, PETROSKO S H, ZHENG Zijian, et al. Evolution of dip-pen nanolithography (DPN): from molecular patterning to materials discovery[J]. Chemical reviews, 2020, 120(13): 6009-6047.

[228] ZHANG Ming, BULLEN D, CHUNG S W, et al. A MEMS nanoplotter with high-density parallel dip-pen nanolithography probe arrays[J]. Nanotechnology, 2002, 13(2): 212-217.

[229] 周伟民, 张静, 刘彦伯, 等. 纳米压印技术[M]. 北京: 科学出版社, 2012.

[230] 兰红波, 丁玉成, 刘红忠, 等. 纳米压印光刻模具制作技术研究进展及其发展趋势[J]. 机械工程学报, 2009, 45(6): 1-13.

[231] 程伟杰. 纳米压印镇模板的制备与应用研究[D]. 南京: 南京理工大学, 2016.

[232] HEYDERMAN L J, SCHIFT H, DAVID C, et al. Nanofabrication using hot embossing lithography and electroforming[J]. Microelectronic engineering, 2001, 57/58: 375-380.

[233] GRABIEC P B, ZABOROWSKI M, DOMANSKI K, et al. Nano-width lines using lateral pattern definition technique for nanoimprint template fabrication[J]. Microelectronic engineering, 2004, 73/74: 599-603.

[234] YANAGISHITA T, NISHIO K, MASUDA H. Polymer through-hole membrane fabricated by nanoimprinting using metal molds with high aspect ratios[J]. Journal of vacuum science & technology B: microelectronics and nanometer structures processing, measurement, and phenomena, 2007, 25(4): L35-L38.

[235] 赵彬, 张静, 周伟民, 等. 纳米压印光刻胶[J]. 微纳电子技术, 2011, 48(9): 606-612.

[236] 董会杰, 辛忠, 陆馨. 纳米压印用压印胶的研究进展[J]. 微纳电子技术, 2014, 51(10): 666-672.

[237] 严乐, 李寒松, 刘红忠, 等. 纳米压印光刻中抗蚀剂膜厚控制研究[J]. 机械设计

与制造,2010(4):201-203.

[238] ZHANG Wei, CHOU S Y. Fabrication of 60-nm transistors on 4-in. wafer using nanoimprint at all lithography levels[J]. Applied physics letters, 2003, 83(8): 1632-1634.